$$\sum_{k=u}^{o} k = \frac{o+u}{2} \cdot (o-u+1)$$

$$\sum_{k=u}^{o} \text{konst} = (o-u+1) \cdot \text{konst.}$$

$$k_n = k_0 \cdot (1+i)^n = \text{Aufzinsung}$$

nachsch. Rentenformel

$$k_n = S = k_0 (1+i)^n + r \frac{(1+i)^n - 1}{i}$$

Vorsch. Rentenformel

$$k_n = S = k_0 (1+i)^n + r(1+i) \frac{(1+i)^n - 1}{i}$$

$$n = \frac{\log \frac{k_n \cdot i + r}{k_0 \cdot i + r}}{\log 1+i} \qquad i = \sqrt[n]{\frac{k_n}{k_0}} - 1$$

lineare Funktion

$$y = f(x) = a_1 \cdot x + a$$

a_1 → Steigung; a → Schnittpunkt y-Achse

Punktrichtungsgleichung: $y = a_1 (x - x_1) + y_1$

letzte verminderte Rente

$$r_n = \left[k_0 \cdot (1+i)^n + r \frac{(1+i)^n - 1}{i}\right] \cdot (1+i)$$

n = letzte volle ?..

D1677898

Monopol

$x = -\frac{1}{2}p + 10$ x = Menge p = Preis Preis Absatz Funktion

$E = (x) \cdot p$ Erlösfunktion

$\varepsilon f(x) = \frac{x}{f(x)} \cdot f'(x)$ x = unabh. Variable, f(x) = Funktion

Elastizität ⇒ Preisabsatz Elastizität
Kosten-Elastizität

Vahlens Handbücher
der Wirtschafts- und Sozialwissenschaften

Mathematik für Wirtschaftswissenschaftler I

Analysis

von

Dr. Dietrich Ohse
Professor für Betriebswirtschaftslehre,
insbesondere Quantitative Methoden
an der Johann Wolfgang Goethe-Universität, Frankfurt am Main

5., verbesserte Auflage

Verlag Franz Vahlen München

Ohse, Dietrich:
Mathematik für Wirtschaftswissenschaftler / von
Dietrich Ohse. – München : Vahlen
(Vahlens Handbücher der Wirtschafts- und
Sozialwissenschaften)

1. Analysis. – 5., verb. Aufl. – 2002
ISBN 3-8006-2869-4

ISBN 3 8006 2869 4

Satz: Universitätsdruckerei H. Stürtz AG, Würzburg
Druck und Bindung: Druckhaus „Thomas Müntzer"
Neustädter Str. 1–4, 99947 Bad Langensalza
gedruckt auf säurefreiem, alterungsbeständigem Papier
(hergestellt aus chlorfrei gebleichtem Zellstoff).

Vorwort zur fünften Auflage

Die EURO-Einführung erreicht nun auch die Mathematik – besser gesagt, die Textbücher zur Mathematik für Wirtschaftswissenschaftler, deren Beispiele, vor allem natürlich die der Finanzmathematik, auf die neue Währung umgestellt werden sollten! Die Neuauflage war ein willkommener Anlaß, nicht nur Druckfehler zu berichtigen, sondern auch eine „Modernisierung" des Textes in obigem Sinne vorzunehmen.

Im Vergleich zur vorausgegangenen Auflage hat sich daher relativ viel verändert: Neben der Währungsanpassung habe ich alle Verbesserungsvorschläge von Studierenden und sonstigen Lesern dankbar angenommen. Wenn sich bei der jetzigen Revision keine neuen Fehler eingeschlichen haben, müßte der Text nun weitgehend fehlerfrei sein. Dennoch bin ich aber auch weiterhin für jede kritische Anmerkung dankbar.

Meiner Mitarbeiterin, Frau *Stephanie Schraml*, danke ich herzlich für die Hilfe bei der Neubearbeitung. Es war ihre „letzte Tat" an meinem Lehrstuhl – für ihren weiteren beruflichen Weg wünsche ich ihr Erfolg.

Viel Erfolg in Studium und Beruf wünsche ich ebenfalls meinen Hörern und Lesern!

Frankfurt, 21. Mai 2002 *Dietrich Ohse*

Etwas mehr als ein Vorwort

Die Situation des Studienanfängers, der heute ein Fach der Wirtschaftswissenschaften studiert, hat sich im Vergleich zu der seiner Kommilitonen vor 10 bis 15 Jahren erheblich geändert - und mit ihr auch die Situation des Hochschullehrers.

Konnte man in den sechzigern Jahren noch davon ausgehen, daß jeder Abiturient in etwa das gleiche gelernt hat - sie oder er aber zumindest über den gleichen Stoff unterrichtet wurde -, so darf man dieses heute wohl nicht mehr erwarten, und durfte man früher gewisse Grundlagen der Mathematik wirklich voraussetzen, so gilt dies heute keineswegs. Mehrere Umfragen unter Studienanfängern ergeben statt dessen das folgende, eher nachdenklich stimmende Bild:

- Einige Schüler haben einen Leistungskurs besucht und wurden von besonders ehrgeizigen Lehrern, die offenbar die Schule mit der Universität verwechseln, in Spezialgebieten auf sehr hohem mathematischen Niveau unterrichtet - wie ich meine, nicht immer zu ihrem Nutzen, weil gleichzeitig erschreckende Lücken auf anderen Gebieten erkennbar sind.
- Gleich neben ihnen sitzen besonders „schlaue" Studenten, die seit langem wissen, daß sie ein wirtschaftswissenschaftliches Studium wählen werden, in dem die Statistik als gefürchtete Klippe gilt. Daher haben sie von dem Angebot, bereits auf der Schule einen Leistungsschein in Statistik zu erwerben, Gebrauch gemacht - natürlich wieder auf Kosten anderer grundlegender Fächer. Sowohl von den Lehrern als auch von den Schülern wird hier völlig übersehen, daß die Statistik in jedem wirtschaftswissenschaftlichem Curriculum obligatorisch vertreten ist.
- Nebenan sitzt ein Student, der sich sowieso schwach in Mathematik fühlte, weshalb er von der Möglichkeit, den ungeliebten Stoff nach der 11. Klasse gänzlich ad acta zu legen, mit Freude Gebrauch machte - selbstverständlich mit einer Note, die mangelhafte Kenntnisse attestiert. Aber so etwas läßt sich ja durch gute sportliche Leistungen ausgleichen.
- Verteilt über den ganzen Hörsaal - es sind mittlerweilen zwischen sechs- und siebenhundert Zuhörer - finden sich viele Studenten, die immer noch von ihren Lehrern (Pädagogen kann man sie wohl kaum noch nennen) gesagt bekommen, in den Wirtschaftswissenschaften werde keine oder doch nur wenig Mathematik benötigt.

Dies ist eine bedauerliche Fehleinschätzung, für die es höchste Zeit wird, daß mit ihr in den Schulen und anderen berufsberatenden Stellen aufgeräumt wird.

Tatsächlich hat sich lehr- und forschungsseitig die Lage in den letzten Jahren verändert, ein Wandel, der die mangelhaften Schulkenntnisse der Studierenden jedoch nicht kompensiert, sondern die Auswirkungen für sie verschärft. Mathematische Modelle, Methoden des Operations Research, empirische Forschungsansätze, Ökonometrie und Statistik und - last but not least - die elektronische Datenverarbeitung und die Informatik beeinflussen heute die Lehr-, Studien- und Arbeitsplätze eines Wirtschaftswissenschaftlers weit mehr als je zuvor. Diese Beobachtung wird eindrucksvoll belegt, wenn man z.B. die Namen einiger der letzten Nobelpreisträger für Ökonomie und ihre Werke studiert: *Samuelson*, *Arrow*, *Leontief*, *Kantorowitsch* oder *Koopmans*. Ähnliche Belege findet man leicht, wenn man z.B. ein neueres Lehrbuch zur Hand nimmt oder in Fachzeitschriften blättert.

Zu allem Überfluß hat sich bei den meisten Studierenden - leider auch bei manchen Hochschullehrern - die Meinung festgesetzt, daß die elektronische Datenverarbeitung nur deshalb in die Curricula wirtschaftswissenschaftlicher Studiengänge aufgenommen werden solle, um die Prüfungsanforderungen zu verschärfen. Zur gleichen Zeit liest man in einschlägigen Tageszeitungen, daß man ernsthaft erwäge, die Grundlagen der EDV bereits in der Schule zu lehren, um die Kinder von frühester Jugend an mit diesem Instrument vertraut zu machen. Hält man es angesichts solcher Meldungen tatsächlich für möglich, daß noch immer wirtschaftswissenschaftliche Studiengänge existieren, in denen eine Mindestausbildung in EDV nicht zum Pflichtprogramm gehört? Wollen wir wirklich Diplomkaufleute, Diplomvolkswirte und Diplomhandelslehrer ausbilden, die offenbar mehr von der Furcht vor der EDV geprägt sind als von der Bereitschaft, sich den Anforderungen neuer Technologien zu stellen?

Schließlich schaue man sich die Rolle an, die die empirische Forschung auf allen wirtschaftswissenschaftlichen Gebieten spielt. Kann man sich diesen wesentlichen Kenntnissen verschließen, nur weil man schlechte oder keine Grundkenntnisse in Mathematik besitzt?

Es sind nur wenige von vermutlich einer großen Anzahl weiterer Gründe, die heute mehr denn je dafür sprechen, die Ausbildung in Mathematik für Wirtschaftswissenschaftler eher zu intensivieren als hierin nachzulassen. Sie sind gleichzeitig auch Argumente, die Ausbildung in vielen Punkten zu überdenken und evtl. neu zu gestalten:

- Die Universität ist durch die sehr heterogene Schulbildung in die Lage gedrängt worden, auf vielen Gebieten erst einmal nachholen zu müssen. Es wird beispielsweise seit längerem über Eingangsprüfungen und Brückenkurse diskutiert. Nicht zuletzt die Autoren von Lehrbüchern sind hier gefordert, entsprechende Hilfestellung zu bieten.

- Die Mathematik sollte so vermittelt werden, daß sie als effizientes Hilfsmittel des Wirtschaftswissenschaftlers akzeptiert und angewendet wird. Es ist im hohem Maße die Aufgabe des Lehrbuches, diese Vermittlerrolle zu übernehmen.
- Die Mathematik sollte anschaulich bleiben. Sie ist für den Wirtschaftswissenschaftler nur ein Instrument, mit dem umzugehen er lernen soll. Sie sollte daher nicht demonstrativ als Beispiel einer besonders exakten und systematischen Wissenschaft mit Definitionen, Sätzen und Beweisen etc. aufgefaßt werden.
- Die Mathematik kann in vielen Fällen im Zusammenhang mit praktisch ausgerichteten Beispielen erläutert werden. Darauf sollte gerade in den ersten Semestern Wert gelegt werden, da der Lerneffekt erheblich gesteigert wird, wenn das Instrument Mathematik später an einem Werkstück wiederverwendet wird, an dem bereits in der Lehrwerkstatt geübt wurde.

Es gibt heute sicher mehr als fünfzig Lehrbücher, die sich mit dem Thema „Mathematik für Wirtschaftswissenschaftler" befassen, und jährlich kommen neue hinzu – nicht zuletzt auch das vorliegende. Sie alle sollten sich, so meine ich, unter anderem auch an den oben formulierten Anforderungen messen lassen, die für mich ausschlaggebend waren, als ich mich zur Veröffentlichung dieser ursprünglich als Vorlesungsmanuskript für Studenten der Wirtschaftswissenschaften an der Johann Wolfgang Goethe-Universität in Frankfurt konzipierten Schrift entschloß. Dem Ziel, den an deutschsprachigen Hochschulen vermittelten Lehrstoff möglichst verständlich anzubieten, ordnete ich an manchen Stellen die mathematische Exaktheit unter und wählte eher einen heuristischen Ansatz. Wenn es sinnvoll erschien, sollte die Argumentation mit praktischen, wenn möglich ökonomischen Beispielen belegt werden. Auf mathematische Beweise wurde folgerichtig völlig verzichtet.

Am Ende eines Kapitels findet der Leser Aufgaben – genug, wie ich meine, um den Wissensstand überprüfen und üben zu können. In einem Anhang sind die Lösungen der Aufgaben zusammengestellt, wobei auch Lösungswege anhand wichtiger Zwischenergebnisse nachgezeichnet sind. Der Studierende sei jedoch vor einem voreiligen Gebrauch dieser Lösungshinweise gewarnt. Erfahrungsgemäß fällt das Nachvollziehen mathematischer Lösungswege bei diesen Lehrbuchbeispielen leicht. Allzuschnell entledigt man sich daher der Mühe der selbständigen Bearbeitung mit dem Hinweis „das hätte ich auch so gemacht" oder „ist ja logisch" etc., und allzuoft versagt man dann bei der Lösung der gleichen Aufgabe, wenn man sie z.B. in einer Klausur gestellt bekommt. Erst der tatsächlich eigenständige Lösungsversuch zeigt klar die Lücken und Schwachstellen auf, die gegebenenfalls noch bestehen. Deshalb sollte man vom Lösungsanhang so spärlich Gebrauch machen wie irgend möglich.

An der Entstehung dieses Buches hatten viele Anteil – ihnen allen sei herzlich gedankt, auch ohne namentliche Nennung!

Zum Schluß eine Bitte. Trotz ständigem Bemühen um eine klare und fehlerfreie Darstellung bin ich mir bewußt, daß sich an manchen Stellen dennoch Anlässe zu Mißverständnissen und Fehlern eingeschlichen haben. Allen Lesern bin ich für Hinweise und Verbesserungsvorschläge, die ich in einer evtl. zweiten Auflage berücksichtigen könnte, sehr dankbar.

Frankfurt am Main, im Mai 1983 *Dietrich Ohse*

Inhaltsverzeichnis

Kapitel 3 Funktionen

Kapitel 4 Folgen, Reihen, Grenzwerte

Kapitel 5 Differentialrechnung I:
Die Ableitung von Funktionen mit einer Veränderlichen

Kapitel 6 Differentialrechnung II: Anwendungen

Kapitel 7 Funktionen mit mehreren Veränderlichen

Kapitel 8 Differentialrechnung III:
Die Ableitung von Funktionen mit mehreren Veränderlichen

Kapitel 9 Integralrechnung

Verzeichnis der wichtigsten verwendeten Symbole

a, b, c	Konstanten, Parameter
x, y, z	Variablen
ξ, η, ζ	Variablenwerte (unbestimmt, aber fest)
A, B, C	Aussagen, Mengen
w	wahr, TRUE
f	falsch, FALSE
$v(A)$	Wahrheitswert der Aussage A
$\neg$	Negation
$\wedge$	Konjunktion (sowohl ... als auch)
$\vee$	Disjunktion (entweder ... oder)
$\rightarrow$	Implikation
$\leftrightarrow$	Äquivalenz
$\{ \}$	Mengenklammer
ε	Element von, enthalten in
Ω	Universalmenge
$\emptyset$	leere Menge
$\mathbb{N}$	Menge der natürlichen Zahlen
$\mathbb{Z}$	Menge der ganzen Zahlen
$\mathbb{Q}$	Menge der rationalen Zahlen
$\mathbb{R}$	Menge der reellen Zahlen
$n(A)$	Mächtigkeit der Menge A
$\mathfrak{P}(A)$	Potenzmenge der Menge A
$\subseteq$	Teilmenge von
$\cup$	Vereinigung (ODER)
$\cap$	Durchschnitt (UND)
$\setminus$	Differenz
$\bar{A}$	Komplement von A
$A \times B$	kartesisches Produkt der Menge A mit der Menge B
$\mathbb{R}^n$	n-dimensionaler reeller Zahlenraum
$\forall$	Allquantor (für alle)
$\exists$	Existenzquantor (existiert ein)
∞	unendlich
i	imaginäre Zahl $= \sqrt{-1}$
$\sum$	Summenzeichen
$\prod$	Produktzeichen
$=$	Gleichheitszeichen
$\leqq$	Kleiner-Gleich-Zeichen
$<$	Kleiner-Zeichen
$>$	Größer-Zeichen

$\geqq$	Größer-Gleich-Zeichen
$\neq$	Ungleichheitszeichen
$\cong$	annähernd gleich
$n!$	n-Fakultät
$[\ ]$	abgeschlossenes Intervall
$(\ ], [\ )$	halboffene Intervalle
$(\ )$	offenes Intervall
$\lvert a \rvert$	absoluter Wert von a
$\binom{m}{n}$	Binomialkoeffizient
$f: X \rightarrow Y$	Abbildung, Funktion
$D(f)$	Definitionsbereich
$W(f)$	Wertebereich
$f(x)$	Funktion mit einer Veränderlichen
$f^{-1}(x)$	Umkehrfunktion
$p_n(x)$	Polynom n-ten Grades
x^n	Potenzfunktion
a^x	Exponentialfunktion zur Basis a
e^x	e-Funktion = Exponentialfunktion zur Basis e
$\log_a x$	Logarithmusfunktion zur Basis a
$\log x$	dekadische Logarithmusfunktion
$\ln x$	natürliche Logarithmusfunktion
$\sin x$	Sinusfunktion
$\cos x$	Cosinusfunktion
$\operatorname{tg} x$	Tangensfunktion
$\operatorname{ctg} x$	Cotangensfunktion
$\lceil x \rceil$	Gaußsche Klammer, Integerfunktion
$\max\{\ \}$	Maximumfunktion
$\min\{\ \}$	Minimumfunktion
$\operatorname{sign}(\ )$	Vorzeichenfunktion
$[a_n]$	Zahlenfolge mit allgemeinem Glied a_n
$\lim\limits_{x \to \xi}$	Grenzwert für x gegen ξ
$\lim\limits_{x \to \xi -}$	Grenzwert für x gegen ξ von links
$\lim\limits_{x \to \xi +}$	Grenzwert für x gegen ξ von rechts
$f(x)\rvert_{x=\xi}$	Funktionswert an der Stelle $x=\xi$
Δy	Differenz zweier y-Werte
$\frac{\Delta y}{\Delta x}$	Differenzenquotient
dy	Differential
$\frac{dy}{dx}$	Differentialquotient erster Ordnung

$\frac{d}{dx}$	Differentialoperator
$f'(x)$	erste Ableitung der Funktion $f(x)$ nach x
$\frac{d^2 y}{dx^2}$	Differentialquotient zweiter Ordnung
$f''(x)$	zweite Ableitung der Funktion $f(x)$ nach x
$\frac{d^n y}{dx^n}$	Differentialquotient n-ter Ordnung
$f^{(n)}(x)$	n-te Ableitung der Funktion $f(x)$ nach x
$\bar{f}(x)$	Durchschnittsfunktion
$e_{y,x}$	Elastizitätsfunktion von y bez. x
$f(x,y)$	Funktion mit zwei Veränderlichen
$f(x_1, x_2, \ldots, x_n)$	Funktion mit n Veränderlichen
$\frac{\partial z}{\partial x}$	partieller Differentialquotient erster Ordnung
$\frac{\partial}{\partial x}$	partieller Differentialoperator
f'_x	erste partielle Ableitung der Funktion $f(x,y)$ nach x
$\frac{\partial^2 z}{\partial x^2}$	reiner partieller Differentialquotient zweiter Ordnung
$\frac{\partial^2 z}{\partial x \partial y}$	gemischter partieller Differentialquotient zweiter Ordnung
f''_{xx}	zweite partielle Ableitung der Funktion $f(x,y)$ nach x
f''_{xy}	zweite gemischte partielle Ableitung der Funktion $f(x,y)$ nach x und y
df_x	partielles Differential der Funktion $f(x,y)$ nach x
df	totales Differential der Funktion $f(x,y)$
$D(x,y)$	*Hesse*sche Determinante
$\int$	Integralzeichen
$\int f(x)\,dx$	unbestimmtes Integral der Funktion $f(x)$
$F(x)$	Stammfunktion zur Funktion $f(x)$
$\int_a^b f(x)\,dx$	bestimmtes Integral der Funktion $f(x)$ von a bis b
$f(x)\Big\vert_a^b$	Differenz der Funktionswerte: $f(b)-f(a)$

Griechisches Alphabet

A	α	Alpha	I	ι	Iota	P	ϱ	Rho
B	β	Beta	K	κ	Kappa	Σ	σ	Sigma
Γ	γ	Gamma	Λ	λ	Lambda	T	τ	Tau
Δ	δ	Delta	M	μ	My	Υ	υ	Ypsilon
E	ε	Epsilon	N	ν	Ny	Φ	ϕ	Phi
Z	ζ	Zeta	Ξ	ξ	Xi	X	χ	Chi
H	η	Eta	O	o	Omikron	Ψ	ψ	Psi
Θ	θ	Theta	Π	π	Pi	Ω	ω	Omega

Kapitel 1 Mathematik – ein Hilfsmittel der Wirtschaftswissenschaften

Die Mathematik ist in allen wirtschaftswissenschaftlichen Curricula als propädeutisches Fach vorgesehen. Dies entspricht durchaus dem Verständnis, daß es sich bei der Mathematik eben *nur* um ein Hilfsmittel, ein Instrumentarium des Wirtschaftswissenschaftlers handelt. Dieses **nur** gilt es jedoch etwas sorgfältiger zu diskutieren. Für den Zimmermann ist der Hammer auch nur ein Werkzeug; er arbeitet primär mit dem Werkstoff Holz. **Ohne** Hammer würde sich der Zimmermann jedoch außerordentlich schwertun.

Ähnlich verhält es sich mit dem Wirtschaftswissenschaftler und der Mathematik. Sie ist nicht sein Tätigkeitsfeld, ihre Kenntnis erleichtert jedoch das Verständnis für viele Zusammenhänge in den Wirtschaftswissenschaften.

In diesem ersten kurzen Einleitungskapitel werden einige Gedanken über die Rolle der Mathematik als ein hilfreiches Instrument entwikkelt. Ähnlich wie in den vergangenen Jahrhunderten die Mathematik ein wichtiges Hilfsmittel der Physik war und sie auch umgekehrt maßgeblich beeinflußte (z.B. durch *Newton* (1642–1727), *Leibniz* (1646–1716) oder *Bernoulli* (1654–1705), um nur drei besonders bekannte Physiker **und** Mathematiker zu nennen), nimmt die Bedeutung der Mathematik mit der Verbreitung der elektronischen Datenverarbeitung in den Wirtschaftswissenschaften ständig zu (Abschnitte 1.1 und 1.2).

Am Beispiel der innerbetrieblichen Leistungsverrechnung wird der Einsatz der Mathematik illustriert (Abschnitt 1.3). In den meisten Unternehmen werden derartige Rechnungen heute routinemäßig durchgeführt. Im letzten Abschnitt 1.4 werden aus dem eingeschlagenen Lösungsgang einige prinzipielle Schritte abgeleitet, die sich in der demonstrierten oder in einer ähnlichen Vorgehensweise eigentlich immer wiederholen.

Dieses erste Kapitel soll motivieren, damit die Mathematik nicht länger im Studium der Wirtschaftswissenschaften als ein Ballast empfunden wird. In seiner Kürze kann es jedoch nur als Einführung dienen, überzeugen muß der nachfolgende Stoff.

1.1 Einführung

Die Mathematik wird in vielen Bereichen, zu denen bis vor nicht allzu langer Zeit auch die Wirtschaftswissenschaften zählten, nur zögernd, selten oder gar nicht angewendet. Dies überrascht insofern nicht, als viele wirtschaftswissenschaftliche Probleme tatsächlich erst durch den Einsatz der elektronischen Datenverarbeitung (EDV) lösbar wurden. Die Bedeutung der Mathematik in den modernen Wirtschaftswissenschaften – in der Volkswirtschaftslehre ebenso wie in der Betriebswirtschaftslehre – steigt in gleichem Maße, wie die Ausbreitung der EDV fortschreitet.

Um die Bedeutung der Mathematik als Hilfsmittel in den Wirtschaftswissenschaften erkennen zu können, ist vielleicht ein Blick auf ein anderes Gebiet, das sich seit Jahrhunderten der Mathematik sehr erfolgreich bedient, nützlich – und zwar auf die Physik.

Die Physik ist die Lehre von den Naturvorgängen unseres Weltsystems. An ihrem Anfang stand die Beobachtung von natürlichen Vorgängen, die man deuten und erklären wollte, um sie zu verstehen und um die Einflußfaktoren zu erkennen. Das wichtigste Hilfsmittel war hierfür lange Zeit **das Modell,** und zwar zunächst die physikalische Nachbildung unter Ausschluß aller unwesentlichen oder störenden Faktoren und in so vereinfachter Weise, daß der Physiker am Modell oder mit ihm Versuche durchführen konnte. Die Ergebnisse führten zum Verständnis des Phänomens, zur Entwicklung einer Theorie, zu neuen Annahmen und zu weiteren Erkenntnissen usw.

Die Möglichkeiten des physikalischen Modells waren im Verlauf der Entwicklung der modernen Physik sehr schnell erschöpft, weil man in Bereiche vorstieß, die auf der Erde in ihren wesentlichen Komponenten nicht mehr nachbildbar waren (z.B. die Planetenbewegung), weil die Modelle zu kompliziert und zu teuer oder weil die Experimente zu gefährlich wurden. Als Ausweg bediente sich der Physiker der Sprache der Mathematik, um die beobachteten Zusammenhänge in einer formalen Sprache zu beschreiben, wodurch die Voraussetzungen geschaffen wurden, das Problem mit Hilfe der Mathematik zu analysieren und Lösungen zu finden. An die Stelle des physikalischen Modells trat **das mathematische Modell** als Abbildung des Realitätsausschnitts; an die Stelle des Experiments trat die mathematische Lösung.

Beispiel: Als Beispiel wollen wir die gradlinige, gleichförmige Bewegung eines Körpers untersuchen. Er legt in der Zeit t den Weg x zurück, wobei er in gleichen aufeinanderfolgenden Zeitabschnitten Δt auf einer geraden Bahn immer gleich große Wege Δx durchläuft. Das Verhältnis

$$u = \frac{\Delta x}{\Delta t}$$

heißt Geschwindigkeit und ist im vorliegenden Fall konstant. Die Bewegungsgleichung lautet:

$$x = u \cdot t$$

Diese Gleichung beschreibt die gleichförmige Bewegung.

Der Differenzenquotient $\frac{\Delta x}{\Delta t}$ verliert bei nicht gleichförmiger Bewegung seinen Sinn. Geht man jedoch zu hinreichend kleinen Zeitabschnitten über und untersucht den Grenzwert für $\Delta t \to 0$, so ergibt sich ganz allgemein, d.h. auch bei beschleunigter oder verzögerter Bewegung, mit dem Differentialquotienten $u = \frac{dx}{dt}$ die Geschwindigkeit des Körpers zum Zeitpunkt t.

Die Gleichung $x = u \cdot t$ ist in diesem Beispiel das Modell, mit dessen Hilfe die Zusammenhänge zwischen Weg und Geschwindigkeit in Abhängigkeit von der Zeit analysiert werden. Die Mathematik stellt dazu das geeignete Instrumentarium, hier die Differentialrechnung, zur Verfügung. Die Sprache der Mathematik wird also benutzt, um ein Modell als Abbild der Realität zu erstellen. Danach kann der mathematische Kalkül eingesetzt werden, um mit Hilfe des Modells neue Erkenntnisse zu gewinnen.

In beiden Fällen ist die Mathematik **Hilfsmittel.** Allein der Mathematiker betreibt die Mathematik um ihrer selbst willen; der Physiker, der Wirtschaftswissenschaftler u.v.a. **wenden** die Mathematik an.

1.2 Die Bedeutung der Mathematik für den Wirtschaftswissenschaftler

In der Volks- und Betriebswirtschaftslehre spielt die Mathematik heute eine ähnlich bedeutsame Rolle wie in der Physik, mit dem Unterschied freilich, daß die Wirtschaftswissenschaften vermutlich erst am Beginn dieser Entwicklung stehen. Die Möglichkeiten des Einsatzes der EDV sind heute in ihrem vollen Umfang noch gar nicht absehbar. Einig sind sich die Fachleute allerdings, daß eine gediegene mathematische Grundausbildung eine hervorragende Voraussetzung für eine erfolgreiche Tätigkeit auf diesen Gebieten bietet.

- Um die wirtschaftswissenschaftlichen Zusammenhänge in der **Sprache** der Mathematik beschreiben zu können, muß man die **Syntax** und die **Semantik** dieser Sprache beherrschen. Das heißt, man muß die Elemente der Sprache und ihre Bedeutung kennen, wie z.B. Zahlen und Symbolik, Mengen, Operatoren, Graphen, Abbildungen, Funktionen usw.
- Ferner muß man die korrekten **Relationen** zwischen den Elementen aufstellen können, um mittels Gleichungen, Ungleichungen, Funktionen usw. das geeignete Modell zu formulieren.
- Man muß lernen, die Instrumente zu handhaben. Hierzu erwirbt man Kenntnisse der entsprechenden **Kalküle,** wie z.B. der Logik, der Mengenlehre, der Kombinatorik, der Analysis, der Linearen Algebra, der Wahrscheinlichkeitstheorie und der Statistik.
- Schließlich ist von wesentlicher Bedeutung, die **Einsatzmöglichkeiten** der Mathematik und der EDV zur Lösung wirtschaftswissenschaftlicher Probleme abschätzen und beurteilen zu können. Man muß erkennen, ob sich quantitative Methoden zur Problemlösung heranziehen lassen. Das Problem wird eingegrenzt und strukturiert, so daß es algorithmisch behandelbar wird. Wichtig ist auch, daß man den Aufwand und den Nutzen einer Problemlösung gegeneinander abwägen kann.

Am Beispiel der innerbetrieblichen Leistungsverrechnung sollen einige dieser Gedanken im folgenden Abschnitt illustriert werden.

1.3 Innerbetriebliche Leistungsverrechnung

Es handelt sich um ein kleines, überschaubares betriebswirtschaftliches Problem, an dem der Einsatz der Mathematik zur Modellierung und Analyse demonstriert wird.

Der betriebliche Istzustand

Die innerbetriebliche Leistungs- und Kostenverrechnung soll am Beispiel eines Unternehmens mit drei Produktionsbereichen dargestellt werden. Jeder Bereich (Kostenstelle) erstellt in der Abrechnungsperiode (z.B. Monat) bestimmte Leistungen, die der Einfachheit halber einheitlich in Leistungseinheiten (LE) gemessen werden (vgl. *Tab. 1.1*).

Kostenstelle	1	2	3
Erstellte Leistung in [LE]	600	300	400

Tab. 1.1: Leistungserstellung der Kostenstellen

Für die Leistungserstellung werden Rohstoffe, Einsatzstoffe usw. von außerhalb bezogen. Die hierfür anfallenden Kosten sind die **Primärkosten** der Kostenstelle im betrachteten Zeitraum (vgl. *Tab. 1.2*).

Kostenstelle	1	2	3
Primärkosten [GE/Monat]	1200	800	600

Tab. 1.2: Primärkosten der Kostenstelle

Zwischen den Kostenstellen findet ein Leistungsaustausch in der Form statt, daß die Bereiche für die eigene Leistungserstellung auch noch Leistungen der anderen und eventuell sogar des eigenen Bereichs benötigen. Man bezeichnet dies als **Leistungsverflechtung.** Die Leistungsaufnahme und Leistungsabgabe ist für die Kostenstelle $i=1$ in *Abb. 1.1* schematisch dargestellt.

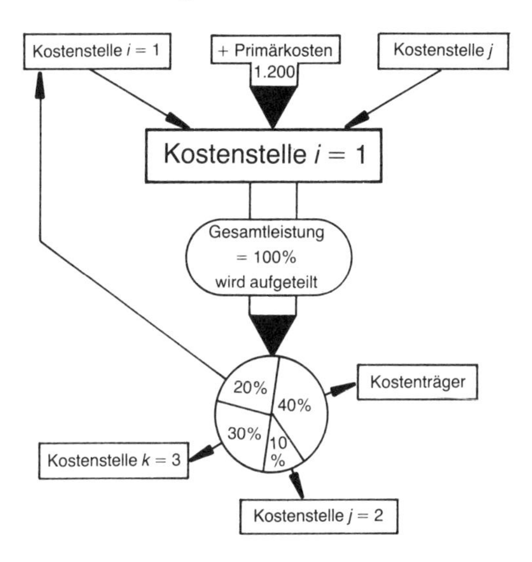

Abb. 1.1: Leistungsverflechtung der Kostenstelle i mit den Kostenstellen i, j, k und dem Kostenträger

Für die drei Bereiche läßt sich die Leistungsverflechtung ebenfalls sehr übersichtlich in Form eines Graphen zusammenfassen (vgl. *Abb. 1.2*).

Die Pfeile mit den Prozentangaben bedeuten, daß jeweils $p\%$ der Gesamtleistung der Kostenstelle (des Pfeilursprungs) an die Kostenstelle geht, auf die der Pfeil zeigt. 80% der Gesamtleistung des Bereiches 3 (=320 LE) gehen z.B. an den Kostenträger. Wir können uns hier Fertigfabrikate vorstellen, die verkauft werden sollen. Alle anderen Leistungen werden intern benötigt.

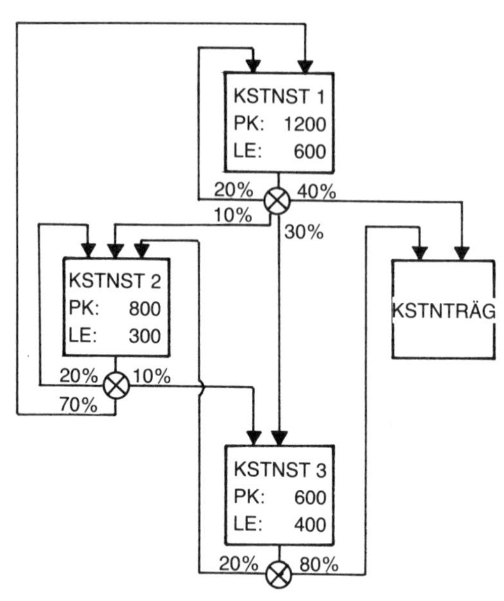

Abb. 1.2: Leistungsverflechtung der drei Bereiche und des Kostenträgers

Mit diesen Angaben ist ein recht praxisnaher Realitätsausschnitt beschrieben.

Das betriebswirtschaftliche Problem

Die drei Kostenstellen verbrauchen zusammen Rohstoffe und Betriebsstoffe für 2600 GE und liefern dafür 240 LE des Bereiches 1 und 320 LE des Bereiches 3. Alle anderen Leistungen werden intern verbraucht.

Durch die starke Leistungsverflechtung ist man nicht in der Lage, die Kosten direkt verursachungsgerecht aufzuteilen. Jede Kostenstelle nimmt Leistungen auf und gibt ihrerseits auch Leistungen ab.

Mit welchem Preis muß jede Leistungseinheit der verschiedenen Kostenstellen bewertet werden, so daß die Kostenstelle genau kostendeckend arbeitet?

Damit ist nach dem sogenannten **internen Verrechnungspreis** gefragt, mit dem Leistungen untereinander und gegenüber dem Kostenträger verrechnet werden.

Das mathematische Modell

Der Graph der *Abb. 1.2* ist bereits eine auf die wesentlichen Komponenten reduzierte Abbildung der Leistungsverflechtung einschließlich aller relevanten Daten. Tatsächlich werden in vielen Fällen graphische

Abbildungen als Modelle verwendet. Wir wollen in diesem Fall jedoch noch abstrakter werden und das System mit Hilfe mathematischer Gleichungen beschreiben.

Der **Leistungsfluß** kann vom Graph leicht in ein Rechteckschema übertragen werden, dessen Eintragungen sich aus dem Prozentsatz der Gesamtleistungen errechnen lassen (vgl. *Tab. 1.3*).

an \ von	KST 1	KST 2	KST 3
KST 1	120	210	0
KST 2	60	60	80
KST 3	180	30	0
KT	240	0	320
Gesamt	600	300	400

Tab. 1.3: Leistungsfluß
(KST = Kostenstelle; KT = Kostenträger)

Ein derartiges Zahlenschema kann als **Matrix** aufgefaßt werden, für die die Mathematik seit ca. 150 Jahren einen besonderen Kalkül entwickelt hat. Die Matrizenrechnung ist ein Teilgebiet der sogenannten **Linearen Algebra,** die im zweiten Band dieses Lehrbuchs behandelt wird.

Für die weitere Modellformulierung ist von zentraler Bedeutung, daß man über die **Variablen** des Modells völlige Klarheit gewinnt. Die Variablen sind diejenigen Größen, die Werte eines bestimmten Bereichs annehmen können (→ daher Variablen), deren endgültige Werte aber zunächst unbekannt sind (→ daher auch synonym **Unbekannte**). Man möchte sie i.d.R. im Rahmen der Problemlösung ermitteln, weshalb sie in Modellen häufig auch als **Entscheidungs-** oder **Strukturvariablen** bezeichnet werden.

Die Betonung der Bedeutung der Variablenauswahl mag im ersten Moment übertrieben klingen. Tatsächlich wird die mathematische Formulierung eines wirtschaftswissenschaftlichen Problems meist deshalb als schwierig empfunden, weil entweder Unklarheit über die Art der Variablen besteht, oder weil die Variablen nicht vollständig erfaßt sind. Eine einfache aber wirksame Faustregel ist, daß man diejenigen Größen als Variablen wählt, nach denen in der Problemformulierung gefragt wird. Dies klingt trivial, wird aber erfahrungsgemäß viel zu selten berücksichtigt.

Im vorliegenden Beispiel wird nach den Verrechnungspreisen gefragt. Folglich wählen wir sie als Variablen:

p_i = Verrechnungspreis der Kostenstelle i für $i = 1, 2, 3$

Mit der (korrekten) Wahl der Variablen ist meist die schwierigste Hürde der Modellierung genommen. Der nächste Schritt besteht aus der Formulierung der Beziehungen zwischen den Variablen und den übrigen Daten (Konstanten, Parametern etc.) des Modells. Solche Beziehungen, die synonym auch als **Relationen** bezeichnet werden, führen sehr häufig zu Gleichungen, z.T. auch zu Ungleichungen. Es sind jedoch auch ganz andere Formen möglich, um zwischen mehreren Größen Abhängigkeiten zu beschreiben.

Im Beispiel ergeben sich als Relationen die in den Wirtschaftswissenschaften besonders häufig auftretenden Bilanzgleichungen, hier in Form von Leistungsbilanzen. Sie führen fast immer auf lineare Gleichungen.

Für die Kostenstelle 1 lautet die Leistungsbilanz:

$$\begin{array}{lll} \text{Gesamtkosten} & = \text{Primärkosten} & + \text{Sekundärkosten} \\ 600p_1 & = 1200 & + 120p_1 + 210p_2 \end{array}$$

Die abgegebenen 600 LE werden intern mit dem Preis p_1 verrechnet. Die aufgenommenen Leistungen bestehen aus den primären Kosten plus den von den anderen Kostenstellen übernommenen Leistungen zu deren Verrechnungspreisen. Zusammen erhält man ein lineares Gleichungssystem:

$$\begin{aligned} 600p_1 &= 1200 + 120p_1 + 210p_2 \\ 300p_2 &= 800 + 60p_1 + 60p_2 + 80p_3 \\ 400p_3 &= 600 + 180p_1 + 30p_2 \end{aligned}$$

Es stellt das mathematische Modell des betrieblichen Istzustandes dar.

Die Analyse des Modells

Mit Hilfe des mathematischen Modells sucht man nun eine Lösung des betriebswirtschaftlichen Problems.

Wie lauten die internen Verrechnungspreise der Leistungseinheiten?

Die Variablen und die Gleichungen waren so formuliert worden, daß die Lösung des linearen Gleichungssystems die gesuchten Verrechnungspreise ergibt. Somit stellt sich nun „nur noch" die mathematische Aufgabe, das Gleichungssystem zu lösen.

In diesem Zusammenhang sei noch einmal auf den Unterschied zwischen Mathematik und der Anwendung der Mathematik hingewiesen. Bereits in der Schule lernt man, Gleichungssysteme mit der Substitutions- oder Eliminationsmethode zu lösen. Das System ist dort meistens gegeben, gesucht ist vor allem seine Lösung. Damit ist eine mathematische Aufgabe gestellt, die bei mehreren tausend Gleichungen durchaus nicht trivial zu sein braucht.

Der Wirtschaftswissenschaftler, der die Mathematik anwendet, wird sich primär nicht so sehr für das letzte Detail des Lösungsverfahrens interessieren, sondern für die Umsetzung seines wirtschaftswissenschaftlichen Problems in eine Form, die der Behandlung durch die Mathematik zugänglich wird. Freilich wird er, um die **Lösbarkeit** des mathematischen Problems erkennen zu können, auch die Lösungsmethoden selbst lernen wollen. Die Kosten einer Lösung sollten stets ihrem Nutzen gegenübergestellt werden. Man muß also auch die **Effizienz** eines Verfahrens abschätzen können. Daher ist es i.d.R. sinnvoll, wenn nicht sogar notwendig, auch die mathematische Methode zu kennen, mit deren Hilfe man sein wirtschaftswissenschaftliches Problem löst.

Als Lösung des Gleichungssystems erhält man:

$p_1 = 5{,}1432 \qquad p_2 = 6{,}0417 \qquad p_3 = 4{,}2676$

Sinnvoll gerundet stellen diese Größen die gesuchten Verrechnungspreise dar. Für den Kostenträger ist besonders wichtig, daß er die Kosten den Leistungseinheiten verursachungsgerecht zurechnen kann. Da an keiner Kostenstelle ein Gewinn oder Verlust entstanden ist, ergeben die an den Kostenträger abgegebenen Leistungen bewertet mit ihren Verrechnungspreisen gerade die Summe aller Primärkosten:

$240\,p_1 + 320\,p_3 = 240 \cdot 5{,}14 + 320 \cdot 4{,}27 = 2600$

1.4 Prinzipielle Vorgehensweise bei der Anwendung der Mathematik

Die prinzipielle Vorgehensweise bei der Anwendung der Mathematik zur Erklärung und Analyse ökonomischer Zusammenhänge oder zur Vorbereitung von Entscheidungen entspricht in den meisten Fällen dem Weg, der bei der Bestimmung der Verrechnungspreise eingeschlagen wurde. In der *Abb. 1.3* sind die Phasen noch einmal verdeutlicht.

- Die wirtschaftswissenschaftliche Fragestellung wird formuliert.
- Das reale Problem wird abgegrenzt, die wesentlichen Komponenten und Systemzusammenhänge werden beschrieben, die relevanten Daten werden gesammelt.
  Damit ist ein Realitätsausschnitt dargestellt.

Beide Punkte erfordern eine gute Problemkenntnis und Vertrautheit mit der Problemumwelt. Die Methoden der **Systemanalyse** dienen der Erhebung und Abgrenzung des Istsystems. Es ergibt sich die Formulierung eines Problems.

- Die **Problemanalyse** führt zur Formulierung des Modells. Meistens werden dabei die Phasen **Graphische Abbildungen → Definition von Variablen und Parametern → Datensammlung → Formulierung der Beziehungen** durchlaufen. Typischerweise ist das Ergebnis ein Gleichungs- oder Ungleichungssystem, jedoch können sich auch rein verbal formulierte Modelle (z.B. sog. Szenarios) oder in speziellen Sprachen (insbesondere Programmiersprachen!) beschriebene Modelle ergeben. Manchmal werden anhand von graphischen Modellen Lösungen direkt erarbeitet, d.h. ohne dabei den Umweg über ein Gleichungssystem zu beschreiten.

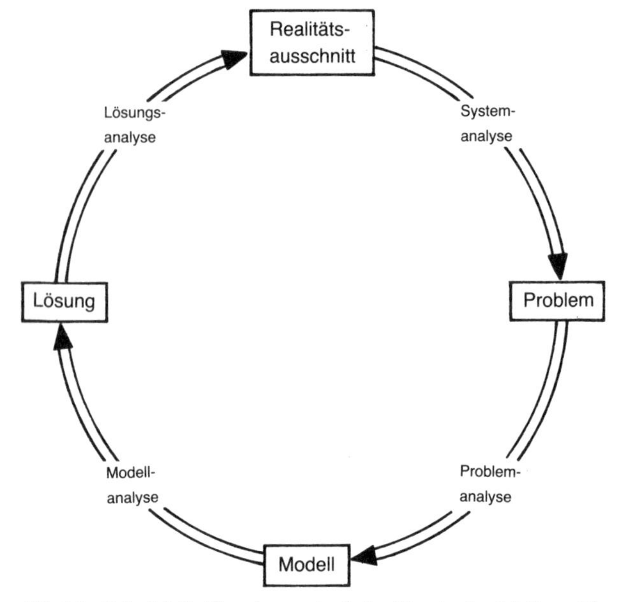

Abb. 1.3: Prinzipielle Vorgehensweise beim Einsatz der Mathematik

Die Modellformulierung wird erfahrungsgemäß als besonders schwierig empfunden. Man erinnere sich nur an die Textaufgaben der eigenen Schulzeit. Die Umsetzung des Problems in eine mathematische Form setzt gute Mathematikkenntnisse und einen sicheren Umgang mit dem Instrument Mathematik voraus. Kreativität und Erfahrung sind wesentliche Fähigkeiten, die für die Modellbildungsphase erforderlich sind.

- Die **Modellanalyse** besteht i.d.R. aus der Lösung eines mathematischen Problems, d.h. dem Lösen eines Gleichungssystems, eines Integrals, einer Differentialgleichung o.ä.

Hierzu benötigt man Kenntnisse auf dem Gebiet mathematischer Verfahren einschließlich des Wissens um Voraussetzungen und Einschränkungen, unter denen sie eingesetzt werden können. Meistens sind Programmierkenntnisse nützlich.

- Als letzter Schritt folgt die problemgerechte Interpretation der Ergebnisse, **die Lösungsanalyse.**

Spätestens an diesem Punkt, i.d.R. jedoch schon in der vorausgegangenen Phase, wird man fragen, ob das gefundene Ergebnis die Lösung des realen betrieblichen Problems darstellt. Unter Umständen muß man Teile des Modells ändern, Einschränkungen des Problems vornehmen oder gar den Istzustand neu beschreiben.

Anhand des Beispiels der Berechnung interner Verrechnungspreise wurde der Einsatz von mathematischen Modellen und Verfahren demonstriert. Diese Phasen werden in der gezeigten oder in einer ähnlichen Weise immer wieder durchschritten. Es ist das Ziel dieses Lehrbuches ‚Mathematik für Wirtschaftswissenschaftler', das Rüstzeug bereitzustellen, um alle Schritte durchlaufen zu können. Nicht die Mathematik, sondern die **Anwendung der Mathematik** soll in den folgenden Kapiteln behandelt werden.

Aufgaben zum Kapitel 1

Die folgenden Aufgaben befassen sich ausschließlich mit der Modellierung einfacher Zusammenhänge mit Hilfe mathematischer Symbolik. Die beschriebenen Sachverhalte sollen also mit Gleichungen dargestellt werden, wobei es häufig wesentlich darauf ankommt, die richtige(n) Variable(n) zu wählen. Mit den Sachverhalten sind insbesondere noch keine mathematischen Probleme formuliert, die zu lösen sind, sondern es sind lediglich funktionale Abhängigkeiten formal zu beschreiben.

Setzen Sie zur Kontrolle die vorbereiteten Zahlenwerte ein.

Aufgabe 1.1

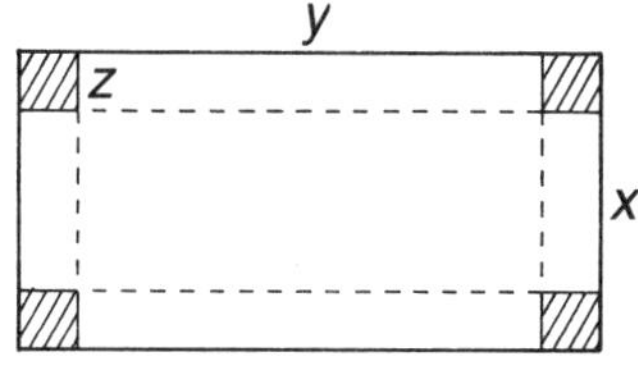

Abb. 1.4: Schnitt- und Faltmuster für die Schachtel

Aus einem rechteckigen Karton mit den Kantenlängen x und y sollen an den Ecken vier gleich große Quadrate (in *Abb. 1.4* schraffiert) ausgeschnitten werden, so daß durch Auffalten des stehengebliebenen Randes entlang der gestrichelten Linien eine offene Schachtel entsteht.

(a) Beschreiben Sie den Rauminhalt der Schachtel in Abhängigkeit der Randhöhe z (= Kantenlänge) des ausgeschnittenen Quadrates.
(b) Welcher Schachtelinhalt ergibt sich für $x = 12$ cm, $y = 24$ cm und $z = 3$ cm?

Aufgabe 1.2

Eine Fahrkarte ist rechteckig mit den Kantenlängen l und b. Bei halbem Fahrpreis wird ein Teil der Fahrkarte entlang der Schnittlinie $\overline{S_1S_2}$ abgeschnitten (vgl. *Abb. 1.5*).

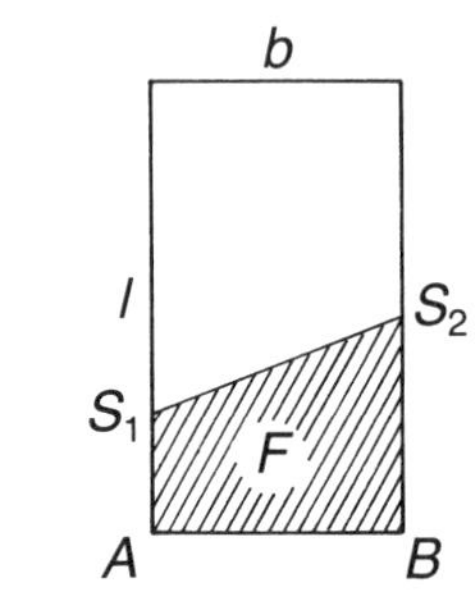

Abb. 1.5: Schnittmuster für Fahrkarte

(a) Drücken Sie die Fläche des schraffierten Abschnittes in Abhängigkeit der Kantenlänge $\overline{AS_1}$ aus, wenn der Schnitt stets so gelegt werden soll, daß die Kantenlänge $\overline{BS_2}$ genau 50% größer ist als $\overline{AS_1}$.
(b) Berechnen Sie die Fläche für $l = 5$ cm, $b = 3$ cm und $\overline{AS_1} = 2$ cm.

Aufgabe 1.3

Eine Konservendose habe in der Grundfläche die Form eines Rechtecks mit zwei an den Schmalseiten angesetzten Halbkreisen. Die Gesamtlänge der Dose sei l, die Breite sei b, und ihre Höhe betrage h (vgl. *Abb. 1.6*).

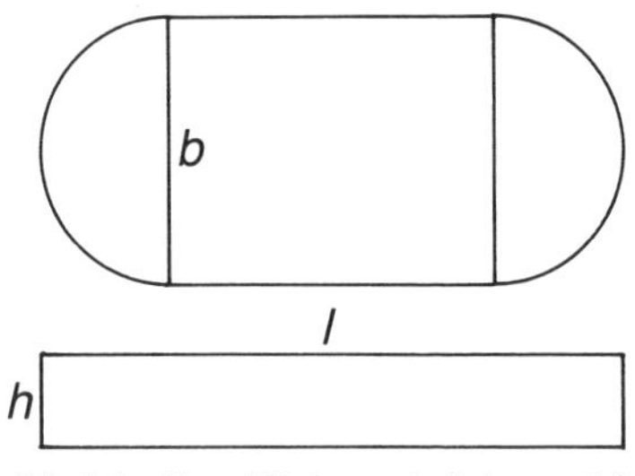

Abb. 1.6: Grundfläche und Seitenansicht der Konservendose

(a) Bestimmen Sie (unter Vernachlässigung der Blechstärke) die Oberfläche F und das Volumen V der Dose in Abhängigkeit der drei gegebenen Parameter b, l und h.
(b) Wie lauten die Formeln für F und V in Abhängigkeit von b, wenn die Abmessungen in einem bestimmten Verhältnis zueinander stehen sollen, z.B. $h : b : l = 1 : 3 : 6$?

Aufgabe 1.4

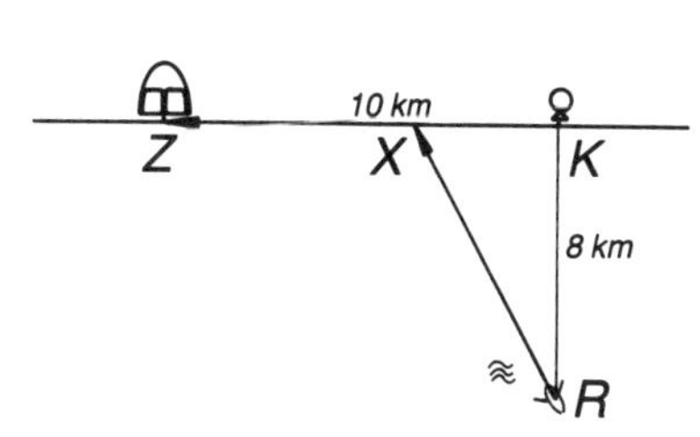

Abb. 1.7: Ausgangs- und Zielpunkt des Ruderers

Ein Mann befindet sich in einem Ruderboot R vor einer gradlinigen Küste. Der Abstand zum nächsten Küstenpunkt K beträgt 8 km. Er möchte zum Zielort Z, der vom Punkt K genau 10 km entfernt liegt (vgl. *Abb. 1.7*).

Der Mann rudert mit der Geschwindigkeit von 3 km/h auf den Punkt X der Küste zu, der zwischen K und Z liegt. Sobald er die Küste erreicht, läuft er mit einer Geschwindigkeit von 5 km/h auf den Zielpunkt zu.

(a) Wie lange ist der Mann in Abhängigkeit der Lage des Punktes X von R nach Z unterwegs?
(b) Welche Zeit benötigt er z.B., wenn er den Punkt X ansteuert, der von K 2 km entfernt liegt?

Aufgabe 1.5

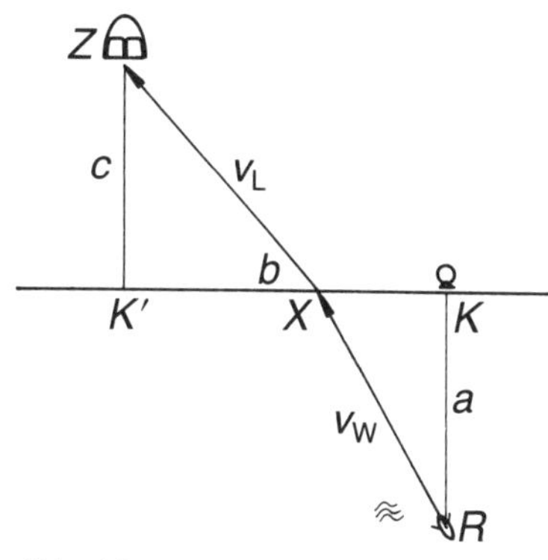

Abb. 1.8: Ausgangs- und Zielpunkt des zweiten Ruderers

Die Aufgabe 1.4 soll etwas modifiziert werden. Der Abstand des Ruderers vom Küstenpunkt K betrage a, seine Rudergeschwindigkeit v_w. Er möchte nun einen Zielpunkt Z im Landesinnern erreichen, der im Küstenabstand $\overline{KK'}=b$ und von dort senkrecht im Landesinneren im Abstand c liegt. Querfeldein kommt der Mann mit einer Geschwindigkeit v_L voran (vgl. *Abb. 1.8*).

(a) Bestimmen Sie die Reisezeit des Mannes in Abhängigkeit der Lage des Landungspunktes X.
(b) Welche Zeit ergibt sich für $a=8\,\text{km}$, $b=10\,\text{km}$ und $c=12\,\text{km}$, $v_w=3\,\text{km/h}$, $v_L=4\,\text{km/h}$ und $\overline{XK}=2\,\text{km}$?

Aufgabe 1.6

Wir betrachten ein einfaches Lagerhaltungsmodell. Die Menge m Mengeneinheiten [ME] eines Gutes wird pro Jahr gleichmäßig verbraucht. Es werden in regelmäßigen Abständen x ME bestellt, wobei die Kosten jedes Bestellvorganges E DM betragen.

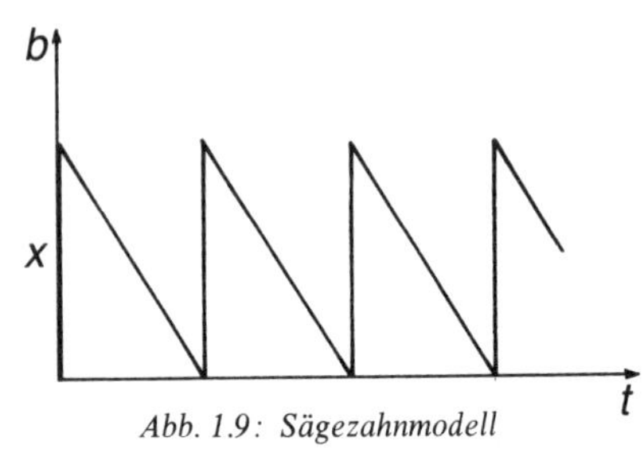

Abb. 1.9: Sägezahnmodell

Der Lagerbestand b kann in diesem Fall durch das sogenannte Sägezahnmodell der *Abb. 1.9* beschrieben werden.

Der Stückpreis des Gutes betrage s DM/ME, und der Wert des im Lager gebundenen Kapitals werde mit p % im Jahr verzinst.

(a) Drücken Sie die Summe der Bestell- und Lagerkosten (= Gesamtkosten) in Abhängigkeit der Bestellmenge x aus.

(b) Wie lauten die Gesamtkosten für $m = 800$ ME, $E = 12{,}50$ DM, $s = 20{,}-$ DM/ME, $p = 10\%$ und $x = 80$ ME bzw. $x = 200$ ME?

Aufgabe 1.7

In einem Haus sollen über eine Rohrleitung die Punkte B und C vom Anschluß A aus versorgt werden. Dazu wird eine Leitung, deren Kapazität zur Versorgung beider Punkte ausreicht, von A aus bis zum Verteiler V verlegt. Diese Leitung kostet p_{AV} DM/m.

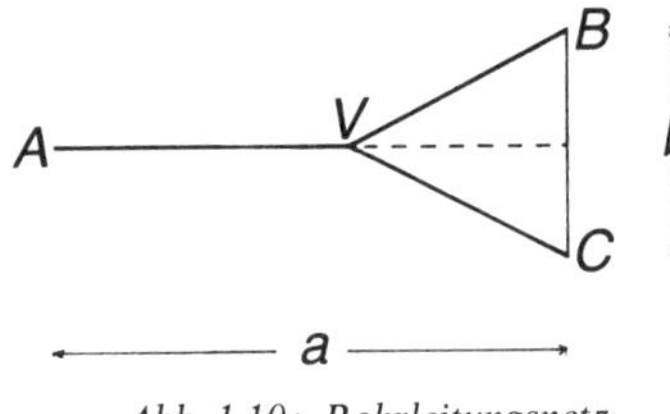

Abb. 1.10: Rohrleitungsnetz

Vom Verteiler aus werden B und C durch Leitungen geringerer Kapazitäten verbunden, die p_{VB} DM/m und p_{VC} DM/m kosten. Die Lage der Punkte ist durch die Abstände a und b in der *Abb. 1.10* gekennzeichnet.

(a) Was kostet die Verbindung in Abhängigkeit der Lage des Verteilers?

(b) Welche Kosten ergeben sich für die Zahlenwerte:

$a = 10$ m, $b = 6$ m,
$p_{AV} = 20{,}-$ DM/m, $p_{VB} = 16{,}-$ DM/m,
$p_{VC} = 14{,}-$ DM/m und $\overline{AV} = 4$ m?

Aufgabe 1.8

In einem Ort können drei Kunden K_1, K_2 und K_3 von zwei Lieferanten L_1 und L_2 mit Heizöl beliefert werden. Der Transport einer Tonne (t) vom Lieferanten L_i zum Kunden K_j kostet c_{ij} DM/t. Diese Kosten sind in der *Tab. 1.4* zusammengestellt.

von \ an	K_1	K_2	K_3
L_1	45	80	140
L_2	70	145	95

Tab. 1.4: Transportkosten

Die Kunden benötigen 71 t (K_1), 133 t (K_2) bzw. 96 t (K_3), während die Lieferanten 103 t (L_1) bzw. 197 t (L_2) verfügbar haben.

Es sei x_{ij} die Heizölmenge, die vom Lieferanten L_i zum Kunden K_j transportiert wird. Formulieren Sie folgende Aussagen:

(i) Es soll exakt die Menge zum Kunden K_j transportiert werden, die dieser benötigt.

(ii) Es kann nicht mehr vom Lieferanten L_i geliefert werden, als dieser verfügbar hat.

(iii) Drücken Sie die gesamten Transportkosten in Abhängigkeit der Transportmengen aus.

Kapitel 2 Elementare Begriffe und Instrumente

Bevor einzelne Teilgebiete der Analysis eingehender diskutiert werden, sollen in diesem Kapitel Grundbegriffe erläutert werden, die sozusagen zur mathematischen Allgemeinbildung gehören. In der Regel handelt es sich hierbei um Stoff, der häufig schon in der Schule behandelt wird. Leider ist er jedoch nicht Bestandteil aller Lehrpläne, so daß sich eine Kurzdarstellung nicht umgehen läßt.

Die hier dargestellten elementaren Begriffe und Instrumente werden in den folgenden Kapiteln eher beiläufig verwendet, d.h. ohne daß auf sie noch einmal direkt Bezug genommen wird. Sie werden daher nur äußerst knapp diskutiert. Der an darüber hinausgehenden Fragen interessierte Leser sei auf die sehr umfangreiche Literatur der entsprechenden Gebiete verwiesen.

Im ersten Abschnitt werden die Grundbegriffe der **Aussagenlogik** vermittelt. Besonderer Wert wird dabei auf die begriffliche Einführung gelegt. Logische Operationen und Schlußfolgerungen, ihre Verknüpfung und Auswertung mittels Wahrheitstafeln sowie schließlich die Anwendung dieses Instrumentariums in mathematischen Beweisen sind auf wenigen Seiten skizziert.

Der Abschnitt 2.2 befaßt sich mit den Grundlagen der **Mengenlehre.** Auch hier wird mehr Wert auf die begriffliche Einführung gelegt als auf eine eingehende Darstellung von Operationen und ihre Wirkungen.

Der Umgang mit dem sehr nützlichen Summensymbol bereitet am Anfang erfahrungsgemäß etwas Schwierigkeiten. Aus diesem Grund wurde der dritte Abschnitt eingeführt und mit **Grundlagen der Arithmetik** überschrieben. Einen zweiten Schwerpunkt bilden Ungleichungen, die bei ökonomischen Problemen sehr häufig benutzt werden.

Im vierten Abschnitt werden einige häufig benutzte Ergebnisse der **Kombinatorik** dargestellt. Dieses Gebiet beschäftigt sich mit dem Abzählen möglicher Anordnungen bestimmter Elemente. Es werden Permutationen, Variationen und Kombinationen behandelt, die eine Rolle in der Wahrscheinlichkeitstheorie und Statistik spielen.

Der letzte Abschnitt ist schließlich **Zahlensystemen** gewidmet. Unser normales Zahlensystem hat sich nicht durchweg als geeignet erwiesen. In der EDV werden vor allem das Dualsystem, das Oktalsystem und das Sedezimalsystem verwendet.

2.1 Aussagenlogik

Die Logik ist die Lehre vom folgerichtigen Denken, d.h. vom richtigen Schließen aufgrund gegebener Aussagen. Sie ist ursprünglich ein Teilgebiet der Philosophie und geht auf den griechischen Philosophen *Aristoteles* (384–322 v. Chr.) zurück. Mit Hilfe eines einfachen Formalismus werden Aussagesätze in eine der Mathematik zugängliche Form transformiert und damit im Prinzip in einem Modell abgebildet. Ein Aussagenkalkül wurde entwickelt, der dann die formale Überprüfung des Aussagengehaltes, d.h. des Wahrheitswertes, gestattet. Mit anderen Worten, man lernt, logische Aussagen zu verknüpfen und sie auszuwerten.

Die sog. Aussagenlogik ist wiederum ein Teilgebiet der mathematischen Logik.

2.1.1 Einführung

Die menschliche Sprache kennt verschiedene Arten von Sätzen, u.a.

- den Fragesatz, z.B. „Regnet es?“
- den Aufforderungssatz, der einen Wunsch oder einen Befehl ausdrückt, z.B. „Wäre sie schon hier!“ oder „Gib mir das Buch!“
- den Aussagesatz, z.B. „Es regnet.“

Die Aussagenlogik befaßt sich – wie schon der Name andeutet – mit **Aussagesätzen,** die sich von den übrigen besonders dadurch unterscheiden, daß sie einen objektiven Wahrheitswert (Wahrheitsgehalt) haben, d.h. eine Aussage ist entweder wahr oder falsch. Die Aussage „Es regnet“ ist unter Berücksichtigung örtlicher und zeitlicher Beschränkungen eindeutig beantwortbar. Sie ist wahr, wenn es wirklich regnet, und sie ist falsch, wenn es eben nicht regnet.

▶ Eine *Aussage A* ist ein Satz, der entweder wahr oder falsch ist.

Aussagen werden im folgenden stets mit großen lateinischen Buchstaben bezeichnet.

Die Qualifikation der Aussage, d.h. wahr oder falsch zu sein, wird als **Wahrheitswert** bezeichnet. Man muß in diesem Zusammenhang sein Verständnis von einem Wert u.U. dahingehend erweitern, daß es außer den **kardinalen** Werten (Zahlen) auch **nominale** Werte (qualifizierende Merkmale, wie gut, schlecht, männlich, weiblich, wahr, falsch, etc.) gibt. Genauso wie einer Variablen x ein Wert zugeordnet wird ($x = 10$) kann man einer logischen Variablen, die auch als *Boole*sche Variable bezeichnet wird (s. unten), einen Wert zuordnen.

► Der *Wahrheitswert* einer Aussage A ist *wahr* oder *falsch*. Man schreibt auch:

$v(A) = \text{wahr}$ bzw. $v(A) = \text{falsch}$

Alternative Wertbezeichnungen sind
- für wahr: w, TRUE, 1
- für falsch: f, FALSE, 0

Die Bezeichnungen TRUE/FALSE bzw. 1/0 sind besonders in der EDV üblich.

Der Wahrheitswert einfacher Aussagen läßt sich i.d.R. problemlos feststellen. Jedoch lassen sich Aussagen auch logisch verknüpfen, womit man sehr schnell zu verwirrenden und häufig unübersichtlichen Aussagen kommt. Gute Beispiele für bewußt kompliziert konstruierte Aussagen sind die Rätsel in Zeitschriften, z.B. die bekannten Logeleien von Zweistein in der Wochenzeitschrift *Die Zeit*. Eine **zusammengesetzte** Aussage liegt vor, wenn mehrere Aussagen durch die zulässigen Verknüpfungsoperatoren **und** bzw. **oder** unter Einbeziehung der Negation **nicht** miteinander verbunden werden.

Ein Beispiel für eine zusammengesetzte Aussage ist:

„Wenn es nicht regnet oder schneit, geht Hans sonntags wandern"

Hier sind drei Aussagen miteinander verknüpft:

A: „Es regnet"
B: „Es schneit"
C: „Hans geht sonntags wandern"

Der Wahrheitsgehalt der zusammengesetzten Aussage ist offenbar wahr, wenn es nicht regnet und nicht schneit und Hans wandern geht, bzw. falsch, wenn es nicht regnet und nicht schneit, und Hans nicht wandern geht.

Weniger offensichtlich ist indes, daß die Aussage stets wahr ist, wenn Hans sonntags wandern geht, gleichgültig wie das Wetter ist. Der scheinbare Widerspruch klärt sich, wenn man zwischen der Aussage und dem Wahrheitswert zu unterscheiden gelernt hat.

Der sichere Umgang mit einfachen zusammengesetzten Aussagen gehört sozusagen zum täglichen Leben. In der Umgangssprache findet man regelmäßig bemerkenswerte Beispiele für unzulässige logische Schlußfolgerungen und Fehlinterpretationen. Aus dem Satz „Wenn Hans zur Schule geht, ist er älter als vier Jahre", der sicherlich wahr ist, darf man nicht schließen, daß Hans zur Schule geht, wenn er älter als vier Jahre ist, also etwa im Alter von 47 Jahren.

Eine grundlegende Bedeutung hat die Aussagenlogik in der EDV gewonnen. EDV-Anlagen sind praktisch ausschließlich aus sog. binären Bausteinen konstruiert, die also nur zwei Zustände kennen: magnetisiert oder nicht, Strom oder nicht Strom, usw. Auf der Grundlage der mathematischen Logik können diese Bauelemente jedoch zu beliebig komplizierten Baugruppen zusammengesetzt werden. Der Zustand der Baugruppe wird logisch aus den Zuständen der Bauelemente gefolgert.

Die formalen Grundlagen hierfür wurden Mitte des 19. Jahrhunderts von dem englischen Mathematiker *George Boole*[1] geschaffen. Seine Arbeiten markieren den Beginn der **logischen Algebra,** die zu seinen Ehren auch als ***Boole*sche Algebra** oder mit Bezug auf die heute wichtigste Anwendung in der EDV auch als **Schaltalgebra** bezeichnet wird.

2.1.2 Logische Verknüpfungen

Die Satzaussage wurde vorne bereits definiert. Sie kann nur wahr oder falsch sein, d.h. es existiert kein dritter Wert (= Prinzip vom ausgeschlossenen Dritten). Ferner kann sie nicht sowohl wahr als auch falsch sein, d.h. nicht beide möglichen Zustände (ganz oder teilweise!) gleichzeitig annehmen (= Prinzip vom ausgeschlossenen Widerspruch).
Im Moment und am Ort der Aussage regnet es, oder es regnet nicht, wobei Regen eindeutig definiert sein muß. Nieselregen ist auch Regen, und Nebel ist definitionsgemäß kein Regen usw.

Einer Aussage A lassen sich also **genau zwei Zustände** zuordnen, die wir mit Hilfe einer kleinen Liste *(Tab. 2.1)* erfassen.

Aussage	A
mögliche Werte	w f

Tab. 2.1: Wahrheitswerte einer Aussage

Diese Liste wird als **Wahrheitstafel** bezeichnet, deren Nutzen etwas später deutlich wird.

Negation

Die Umkehrung des Wahrheitswertes einer Aussage ist ihre Verneinung oder **Negation.** Die Negation der Aussage A: „Es regnet" ist $\neg A$: „Es regnet nicht".

▸ *Die Negation* der Aussage A heißt „nicht A" und wird mit $\neg A$ bezeichnet.

[1] *George Boole* (1815–1864): The Mathematical Analysis of Logic being an Essay towards a Calculus of Deductive Reasoning, Cambridge 1847

Eine andere häufig verwendete Bezeichnung der Negation von A ist $\bar{A}$. Die Negation $\neg A$ ist wahr, wenn A falsch ist; sie ist falsch, wenn A wahr ist. Es ergibt sich die Wahrheitstafel der *Tab. 2.2.*

Zustände	Negation
A	$\neg A$
w	f
f	w

Tab. 2.2: Wahrheitstafel der Negation

Ähnlich wie in der Algebra Zahlen oder Variablen durch die Operationen Addition, Multiplikation usw. verknüpft werden, kann man auch Aussagen mit Hilfe der Operationen **Konjunktion** und **Disjunktion** zusammensetzen, so daß eine neue Aussage entsteht. Man unterscheidet dann entsprechend zwischen elementaren und zusammengesetzten Aussagen.

Konjunktion

► Die Verknüpfung zweier Aussagen A, B durch das logische *UND* heißt *Konjunktion.* Sie wird durch das Zeichen $\wedge$, in der EDV durch das Wort AND und in der allgemeinen Sprache durch die Verbindung „sowohl ... als auch ...“ hergestellt: $A \wedge B$.

Die Konjunktion zweier Aussagen $A \wedge B$ ist wahr, wenn beide Aussagen wahr sind; sie ist falsch, wenn mindestens eine beider Aussagen falsch ist.

Listet man alle möglichen Wertekombinationen der beiden Elementaraussagen (= Zustände) auf, und ordnet man ihnen den jeweiligen Wahrheitswert der zusammengesetzten Aussage zu, so erhält man eine **Wahrheitstafel** (siehe Abschnitt 2.1.4), deren allgemeiner Aufbau in *Tab. 2.3* dargestellt ist.

	Aussagen		
	Elementare		Zusammengesetzte
	A	B	
alle verschiedenen Kombinationen von Wahrheitswerten	w w usw.	w f	Wahrheitswert der zusammengesetzten Aussage

Tab. 2.3: Prinzipieller Aufbau einer Wahrheitstafel

Für die Konjunktion ergibt sich demnach *Tab. 2.4.*

Zustände		Konjunktion
A	B	$A \wedge B$
w	w	w
w	f	f
f	w	f
f	f	f

Tab. 2.4: Wahrheitstafel der Konjunktion

Bei zwei verknüpften Aussagen ergeben sich 2^2 verschiedene Kombinationen von Wahrheitswerten, bei drei verknüpften Aussagen 2^3 Kombinationen usw.

Beispiel: A: „Eva ist in der Stadt"
B: „Eva kauft ein"

Die Aussage $A \wedge B$: „Eva ist in der Stadt und kauft ein" ist wahr nur dann, wenn beide Aussagen wahr sind; sonst ist sie immer falsch.

Disjunktion

▶ Die Verknüpfung zweier Aussagen A, B durch das logische *ODER* heißt *Disjunktion.* Sie wird durch das Zeichen $\vee$, in der EDV durch das Wort OR und in der allgemeinen Sprache durch die Verbindung „entweder ... oder ... oder beides" hergestellt: $A \vee B$.

Die Disjunktion zweier Aussagen $A \vee B$ ist wahr, wenn mindestens eine der beiden Aussagen wahr ist;[2] sie ist falsch, wenn beide Aussagen falsch sind. Man erhält somit die Wahrheitstafel in *Tab. 2.5.*

Zustände		Disjunktion
A	B	$A \vee B$
w	w	w
w	f	w
f	w	w
f	f	f

Tab. 2.5: Wahrheitstafel der Disjunktion

[2] Man unterscheidet manchmal zwischen der (hier dargestellten) einschließenden und der ausschließenden Disjunktion. Beim ausschließenden ODER ist die zusammengesetzte Aussage wahr, wenn genau eine der beiden Aussagen wahr ist. Sie ist also falsch, wenn entweder beide Aussagen wahr oder beide Aussagen falsch sind.

Wir wollen diese Unterscheidung nicht vornehmen, sondern uns der z.B. in der EDV üblichen Regelung anschließen und nur das einschließende ODER verwenden.

Beispiel: A: „Eva ist in der Stadt"
B: „Eva kauft ein"

Die Aussage $A \vee B$: „Eva ist in der Stadt, oder sie kauft ein" ist falsch nur dann, wenn Eva nicht in der Stadt ist und nicht einkauft; sonst ist sie immer wahr.

2.1.3 Logische Folgerungen

In der mathematischen Logik spielen **Schlußfolgerungen** von dem Wahrheitswert einer Aussage auf den einer anderen eine besonders wichtige Rolle. Im Prinzip beruht die gesamte mathematische Beweistechnik auf einer Kette zulässiger Schlußfolgerungen:

- Wenn die Aussage A gilt, dann gilt auch die Aussage B.
- Unter der Voraussetzung von A gilt B.
- A ist wahr, wenn B wahr ist usw.

In der Umgangssprache begegnet man ebenfalls häufig derartigen „wenn ... dann ..."-Aussagen:

- Wenn es morgen nicht regnet, fahre ich Fahrrad.
- Wenn Hans zur Schule geht, ist er älter als vier Jahre.
- Unter der Voraussetzung, daß ich eine Karte bekomme, gehe ich zum Fußballspiel.
- Die Mannschaft BM gewinnt das Fußballspiel gegen HS, vorausgesetzt, BM schießt ein Tor mehr als HS.

Diese Aussagen sind Beispiele für **Implikationen.**

Implikation

► Die Verknüpfung zweier Aussagen A, B durch „wenn A, dann B" heißt *Implikation*. Sie wird durch den Pfeil ($\rightarrow$) dargestellt: $A \rightarrow B$.

Die Aussage A heißt die **Voraussetzung (Prämisse),** die Aussage B ist die **Schlußfolgerung (Konklusion),** d.h. wenn A wahr ist, dann ist auch B wahr. Man beachte besonders, daß damit **nicht** impliziert ist: wenn A falsch ist, dann ist auch B falsch. Die zusammengesetzte Aussage ist nur dann falsch, wenn aus einer wahren Voraussetzung die falsche Schlußfolgerung gezogen wird. Somit erhält man die Wahrheitstafel in *Tab. 2.6*.

Zustände		Implikation
A	B	$A \rightarrow B$
w	w	w
w	f	f
f	w	w
f	f	w

Tab. 2.6: Wahrheitstafel der Implikation

Die Aussage A ist **hinreichende Bedingung** für die Aussage B, während B **notwendige Bedingung** für die Aussage A ist.

Beispiele: 1. A: „Hans geht zur Schule“
B: „Hans ist älter als vier Jahre“
$A \rightarrow B$: „Wenn Hans zur Schule geht, dann ist er älter als vier Jahre“

Die Aussage, daß Hans zur Schule geht, ist hinreichend dafür, daß die Aussage „Hans ist älter als vier Jahre“ wahr ist. Hans ist notwendigerweise älter als vier Jahre, wenn er zur Schule geht.

2. A: „Mannschaft BM schießt ein Tor mehr als Mannschaft HS“
B: „Mannschaft BM gewinnt das Fußballspiel gegen HS“
$A \rightarrow B$: „Wenn die Mannschaft BM im Fußballspiel gegen die Mannschaft HS ein Tor mehr schießt als die Mannschaft HS, dann gewinnt BM das Spiel“

Jedoch gilt nicht die Umkehrung „Wenn die Mannschaft BM gewinnt, dann schießt sie ein Tor mehr als die Mannschaft HS“, denn sie kann ja auch mit mehr als einem Tor Unterschied gewinnen.

Liegt eine umkehrbare logische Schlußfolgerung vor, dann spricht man von (logischer) **Äquivalenz.**

Äquivalenz

► Die Verknüpfung zweier Aussagen A, B durch „wenn A, dann B und wenn B, dann A“ heißt *Äquivalenz*. Sie wird durch einen zweispitzigen Pfeil ($\leftrightarrow$) symbolisiert: $A \leftrightarrow B$.

Der zweispitzige Pfeil bedeutet: A impliziert B, und B impliziert A. Die zusammengesetzte Aussage ist offensichtlich falsch, wenn eine beider Aussagen wahr und die andere falsch ist, weil sie sich ja gegenseitig implizieren. In den beiden anderen Fällen ist sie wahr. Die folgende Wahrheitstafel in *Tab. 2.7* enthält alle möglichen Zustände und ihre Wahrheitswerte.

Zustände		Äquivalenz
A	B	$A \leftrightarrow B$
w	w	w
w	f	f
f	w	f
f	f	w

Tab. 2.7: Wahrheitstafel der Äquivalenz

Jede der beiden Aussagen A und B ist **notwendig und hinreichend** für die jeweils andere. Man sagt auch häufig, die Aussage A gilt **genau dann,** wenn die Aussage B gilt.

Beispiel: A: „Elke besteht die Klausur"
B: „Elke hat mindestens 50 Punkte"
$A \leftrightarrow B$: „Notwendig und hinreichend zum Bestehen der Klausur ist, daß Elke mindestens 50 Punkte hat."
„Elke besteht genau dann die Klausur, wenn sie mindestens 50 Punkte hat."

2.1.4 Wahrheitstafeln

Ähnlich wie mit Hilfe der Operationen Addition, Subtraktion, Multiplikation usw. Zahlen oder Variablen in beliebiger Länge und Verschachtelung verknüpft werden können, lassen sich auch Aussagen zusammensetzen.

Beispiele: 1 $\neg((A \vee B) \wedge (\neg C \wedge B))$
2. $(A \rightarrow B) \wedge (B \rightarrow C) \rightarrow (A \rightarrow C)$
3. $A \wedge (B \vee C) \leftrightarrow (A \wedge B) \vee (A \wedge C)$

Wichtig bei der Konstruktion ist, daß durch die Klammerung die Eindeutigkeit der Auswertung und damit die **Eindeutigkeit der Aussage** sichergestellt ist. Beispielsweise hat das Weglassen der äußeren Klammer im ersten der obigen drei Ausdrücke, d.h. $\neg(A \vee B) \wedge (\neg C \wedge B)$, eine wesentliche Bedeutungsänderung zur Folge.

Bei der Zusammensetzung von Aussagen sind die folgenden Regeln zu beachten:

- Klammerausdrücke werden von *innen* nach *außen* interpretiert.
- Ist die Reihenfolge nicht anderweitig festgelegt, so werden die Operationen in der *Reihenfolge*

  (i) Negation
  (ii) Konjunktion und Disjunktion
  (iii) Implikation und Äquivalenz

  interpretiert.

Bei algebraischen Ausdrücken würde man sagen: Punktrechnung geht vor Strichrechnung!

Beispiel: $(A \rightarrow B) \leftrightarrow (\neg A \vee B)$

Um die Gesamtaussage auf ihren Wahrheitswert hin überprüfen zu können, müssen die Ausdrücke in den Klammern interpretiert werden. In der rechten Klammer wird die Negation vor der Disjunktion, in der linken Klammer die Implikation ausgewertet. Erst dann kann die Äquivalenz beider Aussagen gezeigt werden.

Das Überprüfen von Aussagen bzw. die Bestimmung ihres Wahrheitswertes wird am einfachsten in **Wahrheitstafeln** der Form der *Tab. 2.3* vorgenommen. Bei ihrer Benutzung ist sichergestellt, daß keine Wertekombination vergessen wird. Ferner ist die Auswertungsreihenfolge sehr übersichtlich und die Rechnung damit weniger fehleranfällig.

Im linken Teil werden alle Zustände, d.h. alle möglichen Kombinationen der Wahrheitswerte derjenigen Aussagen aufgelistet, aus denen eine zu überprüfende bzw. auszuwertende Gesamtaussage zusammengesetzt ist. Im rechten Teil wird für jede Aussage und für jede Operation eine Spalte vorgesehen. Für das letzte Beispiel erhält man somit die *Tab. 2.8*.

Zustände		Zusammengesetzte Aussage						
A	B	$(A$	$\rightarrow$	$B)$	$\leftrightarrow$	$(\neg A$	$\vee$	$B)$
w	w							
w	f							
f	w							
f	f							

Tab. 2.8: Wahrheitstafel zur Auswertung einer zusammengesetzten Aussage

Es empfiehlt sich, auch die Klammern einer zusammengesetzten Aussage zu übertragen. In der Reihenfolge:

(i) Negation
(ii) Konjunktion und Disjunktion
(iii) Implikation und Äquivalenz

werden nun die entsprechenden Spalten ausgewertet, nachdem gewissermaßen in einem nullten Schritt die Wahrheitswerte der Elementaraussagen in die Tafel übertragen worden sind. Im ersten Schritt kann die Negation ausgewertet werden, es folgen die Implikation und die Disjunktion (zwischen den Spalten A und B), und im dritten und letzten Schritt wird die Äquivalenz auf ihren Wahrheitswert überprüft. Man erhält schließlich die Eintragungen der *Tab. 2.9*.

Zustände		*Zusammengesetzte Aussage*						
A	B	$(A$	$\rightarrow$	$B)$	$\leftrightarrow$	$(\neg A$	$\vee$	$B)$
w	w	w	w	w	w	f	w	w
w	f	w	f	f	w	f	f	f
f	w	f	w	w	w	w	w	w
f	f	f	w	f	w	w	w	f
Auswertungs-reihenfolge		0.	2.	0.	4.	1.	3.	0.

Tab. 2.9: Wahrheitstafel zu $(A \rightarrow B) \leftrightarrow (\neg A \vee B)$

- Der Wahrheitswert einer zusammengesetzten Aussage ergibt sich **in der zuletzt ausgefüllten Spalte** der Wahrheitstafel.

Im Beispiel der *Tab. 2.9* erhält man in der Spalte (↔) ausschließlich die Wahrheitswerte wahr.

▶ Eine Aussage, deren Wahrheitswerte in allen möglichen Kombinationen wahr sind, heißt *Tautologie.*

Beispiel: $(A \wedge \neg B) \vee (\neg A \vee B)$

Zustände		Zusammengesetzte Aussage						
A	B	$(A$	$\wedge$	$\neg B)$	$\vee$	$(\neg A$	$\vee$	$B)$
w	w	w	f	f	w	f	w	w
w	f	w	w	w	w	f	f	f
f	w	f	f	f	w	w	w	w
f	f	f	f	w	w	w	w	f
Reihenfolge		0.	2.	1.	3.	1.	2.	0.

Tab. 2.10: Wahrheitstafel einer Tautologie

Logisch wahre Sätze sind:

- Tautologische Negation $\neg(A \wedge \neg A)$
  (Satz vom ausgeschlossenen Widerspruch)
- Tautologische Disjunktion $(A \vee \neg A)$
  (Satz vom ausgeschlossenen Dritten)
- Tautologische Konjunktion $(A \vee \neg A) \wedge \neg(A \wedge \neg A)$
- Tautologische Implikationen $A \rightarrow (A \vee B)$
  $(A \wedge B) \rightarrow A$
  $(A \rightarrow B) \wedge (B \rightarrow C) \rightarrow (A \rightarrow C)$
  (Kettenschluß)
- Tautologische Äquivalenzen $(A \rightarrow B) \leftrightarrow (\neg A \vee B)$
  $((A \rightarrow B) \wedge (B \rightarrow A)) \leftrightarrow (A \leftrightarrow B)$

In der Umgangssprache werden Ausdrücke, die definitionsgemäß logisch wahr sind, ebenfalls als Tautologien bezeichnet (schwarzer Rappen, unverheirateter Junggeselle). Überflüssige Verdopplungen, die meist zur Verstärkung und zur Betonung verwendet werden, heißen dagegen *Pleonasmen* (Ich wiederhole nochmals! Er renovierte seine Wohnung neu.).

Der Gegensatz zu einer Tautologie ist die **Kontradiktion** (= Widerspruch).

▶ Eine Aussage, die in allen möglichen Kombinationen falsch ist, heißt *Kontradiktion.*

Beispiel: $(A \vee B) \leftrightarrow (\neg A \wedge \neg B)$

Zustände		Zusammengesetzte Aussage						
A	B	$(A$	$\vee$	$B)$	$\leftrightarrow$	$(\neg A$	$\wedge$	$\neg B)$
w	w	w	w	w	f	f	f	f
w	f	w	w	f	f	f	f	w
f	w	f	w	w	f	w	f	f
f	f	f	f	f	f	w	w	w
Reihenfolge		0.	2.	0.	3.	1.	2.	1.

Tab. 2.11: Wahrheitstafel einer Kontradiktion

Die Aussage „A oder B" steht im Widerspruch zur Aussage „nicht A und nicht B".

2.1.5 Mathematische Beweisverfahren

Beweise spielen in der Mathematik eine ganz wesentliche Rolle; sie sind nicht selten das wichtigste Forschungsobjekt des „reinen" Mathematikers. Der Anwender benutzt dagegen die Mathematik als Instrument, um Erkenntnisse auf anderen Gebieten zu gewinnen, z.B. auf dem Gebiet der Wirtschaftswissenschaften. Wir haben deshalb bislang gänzlich auf Beweise verzichtet und werden dies auch in der Folge so halten. Dennoch sollen an dieser Stelle drei mathematische **Beweistechniken** kurz skizziert werden, deren Kenntnis zum Grundlagenwissen in mathematischer Logik gehört.

Im vorangegangenen Abschnitt haben wir logische Schlußfolgerungen kennengelernt. Es handelt sich hierbei um **Ableitungen (Transformationen)**, wobei aus beliebig zusammengesetzten Aussagen nach den Regeln der formalen Logik Aussagen abgeleitet werden, so daß sich aus wahren Voraussetzungen (Prämissen) stets wahre Schlußfolgerungen (Konklusionen) ergeben. Der Wahrheitswert der Prämisse ist dabei zunächst unerheblich.

Anders ist es beim mathematischen Beweis. Hier handelt es sich um eine Ableitung von Schlußfolgerungen, deren Wahrheitswerte immer wahr sind, aus vorausgegangenen Sätzen, die als wahr erkannt sind (Voraussetzungen, Prämissen). Dabei kann man **direkt** oder **indirekt** vorgehen.

Man beachte besonders, daß sich keine Aussage mit einem oder mehreren Beispielen beweisen läßt, und seien es noch so viele.

Beispiel: Aussage A: „Jede ungerade Zahl größer als 1 ist eine Primzahl."

A ist für 3 wahr, A ist für 5 wahr, A ist für 7 wahr:

$\rightarrow$Also ist A immer wahr!

Eine derartige Schlußfolgerung ist offensichtlich unstatthaft.

Jedoch kann man eine Aussage mit **einem** Gegenbeispiel **widerlegen.**

Beispiel: Aussage A: „Jede ungerade Zahl größer als 1 ist eine Primzahl."

A ist falsch für 9.

$\rightarrow$ Daher ist die Aussage falsch.

Diese Schlußfolgerung ist logisch einwandfrei.

Die Allgemeingültigkeit einer Aussage kann nur durch einen **Beweis** gezeigt werden. Die drei wichtigsten Beweistechniken,

- der direkte Beweis,
- der indirekte Beweis und
- die vollständige Induktion

werden im folgenden erläutert.

Der direkte Beweis

Beim direkten Beweis wird die Schlußfolgerung mit Hilfe **tautologischer Folgerungen** direkt aus den Voraussetzungen mit dem Wahrheitswert wahr abgeleitet. Die Satzaussage gilt als bewiesen, wenn jeder Beweisschritt in Form einer logischen Aussage, in einer Wahrheitstafel ausgewertet, am Ende in allen Kombinationen wahr ergibt.

Beispiel: Zeige, daß $(a+b)\cdot(a-b)=a^2-b^2$ gilt.

Wir gehen von der wahren Voraussetzung des Distributivgesetzes für reelle Zahlen aus:

$$a\cdot(b+c)=a\cdot b+a\cdot c$$
$$\leftrightarrow(a+b)\cdot(a-b)=a\cdot(a-b)+b\cdot(a-b)$$
$$\leftrightarrow(a+b)\cdot(a-b)=a^2-a\cdot b+b\cdot a-b^2$$
$$\leftrightarrow(a+b)\cdot(a-b)=a^2-b^2$$

Alle Umformungen sind tautologische Äquivalenzen, so daß die zu beweisende Aussage gültig ist.

Der indirekte Beweis

Beim indirekten Beweis wird gezeigt, daß die **gegenteilige** Annahme der zu beweisenden Aussage zu einem **Widerspruch** (Kontradiktion) führt, daß also die Annahme falsch ist. Das Standardbeispiel der Literatur ist das folgende.

Beispiel: Sei $z=\sqrt{2}$. Zu beweisen sei die Aussage
A: „z ist irrational".

Statt dessen wird angenommen

$\neg A$: „z ist eine rationale Zahl".

Aus der Annahme soll ein Widerspruch abgeleitet werden, wozu eine Folge tautologischer Implikationen und Äquivalenzen benutzt wird.

Aus der Annahme
$\neg A$: „z ist eine rationale Zahl"
folgt:
$\leftrightarrow z$ ist mit Hilfe teilerfremder natürlicher Zahlen $m, n \in \mathbb{N}$ mit $n \neq 0$ als $z=m/n$ darstellbar
$\rightarrow z^2=2=m^2/n^2$
$\leftrightarrow m^2=2n^2$
$\leftrightarrow$als gerade Quadratzahl ist m^2 durch 4 teilbar, d.h. m ist durch 2 teilbar
$\rightarrow m^2=4k=2n^2$ mit $k \in \mathbb{N}$
$\leftrightarrow n^2=2k$ ist durch 2 teilbar
$\leftrightarrow n$ ist durch 2 teilbar

Dies widerspricht der Annahme, denn wäre $z=\sqrt{2}$ eine rationale Zahl, so gäbe es teilerfremde natürliche Zahlen $m, n \in \mathbb{N}$, so daß $z=\sqrt{2}=m/n$ gelten würde. Die Schlußfolgerung zeigt jedoch, daß m und n bei dieser Darstellung einen gemeinsamen Teiler 2 haben müßten.

Logisch kann daraus gefolgert werden, daß die Annahme falsch ist; richtig ist das Gegenteil, d.h. $z=\sqrt{2}$ ist eine irrationale Zahl.

Beim indirekten Beweis kann man u.U. die Möglichkeit nutzen, daß bereits ein Gegenbeispiel zur Widerlegung einer Aussage genügt.

Die vollständige Induktion

Die dritte Beweistechnik ist die der vollständigen Induktion. Sie wurde erstmals von *Blaise Pascal* (1623–1662) überliefert.

Das Prinzip der vollständigen Induktion kann immer dann genutzt werden, wenn eine Aussage funktional von einer natürlichen Zahl $k \in \mathbb{N}$ abhängt und die Behauptung für ein allgemeines k bewiesen werden soll. Sie vollzieht sich stets in drei Schritten:

(i) **Induktionsanfang**
Es wird gezeigt, daß die Aussage für ein spezielles k gilt, meistens für ein kleines k, z.B. für $k=1$ oder $k=2$.

(ii) **Induktionsvoraussetzung**
Es wird angenommen, die Aussage gelte für ein allgemeines $k=m$.

(iii) **Induktionsschluß**
Mit Hilfe von Ableitungen wird von der Induktionsvoraussetzung auf die Gültigkeit der Aussage für $k=m+1$ geschlossen.

Beispiel: Es soll bewiesen werden

$$A(k): „1+2+3+\ldots+k=\frac{k\cdot(k+1)}{2}“$$

(i) Induktionsanfang

Die Aussage gilt offensichtlich für $k=1$

$$A(1): „1=\frac{1\cdot 2}{2}=1“$$

(ii) Induktionsannahme

Die Aussage gelte für $k=m$

$$A(m): „1+2+3+\ldots+m=\frac{m\cdot(m+1)}{2}“$$

(iii) Induktionsschluß

Aus

$$A(m): „1+2+\ldots+m=\frac{m\cdot(m+1)}{2}“$$

folgt:

$$\leftrightarrow 1+2+\ldots+m+(m+1)=\frac{m\cdot(m+1)}{2}+(m+1)=$$

$$=(m+1)\cdot\left(\frac{m}{2}+1\right)=(m+1)\cdot\frac{1}{2}\cdot(m+2)=\frac{(m+1)\cdot(m+2)}{2}$$

$$\leftrightarrow A(m+1).$$

Unter der Annahme der Richtigkeit der Aussage $A(m)$ ist also auch die Aussage $A(m+1)$ wahr. Damit ist die Aussage für jedes beliebige $k\in\mathbb{N}$ bewiesen.

2.2 Mengenlehre

Die Grundlagen der Mengenlehre werden heute bereits in der Grundschule gelehrt. Sie sollen hier nur in dem Umfang zusammengestellt werden, der im folgenden tatsächlich benötigt wird. Insbesondere werden die Grundbegriffe und die einfachen Mengenoperationen erläutert, um sich auf eine einheitliche Schreibweise zu verständigen.

2.2.1 Grundbegriffe

Als der Begründer der Mengenlehre gilt der damals in Halle lehrende *Georg Cantor* (1845–1918) mit seinem Aufsatz „Beiträge zur Begründung der transfiniten Mengenlehre“ [3], den er mit der folgenden Definition beginnt:

- „Unter einer *Menge* verstehen wir jede Zusammenfassung M von bestimmten wohlunterschiedenen Objekten m unserer Anschauung oder unseres Denkens (welche die ‚Elemente‘ von M genannt werden) zu einem Ganzen.“

Dieser Definition folgt die sog. **naive Mengenlehre,** auf die wir uns mit der Darstellung der Grundbegriffe beschränken wollen.

Bekannte Beispiele der Literatur zeigen, daß die Definition „bestimmte wohlunterschiedene“ nicht ausreicht. Gehört z.B. der Barbier zur Menge aller Männer eines Dorfes, die sich selbst rasieren, oder zu der Menge, die sich vom Barbier rasieren lassen? Um derartige Zweideutigkeiten nicht entstehen zu lassen, bedarf es einer axiomatischen Einführung des Mengenbegriffs, der in der modernen Mengenlehre vorgenommen ist. Für unseren Zweck genügt jedoch die Definition:

- Eine wohldefinierte Gesamtheit unterscheidbarer Elemente heißt eine *Menge.*

Die Elemente der Menge können also eindeutig beschrieben werden und sind auf Grund mindestens eines Merkmales unterscheidbar.

Bezeichnungen

Allgemein werden Mengen mit großen lateinischen Buchstaben $A, B, C, \dots$ bezeichnet. Für die Elemente wählt man dagegen i.d.R. kleine Buchstaben $a, b, c, \dots$, seltener auch griechische Buchstaben $\alpha, \beta, \gamma, \dots$.

Gehört das Element a zur Menge A, so wird dies durch $a \in A$ (sprich: a Element A) abgekürzt. Will man ausdrücken, daß a nicht zur Menge A gehört (d.h. die logische Negation), so schreibt man $a \notin A$.

Die Definition einer Menge erfolgt durch die Beschreibung der Elemente, entweder durch die explizite Aufzählung oder die implizite Beschreibung. Zur Illustration von Mengenoperationen werden häufig sog. *Venn*-Diagramme verwendet.

Venn-Diagramm

Sehr anschaulich ist die graphische Repräsentation einer Menge durch ein **Gebiet** (Rechteck, Kreis, etc.) in der Ebene. Mit Hilfe die-

---

[3] *Cantor, Georg:* Beiträge zur Begründung der transfiniten Mengenlehre. In: Mathematische Annalen 46 (1895), S. 481–512.

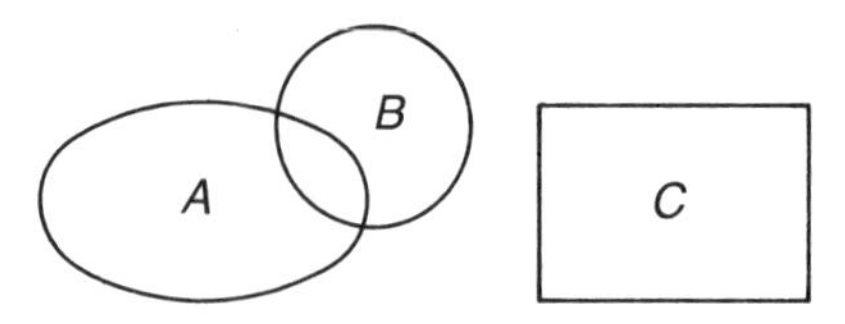

Abb. 2.1: Venn-Diagramme zur Mengendarstellung

ser sog. *Venn*-Diagramme lassen sich Mengenoperationen gut illustrieren (vgl. *Abb. 2.1*).

Aufzählung

Mengen mit einer endlichen Zahl von Elementen lassen sich durch Aufzählung der Elemente beschreiben. Um Mengen von anderen Größen (z.B. Vektoren) unterscheiden zu können, schließt man die Elemente stets in **geschweifte** Klammern ein:

$A = \{a, b, c, y, z\}$

Ein Element kann in einer Menge durch Mehrfachaufzählung öfter als einmal auftreten. Es zählt dann jedoch nur als ein Element.

► Die Anzahl der unterscheidbaren Elemente einer Menge A wird als deren *Mächtigkeit* bezeichnet und meistens mit $n(A)$ abgekürzt.

Die Mächtigkeit einer Menge kann endlich sein oder auch unendlich. Man spricht hierbei auch von endlichen oder unendlichen Mengen.

Beispiele: 1. $A = \{a, b, a, c, a, d\} \rightarrow n(A) = 4$

2. $X = \{x_1, x_2, \ldots, x_k\} \rightarrow n(X) = k$

3. $\mathbb{N} = \{1, 2, 3, \ldots\} \rightarrow n(\mathbb{N}) = \infty$

Beschreibung

Die am häufigsten anzutreffende Darstellungsform einer Menge ist die mathematische oder verbale Beschreibung der Elemente. In der geschweiften Klammer wird ein Element stellvertretend für alle Elemente allgemein genannt. Hinter einem senkrechten Strich folgt danach die umfassende Beschreibung mit Hilfe **mathematischer Symbole** und/oder **verbaler Sätze.**

$A = \{a \mid$ umfassende eindeutige Beschreibung des Elementes a als Stellvertreter für alle Elemente$\}$

Beispiele: 1. $A = \{x \mid x$ ist ein in Frankfurt zugelassener PKW mit einem Hubraum $\geqq 2000\,\text{cm}^3\}$

2. $B = \{y \mid y$ ist ein am 6.12.81 in Darmstadt geborenes Mädchen$\}$

3. $K = \{k \mid k$ ist eine gerade Zahl $\leqq 10\}$
4. $P = \{(x, y) \mid 0 \leqq x \leqq 4 \wedge y = 2x + 3 \wedge y$ ganzzahlig$\}$

Im definierenden Teil werden sehr häufig mehrere Aussagen durch das logische *UND* bzw. das logische *ODER* verknüpft. Im letzten der vier Beispiele sollen die drei Beziehungen zwischen den Koordinaten gleichzeitig gelten, d.h. die Menge P enthält die Punkte, die „im Definitionsbereich $0 \leqq x \leqq 4$“ *UND* „auf der Geraden $y = 2x + 3$ liegen“ *UND* „ganzzahlige Werte von y“ besitzen. Es handelt sich also um die Menge:

$P = \{(0, 3), (1/2, 4), (1, 5), (3/2, 6), \ldots, (4, 11)\}$

Spezielle Mengen

Es hat sich als zweckmäßig erwiesen, einige spezielle Mengen besonders zu bezeichnen und diese Symbole auch weitgehend dafür zu reservieren.

▶ Die *Universalmenge* Ω ist bezüglich der zu untersuchenden Elemente die umfassende Menge, die alle Elemente enthält.

▶ Die *leere Menge* $\emptyset$ enthält kein Element.

▶ Die Zahlen werden in Mengen unterteilt, für die folgende Symbole eingeführt wurden (vgl. Abschnitt 2.3.1):

$\mathbb{N} = \{n \mid n$ ist eine *natürliche* Zahl$\} = \{1, 2, \ldots\}$

$\mathbb{Z} = \{z \mid z$ ist eine *ganze* Zahl$\} = \{\ldots, -2, -1, 0, 1, 2, \ldots\}$

$\mathbb{Q} = \{q \mid q$ ist eine *rationale* Zahl$\} = \{q \mid q = m/n;\, m \in \mathbb{Z};\, n \in \mathbb{N}\}$

$\mathbb{R} = \{r \mid r$ ist eine *reelle* Zahl$\}$

Gleichheit von Mengen

Indem wir die Elemente zweier Mengen miteinander vergleichen, stellen wir eine Art Ordnungsbeziehung zwischen ihnen her.

▶ Zwei Mengen A und B heißen *gleich*, wenn sie die gleichen Elemente enthalten.
Man schreibt: $A = B$.

Beispiele: 1. $A = \{1, -1, \sqrt{1}\}$
$B = \{x \mid x^2 - 1 = 0\}$
$A = B = \{-1, 1\}$

2. $A = \{a \mid a$ ist Buchstabe des Namens ANNETTE$\}$
$B = \{b \mid b$ ist Buchstabe in TANTE$\}$
Beide Buchstabenmengen unterscheiden sich nur durch Mehrfachaufzählungen und sind daher gleich: $A = B$.

Teilmengen

► Die Menge A heißt *Teilmenge* (synonym: Untermenge) der Menge B, wenn alle Elemente der Menge A auch in der Menge B enthalten sind. Man schreibt: $A \subseteqq B$.

Die Mengen A und B können gleich sein, was durch die Striche unter dem Teilmengensymbol angedeutet wird.

Beispiele: 1. Im *Venn*-Diagramm $A \subseteqq B$

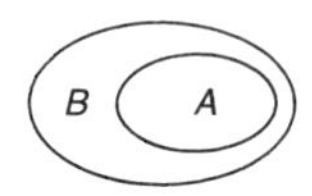

2. $\{K, A, R, I, N\} \subseteqq \{K, A, T, H, R, I, N\}$
3. $A = \{x \mid x^2 - 3x + 2 = 0\} \subseteqq \mathbb{N}$
4. $\mathbb{N} \subseteqq \mathbb{Z} \subseteqq \mathbb{Q} \subseteqq \mathbb{R}$

Man beachte, daß die Elemente einer Menge selbst Mengen sein können.

Beispiel: $A = \{\emptyset, \{a, b\}, a, \{ab\}, b\}$

Es gilt:

$\emptyset \in A$ *UND* $\emptyset \subseteqq A$
$\{a, b\} \in A$ *UND* $\{a, b\} \subseteqq A$
$\{ab\} \in A$ *UND* $\{\{ab\}\} \subseteqq A$, jedoch $\{ab\} \nsubseteqq A$

► Die Menge aller Teilmengen einer Menge A heißt *Potenzmenge:*

$\mathfrak{P}(A) = \{X \mid X \subseteqq A\}$

Zu den Teilmengen von A gehört sowohl die leere Menge $\emptyset$ als auch die Menge A selbst.

Beispiel: $A = \{a \mid a$ ist ein Buchstabe des Namens $ANNE\}$
$A = \{A, N, E\}$
$\mathfrak{P}(A) = \{\emptyset, \{A\}, \{N\}, \{E\}, \{A, N\}, \{A, E\}, \{N, E\}, \{A, N, E\}\}$

Bei n Elementen in der Menge A enthält die Potenzmenge 2^n Teilmengen.

2.2.2 Mengenoperationen

Wir haben bereits Operationen kennengelernt, bei denen mehrere Zahlen verknüpft werden, so daß sich wieder Zahlen ergeben, oder bei denen mehrere logische Aussagen zu einer neuen Aussage zusammengesetzt werden. Im folgenden werden Operationen eingeführt, mit deren Hilfe aus mehreren Mengen eine neue Menge entsteht. Sofern zur

Illustration *Venn*-Diagramme benutzt werden, ist die Ergebnismenge schraffiert gezeichnet.

Vereinigung

- Die *Vereinigung* oder die Vereinigungsmenge zweier Mengen A und B enthält alle Elemente, die entweder in A oder in B oder in beiden Mengen enthalten sind.

  Man schreibt: $A \cup B = \{x \mid x \in A \vee x \in B\}$

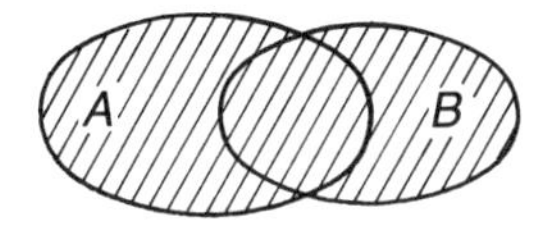

Abb. 2.2: Venn-Diagramm der Vereinigung $A \cup B$

- Zwei Mengen A und B, die keine gemeinsamen Elemente enthalten, heißen *disjunkt*.

Definitionsgemäß ist die Vereinigung disjunkter Mengen die Menge, die beide Mengen umfaßt. Die Vereinigung einer Menge A mit sich selbst ergibt die Menge A, d.h. $A \cup A = A$.

Durchschnitt

- Der *Durchschnitt* oder die Durchschnittsmenge zweier Mengen A und B enthält alle Elemente, die sowohl in A als auch in B enthalten sind.

  Man schreibt: $A \cap B = \{x \mid x \in A \wedge x \in B\}$

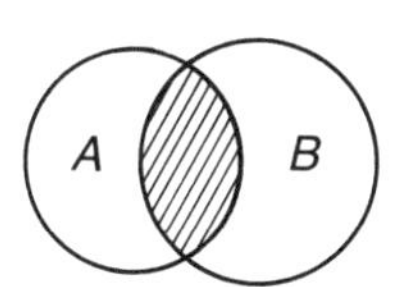

Abb. 2.3: Venn-Diagramm des Durchschnitts $A \cap B$

Der Durchschnitt disjunkter Mengen ergibt die leere Menge. Der Durchschnitt einer Menge A mit sich selbst ergibt wieder die Menge A, d.h. $A \cap A = A$.

Differenz

- Die *Differenz* oder die Differenzmenge zweier Mengen A und B (A vermindert um B) enthält alle Elemente von A, die nicht in B enthalten sind.

  Man schreibt: $A \setminus B = \{x \mid x \in A \wedge x \notin B\}$

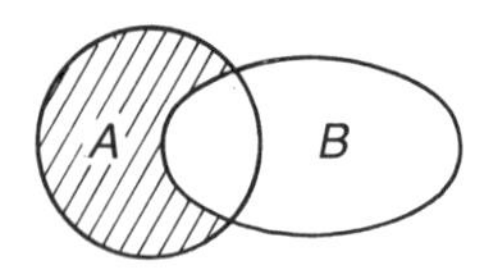

Abb. 2.4: Venn-Diagramm der Differenz $A \setminus B$

Für die Differenz disjunkter Mengen A und B gilt: $A \setminus B = A$ und $B \setminus A = B$. Die Differenz zweier gleicher Mengen ergibt die leere Menge, d.h. $A \setminus A = \emptyset$.

Komplement

Falls eine Menge A Teilmenge der Menge B ist, d.h. $A \subseteq B$, dann ist das Komplement der Menge A bezüglich der Menge B definiert. Meistens wird das Komplement einer Menge A bezüglich der **Universalmenge Ω** gebildet.

▶ Das *Komplement* oder die Komplementärmenge der Menge A bezüglich der Universalmenge Ω enthält alle Elemente der Menge Ω, die nicht in der Menge A enthalten sind.

Man schreibt: $\bar{A} = \{x \mid x \in \Omega \wedge x \notin A\}$

Alternativ findet man als Schreibweisen: A', A'_Ω, CA, $C_\Omega A$ oder A^C

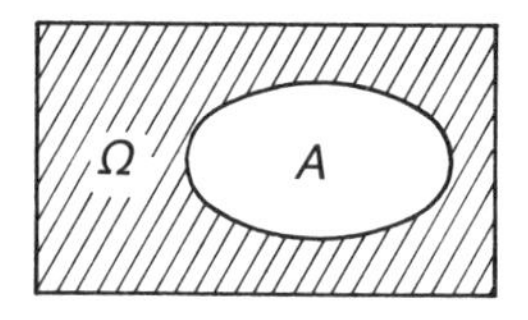

Abb. 2.5: Venn-Diagramm des Komplements $\bar{A}$

Das Komplement des Komplements einer Menge ergibt die Menge A, d.h. $\overline{(\bar{A})} = A$.

Produktmenge

▶ Das *Produkt* oder die Produktmenge zweier Mengen A und B besteht aus allen Paaren je eines Elementes aus der Menge A und aus der Menge B.

Man schreibt: $A \times B = \{(x, y) \mid x \in A, y \in B\}$

Eine andere Bezeichnungsweise ist **kartesisches Produkt.**

Beispiele: 1. Es seien $X = \{x \mid 0 \leqq x \leqq 1\}$
$Y = \{y \mid 0 \leqq y \leqq 1\}$
die Einheitsintervalle der kartesischen Zahlenebene. Dann stellt die Produktmenge $X \times Y$ offensichtlich das Einheitsquadrat dar (vgl. *Abb. 2.6*):

$$X \times Y = \{(x, y) \mid 0 \leqq x \leqq 1, 0 \leqq y \leqq 1\}$$

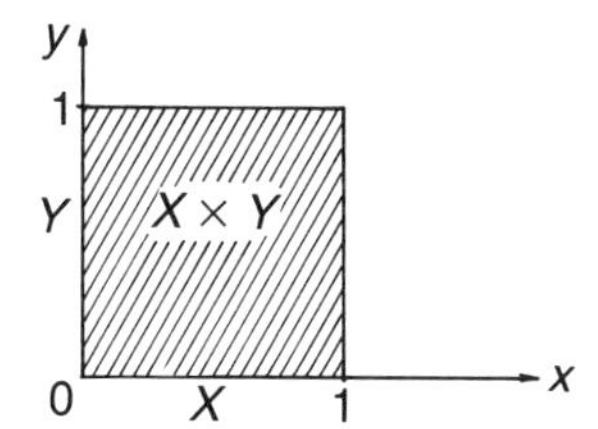

Abb. 2.6: Produktmenge zweier senkrecht stehender Einheitsintervalle

2. Es seien $A = \{a_i \mid i\text{-ter Auftrag des Monats}\}$
   $M = \{m_j \mid j\text{-te Maschine}\}$.

   Die Produktmenge

   $A \times M = \{(a_i, m_j) \mid a_i \in A, m_j \in M\}$

   enthält alle denkbaren Zuordnungen der Aufträge zu den Maschinen.

Es können auch die Produkte von mehr als zwei Mengen gebildet werden.

► Sind $A_1, A_2, \ldots, A_k$ Mengen, dann enthält ihre Produktmenge alle *k-Tupel* von Elementen der Mengen A_i ($i = 1, 2, \ldots, k$).

Man schreibt:

$$\prod_{i=1}^{k} A_i = A_1 \times A_2 \times \ldots \times A_k$$
$$= \{(x_1, x_2, \ldots, x_k) \mid x_1 \in A_1, x_2 \in A_2, \ldots, x_k \in A_k\}$$

Sind alle Mengen A_i gleich, z.B. $A_i = A$, so wird auch die Schreibweise $A \times A \times \ldots \times A = A^k$ verwendet.

Beispiel: $\mathbb{R}$ ist die Menge der reellen Zahlen. $\mathbb{R} \times \mathbb{R} \times \ldots \times \mathbb{R} = \mathbb{R}^n$ ist die Menge aller n-Tupel reeller Zahlen. Wir werden diese n-Tupel später als Vektoren bezeichnen und $\mathbb{R}^n$ als den n-dimensionalen Vektorraum.

2.2.3 Mengenalgebra

Für die Anwendungen der Mengenoperationen gelten bestimmte Regeln und Gesetze, die beachtet werden müssen. Sie sind in der folgenden *Tab. 2.12* kompakt zusammengestellt. Im Anschluß an die Tabelle sind die nicht unmittelbar offensichtlichen Regeln in *Venn*-Diagrammen illustriert (vgl. *Abb. 2.7a* bis *2.10b*).

Name	Bedeutung
Idempotenzgesetze	$A \cup A = A$ $A \cap A = A$
Identitätsgesetze	$A \cup \emptyset = A$ $A \cap \emptyset = \emptyset$ $A \cup \Omega = \Omega$ $A \cap \Omega = A$
Komplementgesetze	$A \cup \bar{A} = \Omega$ $A \cap \bar{A} = \emptyset$
Kommutativgesetze	$A \cup B = B \cup A$ $A \cap B = B \cap A$
Assoziativgesetze	$(A \cup B) \cup C = A \cup (B \cup C)$ $(A \cap B) \cap C = A \cap (B \cap C)$
Distributivgesetze	$A \cup (B \cap C) = (A \cup B) \cap (A \cup C)$ $A \cap (B \cup C) = (A \cap B) \cup (A \cap C)$
De Morgans-Gesetze	$\overline{(A \cup B)} = \bar{A} \cap \bar{B}$ $\overline{(A \cap B)} = \bar{A} \cup \bar{B}$

Tab. 2.12: Operationsregeln für Mengen

Venn-Diagramme zu den Distributivgesetzen

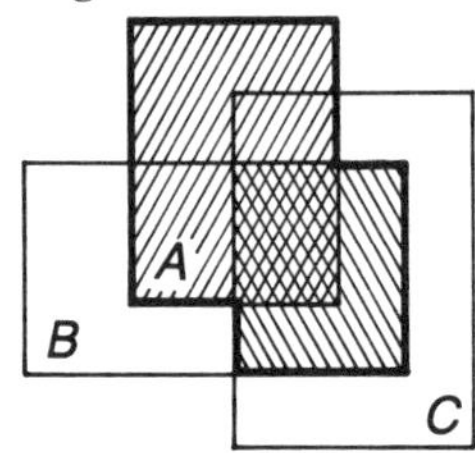

Abb. 2.7a: $A \cup (B \cap C)$ (einfach und doppelt schraffiert)

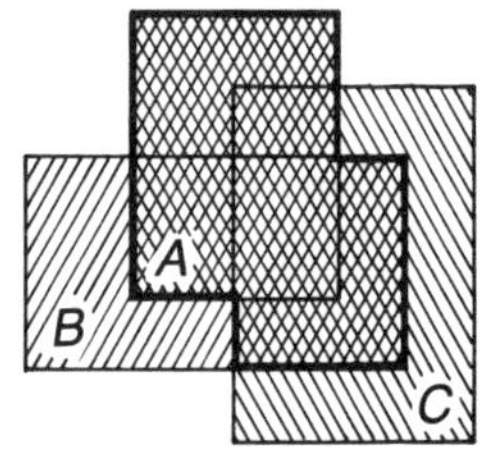

Abb. 2.7b: $(A \cup B) \cap (A \cup C)$ (doppelt schraffiert)

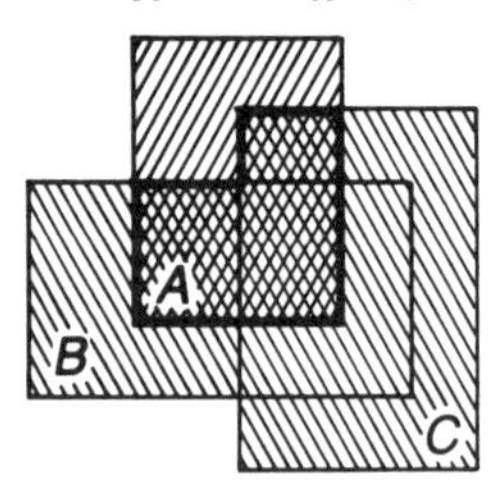

Abb. 2.8a: $A \cap (B \cup C)$ (doppelt schraffiert)

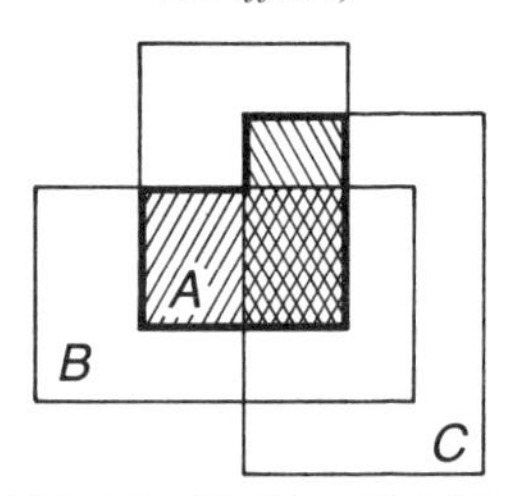

Abb. 2.8b: $(A \cap B) \cup (A \cap C)$ (einfach und doppelt schraffiert)

Venn-Diagramme zu _De Morgans_-Gesetzen

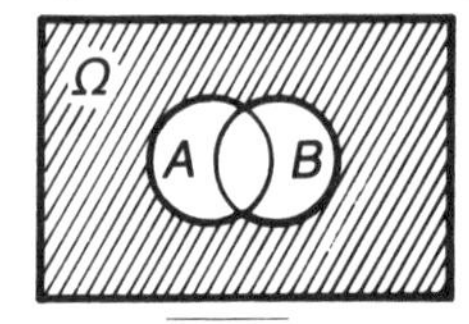

Abb. 2.9a: $\overline{(A \cup B)}$ (schraffiert)

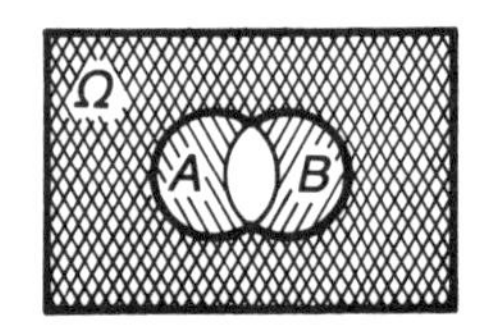

Abb. 2.9b: $\bar{A} \cap \bar{B}$ (doppelt schraffiert)

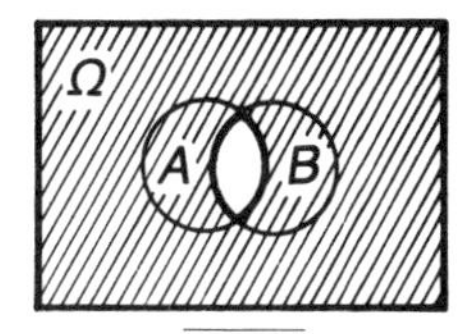

Abb. 2.10a: $\overline{(A \cap B)}$ *(schraffiert)*

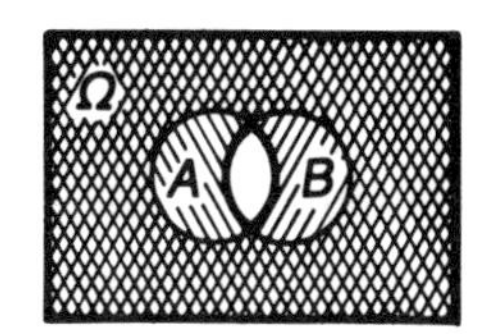

Abb. 2.10b: $\bar{A} \cup \bar{B}$ *(einfach und doppelt schraffiert)*

2.2.4 Quantoren

Im Zusammenhang mit der Mengenlehre werden häufig Zeichen verwendet, wenn die **Gesamtheit der Elemente** einer Menge beschrieben bzw. **auf eines** von ihnen Bezug genommen werden soll. Diese Zeichen werden als Quantoren bezeichnet. Zwei von ihnen werden häufig benutzt.

▶ Der universelle Quantor oder *Allquantor* $\forall$ bedeutet „für alle".
Der *Existenzquantor* $\exists$ bedeutet „existiert mindestens ein".

Beispiele: 1. Eine Aussage $f(x) \leqq M$ gelte für alle x, die Elemente der Menge D sind.
Dafür läßt sich schreiben:

$$f(x) \leqq M \quad \forall x \in D \quad \text{oder} \quad \forall x \in D: f(x) \leqq M$$

2. In der Menge D gebe es ein x mit der Eigenschaft $p(x)$.
Dafür schreibt man:

$$\exists x \in D, \text{ so daß } p(x) \text{ gilt oder } \exists x \in D: p(x)$$

2.3 Grundlagen der Arithmetik

In diesem Kapitel werden einige elementare Begriffe und Schreibweisen des Rechnens mit Zahlen zusammengestellt. Auch hierbei handelt es sich im Prinzip um Teilgebiete der Schulmathematik, die in äußerst knapper Form dargestellt werden.

2.3.1 Zahlen

Die Zahlen werden wie folgt eingeteilt:

Die natürlichen Zahlen

Es sind die Zahlen 1, 2, ..., mit deren Hilfe Gegenstände **abgezählt** werden. Die Menge der natürlichen Zahlen ist $\mathbb{N} = \{1, 2, \ldots\}$.

Die ganzen Zahlen

Erweitert man die natürlichen Zahlen um die **0 und alle negativen** Zahlen, so erhält man die Menge der ganzen Zahlen $\mathbb{Z} = \{\ldots, -2, -1, 0, 1, 2, \ldots\}$.

Die rationalen Zahlen

Die Mengen der ganzen Zahlen $\mathbb{Z}$ wird um die Zahlen erweitert, die sich als **Quotient zweier ganzer Zahlen** (mit Nenner $\neq 0$) darstellen lassen: $q = m/n$ mit $m \in \mathbb{Z}$, $n \in \mathbb{N}$. Das ergibt die Menge der rationalen Zahlen mit der Bezeichnung $\mathbb{Q} = \{q \mid q = m/n \text{ mit } m \in \mathbb{Z} \wedge n \in \mathbb{N}\}$. Jede rationale Zahl kann als periodische Dezimalzahl geschrieben werden.

Die irrationalen Zahlen

Läßt sich eine Zahl **nicht mehr als Quotient zweier ganzer Zahlen** – und daher auch nicht als periodische Dezimalzahl – darstellen, dann wird sie als irrational bezeichnet. Zum Beispiel sind die Zahlen π, e, $\sqrt{2}$ irrational (vgl. Abschnitt 2.1.5).

Die reellen Zahlen

Die **rationalen und die irrationalen** Zahlen bilden zusammen die Menge der reellen Zahlen $\mathbb{R} = \{x \mid x \text{ ist eine rationale oder irrationale Zahl}\}$.

In diesem Zahlensystem gelten zwischen den Mengen die Beziehungen:

$\mathbb{N} \subset \mathbb{Z} \subset \mathbb{Q} \subset \mathbb{R}$

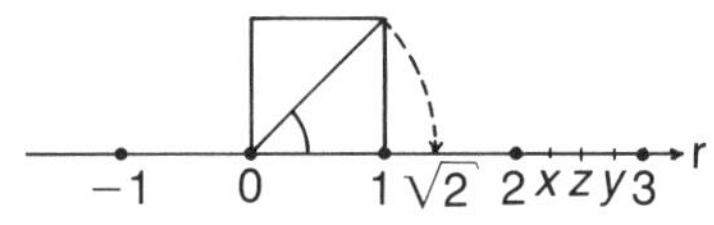

Abb. 2.11: Zahlengerade mit Konstruktion der irrationalen Zahl $\sqrt{2}$

Bereits von der Schule her ist die sog. **Zahlengerade** (vgl. *Abb. 2.11*) bekannt, die alle reellen Zahlen $r \in \mathbb{R}$ enthält. Sie reicht von $-\infty$ bis $+\infty$. In *Abb. 2.11* sind die ganzen Zahlen als Punkte markiert. Dazwischen liegen die rationalen Zahlen, wobei zwischen je zwei rationalen Zahlen x, $y \in \mathbb{Q}$ mindestens eine weitere rationale Zahl liegt: z.B. $z = (x + y)/2$. Genaugenommen liegen zwischen zwei rationalen Zahlen damit unendlich viele weitere rationale Zahlen. Wir sagen daher, die rationalen Zahlen liegen beliebig **dicht.**

Dennoch ist die Zahlengerade mit den rationalen Zahlen **nicht vollständig** besetzt. Die *Abb. 2.11* zeigt, daß man auf der Zahlengerade einen Punkt konstruieren kann, der eine irrationale Zahl darstellt. Ein Kreis um den Nullpunkt mit der Diagonalen des Einheitsquadrates als Radius markiert die Stelle $\sqrt{2}$ und damit eine irrationale Zahl.

Komplexe Zahlen

Schon der Lösungsversuch einer so einfachen Gleichung wie $z^2+1=0$ zeigt, daß die Menge der reellen Zahlen $\mathbb{R}$ noch nicht einmal alle Lösungen quadratischer Gleichungen umfaßt. Formal erhalten wir $z=\pm\sqrt{-1}$ und damit sog. **imaginäre Lösungen.**

▶ Die Zahl $i=\sqrt{-1}$ wird als *imaginäre* Zahl bezeichnet.

Imaginäre Zahlen wurden bereits im 16. Jahrhundert eingeführt.

Mit Hilfe der imaginären Zahl i lassen sich z.B. auch die Lösungen der quadratischen Gleichung $z^2+6z+25=0$ angeben:

$$z=-3\pm\sqrt{9-25}=-3\pm\sqrt{16\cdot i^2}=-3\pm4\cdot i$$

Die Lösungen enthalten einen reellen Anteil (-3) und je einen imaginären Anteil ($4\cdot i$ bzw. $-4\cdot i$). Wir bezeichnen derartig zusammengesetzte Zahlen als **komplexe Zahlen.**

▶ Eine *komplexe* Zahl z ist ein geordnetes Zahlenpaar (x, y) mit $x, y\in\mathbb{R}$, wobei x als Realteil und y als Imaginärteil bezeichnet wird.

Man schreibt auch: $z=x+y\cdot i$

Auf der Zahlengerade können komplexe Zahlen nicht mehr dargestellt werden. Zur Darstellung geordneter Paare benötigt man schon eine Zahlenebene. Sie wird in diesem Fall als ***Gauß*sche Zahlenebene** bezeichnet und enthält in Abszissenrichtung den Realteil x und in Ordinatenrichtung den Imaginärteil y einer komplexen Zahl $z=x+y\cdot i$. Jede komplexe Zahl z ist somit als ein Punkt der *Gauß*schen Zahlenebene repräsentiert.

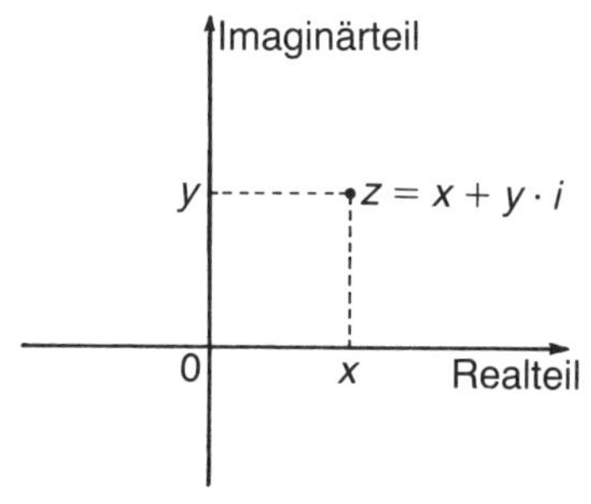

Abb. 2.12: Gaußsche Zahlenebene

2.3.2 Summen-, Produkt- und Fakultätszeichen

In diesem Abschnitt werden drei äußerst nützliche Kurzschreibweisen behandelt, die häufig verwendet werden.

Das Summenzeichen

Summen können mit Hilfe des sog. Summenzeichens, dem großen griechischen Buchstaben Sigma (Σ), geschrieben werden.

▶ Das *Summenzeichen* $\sum$ steht als Wiederholungszeichen für die fortgesetzte Addition:

$$\sum_{i=k}^{m} a_i = a_k + a_{k+1} + \ldots + a_m$$

Es bedeuten:

i = Summationsindex
k = untere Summationsgrenze (Summationsanfang)
m = obere Summationsgrenze (Summationsende)
a_i = allgemeines Summenglied

Das allgemeine Glied wird i.d.R. entweder eine Funktion des Summationsindex sein, oder es ist mit Hilfe der ganzen Zahlen indizierbar, d.h. abzählbar. Es kann jedoch auch eine Konstante sein.

Beispiele: 1. $\sum_{i=1}^{5} i^2 = 1^2 + 2^2 + 3^2 + 4^2 + 5^2$

2. $\sum_{i=7}^{10} u_i = u_7 + u_8 + u_9 + u_{10}$

3. $\sum_{j=2}^{5} \frac{(-1)^j \cdot a_j}{j} = \frac{a_2}{2} - \frac{a_3}{3} + \frac{a_4}{4} - \frac{a_5}{5}$

4. $\sum_{k=6}^{4} a_k$ ist nicht definiert

5. $\sum_{i=6}^{9} c = c + c + c + c = 4c$

6. $\sum_{i=0}^{n} x^i = x^0 + x^1 + \ldots + x^n$

Zerlegungsregeln für einfache Summen

Das Rechnen mit Summen ist bei Verwendung des Summenzeichens einfach und übersichtlich. Es sind folgende Regeln zu beachten:

- Summen mit gleichen Summationsgrenzen

$$\sum_{i=k}^{m}(a_i+b_i)=\sum_{i=k}^{m}a_i+\sum_{i=k}^{m}b_i$$

- Summen mit additiven Konstanten

$$\sum_{i=k}^{m}(a_i+c)=\sum_{i=k}^{m}a_i+(m-k+1)\cdot c$$

- Summen mit multiplikativen Konstanten

$$\sum_{i=k}^{m}c\cdot a_i=c\cdot\sum_{i=k}^{m}a_i$$

- Summenzerlegung

$$\sum_{i=k}^{m}a_i=\sum_{i=k}^{l}a_i+\sum_{i=l+1}^{m}a_i \quad \text{für } k\leqq l<m$$

Doppelsummen

Durch zwei- und mehrfache Indizierung und entsprechende Anwendung der Summationsvorschrift entstehen Doppel- bzw. Mehrfachsummen.

Bezeichnet man z.B. mit a_{ij} = die Absatzmenge des Produktes i in der Periode j, so bedeuten offenbar:

$\sum_{i=1}^{m}a_{ij}$ = die über alle Produkte $i=1,2,\ldots,m$ summierten Mengen in der Periode j

$\sum_{j=1}^{n}a_{ij}$ = die über alle Perioden $j=1,2,\ldots,n$ summierten Mengen des Produktes i

Will man die Absatzmengen aller Produkte $i=1,2,\ldots,m$ über alle Perioden $j=1,2,\ldots,n$ summieren, so muß man entweder die erste Summe über alle Perioden $j=1,2,\ldots,n$ oder die zweite Summe über alle Produkte $i=1,2,\ldots,m$ summieren.

In beiden Fällen ergibt sich die Anzahl, die als Doppelsumme geschrieben werden kann:

$$\sum_{j=1}^{n}a_{1j}+\sum_{j=1}^{n}a_{2j}+\ldots+\sum_{j=1}^{n}a_{mj}=\sum_{i=1}^{m}\left(\sum_{j=1}^{n}a_{ij}\right)$$

$$\sum_{i=1}^{m}a_{i1}+\sum_{i=1}^{m}a_{i2}+\ldots+\sum_{i=1}^{m}a_{in}=\sum_{j=1}^{n}\left(\sum_{i=1}^{m}a_{ij}\right)$$

► Die Summe $\sum_{i=k}^{m}\sum_{j=l}^{n}a_{ij}$ heißt *Doppelsumme* mit i, j als Summationsindizes, k, l, m, n als Summationsgrenzen und a_{ij} als allgemeinem Glied.

Sind die Summationsgrenzen beider Summen identisch, so kann man eine Doppelsumme auch abgekürzt mit Hilfe nur eines Summenzeichens schreiben:

$$\sum_{i,j=k}^{m} a_{ij} = \sum_{i=k}^{m} \sum_{j=k}^{m} a_{ij}$$

Zerlegungsregeln für Doppelsummen

Für Doppelsummen gelten die folgenden Zerlegungsregeln:

- Vertauschen der Summation

$$\sum_{i=k}^{m} \sum_{j=l}^{n} a_{ij} = \sum_{j=l}^{n} \sum_{i=k}^{m} a_{ij}$$

- Doppelsummen mit additiven Konstanten

$$\sum_{i=k}^{m} \sum_{j=l}^{n} (a_{ij} + c) = \sum_{i=k}^{m} \sum_{j=l}^{n} a_{ij} + (m-k+1) \cdot (n-l+1) \cdot c$$

- Doppelsummen mit einfach indizierten additiven Koeffizienten

$$\sum_{i=k}^{m} \sum_{j=l}^{n} (a_{ij} + b_j) = \sum_{i=k}^{m} \sum_{j=l}^{n} a_{ij} + (m-k+1) \cdot \sum_{j=l}^{n} b_j$$

$$\sum_{i=k}^{m} \sum_{j=l}^{n} (a_i + b_{ij}) = (n-l+1) \cdot \sum_{i=k}^{m} a_i + \sum_{i=k}^{m} \sum_{j=l}^{n} b_{ij}$$

- Doppelsummen mit multiplikativen Konstanten

$$\sum_{i=k}^{m} \sum_{j=l}^{n} c \cdot a_{ij} = c \cdot \sum_{i=k}^{m} \sum_{j=l}^{n} a_{ij}$$

- Doppelsummen mit einfach indizierten multiplikativen Faktoren

$$\sum_{i=k}^{m} \sum_{j=l}^{n} a_{ij} \cdot b_j = \sum_{j=l}^{n} \sum_{i=k}^{m} b_j \cdot a_{ij} = \sum_{j=l}^{n} b_j \cdot \sum_{i=k}^{m} a_{ij}$$

- Doppelsummenzerlegung

$$\sum_{i=k}^{m} \sum_{j=l}^{n} a_{ij} = \sum_{i=k}^{r} \sum_{j=l}^{s} a_{ij} + \sum_{i=k}^{r} \sum_{j=s+1}^{n} a_{ij} + \sum_{i=r+1}^{m} \sum_{j=l}^{s} a_{ij} + \sum_{i=r+1}^{m} \sum_{j=s+1}^{n} a_{ij}$$

für $k \leqq r < m$ und $l \leqq s < n$.

Die beschriebene Doppelsummenzerlegung ist eine von mehreren möglichen. Um (schnell gemachte!) Fehler bei der Zerlegung einer Doppelsumme zu vermeiden, empfiehlt sich die schematische Aufteilung des zugehörigen Zahlenfeldes wie in *Tab. 2.13.*

i \ j	$1 \dots s$	$s+1 \dots n$
k $\vdots$ r	$a_{k1} \dots a_{ks}$ $\vdots \quad \vdots$ $a_{r1} \dots a_{rs}$	$a_{k,s+1} \dots a_{kn}$ $\vdots \quad \vdots$ $a_{r,s+1} \dots a_{rn}$
$r+1$ $\vdots$ m	$a_{r+1,1} \dots a_{r+1,s}$ $\vdots \quad \vdots$ $a_{m1} \dots a_{ms}$	$a_{r+1,s+1} \dots a_{r+1,n}$ $\vdots \quad \vdots$ $a_{m,s+1} \dots a_{mn}$

Tab. 2.13: Zur Doppelsummenzerlegung

Das Produktzeichen

Produkte können mit Hilfe des sog. Produktzeichens, dem großen griechischen Buchstaben Pi (Π), geschrieben werden.

▶ Das *Produktzeichen* $\prod$ steht als Wiederholungszeichen für die fortgesetzte Multiplikation:

$$\prod_{i=k}^{m} a_i = a_k \cdot a_{k+1} \cdot \ldots \cdot a_m$$

Es bedeuten:

i = Multiplikationsindex
k, m = untere, obere Multiplikationsgrenze
a_i = allgemeines Glied

Die zu multiplizierenden Glieder müssen dem Multiplikationsindex zwischen den Grenzen eindeutig zuzuordnen sein.

Es gelten folgende Regeln:

- Produkte zweier indizierter Größen

$$\prod_{i=k}^{m} a_i \cdot b_i = \prod_{i=k}^{m} a_i \cdot \prod_{i=k}^{m} b_i$$

- Produkte einer Konstanten

$$\prod_{i=k}^{m} c = c^{m-k+1}$$

- Produkte mit einer Konstanten

$$\prod_{i=k}^{m} c \cdot a_i = c^{m-k+1} \cdot \prod_{i=k}^{m} a_i$$

Fakultätszeichen

Ein weiteres Sonderzeichen mit der Bedeutung eines Operators ist das sog. Fakultätszeichen.

▶ Für jede natürliche Zahl n hat das *Fakultätszeichen* (!) die Bedeutung:

$$n! = \prod_{i=1}^{n} i = 1 \cdot 2 \cdot 3 \cdot \ldots \cdot n$$

Man spricht „n Fakultät".

Definitionsgemäß gilt $0! = 1$. Man beachte, daß die Fakultäten der natürlichen Zahlen sehr rasch anwachsen:

$$5! = 120$$
$$10! = 3628800$$
$$50! = 3{,}0414 \cdot 10^{64}$$

Fakultäten finden in der Kombinatorik und der Wahrscheinlichkeitstheorie Verwendung.

2.3.3 Gleichungen und Ungleichungen

Für reelle Zahlen kennen wir die Verknüpfungsoperationen „Addition" und „Multiplikation" sowie entsprechende (axiomatische) Gesetze, die bei der Anwendung der Operatoren zu beachten sind, wie z.B. die Kommutativ-, Assoziativ- und Distributivgesetze. Es sind u.a. diese Axiome, die die Menge der reellen Zahlen $\mathbb{R}$ algebraisch als **Körper** kennzeichnen. Darüber hinaus sind für die reellen Zahlen eindeutige **Ordnungsstrukturen** festgelegt, so daß zwischen je zwei reellen Zahlen $x, y \in \mathbb{R}$ genau eine der Beziehungen **gleich, kleiner** oder **größer** gilt. Man sagt daher auch, der Körper der reellen Zahlen sei **geordnet.**

Werden reelle Zahlen mit Hilfe der bekannten Operatoren verknüpft und entsprechend angeordnet, so gelangt man zu Gleichungen oder Ungleichungen.

Gleichungen

Soll zwischen algebraischen Ausdrücken Gleichheit gelten, so wird dies durch das Gleichheitszeichen (=) ausgedrückt. Der Gesamtausdruck heißt Gleichung.

Beispiele: 1. $(a+b)^2 = a^2 + 2a \cdot b + b^2$
2. $y = 3x + 8$
3. $y' = 2x \cdot e^{x^2-1}$

Gleichungen spielen in der Mathematik die überragende Rolle. In fast allen Fällen werden Gleichungen untersucht, diskutiert, gelöst, dargestellt, transformiert oder ähnliches. Wir werden uns im folgenden daher überwiegend mit dieser Form des algebraischen Ausdrucks beschäftigen, zumal sie auch bei wirtschaftswissenschaftlichen Anwendungen die am häufigsten verwendete Form darstellt.

Ungleichungen

Wird eines der anderen beiden Ordnungssymbole zwischen Ausdrücken verwendet, so bezeichnet man die Form mit dem Oberbegriff **Ungleichung** bzw. etwas differenzierter mit den Begriffen **Größer-Beziehung** und **Kleiner-Beziehung.**

Es werden allgemein folgende Bezeichnungen mit nachstehender Bedeutung verwendet.

▶ Für reelle Zahlen $a, b \in \mathbb{R}$ gilt:

$a < b$ bedeutet *a kleiner b* und ist gleichbedeutend mit *b größer a.*
$a \leqq b$ bedeutet *a kleiner oder gleich b* und ist gleichbedeutend mit *b größer oder gleich a.*

Mit a, b, $c \in \mathbb{R}$ gelten im logischen Sinne folgende Implikationen:

- $a < b$ *und* $b < c \rightarrow a < c$ (Transitivität)
- $a < b \rightarrow a + c < b + c$
- $a > 0$ *und* $b > 0 \rightarrow a \cdot b > 0$

Die folgenden Verknüpfungen sind dann einfache Schlußfolgerungen der obigen Gesetze, wobei a, b, c, $d \in \mathbb{R}$ vorausgesetzt wird:

- $a \leqq b$ *und* $c \leqq d \rightarrow a + c \leqq b + d$
- $a \leqq b \rightarrow -a \geqq -b$
- $a \leqq b$ *und* $c < 0 \rightarrow a \cdot c \geqq b \cdot c$
- $a \leqq b \rightarrow 1/a \geqq 1/b$ für a, $b > 0$
- $a \leqq b \rightarrow a^n \leqq b^n$ für a, b, $n > 0$
- $a \leqq b \rightarrow a^{-n} \geqq b^{-n}$ für a, b, $n > 0$

Zu diesen logischen Schlußfolgerungen sind nachstehend einige Beispiele zusammengestellt.

Beispiele:
1. $3 < 7$ *und* $7 < 8 \rightarrow 3 < 8$
2. $-4 > -6$ *und* $-6 > -9 \rightarrow -4 > -9$
3. $6 < 10 \rightarrow 6 - 4 < 10 - 4$
4. $6 < 10 \rightarrow -6 > -10$
5. $3 > -2 \rightarrow 4 \cdot 3 > 4 \cdot (-2)$
6. $3 > -2 \rightarrow (-4) \cdot 3 < (-4) \cdot (-2)$
7. $2 < 4 \rightarrow 1/2 > 1/4$
8. $-4 > -6 \rightarrow -1/4 < -1/6$
9. $2 < 3 \rightarrow 2^2 < 3^2$
10. $2 < 3 \rightarrow 2^{-2} > 3^{-2}$

Ungleichungen werden häufig zur **Beschreibung von Punktmengen** herangezogen, insbesondere zur Definition von Intervallen der Zahlengeraden oder von Gebieten in Räumen.

Der Punkt $x=a$ teilt die Zahlengerade in zwei Teile (vgl. *Abb. 2.13*), wobei links von dem Punkt die Ungleichung $x<a$ und rechts von ihm die Ungleichung $x>a$ gilt. Diese Aufteilung erklärt die nachfolgende Schreibweise für Intervalle.

$a \leqq x \leqq b$: definiert ein *abgeschlossenes* Intervall $[a, b]$, d.h. unter Einschließung beider Randpunkte

$\left.\begin{array}{l} a \leqq x < b \\ a < x \leqq b \end{array}\right\}$: sind *halboffene* Intervalle $[a, b)$ bzw. $(a, b]$

$a<x<b$: ist ein *offenes* Intervall (a, b), d.h. ohne beide Randpunkte

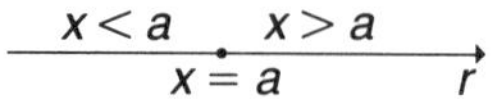

$x<a$ $x>a$
$x=a$ r

Abb. 2.13: Teilung der Zahlengerade

Ganz analog läßt sich auch die Zahlenebene unterteilen, nun allerdings nicht mehr durch einen Punkt, sondern durch eine Funktion. Beispielsweise teilt die Gerade $y=a \cdot x+b$ die x, y-Ebene in zwei Teile: alle Punkte, die oberhalb der Gerade liegen, genügen nun der Ungleichung $y>a \cdot x+b$, während die Punkte unterhalb durch die Ungleichung $y<a \cdot x+b$ beschrieben sind (vgl. *Abb.* 2.14).

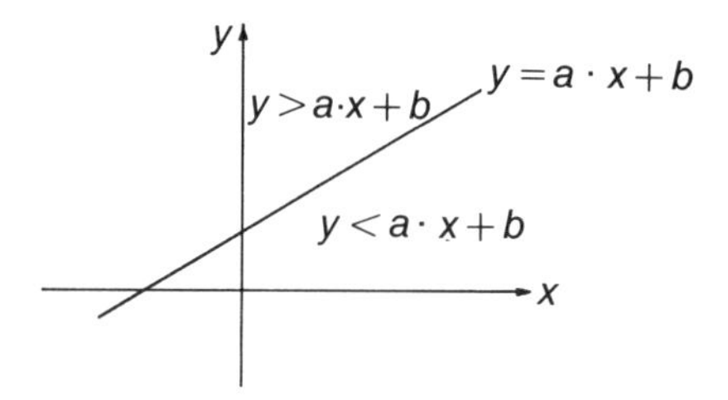

Abb. 2.14: Teilung der x, y-Ebene

2.3.4 Der absolute Betrag

Der in jedem Fall **nichtnegative Wert** einer Zahl wird als ihr absoluter Betrag bezeichnet. Er wird durch senkrechte Striche, die die Zahl einschließen, symbolisiert.

▶ Der *absolute Betrag* einer beliebigen reellen Zahl $a \in \mathbb{R}$ ist wie folgt definiert:

$$|a| = \begin{cases} a & \text{für } a>0 \\ 0 & \text{für } a=0 \\ -a & \text{für } a<0 \end{cases}$$

Beispiele: 1. $|-3{,}14|=3{,}14$

2. $|5{,}7|=5{,}7$

3. $|\sqrt{2}|=+\sqrt{2}$

Der absolute Betrag verknüpfter Zahlen hat die Eigenschaften:

- $|-a| = |a|$
- $|a \cdot b| = |a| \cdot |b|$
- $\left|\frac{a}{b}\right| = \frac{|a|}{|b|}$ mit $b \neq 0$

Wichtige Beziehungen, die z.B. beim Abschätzen der Größenordnungen von Summen eine Rolle spielen, sind die sog. **Dreiecksungleichungen.**

Für beliebige $a, b \in \mathbb{R}$ gilt:

- $|a+b| \leqq |a| + |b|$
- $|a+b| \geqq ||a| - |b||$

2.4 Kombinatorik

In vielen Bereichen des täglichen Lebens sind wir mit Fragestellungen konfrontiert, bei denen die Anzahl denkbarer **Anordnungen, Wertekombinationen, Gruppenbildungen** usw. eine Rolle spielt. Beispiele hierfür sind:

- Wie viele unterschiedliche Kombinationen von 6 aus 49 Zahlen können gebildet werden?
- In wie vielen Reihenfolgen können vier Sprinter zu einer 4×100-m-Staffel zusammengestellt werden?
- Man möchte sechs verschiedene Städte auf einer Urlaubsreise besuchen. Wie viele mögliche Reihenfolgen gibt es?
- Wie groß ist die Wahrscheinlichkeit, daß beim Roulettespiel zehnmal hintereinander Rouge gewinnt?

Gemeinsam ist diesen Fragestellungen, daß in allen Fällen bestimmte Elemente in verschiedenen Kombinationen zusammengestellt und abgezählt werden. Das Gebiet, das sich mit der Lösung derartiger Aufgaben befaßt, wird daher als Kombinatorik bezeichnet. Es bildet eine wichtige Grundlage zur Lösung vieler Probleme der **Wahrscheinlichkeitstheorie,** der **Statistik** oder des **Operations Research.**

Bevor wir uns mit speziellen Fragen der Kombinatorik befassen, soll als ein wichtiges Hilfsmittel zum Abzählen von Lösungen kombinatorischer Probleme der sog. **Entscheidungsgraph** eingeführt werden. Hierbei handelt es sich um eine einfache graphische Abbildung des Lösungsprozesses, in der jeder Realisation eines Elementes (= Wert) ein Punkt (= Knoten) zugeordnet wird. Jede Verbindung (= Kante) zweier Punkte bedeutet eine mögliche Kombination der verbundenen Elemente, so daß man durch jede denkbare Verbindung aller Elemente, die sich im Graph wie eine Kette repräsentiert, eine vollständige Lösung erhält. Durch Abzählen kann man leicht auf die Menge aller Lösungen schließen (vgl. *Abb. 2.15*).

Die Zahl der Elemente, die in der Lösung berücksichtigt sind, bezeichnet man häufig als **Stufen des Entscheidungsprozesses,** die verschiedenen Werte der Elemente als deren **Zustände.**

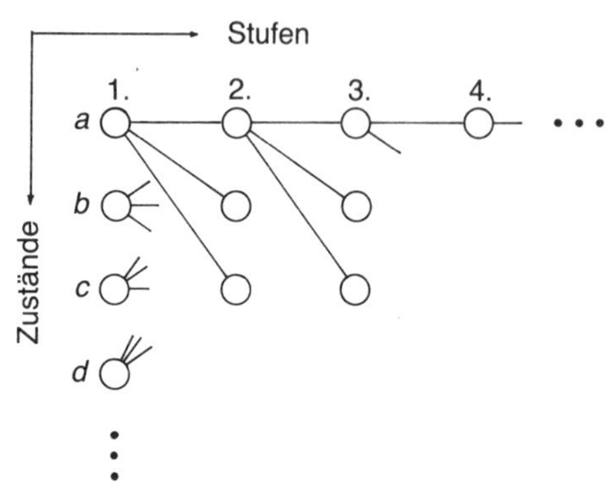

Abb. 2.15: Entscheidungsgraph

Im folgenden werden drei Klassen von kombinatorischen Fragestellungen behandelt, die Bildung von **unterscheidbaren Reihenfolgen (Permutationen),** die **Auswahl** verschiedener Elemente, wobei es auf die Reihenfolge der Ziehung ankommt **(Variationen)** und die Ziehung verschiedener Elemente ohne Berücksichtigung der Reihenfolge **(Kombinationen).**

2.4.1 Permutationen

▶ Eine Anordnung von n Elementen in einer bestimmten Reihenfolge heißt *Permutation.*

Die definierende Eigenschaft einer Permutation ist die **Reihenfolge,** in der die Elemente angeordnet werden.

Man muß den Fall, daß alle n Elemente unterscheidbar sind, von dem Fall, daß unter den n Elementen m Elemente identisch sind, unterscheiden. Dies wird häufig auch durch die Differenzierung **ohne** und **mit** Wiederholung ausgedrückt.

Permutation ohne Wiederholung

Alle n Elemente sind **eindeutig identifizierbar.** Um zu bestimmen, wie viele Anordnungen möglich sind, entwickeln wir den Entscheidungsgraph der *Abb. 2.16*. Für das erste Element kommt jeder denkbare Platz in der Reihenfolge in Betracht, so daß es hier n Plazierungsmöglichkeiten gibt. Ein Platz ist beim zweiten Element in jedem Fall besetzt; es sind jetzt also nur noch $n-1$ verschiedene Positionen denkbar, usw. Jede Anordnung ist mit jeder anderen kombinierbar, d.h. jeder Knoten einer Stufe ist mit jedem Knoten der nächsten Stufe verbindbar, so daß insgesamt

$$n \cdot (n-1) \cdot (n-2) \cdot \ldots \cdot 2 \cdot 1$$

Permutationen entstehen.

▶ Die Zahl der *Permutationen* von n unterscheidbaren Elementen beträgt:

$$P(n) = 1 \cdot 2 \cdot \ldots \cdot (n-1) \cdot n = n!$$

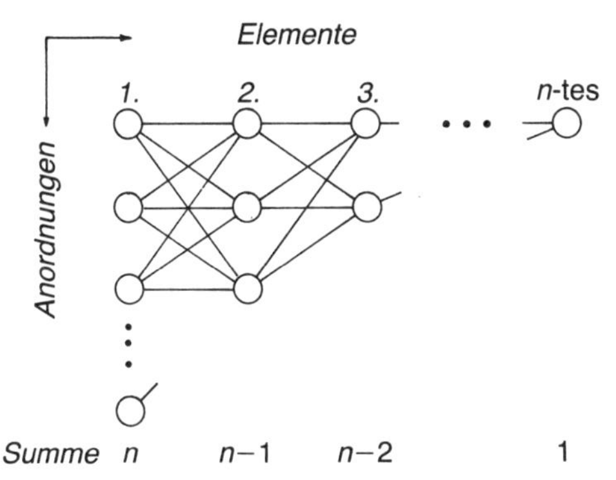

Abb. 2.16: Entscheidungsgraph zur Permutation

Beispiele: 1. Vier Sprinter können in $P(4) = 4! = 24$ verschiedenen Anordnungen in einer Staffel laufen.

2. Der Handelsvertreter, der 13 Orte zu besuchen hat, und unter allen denkbaren Rundreisen die kürzeste sucht, steht vor der wahrhaft nicht beneidenswerten Aufgabe, unter den

$$P(13) = 13! = 6\,227\,020\,800$$

verschiedenen Rundreisen diejenige mit der kürzesten Entfernung finden zu müssen. Glücklicherweise sind in der Wirklichkeit nie 13 solcher Orte untereinander direkt verbunden.

Permutationen mit Wiederholung

Es seien m Elemente aus den insgesamt n Elementen **nicht voneinander zu unterscheiden.** Offenbar sind diese m Elemente auf ihren Plätzen jeweils vertauschbar, ohne daß sich dadurch neue Reihenfolgen ergeben. Da auf diese Weise genau $m \cdot (m-1) \cdot \ldots \cdot 2 \cdot 1 = m!$ Lösungen identisch sind, d.h. alle Permutationen der m nicht unterscheidbaren Elemente, bleiben insgesamt

$$\frac{n\cdot(n-1)\cdot\ldots\cdot 2\cdot 1}{m\cdot(m-1)\cdot\ldots\cdot 2\cdot 1}$$

verschiedene Permutationen übrig.

► Die Zahl der *Permutationen* von n Elementen, unter denen m Elemente *identisch* sind, beträgt:

$$\bar{P}(n)=\frac{n!}{m!}=(m+1)\cdot(m+2)\cdot\ldots\cdot(n-1)\cdot n$$

Beispiel: Wie viele verschiedene zehnstellige Zahlen lassen sich aus den Ziffern der Zahl 7 844 673 727 bilden?

In der Zahl treten die Ziffer 7 viermal und die Ziffer 4 doppelt auf; die übrigen Ziffern sind 8, 6, 3 und 2, die je einmal vorkommen. Die Permutationen der vier „7" und der zwei „4" sind nicht unterscheidbar, so daß insgesamt

$$\bar{P}(10)=\frac{10!}{4!\cdot 2!}=75600$$

Zahlen gebildet werden können.

2.4.2 Variationen

► Eine Auswahl von m Elementen aus n Elementen unter Berücksichtigung der Reihenfolge heißt *Variation.*

Wenn das gezogene Element wiederholt ausgewählt werden kann, bei einer Ziehung also zurückgelegt wird, spricht man von einer Variation **mit Wiederholung,** im anderen Fall heißt sie **ohne Wiederholung.**

Variation ohne Wiederholung

Bei der Variation ohne Wiederholung darf jedes Element **nur einmal** auftreten. Für die erste Position der Reihenfolge kommen alle Elemente in Frage, so daß insgesamt n Anordnungen im Entscheidungsgraph der *Abb. 2.17* denkbar sind. Es bleiben $n-1$ Elemente an der zweiten Stelle und schließlich noch $n-m+1$ Elemente für die letzte Stelle.

Alle benachbarten Elemente können verbunden werden, woraus insgesamt

$$n\cdot(n-1)\cdot\ldots\cdot(n-m+1)$$

verschiedene Reihenfolgen entstehen.

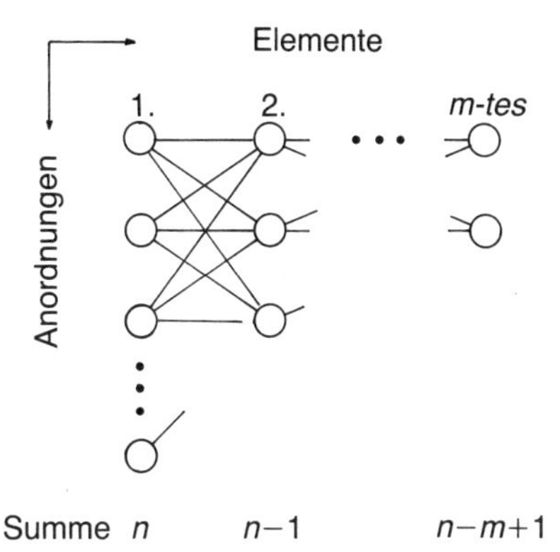

Abb. 2.17: Entscheidungsgraph zur Variation ohne Wiederholung

Erweitert man das Produkt um die Faktoren $1 \cdot 2 \cdot \ldots \cdot (n-m)$, so erhält man die sehr übersichtliche Formel:

► Die Zahl der *Variationen* von m Elementen aus n Elementen *ohne Wiederholung* beträgt:

$$V(m,n) = \frac{n!}{(n-m)!} = \frac{1 \cdot 2 \cdot \ldots \cdot (n-1) \cdot n}{1 \cdot 2 \cdot \ldots \cdot (n-m-1) \cdot (n-m)}$$

Beispiel: Der Handelsvertreter kann am ersten Tag nur drei der 13 Orte besuchen. Wie viele Möglichkeiten verschiedener Routenwahlen für den ersten Tag bieten sich ihm?

Bei einer Auswahl von drei Orten aus den insgesamt 13 Orten unter Berücksichtigung der Reihenfolge ergeben sich

$$V(3,13) = \frac{13!}{10!} = 11 \cdot 12 \cdot 13 = 1716$$

Reisemöglichkeiten.

Variation mit Wiederholung

Ein Element darf **wiederholt,** d.h. bis maximal m-mal, auftreten. Beim ersten Element besteht die Auswahl aus n Elementen. Da das erste Element auch als zweites zugelassen ist, besteht für letzteres wieder die Auswahl aus n Elementen, so daß der Entscheidungsgraph die Form von *Abb. 2.18* annimmt.

► Die Zahl der *Variationen* von m Elementen aus n Elementen *mit Wiederholung* beträgt:

$$\bar{V}(m,n) = n^m$$

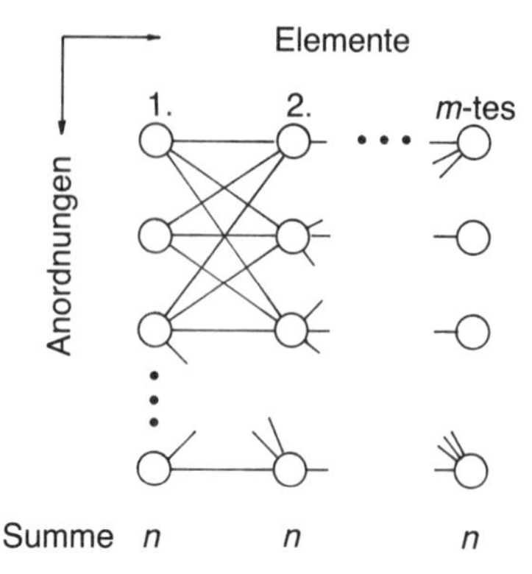

Abb. 2.18: Entscheidungsgraph zur Variation mit Wiederholung

Beispiele: 1. Im Dezimalsystem werden zur Zahlendarstellung die zehn Ziffern $0, 1, \ldots, 9$ benutzt. Wie viele vierstellige Zahlen sind darstellbar?

Es können 4 Ziffern zur Zahlendarstellung variiert werden, wobei Wiederholungen (z.B. 5599) gestattet sind. Somit sind

$$\bar{V}(4, 10) = 10^4 = 10000$$

Zahlen darstellbar. Das sind natürlich die Zahlen von 0000 bis 9999.

2. Wie viele vierstellige Zahlen sind im Dualsystem mit den zwei Ziffern $0, 1$ und im Sedezimalsystem mit den sechzehn Ziffern $0, 1, \ldots, 9$, A, B, C, D, E, F darstellbar?

Die Antworten lauten:

im Dualsystem $\bar{V}(4, 2) = 2^4 = 16$
im Sedezimalsystem $\bar{V}(4, 16) = 16^4 = 65536.$

2.4.3 Kombinationen

▶ Eine Auswahl von m Elementen aus n Elementen ohne Berücksichtigung der Reihenfolge heißt *Kombination.*

Auch hier kann man zwischen Kombinationen **ohne** und **mit Wiederholung** unterscheiden.

Kombination ohne Wiederholung

Bei Kombinationen kommt es nur auf die Auswahl der Elemente an, nicht auf deren Anordnung. Man erhält als Entscheidungsgraph zunächst den gleichen wie bei den Variationen. Da jedoch die Permutationen der m ausgewählten Elemente nicht unterscheidbar sind, d.h.

dieselbe Kombination darstellen, muß die Zahl der Variationen von m aus n Elementen durch die Zahl der Permutationen von m Elementen dividiert werden.

▶ Die Zahl der *Kombinationen* von m Elementen aus n Elementen *ohne Wiederholung* beträgt:

$$C(m, n) = \frac{V(m, n)}{P(m)} = \frac{n!}{m! \cdot (n-m)!} = \binom{n}{m},$$

d.h. sie ist gleich dem Binomialkoeffizient.[4]

Beispiel: Ein allen geläufiges Beispiel für die Bildung von Kombinationen ohne Wiederholung ist das Lottospiel. Es sind 6 Zahlen aus 49 Zahlen in beliebiger Reihenfolge zu ziehen. Wie viele denkbare Kombinationen gibt es?

$$C(6, 49) = \frac{49!}{6! \cdot 43!} = \frac{44 \cdot 45 \cdot \ldots \cdot 49}{1 \cdot 2 \cdot \ldots \cdot 6}$$

$$= 13983816 \text{ Kombinationen.}$$

Kombination mit Wiederholung

Stellt man sich eine Lottoziehung vor, bei der die gezogene Nummer wieder zurückgelegt wird und somit erneut gezogen werden kann, dann liegt ein Beispiel für die Bildung von Kombinationen mit Wiederholung vor.

Ohne Ableitung, die etwas komplizierter ist, und unter Hinweis auf die Literatur,[5] sei hier nur die Formel gegeben.

▶ Die Zahl der *Kombinationen* von m Elementen aus n Elementen *mit Wiederholung* beträgt[6]:

$$\bar{C}(m, n) = \binom{n+m-1}{m} = \frac{(n+m-1)!}{m! \cdot (n-1)!}$$

Beispiele: 1. An Bord eines Segelschiffes gibt es je zwei blaue, gelbe, rote und weiße Wimpel. Zwei von ihnen können zusammen aufgezogen werden, womit ein bestimmtes Signal verbunden ist. Um richtungsunabhängig zu sein, spielt die Reihenfolge keine Rolle. Wie viele Signale können übermittelt werden?

---

[4] Dies ist eine abgekürzte Schreibweise mit Hilfe des Binomialkoeffizienten, der im nächsten Abschnitt behandelt wird.

[5] Vgl. u.a. *Heike, Greiner, Lehmann* (Bd. 1), S. 84–86 oder *Schwarze* (Bd. 1), S. 167.

[6] Vgl. die Ausführungen zum Binomialkoeffizienten im folgenden Abschnitt.

Nach der Formel erhält man

$$\bar{C}(2,4)=\binom{5}{2}=\frac{5!}{2!\cdot 3!}=10$$

Kombinationen mit Wiederholungen.

Die Wimpelkombinationen sind in diesem kleinen Beispiel auch noch vollständig aufzuschreiben.

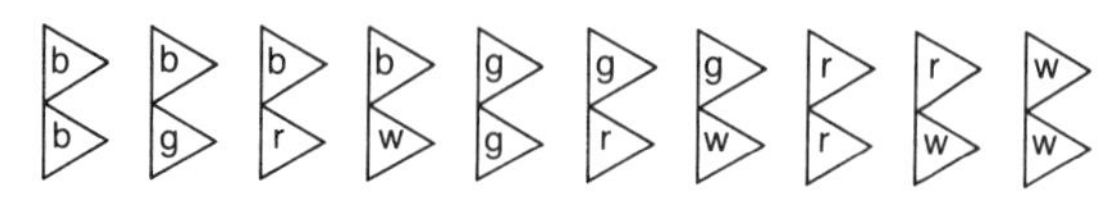

2. Bei der eingangs dargestellten Variante des Lottospiels gäbe es

$$\bar{C}(6,49)=\binom{54}{6}=\frac{54!}{6!\cdot 48!}=\frac{49\cdot 50\cdot 51\cdot 52\cdot 53\cdot 54}{1\cdot 2\cdot 3\cdot 4\cdot 5\cdot 6}$$
$$=25827165$$

Kombinationen, d.h. fast doppelt so viele wie beim normalen Lotto.

2.4.4 Der Binomialkoeffizient

Die Form der zuletzt dargestellten Ergebnisse, bei der die Fakultäten natürlicher Zahlen multipliziert und dividiert werden, kommt in der Kombinatorik so häufig vor, daß man hierfür als eigenes Symbol den Binomialkoeffizienten eingeführt hat.

▶ Der *Binomialkoeffizient* lautet:

$$\binom{n}{m}=\frac{n!}{m!\cdot(n-m)!}$$

Man spricht „n über m“.

Aus dieser Definition kann man unter der Berücksichtigung, daß $0!=1$ ist, die folgenden Zusammenhänge leicht herleiten:

- $\binom{n}{0}=1$
- $\binom{n}{n}=1$
- $\binom{n}{1}=n$
- $\binom{n}{m}=\binom{n}{n-m}$

- $\binom{n}{m} + \binom{n}{m+1} = \binom{n+1}{m+1}$
- $\sum_{i=0}^{n-m} \binom{m+i}{m} = \binom{n+1}{m+1}$
- $\sum_{i=0}^{k} \binom{m}{k-i} \cdot \binom{n}{i} = \binom{m+n}{k}$

Der Name „Binomialkoeffizient" rührt daher, daß diese Koeffizienten gerade als Multiplikatoren im sog. Binomischen Lehrsatz auftreten:

$$(a+b)^n = \sum_{k=0}^{n} \binom{n}{k} \cdot a^{n-k} \cdot b^k = \binom{n}{0} \cdot a^n + \binom{n}{1} \cdot a^{n-1} \cdot b$$
$$+ \binom{n}{2} \cdot a^{n-2} \cdot b^2 + \ldots + \binom{n}{n-1} \cdot a \cdot b^{n-1} + \binom{n}{n} \cdot b^n$$

- $\sum_{i=1}^{n} \binom{n}{i} = 2^n - 1$

Blaise Pascal (1623–1662) entwickelte das nach ihm benannte **arithmetische Zahlendreieck** (vgl. *Abb. 2.19*), das jedoch lange vor ihm (um 1300) schon in China bekannt war. In ihm sind die Binomialkoeffizienten übersichtlich angeordnet und können sehr einfach berechnet werden.

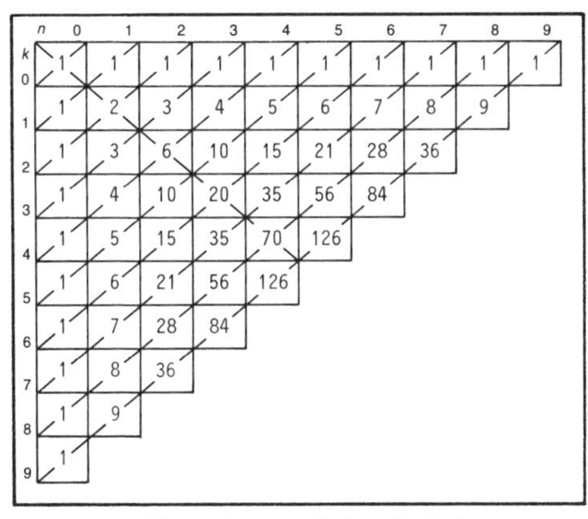

Abb. 2.19: Pascalsches Dreieck

Die Binomialkoeffizienten $\binom{k}{n}$ findet man im *Pascal*schen Dreieck entlang den eingezeichneten Diagonalen, z.B. für $n=5$ die Koeffizienten:

$\binom{5}{0}=1 \quad \binom{5}{1}=5 \quad \binom{5}{2}=10 \quad \binom{5}{3}=10 \quad \binom{5}{4}=5 \quad \binom{5}{5}=1$

Jedes Feld des *Pascal*schen Dreiecks ergibt sich als Summe des links neben dem Feld und des direkt über dem Feld stehenden Koeffizienten:

$$\binom{n+1}{k+1} = \binom{n}{k+1} + \binom{n}{k}$$

Dieses Bildungsgesetz entspricht der fünften Formel in der obigen Zusammenstellung.

2.5 Zahlensysteme

Ein kurzer Abschnitt über den Aufbau der Zahlensysteme soll das Kapitel über die Grundlagen der Arithmetik abschließen.

Das Zahlensystem, in dem wir erzogen werden und das wir deshalb von Kindheit an erlernen, ist das Zehner- oder Dezimalsystem. Die zehn Finger unserer Hand sind der Grund dafür, daß das Dezimalsystem bereits von den Babyloniern und Ägyptern als Zahlensystem gewählt wurde. Jede andere Basiszahl ungleich zehn würde jedoch den gleichen Zweck erfüllen, und wären wir an ein anderes System ähnlich gewöhnt wie an unser Dezimalsystem, so würden wir es auch genauso sicher beherrschen. In der elektronischen Datenverarbeitung wird wegen der technischen Voraussetzungen nicht im Dezimalsystem, sondern im Dual-, Oktal- oder im Sedezimalsystem gerechnet, d.h. zu den Basiszahlen 2, 8 und 16.

2.5.1 Der Aufbau des Dezimalsystems

Die Zahl 1905 wird als Eintausendneunhundertfünf gelesen und auf Grund der Ziffernfolge im **Dezimalsystem** gewohnheitsmäßig als

$$1905 = 1 \cdot 1000 + 9 \cdot 100 + 0 \cdot 10 + 5 \cdot 1 = 1 \cdot 10^3 + 9 \cdot 10^2 + 0 \cdot 10^1 + 5 \cdot 10^0$$

interpretiert. Geschrieben werden jedoch nur die Faktoren der Zehnerpotenzen, einschließlich der Nullen, damit aus der Stellung der Ziffern eindeutig auf die Zehnerpotenzen geschlossen werden kann. Da genau 10 Ziffern verfügbar sind, lassen sich die Zehnerpotenzen durch Stellenverschiebung einfach darstellen, und dank unserer Erfahrung haben wir im Umgang mit ihnen große Sicherheit erworben.

Dennoch spricht kein sachlicher Grund dafür, daß nicht jede andere Basiszahl gleich geeignet ist, außer, daß der Mensch 10 Finger hat, mit deren Hilfe er zu zählen gelernt hat. Die Pioniere der elektronischen Datenverarbeitung, wie z.B. *Konrad Zuse*, haben bereits in den 30er Jahren dieses Jahrhunderts für ihre Anlagen das **Dualsystem** gewählt, weil die bei der Konstruktion verwendeten Bauteile jeweils nur zwei „Finger“ hatten: Strom oder nicht Strom, magnetisiert oder nicht magnetisiert usw. Zusätzlich werden noch die Zahlen 8 und 16 als Basiszahlen benutzt, die jedoch wegen $8=2^3$ und $16=2^4$ ebenfalls an der 2 als Grundzahl orientiert sind.

2.5.2 Das Dualsystem

Das Dualsystem[7] ist eine Zahlendarstellung mit Hilfe zweier Zeichen, üblicherweise den Ziffern 0 und 1. Die Basis ist folglich die Zahl 2, und als Stellen der Ziffernfolge werden die Zweierpotenzen gewählt:

	...	2^{10}	2^9	2^8	2^7	2^6	2^5	2^4	2^3	2^2	2^1	2^0
dezimal	...	1024	512	256	128	64	32	16	8	4	2	1

Den Dualzahlen	1,	10,	100,	1000	entsprechen die
Dezimalzahlen	1,	2,	4,	8	usw.

Im Dualsystem sind also die Zweierpotenzen besonders einfach darstellbar. Nur der Übergang von einem System in ein anderes ist umständlich und aufwendig. Es ist jedoch reine Gewohnheit, daß wir nicht in der Lage sind, die Dualzahl 11110111011 unmittelbar interpretieren zu können.

Übergang zwischen Dual- und Dezimalsystem

Um z.B. die Dezimalzahl 1981 im Dualsystem darzustellen, wird die größte Zweierpotenz, die kleiner oder gleich der Zahl bzw. des Restes ist, von der Zahl abgezogen. Als Faktor der Zweierpotenz tritt in diesem Fall die Ziffer 1.

Ist die Zweierpotenz zu groß, so wird als Stellenziffer 0 eingetragen, wobei führende Nullen wie üblich zu unterdrücken sind.

Nach einiger Rechnung erhält man:

$$\begin{aligned}1981 &= 1\cdot 1024+1\cdot 512+1\cdot 256+1\cdot 128+0\cdot 64+1\cdot 32\\ &\quad +1\cdot 16+1\cdot 8+1\cdot 4+0\cdot 2+1\cdot 1\\ &= 1\cdot 2^{10}+1\cdot 2^9+1\cdot 2^8+1\cdot 2^7+0\cdot 2^6+1\cdot 2^5\\ &\quad +1\cdot 2^4+1\cdot 2^3+1\cdot 2^2+0\cdot 2^1+1\cdot 2^0\end{aligned}$$

Folglich ergibt sich:

$$1981_{10}=11110111101_2$$

Genauso einfach läßt sich auch die Dualzahl in eine Dezimalzahl übertragen.

Beispiel: Das Datum 6.12.1981 lautet im Dualsystem: 110.1100.11110111101

---

[7] Schon *Leibniz* (1646–1716) gab 1703 eine ausführliche Darstellung und Erläuterung des Dualsystems in der „Histoire de l'academie royale des sciences".

Indem man auch **negative Exponenten** zuläßt, kann man Dezimalbrüche nach demselben Prinzip interpretieren und in ein anderes Zahlensystem übertragen. Bekanntlich trennt im Dezimalsystem das Komma die Faktoren der negativen Exponenten von solchen mit positiven Exponenten bzw. der Null als Hochzahl.

Analog verfährt man im Dualsystem. Die Zehnerpotenzen mit negativem Exponenten sind:

	2^{-1}	2^{-2}	2^{-3}	2^{-4}	2^{-5}	2^{-6}	2^{-7}	...
dezimal	0,5	0,25	0,125	0,0625	0,03125	0,015625	0,0078125	...

Die Dezimalzahl 83,364 stellt sich im Dualsystem dann folgendermaßen dar:

$$83 = 1 \cdot 2^6 + 0 \cdot 2^5 + 1 \cdot 2^4 + 0 \cdot 2^3 + 0 \cdot 2^2 + 1 \cdot 2^1 + 1 \cdot 2^0$$

$$0{,}364 = 0 \cdot 2^{-1} + 1 \cdot 2^{-2} + 0 \cdot 2^{-3} + 1 \cdot 2^{-4} + 1 \cdot 2^{-5} + 1 \cdot 2^{-6} + 0 \cdot 2^{-7} + \ldots$$

Man erhält:

$$83{,}364_{10} = 1010011{,}0101110\ldots_2$$

Man beachte dabei, daß eine Dezimalzahl mit endlich vielen Stellen hinter dem Komma in einem anderen System, z.B. dem Dualsystem, nicht notwendigerweise auch endlich viele Stellen hinter dem Komma zu haben braucht.

2.5.3 Das Oktal- und das Sedezimalsystem

Neben dem Dualsystem finden in der EDV auch das **Oktalsystem** (zur Basis $8 = 2^3$) und das **Sedezimalsystem**[8] (zur Basis $16 = 2^4$) Anwendung. Diese Basen sind dadurch entstanden, daß man mehrere Dualstellen (= **Bit**) zu größeren Einheiten zusammengefaßt hat. Mit Hilfe von 3 Bit können die Dualzahlen von 000 bis 111 (dezimal 0 bis 7) und mit Hilfe von 4 Bit die Dualzahlen von 0000 bis 1111, d.h. dezimal die Zahlen 0 bis 15, dargestellt werden. Faßt man jeweils 4 Bit zu einer größeren Einheit zusammen (= Halb**byte**),[9] so lassen sich damit alle Ziffern des Sedezimalsystems ausdrücken.

Der Zeichenvorrat des Oktalsystems besteht aus den Ziffern 0, 1, ..., 7. Die Achterpotenzen sind:

	...	8^6	8^5	8^4	8^3	8^2	8^1	8^0
dezimal	...	262144	32768	4096	512	64	8	1

8 Sedecim (lat.) = sechzehn. Eine andere häufig benutzte Bezeichnung ist Hexadezimalsystem (hexa (griech.) = sechs).

9 1 Byte = 8 Bit ergibt $2^8 = 256$ Kombinationen. So viele werden gebraucht, um den gesamten Zeichenvorrat von 30 Großbuchstaben, 30 Kleinbuchstaben, 10 Dezimalziffern, 30 Sonderzeichen, 30 mathematische Sonderzeichen und 20 technische Sonderzeichen darstellen zu können.

Es ist also:

$1981 = 3 \cdot 512 + 6 \cdot 64 + 7 \cdot 8 + 5 \cdot 1 = 3 \cdot 8^3 + 6 \cdot 8^2 + 7 \cdot 8^1 + 5 \cdot 8^0$

Daher lautet die Konversion:

$1981_{10} = 3675_8$

Im Sedezimalsystem besteht der Zeichenvorrat aus den zehn Dezimalziffern $0, 1, \ldots, 9$ plus den Buchstaben A($\triangleq 10$), B($\triangleq 11$), C($\triangleq 12$), D($\triangleq 13$), E($\triangleq 14$) und F($\triangleq 15$). Die ersten Sechzehnerpotenzen sind:

	…	16^4	16^3	16^2	16^1	16^0
dezimal	…	65536	4096	256	16	1

Die Dezimalzahl 1981 wird transformiert

$1981 = 7 \cdot 16^2 + 11 \cdot 16^1 + 13 \cdot 16^0 = 7 \cdot 16^2 + B \cdot 16^1 + D \cdot 16^0$

und es ergibt sich

$1981_{10} = 7BD_{16}$.

Beispiel: Das Datum 17.5.1984 lautet
- im Dualsystem: 10001. 101. 111 1100 0000
- im Oktalsystem: 21.5. 3700
- im Sedezimalsystem: 11. 5. 7C0

Aufgaben zum Kapitel 2

Aussagenlogik

Aufgabe 2.1

Welche der folgenden Sätze sind Aussagen?

(a) Die Mosel ist länger als der Rhein.
(b) Meine Mutter ist deine Mutter.
(c) Tennis ist toll!
(d) Hast Du Kathrin getroffen?
(e) Ich weiß, was eine Aussage ist.
(f) Herr Ober, ein Bier!
(g) Mainz bleibt Mainz, wie es singt und lacht!
(h) Auf anderen Planeten gibt es intelligente Lebewesen.
(i) Ich denke nicht oder ich bin.
(j) Grün ist schön.
(k) Hilfe, Überfall!

Aufgabe 2.2

Überprüfen Sie mit Hilfe von Wahrheitstafeln die Äquivalenz folgender Aussagen, wobei A, B und C elementare Aussagen sind.

(a) $(A \rightarrow B) \leftrightarrow ((A \wedge \neg B) \rightarrow (C \wedge \neg C))$
(b) $((A \wedge \neg B) \rightarrow \neg B) \leftrightarrow (\neg A \rightarrow \neg B)$
(c) $(A \rightarrow B) \leftrightarrow (\neg A \vee B)$

Aufgabe 2.3

Negieren Sie die folgenden Aussagen.

(a) Für alle $x \in \{1, 2, 3, 4\}$ (andere Schreibweise: $\forall x \in \{1, 2, 3, 4\}$) gilt $x^2 - 9 \leqq 0$.
(b) Für alle $x \in \mathbb{N}$ (= Menge der natürlichen Zahlen) existiert ein $y \in \mathbb{N}$ mit $x \leqq y$ (andere Schreibweise: $\forall x \in \mathbb{N} \exists y \in \mathbb{N}$ mit $x \leqq y$).

Aufgabe 2.4

Müller-Merbach stellte im DGOR-Bulletin Nr. 24, 1982, auf Seite 7 die folgende Logelei zur Diskussion:

Das Diplom-Examen

Ein Student kommt nach seiner Diplom-Prüfung nach Hause und wird erwartungsvoll von seiner Familie empfangen. „Wie ist es denn ausgegangen? In welchen Fächern hast Du bestanden?", wollten alle wissen.

Der Student, der sich einerseits nicht traute, die Wahrheit direkt zu sagen, und der andererseits zeigen wollte, wie gewitzt er sei, antwortete wie folgt:

„Ich will es Euch so erklären:

- Wenn ich in OR bestanden habe, dann bin ich entweder in Mathematik durchgefallen oder habe in Informatik Erfolg gehabt.
- Wenn ich aber in Informatik bestanden habe, dann habe ich auch in BWL bestanden.
- Sollte ich in Informatik durchgefallen sein oder in OR bestanden haben, dann hat es in Mathematik nicht gereicht.
- Falls ich OR vermasselt habe, dann habe ich auch BWL vermasselt.
- Wenn es in Mathematik nicht geklappt haben sollte, dann waren die Leistungen in OR und in BWL ebenfalls nicht ausreichend.

So nun wißt Ihr, wie erfolgreich meine Examensleistungen waren."

Die Familie war ob dieser gelehrten Darstellung der Examensleistung sicher, daß er in allen Fächern erfolgreich war. Keiner hätte sich auch an die schwierige Aufgabe herangewagt, die Information aus diesen fünf Sätzen aufzulösen. Wie sollten sie, da sie weder OR noch Mathematik noch Informatik noch BWL studiert hatten. Also wurde kräftig gefeiert, nachdem man dem vermeintlichen Jungakademiker herzlichst und aufrichtig gratuliert hatte.

Was, glauben Sie, meint die Familie, wenn Sie ihr des Rätsels Lösung in Form einer Wahrheitstafel präsentieren?

Mengenlehre

Aufgabe 2.5

Gegeben sind die Mengen $X=\{1,2,3,4\}$, $Y=\{\{1\},2,\{3,4\}\}$ und $Z=\{1,2,5\}$.

Welche der folgenden Aussagen ist wahr?

(a) $X\cap Y=\{1,2,3,4\}\vee X\cup Z=X\cup\{5\}$
(b) $X\cap Y=\{2\}\wedge X\cap Z=\{1,2\}$
(c) $Y\cup Z=\{\{1\},2,\{3,4\},5\}$
(d) $Y\cap Z=\{1,2\}$
(e) $X\cup Y$ ist nicht definiert.

Aufgabe 2.6

Gegeben sind die Mengen:

$$X=\{x\,|\,x\in\mathbb{R}\wedge\sqrt{7-x}+x=1\}$$
$$Y=\{y\,|\,y\in\mathbb{R}\wedge y^2-y-6=0\}$$

Zeigen Sie $X\subset Y$, indem Sie eine explizite Aufzählung aller Elemente von X und Y angeben.

Aufgabe 2.7

Es seien folgende Mengen definiert:

$$A=\{-2,3,4\};\quad B=\{x\,|\,x\in\mathbb{N}\wedge x<4\};$$
$$C=\{x\,|\,x\in\mathbb{Z}\wedge -2\leqq x\leqq 1\};\quad D=\{x\,|\,x\in\mathbb{R}\wedge -1<x<5\}$$

(a) Stellen Sie die Mengen auf der Zahlengeraden dar.
(b) Geben Sie die Menge $V=A\cup B\cup C\cup D$ an, und veranschaulichen Sie sie auf der Zahlengeraden.
(c) Bilden Sie die Mengen $A\cap C$, $B\cap D$ und $D\setminus A$.

Aufgabe 2.8

Stellen Sie fest, welche der folgenden Aussagen für $A=\{1,\{2,3\},4\}$ falsch sind:

$A_1: \{2,3\} \subset A$ $\quad$ $A_3: \{\{2,3\}\} \subset A$

$A_2: \{2,3\} \in A$ $\quad$ $A_4: \emptyset \subset A$

Aufgabe 2.9

Es seien $N = \{(x, y)\}$, $M = \{y, z, u\}$ und $R = \{x\}$.

Man bestimme:

(a) $(R \times M) \setminus N$

(b) $N \times M$

(c) $\mathfrak{P}(M)$

Aufgabe 2.10

In der Grundmenge $E = \{1, 2, 3, 4, 5, 6, 7, 8\}$ betrachten wir die Teilmengen $A = \{1, 2, 3, 4, 5\}$ und $B = \{2, 3, 5, 7, 8\}$.

(a) Bestimmen Sie $\bar{A} \cap B$, $A \cup \bar{B}$, $\bar{A} \cap \bar{B}$, $\overline{\overline{A \cap B} \cap A} \cap \bar{B}$.

(b) Für zwei Mengen X und Y definieren wir $X \triangle Y$ durch:

$X \triangle Y = \{u \mid u \in X$ oder $u \in Y$ und $u \notin X \cap Y\}$

Bestimmen Sie $A \triangle A$, $A \triangle \bar{A}$ und $A \triangle B$.

(c) Bestimmen Sie $(\overline{A \triangle B}) \cap A$, $(\overline{A \triangle B}) \cap B$ und $A \cap B$, und überprüfen Sie am Beispiel die Gleichheit der drei Mengen.

Arithmetik

Aufgabe 2.11

Zeigen Sie, daß für alle reellen Zahlen x, die ungleich 1 sind ($x \in \mathbb{R} \setminus \{1\}$), und für alle natürlichen Zahlen n einschließlich der Null ($n \in \mathbb{N} \cup \{0\}$) gilt:

$$\sum_{k=0}^{n} x^{k} = \frac{x^{n+1} - 1}{x - 1}$$

Dies ist das allgemeine Glied der geometrischen Reihe (vgl. Kapitel 4).

Multiplizieren Sie beide Seiten der Gleichung mit $(x-1)$ und lösen Sie die Summe auf.

Aufgabe 2.12

Beweisen Sie durch vollständige Induktion die Richtigkeit der Gleichung:

$$\sum_{k=0}^{n} k \cdot 2^{k-1} = (n-1) \cdot 2^{n} + 1$$

Aufgabe 2.13

Schreiben Sie die Summen in expliziter Form:

(a) $\sum_{i=1}^{5} \frac{3 \cdot i \cdot (-1)^i - 1}{3i}$

(b) $\sum_{i=4}^{8} \frac{2 \cdot i + 3 \cdot (-1)^i}{i^2}$

(c) $\sum_{i=-2}^{4} \frac{(-i)^3}{2^i}$

Aufgabe 2.14

Berechnen Sie die Summen und das Produkt:

(a) $\sum_{k=1}^{4} \frac{k^2}{k+1} + \sum_{i=1}^{2} \frac{i \cdot (i-1)}{i^2}$

(b) $\sum_{j=-2}^{3} (-3)^j \cdot 2^{10-j}$

(c) $\prod_{j=-2}^{3} \frac{2 \cdot 3^j}{3+j}$

Aufgabe 2.15

Summieren Sie für $k = m \cdot n$:

$$c = \sum_{i=1}^{m} \sum_{j=1}^{n} \frac{(i+j-1)}{k}$$

Aufgabe 2.16

Ein Unternehmen stellt mit

m Maschinen $(i = 1, 2, \ldots, m)$
n Produkte $(j = 1, 2, \ldots, n)$

her, wobei jedes Produkt j auf jeder Maschine i produziert werden kann. Es sei ein Produktionszeitraum von

12 Monaten $(t = 1, 2, \ldots, 12)$

betrachtet.

Die nachstehenden Symbole haben folgende Bedeutung:

x_{ijt} gibt an, wie viele Mengeneinheiten (ME) des Produktes j auf der Maschine i im Monat t hergestellt werden.

a_{ij} gibt an, wie viele Stunden die Fertigung einer ME des Produktes j auf der Maschine i benötigt. Diese Angabe ist für alle Monate gleich.
k_{ij} sind die Kosten der Fertigung einer ME des Produktes j auf der Maschine i. Sie sind ebenfalls zeitunabhängig.
p_j ist der in allen Monaten konstante Verkaufspreis für eine ME des Produktes j.

Drücken Sie unter Verwendung des Summenzeichens aus,

(a) wie viele ME des Produktes j im Monat t hergestellt werden;
(b) welchen Erlös das Unternehmen im betrachteten Produktionszeitraum erzielt, wenn alle hergestellten Produkte im gleichen Jahr verkauft werden (der Erlös ist gleich der Menge mal dem Verkaufspreis);
(c) wie viele Stunden die Maschine i in der ersten Jahreshälfte belegt ist;
(d) welcher Gewinn im Monat t gemacht wird, wenn außer den genannten keine weiteren Kosten anfallen (Gewinn = Erlös − Kosten).

Aufgabe 2.17

Betrachten Sie die Situation eines Unternehmens, das

n Produkte $(j=1,2,\dots,n)$

aus einem Lager an

q Kunden $(k=1,2,\dots,q)$

ausliefert und zu Beginn eines jeden der

12 Monate $(t=1,2,\dots,12)$

die Lagerbestände überprüft.

Die zu verwendenden Symbole haben folgende Bedeutung:

x_{jt} sei die im Lager zu Beginn des Monats t gelagerte Menge von Produkt j.
y_{jkt} sei die im Monat t an den Kunden k gelieferte Menge des Produktes j.
p_j ist der Wert (Preis) einer Mengeneinheit des Produktes j.
z_{jt} ist die dem Lager im Monat t durch die Produktion zugeführte Menge des Produktes j.

(a) Welchen Wert hat der gesamte Lagerbestand zu Beginn des Monats t?
(b) Geben Sie in einer Gleichung eine Beziehung an zwischen der gesamten Lagerbestandsmenge zu Beginn des Monats t, $\sum_{j=1}^{n} x_{jt}$, und

am Ende des Monats t, $\sum_{j=1}^{n} x_{jt+1}$, in der die Zugänge und Abgänge im Monat t berücksichtigt sind.

(c) Welcher Umsatz wird im Jahr mit dem Kunden k gemacht?

Aufgabe 2.18

Es sind $\bar{x}=\frac{1}{n}\sum_{i=1}^{n}\xi_i$ und $\bar{y}=\frac{1}{n}\sum_{i=1}^{n}\eta_i$

(arithmetische Mittelwerte der Zahlenfolgen ξ_i und η_i).

Zeigen Sie durch arithmetische Umformung die Gültigkeit der folgenden Gleichungen:

(a) $\sum_{i=1}^{n}(\xi_i-\bar{x})\cdot(\eta_i-\bar{y})=\sum_{i=1}^{n}\xi_i\cdot\eta_i-n\cdot\bar{x}\cdot\bar{y}$

(b) $\sum_{i=1}^{n}(\xi_i-\bar{x})^2=\sum_{i=1}^{n}\xi_i^2-n\cdot\bar{x}^2$

Aufgabe 2.19

Lösen Sie das Gleichungssystem

$$\sum_{i=1}^{n}\eta_i=n\cdot a+b\cdot\sum_{i=1}^{n}\xi_i \tag{1}$$

$$\sum_{i=1}^{n}\xi_i\cdot\eta_i=a\cdot\sum_{i=1}^{n}\xi_i+b\cdot\sum_{i=1}^{n}\xi_i^2 \tag{2}$$

nach den Parameter a und b auf.

Hinweis: Verwenden Sie die Umformungen der Aufgabe 2.18.

Aufgabe 2.20

Charakterisieren Sie möglichst einfach die Lösungsmengen folgender Ungleichungen:

Beispiel: $\frac{4}{x}\leqq 2$; Lösungsmenge: $(-\infty,0)\cup[2,\infty)=\{x|x<0$ oder $x\geqq 2\}$, d.h. alle x, die kleiner als 0 oder größer gleich 2 sind.

(a) $3x+7\geqq 4$

(b) $2x+8<-5x+1$

(c) $8+\frac{4-2x}{2}<3x-\frac{5x+2}{4}$

(d) $\frac{24+x}{x}+1<4$

(e) $8+\frac{4x-2}{2x}<12-\frac{6x+7}{x}$

(f) $\frac{1}{x-9}\leqq-\frac{1}{5}$

Aufgabe 2.21

Für einen Transport verlangt die Spedition A 50,– DM Frachtpauschale und 10,– DM für jedes transportierte Stück. Spedition B fordert 70,– DM Pauschale und 8,– DM pro Stück. Ab welcher Stückzahl ist Spedition B günstiger als Spedition A?

Entscheiden Sie mit Hilfe einer Ungleichung.

Kombinatorik

Aufgabe 2.22

Eine optische Rufanlage enthalte fünf verschiedenfarbige Felder. Jeder Person werden entweder eine oder zwei oder drei Farben als Rufzeichen zugeordnet. Wie viele Anschlüsse besitzt das System?

Aufgabe 2.23

Gegeben sind drei Orte A, B und C. Zwischen A und B gibt es sechs, und zwischen B und C gibt es vier Wege.

(a) Auf wie vielen Wegen kann man ohne Umweg von A oder B nach C gelangen?
(b) Auf wie vielen Wegen kann man die Strecke A-B-C-B-A zurücklegen?
(c) Auf wie vielen Wegen kann man die Strecke A-B-C-B-A durchlaufen, ohne einen Teilweg mehr als einmal zu benutzen?

Aufgabe 2.24

Drei bzw. vier Kartenspieler sitzen in einer festen Reihenfolge; der erste Spieler verteilt die Karten.

(a) Wie viele verschiedene Anfangssituationen sind beim Skatspiel möglich? (32 verschiedene Karten, drei Spieler erhalten je 10 Karten, zwei Karten liegen im Skat)
(b) Wie viele verschiedene Anfangssituationen sind beim Doppelkopfspiel möglich? (Vier Spieler, 48 Karten = zwei Spiele à 24 Karten, d.h. jede Karte kommt doppelt vor; jeder Spieler erhält je 12 Karten)

Aufgabe 2.25

Wiederholungen seien nicht erlaubt.

(a) Wie viele Zahlen mit drei Ziffern kann man mit den Ziffern 2, 3, 5, 6, 7 und 9 bilden?
(b) Wie viele Zahlen aus (a) sind kleiner als 400?
(c) Wie viele Zahlen aus (a) sind gerade?
(d) Wie viele Zahlen aus (a) sind kleiner als 400 und gerade?
(e) Wie viele Zahlen aus (a) sind kleiner als 400 oder gerade (einschließendes „oder“)?

Aufgabe 2.26

Ein Student muß in einer Prüfung acht von zwölf Fragen beantworten. Wie viele Möglichkeiten hat er, wenn er mindestens drei von den ersten fünf beantworten muß?

Aufgabe 2.27

Eine Dame hat elf Bekannte.

(a) Auf wieviel Weisen kann sie fünf von ihnen zu einem Essen einladen?
(b) Auf wieviel Weisen kann sie fünf von ihnen einladen, wenn zwei miteinander verheiratet sind und nur zusammen kommen möchten?
(c) Auf wieviel Weisen kann sie fünf von ihnen einladen, wenn zwei von ihnen z. Zt. nicht „on speaking terms“ sind, und auf keinen Fall zusammen kommen wollen?

Aufgabe 2.28

Beim klassischen Zahlenlotto 6 aus 49 (auf die Zusatzzahl und Superzahl wird hier verzichtet) werden in einem Spielfeld sechs von 49 Zahlen angekreuzt. Der Einsatz pro Spielfeld betrage € 0,75.

Als Erwartungswerte für die Gewinne in den einzelnen Gewinnklassen seien die folgenden Lottoquoten gewählt:

- Gewinnklasse zwei (6 Richtige): € 841 286,00
- Gewinnklasse vier (5 Richtige): € 5 684,00
- Gewinnklasse sechs (4 Richtige): € 103,00
- Gewinnklasse acht (3 Richtige): € 8,40

(a) Wie viele Möglichkeiten der Ziehung von 6 aus 49 gibt es?

(b) Wie viele verschiedene Ziehungen gibt es, bei denen mit einem Spielfeld in den Klassen „6 Richtige", „5 Richtige", „4 Richtige" bzw. „3 Richtige" gewonnen wird?

(c) Bei welchem Anteil aller möglichen Ziehungen trifft man „6 Richtige", „5 Richtige", „4 Richtige" bzw. „3 Richtige"?

(d) Jemand spielt ein Jahr lang regelmäßig jede Woche zehn Spielfelder im Lotto und setzt somit in 52 Wochen Euro 390,– (ohne Bearbeitungsgebühr) ein. Wie groß ist unter der Voraussetzung obiger Gewinnquoten der Erwartungswert seines Gewinnes? (Erwartungswert = Summe der Gewinnanteile multipliziert mit den Quoten)

Aufgabe 2.29

Auf EDV-Anlagen werden alphanumerische Zeichen durch eine festgelegte Zahl von Bits dargestellt. (Beim ASCII-Code werden sieben Bits pro Zeichen verwendet; z.B. wird der kleine Buchstabe a dargestellt als 1100001.) Wie viele Bits pro Zeichen müßten mindestens verwendet werden, um eine Zeichenmenge darzustellen, die nur die 26 Großbuchstaben, 10 Ziffern und 8 Sonderzeichen umfaßt?

Aufgabe 2.30

Es werden acht Buchstaben lange „Wörter" gebildet. Die ersten drei Buchstaben werden aus der Menge $M = \{A, B, C\}$ genommen und müssen untereinander verschieden sein. Die letzten fünf Buchstaben können durch Umstellung der Buchstaben des Wortes $MARIA$ gebildet werden. Wie viele unterschiedliche Wörter können auf diese Weise erzeugt werden?

Aufgabe 2.31

In den Niederlanden sind die Kfz-Kennzeichen aus drei Gruppen von je zwei Zeichen gebildet, die jeweils durch einen Strich getrennt sind:

□□	–	□□	–	□□
linke Gruppe		mittlere Gruppe		rechte Gruppe

Die beiden Zeichen einer Gruppe müssen entweder beide Buchstaben (insgesamt 24, ohne 0 und I) oder beide Ziffern (insgesamt 10) sein.

(a) Wie viele Kennzeichen können gebildet werden, wenn zwei benachbarte Gruppen nicht beide aus Buchstaben oder beide aus Ziffern bestehen dürfen?

(b) Wie viele Kennzeichen können gebildet werden, wenn mindestens eine Gruppe entweder aus Buchstaben oder aus Ziffern bestehen muß?

Zahlensysteme

Aufgabe 2.32

Transformieren Sie folgende Zahlen in die jeweils angegebenen Zahlensysteme:

(a) 12,372 in das Dualsystem
(b) 6FA in das Dualsystem
(c) 101011100010 in das Sedezimalsystem
(d) 110110011,0101 in das Dezimalsystem

Aufgabe 2.33

Mit Zahlen anderer Zahlensysteme kann man genauso wie mit Dezimalzahlen rechnen, d.h. man kann Sie addieren, subtrahieren, multiplizieren etc. Man muß lediglich sorgfältig auf den vielleicht ungewohnten Stellenübertrag achten. Lösen Sie in den angegebenen Zahlensystemen die folgenden Aufgaben.

(a) $100110101 - 1001110$
(b) $10111 \cdot 10011$
(c) $A37 \cdot BF$
(d) $AFC - 86F$

Kapitel 3 Funktionen

Die Funktion dient der **Beschreibung der gegenseitigen Abhängigkeit mehrerer Faktoren.** In diesem Sinne wird der Begriff sowohl in der Umgangssprache als auch in der Mathematik verwendet. Es liegt auf der Hand, daß die Funktion auch in ökonomischen Bereichen eine bedeutsame Rolle spielt, für den Studenten eines wirtschaftswissenschaftlichen Studiums im Rahmen seiner propädeutischen Mathematikausbildung wahrscheinlich sogar die wichtigste.

Ihm begegnen Funktionen in graphischer oder mathematischer Form vom ersten Semester an, so z.B. um die Abhängigkeit des Absatzes vom Preis oder die des Sozialproduktes vom Arbeitskräftepotential und vom Kapital darzustellen. Der sichere Umgang mit mathematischen Funktionen ist daher eine wichtige Voraussetzung für die Analyse ökonomischer Wirkungszusammenhänge.

Das Gebiet der Mathematik, das sich vornehmlich mit der Funktion beschäftigt, wird als **Analysis** bezeichnet. Der vorliegende erste Teil des Lehrbuches *Mathematik für Wirtschaftswissenschaftler* ist ebenfalls mit Analysis überschrieben, da in den folgenden Kapiteln ausschließlich Fragen behandelt werden, die mit der Darstellung von Funktionen und der Diskussion ihrer Eigenschaften im Zusammenhang stehen.

Dies wird mit diesem Kapitel 3 begonnen, das sich mit den **elementaren** mathematischen Funktionen beschäftigt. Sie bilden zu dem weiteren Stoff eine wichtige Grundlage, da kompliziertere und vor allem auch praxisgerechtere Funktionen fast immer durch Zusammensetzung elementarer Funktionen entstehen. Ihre Kenntnis und das Wissen um ihre speziellen Eigenschaften sowie ihren Verlauf sind daher wichtige Voraussetzungen für das Verständnis der nachfolgenden Ausführungen.

Über den Begriff der **Abbildung** werden im Abschnitt 3.2 mathematische Funktionen definiert und im folgenden Abschnitt 3.3 verschiedene Möglichkeiten ihrer **Darstellung** diskutiert.

Im Abschnitt 3.4 erfolgt eine **Klassifikation** der Funktionen nach verschiedenen Merkmalen, wie z.B. nach Eindeutigkeits-, Stetigkeits- oder Symmetriemerkmalen. Die Kenntnis solcher Charakteristika kann für die Analyse von Funktionen sehr hilfreich sein.

Der nachfolgende Abschnitt 3.5 befaßt sich mit der Definition verschiedener **Funktionseigenschaften,** die hier losgelöst von speziellen

Funktionen ganz allgemein erörtert werden. Unter anderem werden Nullstellen, Extrema, die Steigung und die Krümmung einer Funktion definiert.

Der Abschnitt 3.6, der auch vom Umfang her den Hauptabschnitt darstellt, befaßt sich mit **konkreten** mathematischen Funktionen. Dieser Abschnitt ist weiter unterteilt. Zunächst werden die allgemein sehr wichtigen **Polynome** (ganze rationale Funktionen) besprochen. Danach werden die **gebrochen rationalen** Funktionen und im dritten Teil die **algebraischen** Funktionen behandelt. Der vierte Teil ist den **transzendenten** Funktionen vorbehalten, die nicht mehr durch Addition, Multiplikation, Division und Wurzelbildung von Variablen gebildet werden können, sondern ganz spezielle funktionale Zusammenhänge beschreiben, die in der Natur und Technik beobachtet wurden. Hierzu gehören u.a. die Exponentialfunktionen, die Logarithmusfunktionen und die trigonometrischen Funktionen.

Zum Abschluß werden dann unter der Überschrift **Spezielle Funktionen** einige Sonderfunktionen kurz dargestellt, für die wegen ihres häufigen Auftretens besondere Symbole bzw. Funktionsdefinitionen vereinbart wurden. Es handelt sich um die Gaußsche Klammer, die Absolutfunktion, die Maximum- und Minimumfunktion und die Vorzeichenfunktion.

3.1 Begriffliche Einführung

Der Begriff der **Funktion** begegnet uns im täglichen Sprachgebrauch im Zusammenhang mit der Beschreibung von Wirkungszusammenhängen. In der Regel sprechen wir von der Funktion eines Gegenstandes, oder wir sagen, daß etwas **funktioniert.** Mit dem Einschalten des Lichtes, d.h. mit dem Anlegen einer Spannung, fließt über den gegebenen Widerstand einer Glühbirne ein Strom I, der von dem Widerstand R und der angelegten Spannung U abhängt. Wir sagen, es besteht ein **funktionaler Zusammenhang** zwischen den Größen U, R und I, oder auch, daß eine Größe die anderen beeinflußt.

In der Mathematik wird der Begriff der Funktion in ähnlichem Sinne verwendet. Eine Funktion dient der **Beschreibung** der gegenseitigen Abhängigkeit verschiedener Größen, die Einflüsse aufeinander besitzen. Es ist unmittelbar einleuchtend, daß der Funktion damit für alle Anwendungen der Mathematik eine zentrale Bedeutung zukommt.

Das gilt im besonderen Maße für die Wirtschaftswissenschaften, da man hier besonders häufig vor das Problem gestellt wird, Wirkungszusammenhänge zwischen ökonomischen Größen zu beschreiben. Bekannte ökonomische Funktionen sind z.B. die Produktionsfunktion, Verbrauchsfunktionen verschiedenen Typs, die Sparfunktion, Verteilungsfunktionen wie die Glockenkurve der Normalverteilung, die Cobb-Douglas-Funktion usw.

Diese und andere Funktionen dienen der formalen und wertmäßigen Beschreibung realer Problemzusammenhänge und stellen die Funktionen dar, die ein Objekt der Realität auf ein **Modell** übertragen, das mit Hilfe der Mathematik analysiert werden kann.

3.2 Abbildungen

Falls zwischen den Elementen zweier Mengen X und Y bestimmte Beziehungen bestehen, dann bezeichnet man diese als **Relationen** oder auch als **Abbildungen**. Dabei wird häufig eine Betrachtungsrichtung derart festgelegt, daß man von Elementen einer Menge ($x \in X$) ausgeht und ihre Beziehung zu den Elementen der anderen Menge ($y \in Y$) untersucht.

▶ Es seien X und Y Mengen. Eine *Abbildung* f zwischen X und Y ordnet Elementen $x \in X$ Elemente $y \in Y$ zu.

Man schreibt: $f\colon X \to Y$

Die Zuordnung kann man sich in Form **geordneter Paare** vorstellen, derart, daß jeweils das Element der einen Menge (X) immer an erster Stelle genannt wird.

Beispiele: 1. Es seien:

$X = \{x \mid x \text{ ist ein Haus im Starkenburgring}\}$
$Y = \{y \mid y \in \mathbb{N}\}$

Das Hausnummernsystem stellt eine Abbildung dar:

$f\colon X \to \mathbb{N}$ ({Häuser} → {Nummern})

2. Die Bücher unserer Handbibliothek sind nach folgendem System signiert:

M	= Sachgebiet
2	= Unterteilung des Sachgebiets
024	= fortlaufende Nummer des Sachgebiets $M2$

Es seien:

$S = \{B, E, L, M, O, X\}$ Sachgebietsbezeichnungen
$Z = \{1, 2, 3, 4, 5, 6\}$ Unterteilungen
$\mathbb{N}$ die Menge der natürlichen Zahlen
$B = \{x \mid x \text{ ist ein Buch unserer Handbibliothek}\}$

Jede Signatur eines Buches ist Element der Produktmenge $S \times Z \times \mathbb{N}$.

Das Signiersystem stellt eine Abbildung dar:

$f: B \rightarrow S \times Z \times \mathbb{N}$

Entsprechend unserem Verständnis von Mengen kann man eine Abbildung auch dadurch beschreiben, daß man zugeordnete Elemente der Mengen verbindet (vgl. *Abb. 3.1*).

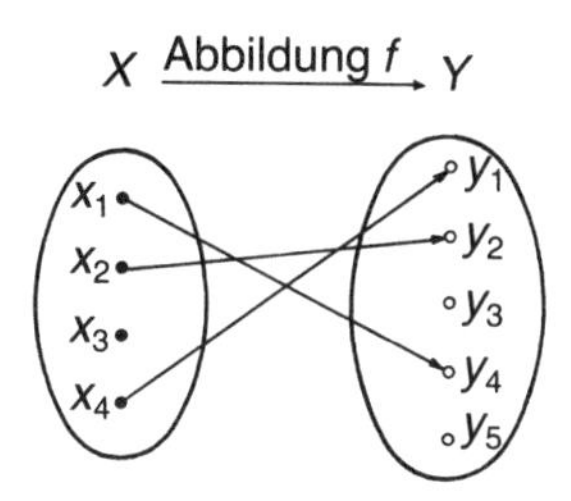

Abb. 3.1: Venn-Diagramm einer Abbildung

Die Richtung der Pfeile ist in dieser Art der Abbildung eindeutig, da es sich ja um eine geordnete Paarbildung handelt.

▶ Die Menge X wird als *Definitionsbereich* $D(f)$ der Abbildung f bezeichnet, während die Menge Y *Wertebereich* $W(f)$ genannt wird.

Alternative Bezeichnungen sind:

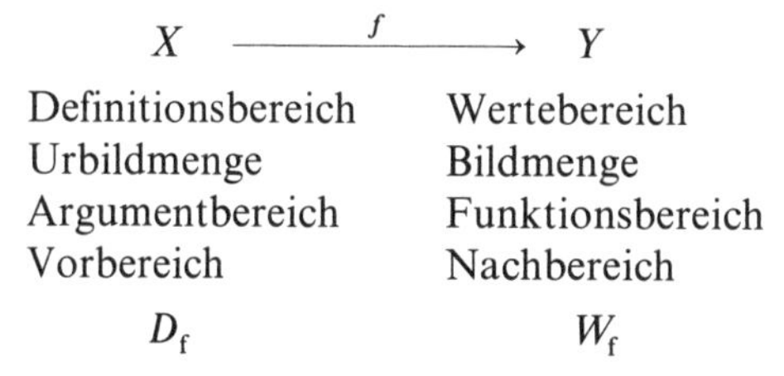

X $\xrightarrow{f}$	Y
Definitionsbereich	Wertebereich
Urbildmenge	Bildmenge
Argumentbereich	Funktionsbereich
Vorbereich	Nachbereich
D_f	W_f

Die *Abb. 3.1* zeigt bereits, daß eine Abbildung **nicht alle** Elemente des Definitionsbereiches berücksichtigen muß. Ebensowenig brauchen alle Elemente des Wertebereiches erfaßt zu werden. Je nachdem, wie viele Elemente der beiden Mengen von der Abbildung einbezogen werden, unterscheidet man Abbildungen wie folgt.

▶ Ist allen Elementen der Urbildmenge X mindestens ein Element der Bildmenge zugeordnet, so liegt eine *Abbildung von X* vor.

Gilt die Beziehung nur für eine Teilmenge von X (d.h. gehen nicht von allen Elementen $x \in X$ Pfeile aus), dann heißt die *Abbildung aus X*.

► Entspricht andererseits jedem Bild $y \in Y$ mindestens ein Urbild, so wird die *Abbildung auf Y* bezeichnet. Sie ist dagegen eine *Abbildung in Y*, wenn nicht alle $y \in Y$ ein Urbild $x \in X$ besitzen.

In Kombinationen ergeben sich nun vier Abbildungsmöglichkeiten, die jeweils durch ein kleines Diagramm in *Abb. 3.2* illustriert sind.

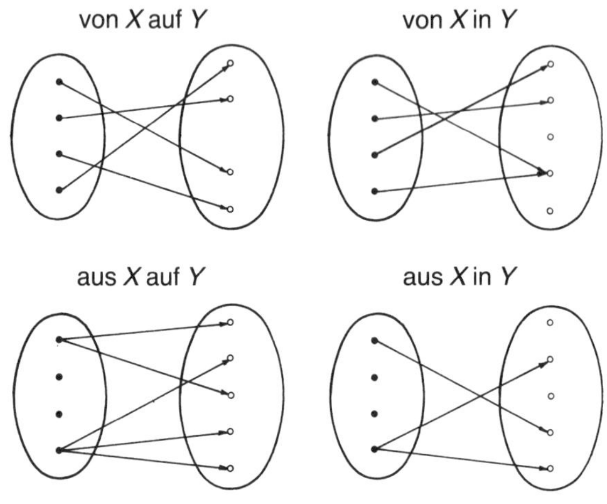

Abb. 3.2: Abbildungsvarianten

Neben der Klassifizierung im Hinblick auf die beteiligten Teilmengen unterscheidet man Abbildungen im Hinblick auf ihre **Eindeutigkeit.**

► Eine Abbildung ist *eindeutig*, wenn einem Element $x \in X$ der Urbildmenge höchstens ein Element $y \in Y$ der Bildmenge zugeordnet ist.

► Eine Abbildung heißt *eineindeutig*, wenn sie eindeutig ist und verschiedenen Elementen $x \in X$ unterschiedliche Elemente $y \in Y$ zugeordnet sind, d.h. jedem Bild genau ein Urbild entspricht und umgekehrt.

► Eine Abbildung ist *mehrdeutig*, wenn einem Urbild $x \in X$ mehrere Bilder $y \in Y$ entsprechen.

In den nachfolgenden *Abb. 3.3* bis *3.5* sind die Begriffe erläutert.

Die eindeutigen und eineindeutigen Abbildungen werden als **Funktionen** bezeichnet.

► Eine *Funktion f* ist eine eindeutige oder eineindeutige Abbildung von X auf bzw. in Y.

Durch die Funktion f wird also jedem Element der Menge X höchstens ein Element der Menge Y zugeordnet. Die Urbildmenge X heißt jetzt der **Definitionsbereich** $\boldsymbol{D(f)}$ der Funktion, während die

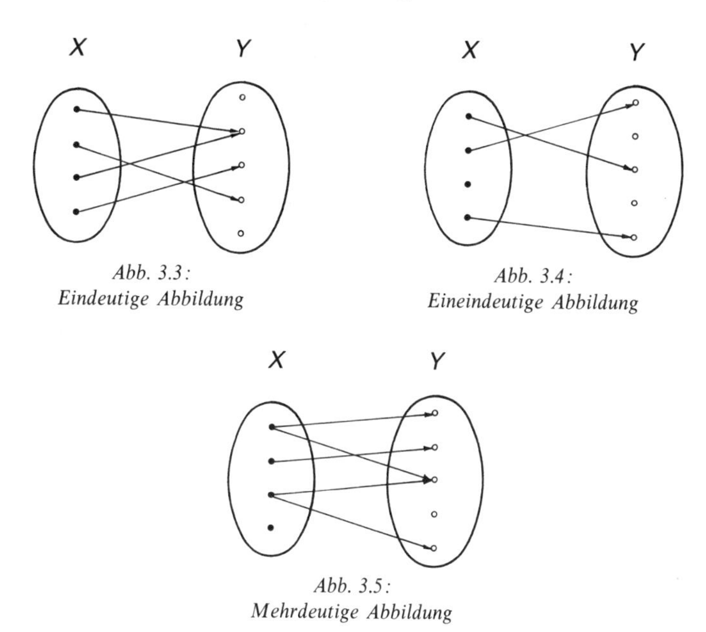

Abb. 3.3: *Eindeutige Abbildung*

Abb. 3.4: *Eineindeutige Abbildung*

Abb. 3.5: *Mehrdeutige Abbildung*

Bildmenge Y als **Wertebereich** $\boldsymbol{W(f)}$ der Funktion bezeichnet wird. Wegen der Eindeutigkeit (bzw. Eineindeutigkeit) ist jedem Wert $x \in X$ höchstens ein Wert $y \in Y$ zugeordnet.

Der Definitionsbereich $D(f)$ kann eine beliebige endliche oder unendliche Menge sein. Häufig sind es die reellen Zahlen, die natürlichen Zahlen oder Intervalle als Teilmengen dieser Mengen.

Beispiel: Typische Definitionsbereiche sind:

$$x \in \mathbb{R};\ 0 \leqq x \leqq 4;\ \forall x \geqq 0;\ x \in \mathbb{N} \cup \{0\}$$

$$x \in \{1, 2, 3, 4\};\ \forall x \neq 0$$

In vielen Fällen können wir Abbildungen zwischen den Elementen $x \in X$ und den Elementen $y \in X$ in Form einer Gleichung beschreiben, z.B. $y = 2x^2 + 4$.

Wir bezeichnen diese Relation dann als **Funktionsgleichung.** Um anzuzeigen, daß zwischen x und y eine Funktionsbeziehung besteht, schreibt man allgemein $y = f(x)$ und spricht „y ist gleich f von x“. Eine andere Schreibweise ist: $x \to y = f(x)$

Beispiele:

1. $y = (1/\sqrt{2\pi}) \cdot e^{-(x-2)^2/2}$
2. $y = 2x^3 - 4x^2 + 1$
3. $y = \sqrt{x^2 - 1}$

Um einem Mißverständnis vorzubeugen, sei jedoch angemerkt, daß sich nicht jede Funktion als Gleichung schreiben läßt, und daß nicht jede Gleichung eine Funktion darstellt. In vielen praktischen Fällen wird die Beschreibung eines ökonomischen oder technischen Sachverhalts in Form von Gleichungen nicht möglich sein. Man muß sich dann anders behelfen, z.B. mit Wertetabellen. Andererseits beschreibt die Gleichung $x^2+y^2=1$ einen Einheitskreis um den Nullpunkt. Da mit Ausnahme der beiden Randpunkte jedem Wert des Definitionsbereiches ($x\in[-1,1]$) zwei Werte des Wertebereiches zugeordnet sind, stellt diese Gleichung definitionsgemäß keine Funktion dar.

In der Funktionsgleichung $y=f(x)$ wird durch die Kleinbuchstaben angedeutet, daß sowohl das Argument x als auch der Funktionswert y veränderliche Größen sind. Man bezeichnet die Variable x als **unabhängige** Veränderliche (Variable), die frei aus dem Definitionsbereich gewählt werden kann, während y die **abhängige** Veränderliche ist, die sich über die Funktion aus dem Wert des Arguments ergibt.

Eine Funktion mit einer Veränderlichen liegt vor, wenn der Funktionswert nur von einer Veränderlichen abhängig ist. In den meisten wirtschaftswissenschaftlichen Anwendungen werden jedoch Funktionen mit mehreren Veränderlichen eine Rolle spielen; im Extremfall können mehrere Tausend Variablen vorkommen.

Kann eine Funktion in der Form $y=f(x)$ dargestellt werden, d.h. ist die abhängige Veränderliche auf der einen Seite isolierbar, und besteht die andere Seite ausschließlich aus Beziehungen zwischen der unabhängigen Veränderlichen, so wird die Funktionsgleichung **explizit** genannt. Z.B. ist die Funktion $y=x^2\cdot a^{x+1}$ eine Funktionsgleichung in expliziter Form.

Häufig sieht man jedoch auch Funktionen der Form $y-f(x)=0$ oder allgemein $f(x,y)=0$. Diese Schreibweise wird als **implizite** Funktionsgleichung bezeichnet. Entsprechend kann man in dieser Darstellung nicht mehr zwischen der abhängigen und unabhängigen Veränderlichen unterscheiden. Im realen Fall kann man allenfalls vom inhaltlichen Standpunkt auf die abhängige Veränderliche schließen.

Beispiele: 1. $x^2\cdot y-\sqrt{x}\cdot y+100=0$

2. Ein Mobilfunkanbieter offeriert folgendes Aktionsprogramm für den Versand von SMS (Short Message Service). Für eine Grundgebühr von 5,09 € hat man die ersten 111 SMS frei; für jede darüber hinaus gehende SMS hat der Kunde 20 Cent zu zahlen.

Mit x als der Zahl der versandten SMS lautet die Funktion des Rechnungsbetrages:

$$y=\begin{cases}5{,}09 & \text{für } 0\leqq x\leqq 111\\ 5{,}09+0{,}2\cdot(x-111) & \text{für } 111<x\end{cases}$$

Werden monatlich bis zu 111 SMS versandt, so ist nur die Grundgebühr zu zahlen. Andernfalls werden die darüber hinausgehenden SMS mit 20 Cent je SMS zusätzlich zu den Grundgebühren berechnet.

Wir betrachten im folgenden nur den Fall $x > 111$. Aus dem sachlogischen Zusammenhang geht klar hervor, daß die Anzahl der versandten SMS durch die unabhängige Variable x beschrieben wird.

Rein formal kann man die Gleichung auch nach x auflösen:

$$x = \frac{1}{0{,}2}(y - 5{,}09) + 111 = 5y + 85{,}55 \qquad \text{für } y > 5{,}09$$

Diese Auflösung macht wenig Sinn, solange man sich nur für die monatliche Abrechnung der SMS interessiert. Will man jedoch vom Rechnungsbetrag auf die Anzahl der versandten SMS schließen, dann ist die letzte Darstellung mit y als der unabhängigen Variable sachlogisch die Richtige. Aus dem Rechnungsbetrag von $y = 10{,}49$ € lassen sich die versandten $x = 52{,}45 + 85{,}55 = 138$ SMS berechnen.

Die Auflösung einer implizit gegebenen Funktionsgleichung ist keineswegs immer möglich. Es gibt zahlreiche Beispiele dafür, daß die eine oder andere Variable einer Gleichung nicht isoliert werden kann. Die Gleichung $x^3 + y^3 + x^2 \cdot y + y^2 \cdot x + x^2 + y = 0$ ist beispielsweise nach keiner der beiden Variablen x oder y explizit auflösbar.

3.3 Darstellungsformen

In den Wirtschaftswissenschaften ist die Beschreibung und Darstellung von ökonomischen Zusammenhängen mit Funktionen außerordentlich wichtig. Es gibt hierfür drei Varianten:

- die Funktionsgleichung
- die Wertetabelle
- die graphische Abbildung

Nicht immer sind alle drei Darstellungsformen möglich. Häufig können empirisch festgestellte Zusammenhänge mit Hilfe einer mathematischen Funktion beschrieben werden, Funktionen mit mehr als einer unabhängigen Veränderlichen sind i.d.R. graphisch nicht mehr darstellbar, und die Wertetabelle repräsentiert nur näherungsweise den Verlauf einer Funktion. Jedoch kann man in der Regel zwischen mehr als einer Darstellungsform einer Funktion wählen. Entscheidend sollte dabei der Zweck sein, den man mit der Darstellung verfolgt.

3.3.1 Die Funktionsgleichung

Die Funktion wird in analytischer Form als Gleichung unter Angabe des **Definitionsbereiches** der unabhängigen Veränderlichen dargestellt.

Explizit: $y=f(x)$ für $x \in D(f)$ oder

$y=y(x)$ für $x \in D(y)$

Implizit: $f(x,y)=0$ für $x \in D(f)$ oder $x \in D(y)$
(denkbar wäre auch $y \in D(x)$)

Beispiele: 1. $y=x^2$ für $x \in \mathbb{R}$

2. $y-\sqrt{x}+x \cdot y^2=0$ für $x \geqq 0$

Man beachte, daß eine Funktion durch die Funktionsgleichung allein unzureichend beschrieben ist. Erst durch die Angabe des Gültigkeitsbereiches wird der Verlauf der Funktion klar.

Beispiel: $y=x^2$ für $0 \leqq x \leqq 2$ und $x \neq 1$

Die Funktion besteht aus zwei Zweigen; der Punkt ($x=1$, $y=1$) gehört nicht zur Funktion, weil $x=1$ aus dem Definitionsbereich ausgeschlossen ist.

Eine Funktion kann in **verschiedenen** Intervallen ihres Definitionsbereiches durch unterschiedliche **Funktionszweige** beschrieben werden. Dann hat die Funktion die Form:

$$y=y(x)=\begin{cases} f(x) & \text{für } x \in D(f) \\ g(x) & \text{für } x \in D(g) \\ h(x) & \text{für } x \in D(h) \end{cases}$$

Die Teildefinitionsbereiche müssen disjunkt sein.

Die Kenntnis der Funktionsgleichung ist i.d.R. Voraussetzung für eine mathematische Untersuchung (z.B. Extremwertbestimmung, Sensibilitätsanalyse, Prognose usw.), weil auf sie als einziger Form der mathematische Kalkül anwendbar ist. Wegen ihrer kompakten Form eignet sie sich auch gut für EDV-Anwendungen.

Beispiele: 1. Die Kostenfunktion für den SMS-Versand (vgl. Abschnitt 3.2) lautet:

$$y=\begin{cases} 5{,}09 & \text{für } 0 \leqq x \leqq 111 \\ 5{,}09+0{,}2 \cdot (x-111) & \text{für } 111 < x \end{cases}$$

2. Die tarifliche Einkommensteuer[1] bemißt sich nach dem zu versteuernden Einkommen e und wird wie folgt berechnet. Das zu versteuernde Einkommen e ist auf den nächsten durch 36 ohne Rest teilbaren vollen EURO-Betrag abzurunden, wenn es nicht bereits durch 36 ohne Rest teilbar ist, und um 18 zu erhöhen. Nach dieser Vorschrift ergibt sich $x = \left\lceil \frac{e}{36} \right\rfloor + 18$[2] und mit s als der Steuerschuld:

   (1) $s = 0 \quad$ für $x \leqq 7235$ € Freibetrag

   (2) $s = (768{,}85 \cdot y + 1990) \cdot y$ mit
   $y = \frac{x - 7200}{10000}$ Progressionszone 1[3]
   für 7236 € $\leqq x \leqq 9521$ €

   (3) $s = (278{,}65 \cdot z + 2300 \cdot z + 432$ mit
   $z = \frac{x - 9216}{10000}$ Progressionszone 2
   für 9252 € $\leqq x \leqq 55007$ €

   (4) $s = 0{,}485 \cdot x - 9872 \quad$ für $x \geqq 55008$ Lineare Zone

   Beträgt das zu versteuernde Einkommen z. B. $e = 32639$ €, so erhält man durch Abrunden auf die nächstkleinere durch 36 teilbare ganze Zahl 32616; um 18 erhöht ergibt sich $x = 32634$.
   Wir befinden uns also in der Progressionszone 2, und die Steuer ergibt sich nach Gleichung (3) mit $z = \frac{32634 - 9216}{10000} = 2{,}3418$ auf vollen EURO-Betrag abgerundet als $s = 7346$ €.

3.3.2 Die Wertetabelle

Bei vielen wirtschaftswissenschaftlichen Fragestellungen ist die mathematische Funktionsgleichung zunächst meist nicht bekannt, oder sie kann überhaupt nicht angegeben werden. Dann wird i.d.R. eine Wertetabelle benutzt, in der zu ausgewählten Punkten des Defini-

---

[1] Die Formel ist in § 32 a (1) niedergeschrieben und in den folgenden Absätzen erklärt. Es handelt sich hier um das Einkommensteuergesetz (EStG) vom 16.4.1997 mit allen Änderungen bis 2002 (EStG 2002).

[2] Die Funktion $y = \lceil x \rfloor$ wird als *Gauß*sche Klammer bezeichnet. Der Funktionswert ist gleich der größten ganzen Zahl kleiner oder gleich x (vgl. Abschnitt 3.6.5).

[3] Die Darstellungsform der beiden quadratischen Funktionen wird als *Horner*-Schema bezeichnet, das eine einfache Berechnung des Wertes eines Polynoms für einen bestimmten Wert ermöglicht (vgl. Abschnitt 3.6.1).

tionsbereiches die entsprechenden Funktionswerte des Wertebereiches explizit aufgeführt werden.

$x \in D(f)$	$\xi_1 \quad \xi_2 \quad \cdots \quad \xi_n$
$y \in W(f)$	$\eta_1 \quad \eta_2 \quad \cdots \quad \eta_n$

x	y
ξ_1	η_1
ξ_2	η_2
$\vdots$	$\vdots$
ξ_n	η_n

Tab. 3.1: Wertetabellen einer Funktion $y = f(x)$ mit einer unabhängigen Veränderlichen

Wertetabellen können analog auch für Funktionen mit mehr als einer unabhängigen Veränderlichen angelegt werden (vgl. Abschnitt 7.2).

Es ist offensichtlich, daß eine kontinuierliche Funktion durch eine Wertetabelle **nicht vollständig** beschrieben werden kann. Vielmehr wird in der Regel impliziert, daß die einzelnen Punkte, die in der Wertetabelle bezeichnet sind, so verbunden werden müssen, daß sich eine glatte (exakter: kontinuierliche, stetige) Kurve ergibt. In manchen Fällen der Praxis genügt es, die Punkte linear zu verbinden, so daß sich der Graph als stückweise linearer Streckenzug darstellt.

Funktionen, die mit Hilfe einer Wertetabelle nur punktweise (und damit unvollständig) erfaßt werden, dürfen nicht mit sogenannten **diskreten** Funktionen verwechselt werden. Bei diskreten Funktionen besteht der Definitionsbereich aus einer Menge einzelner isolierter Punkte, zwischen denen die Funktion nicht definiert ist. Für die Darstellung diskreter Funktionen ist die Wertetabelle ideal geeignet.

Von allen Darstellungsformen benutzt man in der Praxis Wertetabellen wahrscheinlich am häufigsten:

- bei empirisch gewonnenen Daten, wie z.B. der sog. Schwacke-Liste der Gebrauchtwagenpreise
- bei mathematisch unübersichtlichen Funktionen, um sie einfacher ablesen zu können, wie z. B. der Einkommensteuer-Grundtabelle, aus der nachstehender Auszug stammt

e	x	s	e	x	s
7992 – 8027	8010	166	29988 – 30023	30006	6418
9972 – 10007	9990	611	34992 – 35027	35010	8218
11988 – 12023	12006	1095	39996 – 40031	40014	10158
14976 – 15011	14994	1853	45000 – 45035	45018	12238
18000 – 18035	18018	2672	49968 – 50003	49986	14440
19980 – 20015	19998	3235	59976 – 60011	59994	19225
24984 – 25019	25002	4757	69984 – 70019	70002	24078

Tab. 3.2: Auszug aus der Einkommensteuer-Grundtabelle 2002 (e = zu versteuerndes Einkommen, x = gerundetes, zu versteuerndes Einkommen, s = Steuerschuld)

– in der EDV (dort spielen Listen, die im Prinzip Wertetabellen darstellen, sowohl bei der internen Informationsdarstellung als auch in der anwenderseitigen Datenorganisation eine überragende Rolle)

3.3.3 Die graphische Darstellung

Die graphische Darstellung einer Funktion, kurz auch als **Kurve** oder **Graph** bezeichnet, ist dank ihrer Reduktion auf die wesentlichen Merkmale sehr übersichtlich. Sie ist visuell unmittelbar aufnehmbar, weshalb sie sich besonders gut für Präsentationszwecke eignet. In Vorträgen, Berichten (z.B. an Vorgesetzte), Lehr- und Studienmaterialien ist die graphische Abbildung die geeignetste Darstellungsform von Funktionen.

Eine Funktion mit einer unabhängigen Veränderlichen wird dabei meistens in dem sog. **kartesischen**[4] **Koordinatensystem** gezeichnet. Es besteht aus zwei senkrecht aufeinanderstehenden Achsen, der x-Achse oder **Abszisse** und der y-Achse oder **Ordinate.** Der Nullpunkt wird auch als der **Ursprung** bezeichnet (vgl. *Abb. 3.6*).

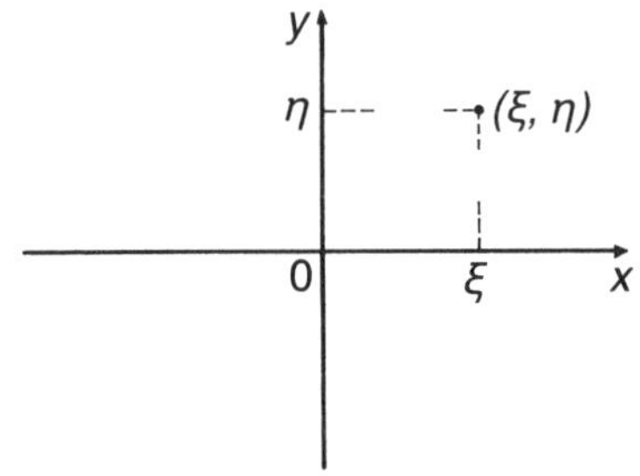

Abb. 3.6: Kartesisches Koordinatensystem im $\mathbb{R}^2$

In der Regel wählt man für die Darstellung des Definitionsbereiches die x-Achse; der Wertebereich ergibt sich dann auf der y-Achse.

Funktionen mit mehr als einer Veränderlichen (vgl. Kap. 7) können in der Zeichenebene i.allg. nicht mehr verzerrungsfrei bzw. überhaupt nicht dargestellt werden. Die Darstellung einer Funktion mit zwei Veränderlichen, z.B. der Funktion $z=f(x, y)$, erfordert für die zweite unabhängige Variable eine zusätzliche Achse, so daß sich als geometrischer Ort der Funktion eine Fläche im dreidimensionalen Vektorraum $\mathbb{R}^3$ ergibt.

Ein wichtiger Gesichtspunkt bei der Anfertigung einer graphischen Abbildung ist die zweckmäßige Wahl des **Maßstabs.**

---

[4] Zu Ehren des Mathematikers und Philosophen *René Descartes* (1596–1650), der als der Begründer der analytischen Geometrie gilt, wurde das rechtwinklige Koordinatensystem *kartesisch* genannt.

- Will man nur den rein qualitativen Verlauf einer Kurve zeigen, so braucht überhaupt kein Maßstab vorgegeben zu werden.
- Für Aussagen quantitativer Natur benötigt man einen Maßstab auf beiden Achsen. Er kann gleich oder auch verschieden sein, jedoch muß man sich bei der Wahl verschiedener Maßstäbe über **Verzerrungseffekte** im klaren sein. Eine Vergrößerung des Maßstabs auf einer Achse führt zu einer starken Betonung der dort aufgetragenen Komponente (Zoomeffekt).

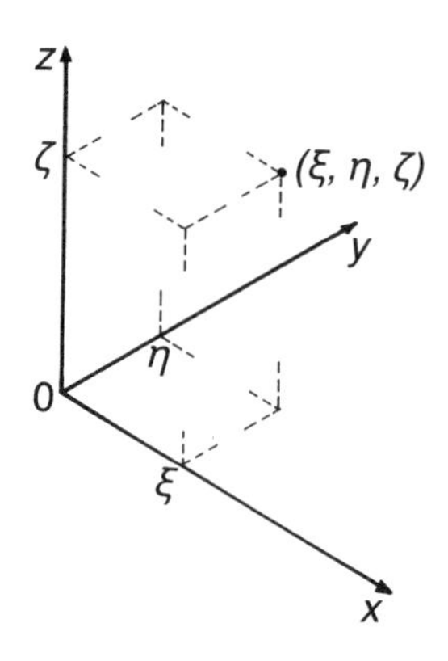

Abb. 3.7: Kartesisches Koordinatensystem im $\mathbb{R}^3$

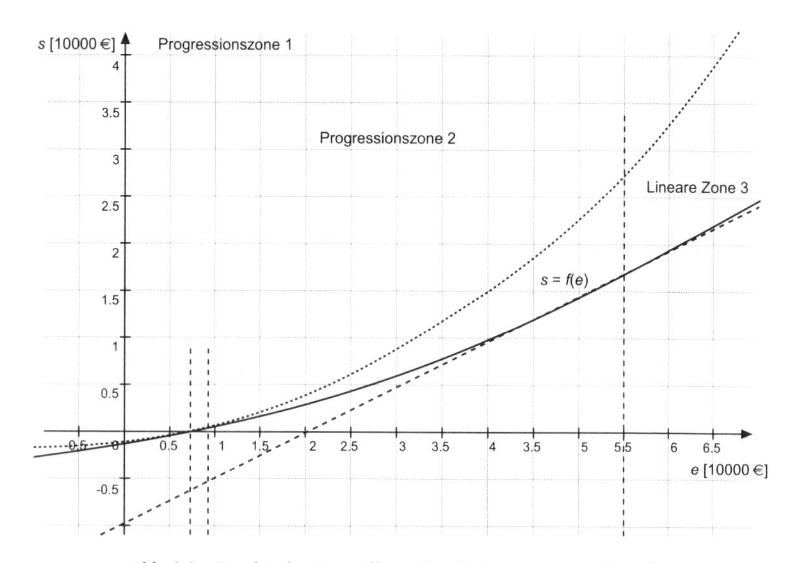

Abb. 3.8: Graphische Darstellung der Einkommensteuerformel

In der *Abb. 3.8* ist die Einkommensteuerformel von 1981 graphisch wiedergegeben. Um die Progressionszonen hervorzuheben, wurde der Maßstab der Steuerschuld s gegenüber dem des Einkommens e verdreifacht.

– Bei Maßzahlen, die sich über mehrere Zehnerpotenzen erstrecken, wird häufig von dem äquidistanten (gleiche Strecken für gleiche Zahlenabstände) Maßstab abgewichen und statt dessen ein **logarithmischer** Maßstab gewählt (vgl. Abschnitt 3.6.4.2). Beim Wechsel eines Maßstabs ist jedoch auf eventuelle Verzerrungseffekte zu achten, wie z.B. dem oben erwähnten Zoomeffekt.

Der Übergang von einem äquidistanten System zu einem anderen ist eine lineare Transformation, bei der alle Abstandsverhältnisse erhalten bleiben. Speziell wird dabei eine Gerade immer wieder als Gerade abgebildet werden. Ändert man auf einer Achse dagegen die Abstandsverhältnisse (wird z.B. auf der y-Achse ein logarithmischer Abstand gewählt), so liegt eine **nichtlineare** Transformation vor. Eine Gerade wird im logarithmischen System z.B. zu einer unterproportional ansteigenden Kurve, während die Exponentialfunktion als Umkehrfunktion des Logarithmus dort als Gerade erscheint (vgl. *Abb. 3.9* und *3.10*).

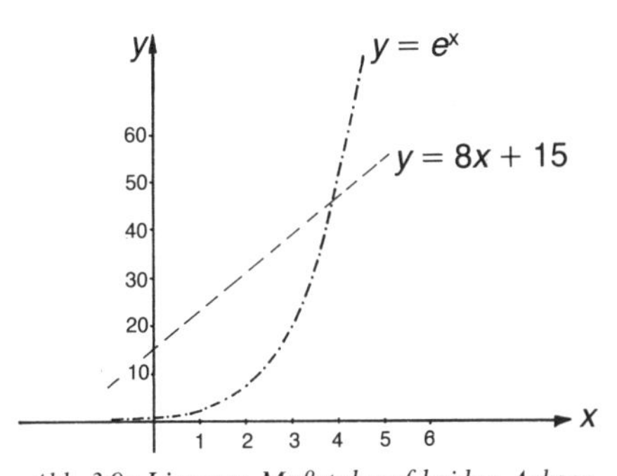

Abb. 3.9: Linearer Maßstab auf beiden Achsen

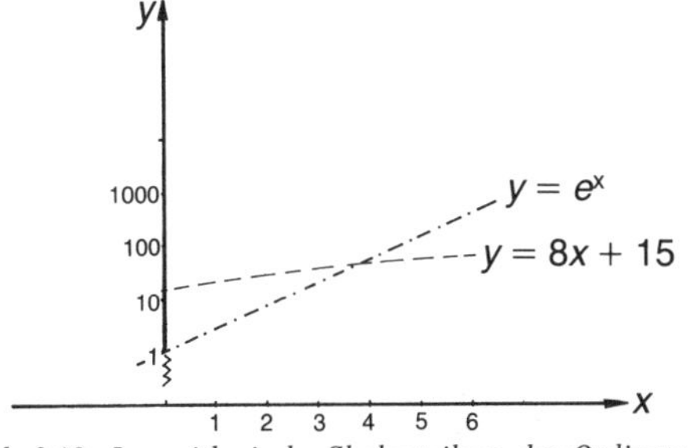

Abb. 3.10: Logarithmische Skalenteilung der Ordinate

3.4 Funktionstypen

Funktionen lassen sich nach verschiedenen Gesichtspunkten klassifizieren. In diesem Abschnitt werden sie nach Eigenschaften eingeteilt, deren Kenntnis für den Wirtschaftswissenschaftler, der sich für den rein **qualitativen** Verlauf einer Funktion interessiert, relevant sind. Hier – wie auch in den folgenden Abschnitten – werden nur Funktionen mit einer unabhängigen Veränderlichen diskutiert.

Eindeutige, mehrdeutige und eineindeutige Funktionen

Die Begriffe eindeutig, mehrdeutig und eineindeutig entsprechen für Funktionen denen der Abbildungen des Definitionsbereiches auf den Wertebereich.

► Eine Funktion $y=f(x)$ heißt *eindeutig*, wenn jedem $\xi \in D(f)$ genau ein Wert des Wertebereiches $\eta \in W(f)$ entspricht.

Mehrere Punkte $\xi_1, \xi_2 \in D(f)$ können dabei denselben Wert $\eta \in W(f)$ besitzen, d.h. $\eta = f(\xi_1) = f(\xi_2)$ für $\xi_1 \neq \xi_2$ (vgl. *Abb.* 3.11).

► Eine Funktion $y=f(x)$ mit mindestens einem Punkt $\xi \in D(f)$, für den es zwei oder mehr Funktionswerte $\eta_1 = f(\xi)$, $\eta_2 = f(\xi)$, ... gibt, heißt *mehrdeutig*.[5]

Die in *Abb. 3.12* dargestellte Ellipse ist z.B. mehrdeutig.

► Eine Funktion $y=f(x)$ wird als *eineindeutig* bezeichnet, wenn es zu jedem $\xi \in D(f)$ genau einen Wert $\eta \in W(f)$ und umgekehrt gibt.

Die in *Abb. 3.13* dargestellte Funktion ist eineindeutig.

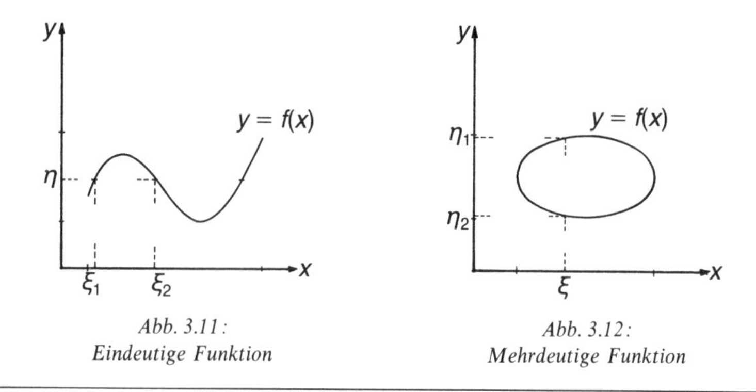

Abb. 3.11: Eindeutige Funktion

Abb. 3.12: Mehrdeutige Funktion

[5] Korrekterweise gibt es jedoch keine mehrdeutigen Funktionen, sondern nur mehrdeutige Abbildungen. Wir hatten im Abschnitt 3.2 eine Funktion als eindeutige bzw. eineindeutige Abbildung definiert, insbesondere also mehrdeutige Abbildungen ausgeschlossen.

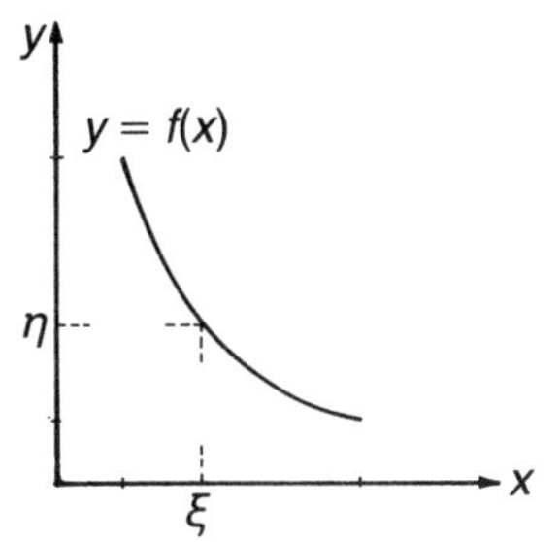

Abb. 3.13: Eineindeutige Funktion

Umkehrbare Funktionen

Kann man eine Funktion $y = f(x)$ nach der unabhängigen Veränderlichen x auflösen, so daß sich die Form $x = g(y)$ ergibt, und ist die Funktion $x = g(y)$ eindeutig, so heißen die Funktionen $f(x)$ und $g(y)$ *umkehrbar.*

Vertauscht man in der nach x aufgelösten Funktion die Variablen x und y, d.h. $y = g(x)$, so entsteht die **Umkehrfunktion**, für die man auch $y = f^{-1}(x)$ schreibt.

▶ Ist die durch Auflösen von $y = f(x)$ entstehende Funktion $x = g(y)$ eindeutig, so ergibt sich durch Variablentausch die Umkehrfunktion $y = g(x) = f^{-1}(x)$ zur Funktion $y = f(x)$.

Beispiel: $y = f(x) = x^3$ mit $x \in \mathbb{R}$
Durch Auflösen erhält man: $x = \sqrt[3]{y}$ für $y \in \mathbb{R}$.
Durch Variablentausch ergibt sich:
$y = \sqrt[3]{x}$ für $x \in \mathbb{R}$.
Die Umkehrfunktion zu $y = x^3$ lautet: $y = \sqrt[3]{x}$

Man beachte, daß der Definitionsbereich (Wertebereich) einer Umkehrfunktion gleich dem Wertebereich (Definitionsbereich) der Ausgangsfunktion ist:

$D(f^{-1}) = W(f)$ und $W(f^{-1}) = D(f)$

Daher kann eine Umkehrfunktion nur für eine **eineindeutige** Funktion existieren (vgl. *Abb. 3.14* und *3.15*).

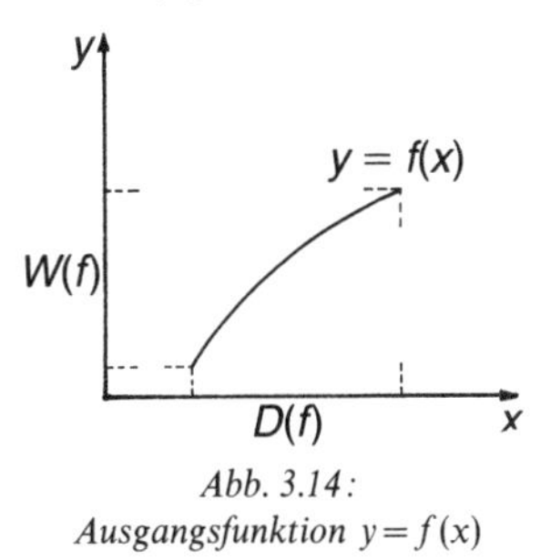

Abb. 3.14: Ausgangsfunktion $y = f(x)$

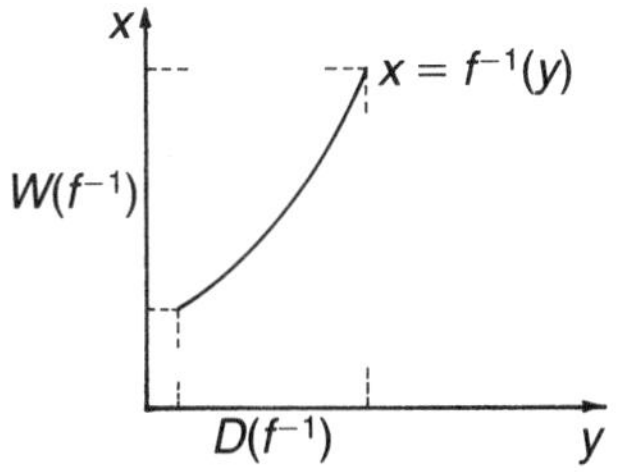

Abb. 3.15: Umkehrfunktion $x = f^{-1}(y)$

▶ Nur eineindeutige Funktionen sind *umkehrbar.*

Zwischen einer Funktion $y=f(x)$ und ihrer Umkehrfunktion $x=f^{-1}(y)$ gilt die Identität:

$y=f(x)=f(f^{-1}(y))$

Kontinuierliche und diskrete Funktionen

Besteht der Definitionsbereich einer Funktion aus allen reellen Zahlen eines Intervalls, und sind allen Punkten des Definitionsbereiches entsprechende Funktionswerte zugeordnet, so bezeichnet man die Funktion als **kontinuierlich** (vgl. *Abb. 3.16*). Im Gegensatz dazu heißt die Funktion **diskret,** wenn der Definitionsbereich und der Wertebereich nur aus isolierten Punkten bestehen (siehe *Abb.* 3.17).

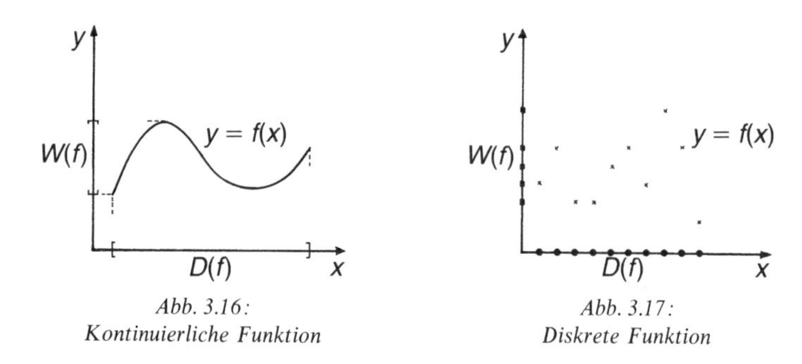

Abb. 3.16: Kontinuierliche Funktion

Abb. 3.17: Diskrete Funktion

Gerade und ungerade Funktionen

Einige Funktionen haben die Eigenschaft, unabhängig vom Vorzeichen des Argumentes (= unabhängige Veränderliche) zu sein, so daß $f(x)=f(-x)$ gilt. Man bezeichnet eine solche Funktion als **gerade** Funktion, die **spiegelsymmetrisch** zur y-Achse ist (vgl. *Abb. 3.18*).

Hat dagegen eine Funktion die Eigenschaft, mit dem Vorzeichen des Argumentes auch ihr Vorzeichen zu wechseln, ansonsten aber vom

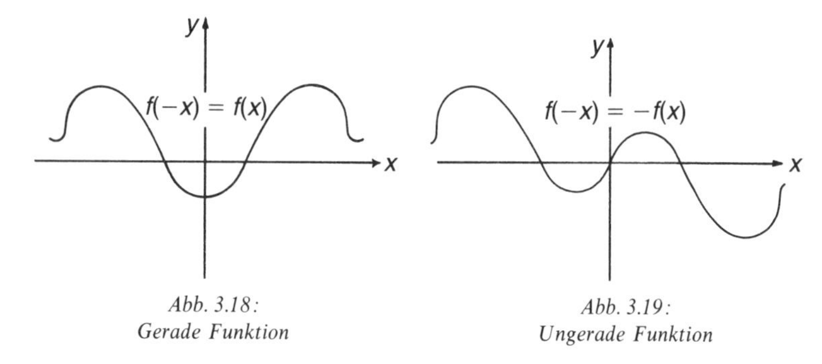

Abb. 3.18: Gerade Funktion

Abb. 3.19: Ungerade Funktion

absoluten Betrag her gleich zu bleiben, d.h. gilt $f(-x) = -f(x)$, so wird sie als **ungerade** Funktion bezeichnet. Eine ungerade Funktion ist **punktsymmetrisch** zum Nullpunkt (vgl. *Abb. 3.19*).

Zusammengesetzte Funktionen

In vielen Fällen ist die unabhängige Variable einer Funktion durch mehrere verschiedene Operatoren verknüpft, wie z.B. in der Funktion $y = \sqrt{x^2 - 4}$ durch die Multiplikation und das Wurzelziehen. Es empfiehlt sich hier meist, einen Teil der Funktion durch eine neue Variable zu ersetzen, d.h. zu **substituieren.** In der obigen Funktion bietet sich z.B. die Substitution $z = x^2 - 4$ an, die auf die nun einfacher darstellbare Funktion $y = \sqrt{z}$ führt.

▶ Die Funktion $y = f(g(x))$ kann durch Substitution $z = g(x)$ in die Funktion $y = f(z)$ überführt werden; die Funktion $f(g(x))$ heißt *zusammengesetzte* Funktion mit $g(x)$ als *innerer* und $f(z)$ als *äußerer* Funktion.

Es ist fast überflüssig zu bemerken, daß bis auf wenige Ausnahmen praktisch alle Funktionen zusammengesetzte Funktionen sind.

Die Besonderheit zusammengesetzter Funktionen ist, daß ihr Definitionsbereich und ihr Wertebereich sowohl durch die innere Funktion als auch durch die äußere Funktion eingeschränkt sein können. In der *Abb. 3.20* ist zunächst der Zusammenhang zwischen den Bereichen dargestellt.

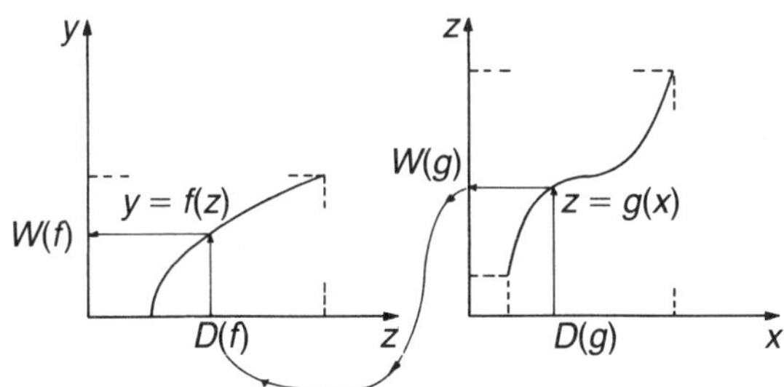

Abb. 3.20: Zusammenhang zwischen dem Definitionsbereich und dem Wertebereich der inneren, der äußeren und der zusammengesetzten Funktion

Für ein $x \in D(g)$ muß der Wert $z \in W(g)$ existieren und für diesen wiederum der Wert $y \in W(f)$. Es können nun drei Fälle auftreten.

Fall (i): $D(f) = W(g)$
Die Funktion $y = f(z)$ ist überall dort definiert, wo $z = g(x)$ Werte besitzt. Dann ist die Funktion $y = f(g(x))$ im Bereich $x \in D(g)$ definiert.

Fall (ii): $D(f) \subset W(g)$
Die Funktion $y=f(z)$ ist nicht mehr für alle $z \in W(g)$ definiert, sondern durch Eigenschaften der äußeren Funktion eingeschränkt. In diesem Fall ist $y=f(g(x))$ nicht mehr für alle $x \in D(g)$ definiert, sondern nur auf einer Teilmenge von $D(g)$.

Fall (iii): $D(f) \supset W(g)$
Der Definitionsbereich der äußeren Funktion enthält den Wertebereich der inneren Funktion als echte Teilmenge. Die Einschränkung kann sich aus Restriktionen des Wertebereiches der inneren Funktion ergeben. Die Funktion $y=f(g(x))$ ist dann im Bereich $x \in D(g)$ definiert.

Beispiele:

1. In der Funktion $y=(x+2)^3$ wird $z=g(x)=x+2$ substituiert. Die Funktion $z=x+2$ besitzt den Definitionsbereich $D(g)=\mathbb{R}$ und den Wertebereich $W(g)=\mathbb{R}$.

   Auch die Funktion $y=f(z)=z^3$ ist auf $D(f)=\mathbb{R}$ definiert und besitzt Werte aus $W(f)=\mathbb{R}$, so daß Fall (i) vorliegt: $D(f)=W(g)$.

2. Betrachten Sie die Funktion $y=\sqrt{x^2-4}$. Es seien $z=g(x)=x^2-4$ mit $D(g)=\mathbb{R}$ und $W(g)=\{y \mid y \geqq -4\}$.

   Die äußere Funktion $y=\sqrt{z}$ ist nur für $z \geqq 0$ definiert, d.h. nicht auf dem gesamten Wertebereich der inneren Funktion $W(g)$, sondern nur für $z=x^2-4 \geqq 0$. Das heißt, der Definitionsbereich der zusammengesetzten Funktion $y=f(g(x))$ ist $D(f)=\{x \mid |x| \geqq 2\}$, und es gilt Fall (ii): $D(f) \subset W(g)$.

3. Es soll die Funktion $y=e^{\sqrt{x^2-4}}$ untersucht werden. Die Substitution $z=g(x)=\sqrt{x^2-4}$ ergibt $D(g)=\{x \mid |x| \geqq 2\}$ und $W(g)=\{z \mid z \geqq 0\}$.

   Die äußere Funktion $y=e^z$ ist eigentlich für alle $z \in \mathbb{R}$ definiert, jedoch wird ihr Definitionsbereich durch den Wertebereich der inneren Funktion eingeschränkt, so daß Fall (iii) gilt: $D(f) \supset W(g)$.

3.5 Funktionseigenschaften

In den Wirtschaftswissenschaften werden Funktionen verwendet, um bestimmte Sachverhalte zu beschreiben, wie z.B. die Abhängigkeiten des Absatzes eines Gutes vom Preis oder des Ertrages vom Einsatz usw. Ist der funktionale Zusammenhang der ökonomischen Größen bekannt, so kann man aufgrund bestimmter Eigenschaften der Funktion wichtige Rückschlüsse auf den zu diskutierenden Sachverhalt ziehen. Solche charakteristische Eigenschaften sind u.a.:

- Schnittpunkte der Funktion mit den Achsen
- Bereiche, in denen die Funktion steigt bzw. fällt
- Bereiche mit positiven oder negativen Funktionswerten
- Minima oder Maxima der Funktion

Häufig steht man vor der Aufgabe, den umgekehrten Weg gehen zu müssen. Es sind einige Eigenschaften des funktionalen Zusammenhangs bekannt, und man möchte auf den qualitativen Kurvenverlauf schließen oder die Funktion explizit mit Hilfe mathematisch-statistischer Methoden ermitteln. Manchmal ist es dann möglich, die Beziehung ökonomischer Größen durch bekannte mathematische Funktionen zu beschreiben, wenn man die entsprechenden Parameter geschickt genug wählt. Zwingende Voraussetzung hierfür sind die Kenntnis der wesentlichen Eigenschaften **elementarer Funktionen** und der sichere Umgang mit ihnen. Daher sollen im folgenden einige dieser Eigenschaften erläutert werden, um sie danach für die wichtigsten Funktionen zu diskutieren.

Nullstellen

▶ Als *Nullstelle* ξ einer Funktion $y=f(x)$ wird diejenige Lösung bezeichnet, an deren Stelle der Wert der abhängigen Veränderlichen y gleich null ist:

ξ ist Nullstelle $\rightarrow y=f(\xi)=0$

Die Nullstellen einer Funktion mit einer Veränderlichen sind die Schnittpunkte der Funktion mit der x-Achse, die als Funktionsgleichung $y=0$ hat. Die Funktion, die in *Abb. 3.21* dargestellt ist, besitzt die beiden Nullstellen ξ_1 und ξ_2.

Um eine Nullstelle zu bestimmen, setzt man $y=0$ in die Funktionsgleichung $y=f(x)$ bzw. $g(x,y)=0$ ein und erhält die Bestimmungsgleichung $f(x)=0$ bzw. $g(x,0)=0$, deren Lösungen die gesuchten Achsenabschnitte auf der Abszisse sind.

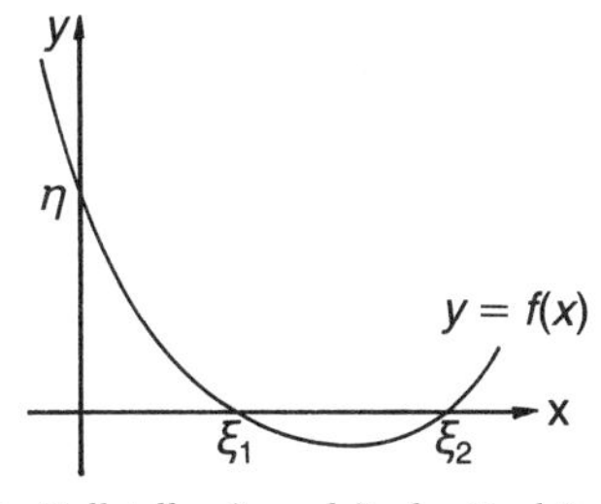

Abb. 3.21: Nullstellen ξ_1 und ξ_2 der Funktion $y=f(x)$

Um die Schnittpunkte mit der y-Achse zu bestimmen, kann man selbstverständlich genauso vorgehen. Die Gleichung der y-Achse ist $x=0$, die in die Funktionsgleichung eingesetzt auf die Bestimmungsgleichung $y=f(0)$ bzw. $g(0, y)=0$ führt, deren Lösungen die Achsenabschnitte η auf der Ordinate darstellen (siehe auch *Abb. 3.21*).

Extrema

Als Extrema werden die größten und kleinsten Werte, also die **Maxima** und **Minima** bezeichnet. Dabei wird unterschieden, ob man die Extremaleigenschaft auf den gesamten Definitionsbereich bezieht oder nur auf eine gewisse Umgebung des Punktes. Entsprechend erhält man **absolute** (globale) oder **relative** (lokale) Extrema.

Am allgemeingültigsten kann man eine Extremaleigenschaft wie folgt definieren:

▶ Eine Funktion $y=f(x)$ besitzt in einem Punkt $\xi \in D(f)$ ein *Maximum* (bzw. ein *Minimum*), wenn für alle Punkte x eines gewissen Umgebungsintervalles $I(\xi)$, das den Punkt ξ enthält, gilt:

Maximum: $f(x) \leqq f(\xi)$ für alle $x \in I(\xi)$

Minimum: $f(x) \geqq f(\xi)$ für alle $x \in I(\xi)$

Abb. 3.22 zeigt eine Funktion, die an der Stelle ξ ein Maximum besitzt, während in der *Abb. 3.23* ein Minimum an der Stelle ξ dargestellt ist.

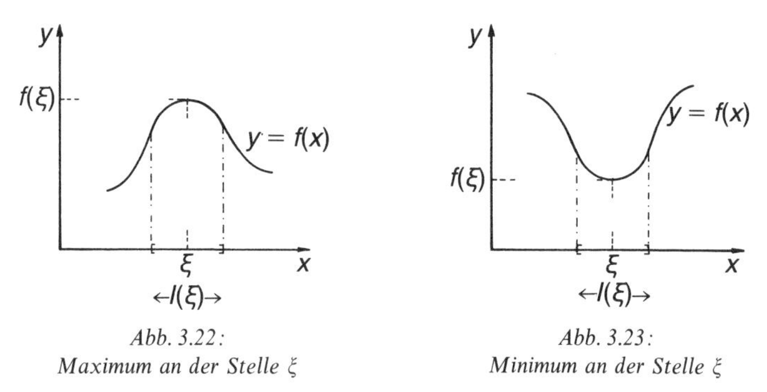

Abb. 3.22: Maximum an der Stelle ξ

Abb. 3.23: Minimum an der Stelle ξ

Mit einer **Umgebung** ist ein Intervall (oder bei höherer Dimension ein Gebiet) gemeint, das den Punkt ξ enthält.

Die oben gegebene Definition beschreibt das **relative** oder lokale Extremum im Punkt ξ. Lokal bezieht sich in diesem Fall auf die angegebene Umgebung. Gilt die definierende Ungleichung auf dem gesamten Definitionsbereich der Funktion, dann erreicht die Funktion an der Stelle ξ offenbar ihren **absolut** höchsten (bzw. tiefsten) Wert.

▶ Ein *absolutes* oder *globales* Maximum (bzw. Minimum) liegt an der Stelle ξ vor, wenn für alle Werte des Definitionsbereiches $x \in D(f)$ gilt:

absolutes Maximum: $f(x) \leqq f(\xi)$ für alle $x \in D(f)$
absolutes Minimum: $f(x) \geqq f(\xi)$ für alle $x \in D(f)$

Die *Abb. 3.24* zeigt eine Funktion, die an der Stelle ξ_1 ein absolutes (globales) Maximum, an der Stelle ξ_2 ein relatives (lokales) Minimum, an der Stelle ξ_3 ein relatives Maximum und an der Stelle ξ_4 ein absolutes Minimum besitzt.

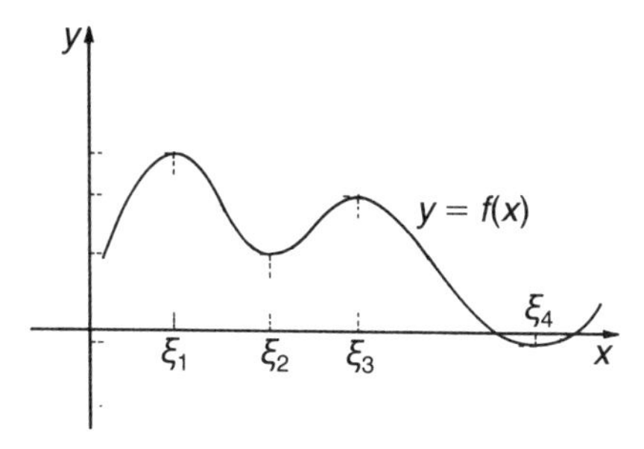

Abb. 3.24: Funktion $y=f(x)$ mit absoluten und relativen Maxima bzw. Minima

Werden die Extremwerte einer Funktion genau an den Rändern des Definitionsbereiches angenommen, dann spricht man auch von **Randextrema.**

Steigung

▶ Eine Funktion $y=f(x)$ heißt *steigend*, wenn für größer werdende Werte der unabhängigen Veränderlichen x auch die Funktionswerte größer werden. Sie heißt *fallend*, wenn die Funktionswerte kleiner werden.

steigend: $\xi_1 < \xi_2 \rightarrow f(\xi_1) < f(\xi_2)$
fallend: $\xi_1 < \xi_2 \rightarrow f(\xi_1) > f(\xi_2)$

Die *Abb. 3.25* zeigt eine steigende und die *Abb. 3.26* eine fallende Funktion.

Maxima und Minima sind i.d.R. nur in Punkten definiert, nur in Ausnahmefällen im Bereich horizontalen Verlaufs auch auf Intervallen. Dagegen wird man von der Steigung nur **auf** einem Intervall sprechen. Man sagt, eine Funktion sei auf einem Intervall steigend (fallend), wenn dies für alle Punkte des Intervalls gilt. Genauer unterscheidet man noch zwischen **monotonem** und **streng monotonem** Steigen bzw. Fallen.

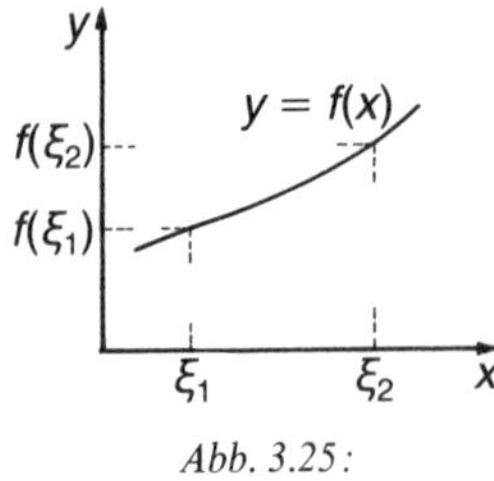

Abb. 3.25:
Steigende Funktion $y=f(x)$

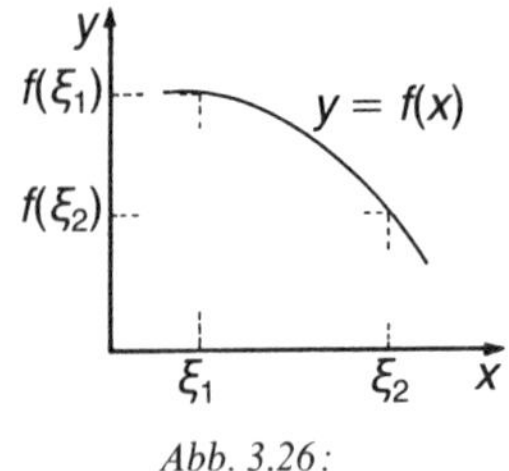

Abb. 3.26:
Fallende Funktion $y=f(x)$

- Eine Funktion $y=f(x)$ heißt auf dem Intervall I *monoton steigend* (bzw. *fallend*), falls für alle Werte des Intervalls gilt:

  monoton steigend: $\xi_1<\xi_2 \rightarrow f(\xi_1) \leqq f(\xi_2)$ für alle $\xi_1, \xi_2 \in I$

  monoton fallend: $\xi_1<\xi_2 \rightarrow f(\xi_1) \geqq f(\xi_2)$ für alle $\xi_1, \xi_2 \in I$

Bei strenger Monotonie müssen die Ungleichungen streng gelten, d.h. die Gleichheit ist ausgeschlossen.

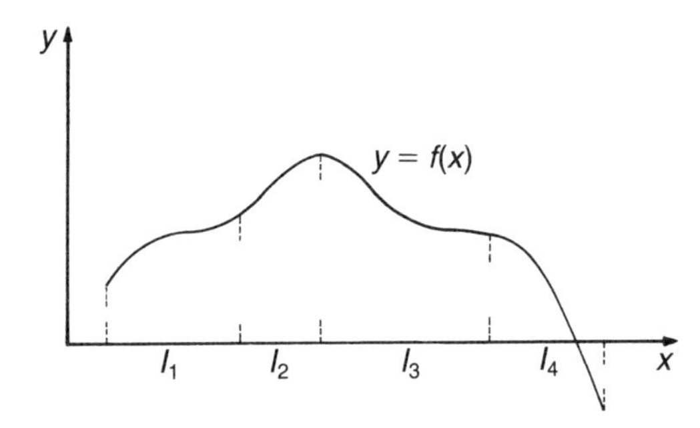

Abb. 3.27: Steigende und fallende Funktion $y=f(x)$

Die in *Abb. 3.27* gezeichnete Funktion ist im Intervall I_1 monoton steigend, sie ist im Intervall I_2 streng monoton steigend, sie fällt im Intervall I_3 monoton und im Intervall I_4 streng monoton.

Beschränktheit

Nimmt eine Funktion $y=f(x)$ in ihrem Definitionsbereich $D(f)$ nur Werte an, die größer oder gleich einem Wert m sind, bzw. die kleiner oder gleich einem Wert M sind, so heißt die Funktion **nach unten** bzw. **nach oben beschränkt.**

- Falls ein $m \in \mathbb{R}$ existiert, so daß $f(x) \geqq m$ für alle $x \in D(f)$ gilt, dann heißt $y=f(x)$ *nach unten beschränkt.*
- Gibt es ein $M \in \mathbb{R}$, so daß $f(x) \leqq M$ für alle $x \in D(f)$ gilt, dann ist $y=f(x)$ *nach oben beschränkt.*
- Eine nach oben und unten beschränkte Funktion heißt kurz *beschränkt;* d.h. es existiert ein $c \in \mathbb{R}$ mit $|f(x)| \leqq c$ für alle $x \in D(f)$.

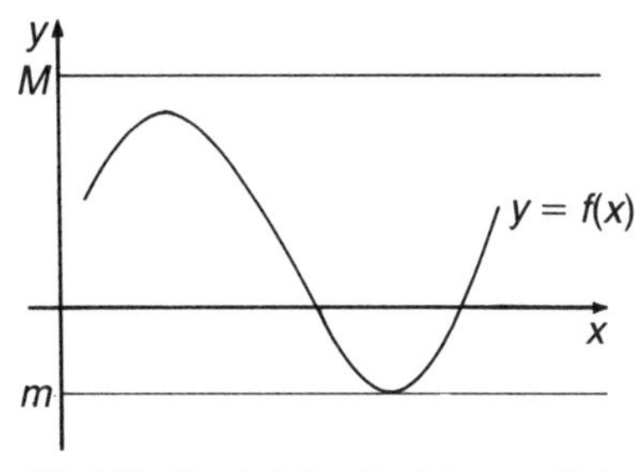

Abb. 3.28: Beschränkte Funktion $y=f(x)$

Die in der *Abb. 3.28* dargestellte Funktion $y=f(x)$ ist beschränkt.

Man beachte, daß eine Schranke nicht notwendigerweise erreicht werden muß. Die Bedingung ist lediglich, daß eine beschränkte Funktion im betrachteten Bereich einen durch die Schranken definierten Streifen nicht verläßt.

Krümmung

Bei der Diskussion der Krümmung einer Funktion entsteht gelegentlich Verwirrung, da zur Definition dieser Eigenschaft i.d.R. die Begriffe „konvex" und „konkav" benutzt werden, die im Falle von Funktionen nicht unbedingt eindeutig sind.

In der Optik wird eine Linse als konvex bezeichnet, wenn sie nach außen gewölbt ist; ein nach innen gewölbter Schliff heißt dagegen konkav. Bei der Übertragung des Begriffes hat man nun die Schwierigkeit, daß mit dem Standpunkt des Beobachters die Eigenschaften konvex oder konkav zu sein, wechselt. Der Begriff der Konvexität soll daher zunächst unabhängig von Funktionen im Zusammenhang mit Gebieten und Mengen eingeführt werden. Bei der Diskussion von Optimierungsproblemen unter Nebenbedingungen, die für die ökonomische Praxis außerordentlich bedeutsam geworden sind, spielt diese Eigenschaft eine wesentliche Rolle.

Wir betrachten zunächst zwei Punkte $\xi_1, \xi_2 \in \mathbb{R}$ auf der Zahlengerade (vgl. *Abb. 3.29*). Ein Zwischenpunkt auf der Verbindungsstrecke, d.h. $\xi_1 \leqq \xi \leqq \xi_2$, kann durch $\xi=\lambda\cdot\xi_1+(1-\lambda)\cdot\xi_2$ mit $0\leqq\lambda\leqq 1$ bestimmt werden. Für $\lambda=1$ erhält man den linken Randpunkt $\xi=\xi_1$ des Intervalls, für $\lambda=0$ den rechten Randpunkt $\xi=\xi_2$ und für $0<\lambda<1$ einen der Werte im Innern des Intervalls.

Man bezeichnet diese Verknüpfung

$$\xi=\lambda\cdot\xi_1+(1-\lambda)\cdot\xi_2$$

als **Linearkombination** der beiden festen Punkte ξ_1 und ξ_2, der Faktor λ heißt **Linearfaktor.** Für $0\leqq\lambda\leqq 1$ beschreibt die Linearkombination

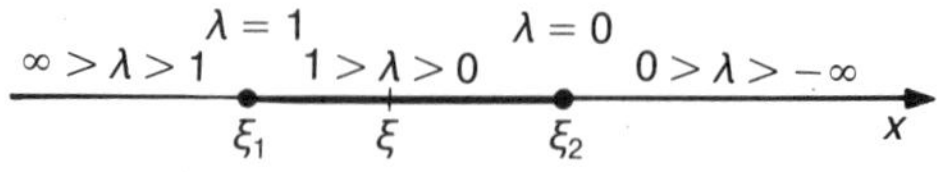

$\lambda = 1$ $\lambda = 0$

$\infty > \lambda > 1$ $1 > \lambda > 0$ $0 > \lambda > -\infty$

ξ_1 ξ ξ_2 x

Abb. 3.29: Konvexkombination im $\mathbb{R}$

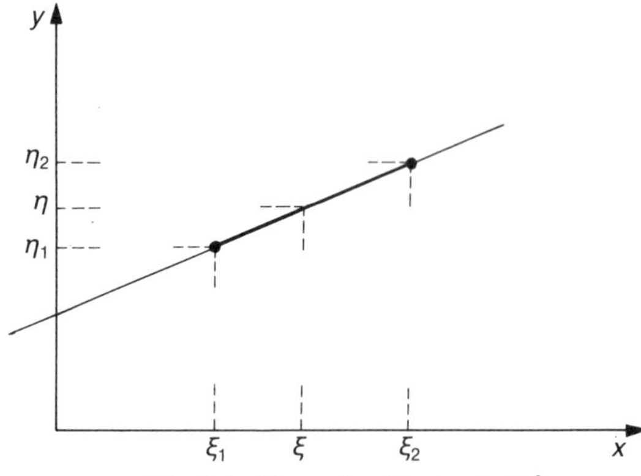

Abb. 3.30: Konvexkombination im $\mathbb{R}^2$

alle Punkte des abgeschlossenen Intervalls $[\xi_1, \xi_2]$; sie wird in diesem Fall als **konvexe** Linearkombination oder kurz auch als **Konvexkombination** bezeichnet. Für $\infty > \lambda > 1$ werden alle Punkte links des Intervalls und für $0 > \lambda > -\infty$ alle Punkte rechts des Intervalls beschrieben. Das heißt, für $\lambda \in \mathbb{R}$ deckt die Darstellung gerade alle Punkte der Zahlengerade ab.

Die Bildung von Linearkombinationen läßt sich ohne weiteres auf höhere Dimensionen erweitern. Man betrachte z.B. die beiden Punkte (ξ_1, η_1) und (ξ_2, η_2) in der Ebene $\mathbb{R}^2$ (vgl *Abb. 3.30*). Sie sind durch eine Gerade verbunden, wobei jeder Punkt (ξ, η) auf der Verbindungsstrecke durch die Linearkombination

$$\left.\begin{aligned} \xi &= \lambda \cdot \xi_1 + (1-\lambda) \cdot \xi_2 \\ \eta &= \lambda \cdot \eta_1 + (1-\lambda) \cdot \eta_2 \end{aligned}\right\} \text{ für alle } 0 \leqq \lambda \leqq 1$$

beschrieben ist. Punkte im $\mathbb{R}^3$ und in höher dimensionalen Vektorräumen kann man entsprechend linear kombinieren und dadurch Geraden beschreiben.

► Eine Punktmenge K wird als *konvex* bezeichnet, wenn mit zwei Punkten $\xi_1, \xi_2 \in K$ alle Punkte der Verbindungsstrecke in der Menge K enthalten sind, d.h. wenn für alle Punkte gilt:

$$\xi = \lambda \cdot \xi_1 + (1-\lambda) \cdot \xi_2 \in K \qquad \text{für alle } 0 \leqq \lambda \leqq 1$$

Damit stellt ein abgeschlossenes Intervall eine konvexe Menge dar, wodurch sich auch der Name Konvexkombination der Randpunkte

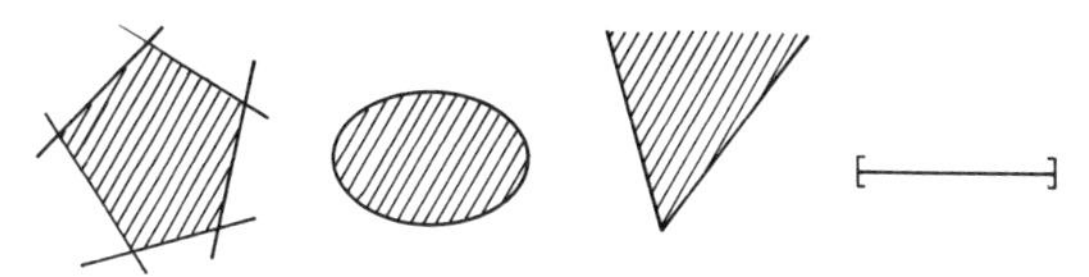

Abb. 3.31: Konvexe Menge (schraffiert und abgeschlossenes Intervall)

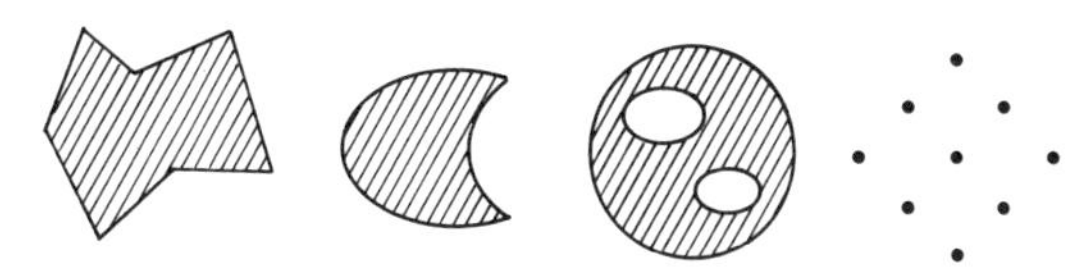

Abb. 3.32: Nichtkonvexe Mengen (schraffiert und Punkte)

erklärt. Weitere Beispiele für konvexe und nichtkonvexe Mengen sind in *Abb. 3.31* und *Abb. 3.32* dargestellt.

Man beachte, daß die aus der Optik geläufige Umkehrung, nach der eine nichtkonvexe Linse konkav ist, für Punktmengen nicht gilt. Konkave Mengen gibt es nicht; eine Menge ist entweder konvex oder sie ist nicht konvex.

Beide Begriffe „konvex" und „konkav" werden jedoch im Zusammenhang mit der Krümmung einer Funktion verwendet. Man sagt, eine Funktion $y=f(x)$ sei im Definitionsbereich $D(f)$ konvex, wenn für beliebige Punkte ξ_1, $\xi_2 \in D(f)$ die Strecke, die die beiden Funktionswerte $f(\xi_1)$ und $f(\xi_2)$ verbindet, vollständig über der Funktion $y=f(x)$ verläuft. Dieser Kurvenverlauf ist in der *Abb. 3.33* verdeutlicht.

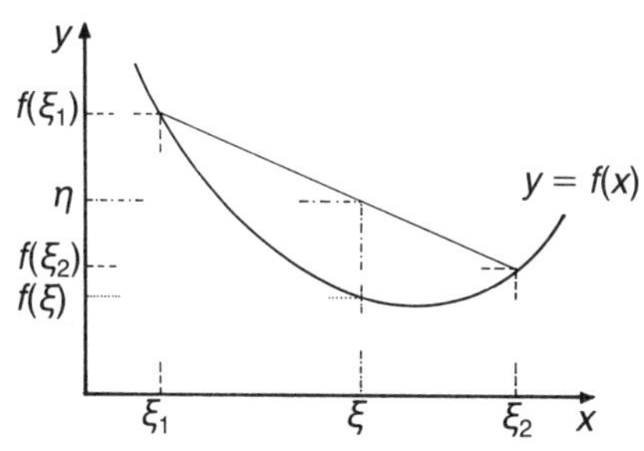

Abb. 3.33: Konvexe Funktion $y=f(x)$

Formal läßt sich Konvexität von Funktionen wie folgt beschreiben. Die Verbindungsstrecke zweier Funktionswerte $f(\xi_1)$ und $f(\xi_2)$ ist:

$\eta=\lambda \cdot f(\xi_1)+(1-\lambda)\cdot f(\xi_2)$ mit $0 \leqq \lambda \leqq 1$

Einen Zwischenwert im Intervall $\xi_1 \leqq \xi \leqq \xi_2$ erhält man analog durch:

$\xi=\lambda \cdot \xi_1+(1-\lambda)\cdot \xi_2$ mit $0 \leqq \lambda \leqq 1$

Demnach gilt für konvex gekrümmte Funktionen:

▶ Eine Funktion $y=f(x)$ heißt im Definitionsbereich $D(f)$ *konvex*, wenn für alle $\xi_1, \xi_2 \in D(f)$ gilt:

$$f(\xi)=f(\lambda\cdot\xi_1+(1-\lambda)\cdot\xi_2)\leqq\lambda\cdot f(\xi_1)+(1-\lambda)\cdot f(\xi_2) \quad \text{mit } 0\leqq\lambda\leqq 1$$

Sie heißt *streng konvex*, wenn stets das Ungleichheitszeichen gültig ist.

Verläuft die Verbindungsstrecke der Funktionswerte stets unterhalb der Funktion, dann wird die Kurve als konkav gekrümmt oder kurz als konkav bezeichnet (vgl. *Abb. 3.34*).

▶ Eine Funktion $y=f(x)$ heißt im Definitionsbereich $D(f)$ *konkav*, wenn für alle $\xi_1, \xi_2 \in D(f)$ gilt:

$$f(\xi)=f(\lambda\cdot\xi_1+(1-\lambda)\cdot\xi_2)\geqq\lambda\cdot f(\xi_1)+(1-\lambda)\cdot f(\xi_2) \quad \text{mit } 0\leqq\lambda\leqq 1$$

Sie heißt *streng konkav*, wenn stets das Ungleichheitszeichen gilt.

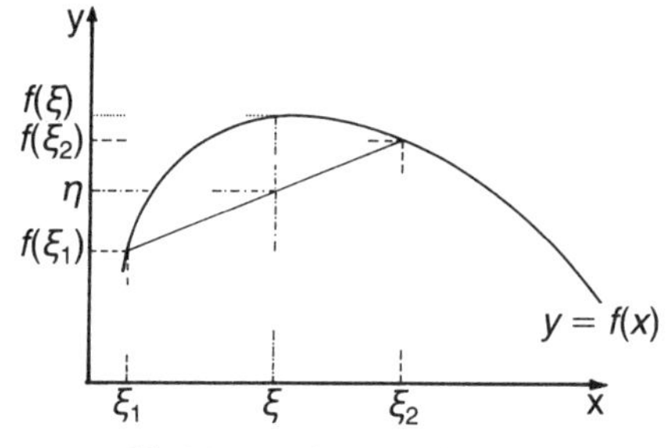

Abb. 3.34: Konkave Funktion $y=f(x)$

Eine Gerade ist sowohl konvex als auch konkav. Andererseits ist eine Funktion, die in ihrem Definitionsbereich $D(f)$ teilweise konvex und teilweise konkav gekrümmt ist, dort nach der Definition weder konvex noch konkav. Diese etwas übertrieben erscheinende Differenzierung erhält ihren Sinn dadurch, daß eine Funktion im Endlichen **in einem Intervall** gekrümmt sein kann. Im Zusammenhang mit der Differentialrechnung (Kap. 5 und 6) werden wir auch die Krümmung der Funktion **in einem Punkt** kennenlernen.

Beispiel: Die Funktion $y=f(x)$ in *Abb. 3.35* ist in ihrem gesamten Definitionsbereich weder konvex noch konkav. Jedoch ist sie im Intervall I_1 konkav gekrümmt, sie ist in I_2 konvex, in I_3 konkav, in I_4 sowohl konvex als auch konkav und in I_5 konvex gekrümmt.

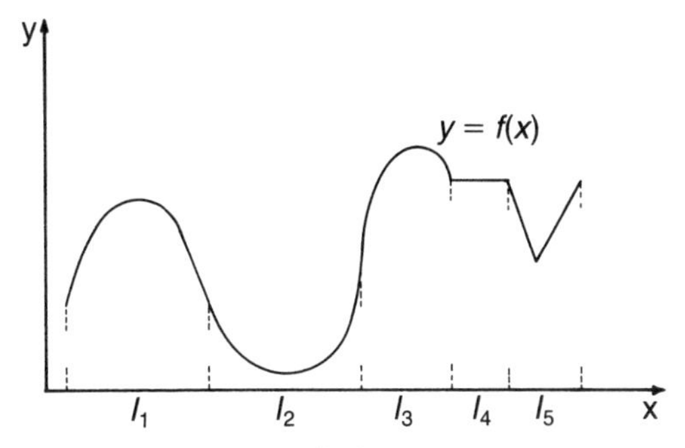

Abb. 3.35: Beispielfunktion zur Krümmung

Symmetrie

Die Symmetrieeigenschaft einer Funktion wurde bereits im Zusammenhang mit der Diskussion gerader und ungerader Funktionen im Abschnitt 3.4 erwähnt. Die Verbindung ist folgende:

- Eine gerade Funktion $y=f(x)$ mit

  $f(-x)=f(x)$ für alle $x \in D(f)$

  ist *spiegelsymmetrisch* zur y-Achse.

- Eine ungerade Funktion $y=f(x)$ mit

  $f(-x)=-f(x)$ für alle $x \in D(f)$

  ist *punktsymmetrisch* zum Nullpunkt.

Die Funktion der *Abb. 3.36* ist gerade und spiegelsymmetrisch (vgl. auch *Abb. 3.18*), während die in *Abb. 3.37* dargestellte Funktion ungerade und punktsymmetrisch ist (vgl. auch *Abb. 3.19*).

Beispiele: 1. Ein Polynom (vgl. Abschnitt 3.6.1), in dem die unabhängige Veränderliche nur mit geraden Exponenten vorkommt, ist gerade und daher spiegelsymmetrisch zur y-Achse:

$$f(-x)=4(-x)^4-(-x)^2+10=4x^4-x^2+10=f(x)$$

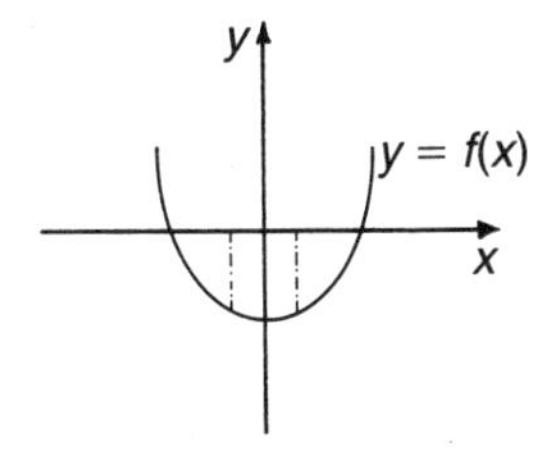

Abb. 3.36: Spiegelsymmetrische Funktion $y=f(x)$

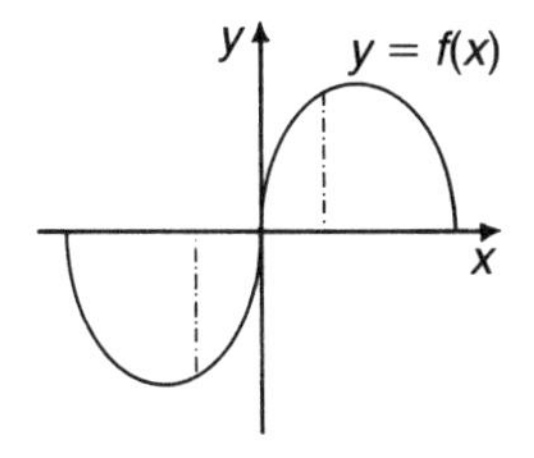

Abb. 3.37: Punktsymmetrische Funktion $y=f(x)$

2. Unter den trigonometrischen Funktionen (vgl. Abschnitt 3.6.4.3) ist die Cosinusfunktion gerade, d.h. spiegelsymmetrisch zur y-Achse:

   $f(-x)=\cos(-x)=\cos(x)=f(x)$

3. Die Sinusfunktion ist ungerade, d.h. punktsymmetrisch zum Nullpunkt:

   $f(-x)=\sin(-x)=-\sin(x)=-f(x)$

3.6 Elementare Funktionen

Bislang wurde – von den Beispielen abgesehen – jeweils nur die allgemeine Funktionsgleichung $y=f(x)$ diskutiert. Im realen Anwendungsfall hat man es nun mit speziellen Funktionen zu tun. Einige von ihnen treten in der Praxis so häufig auf, daß sie hier behandelt werden sollen.

Wir beschränken uns dabei auf **reelle** Funktionen $y=f(x)$, deren Definitionsbereich $D(f)$ und Wertebereich $W(f)$ reellwertig sind. Unter diesen unterscheidet man zwischen sog. algebraischen und transzendenten Funktionen.

In **algebraischen** Funktionen ist die unabhängige Veränderliche ausschließlich durch die elementaren Operationen Addition, Subtraktion, Multiplikation, Division, Potenzieren und Radizieren (Wurzelbildung) verknüpft. Sie lassen sich wie in *Tab. 3.3* dargestellt unterscheiden.

Die **transzendenten** Funktionen können nicht mit Hilfe der elementaren Operationen dargestellt werden. Die für die Wirtschaftswissenschaften wichtigsten Funktionen in dieser Klasse sind die Exponentialfunktion und die Logarithmusfunktion.

Verknüpfung der Veränderlichen durch		
Addition und/oder **Subtraktion** und/oder **Multiplikation**	und **Division**	und **Potenzieren** und/oder **Radizieren**
Ganz rationale Funktionen		
Gebrochen rationale Funktionen		
Algebraische Funktionen		

Tab. 3.3: Klassifikation algebraischer Funktionen

3.6.1 Ganz rationale Funktionen

Treten in einer Funktionsgleichung nur die Operationen Addition, Subtraktion und Multiplikation auf, so gelangt man zu Funktionen der allgemeinen Form:

$$y = p_n(x) = a_0 + a_1 \cdot x + a_2 \cdot x^2 + \ldots + a_n \cdot x^n = \sum_{i=0}^{n} a_i \cdot x^i \quad \text{mit } a_i \in \mathbb{R}$$

▶ Die Funktion $p_n(x) = \sum_{i=0}^{n} a_i \cdot x^i$ mit $a_i \in \mathbb{R}$ heißt *Polynom n-ten Grades*. Die Größen a_i werden als die Koeffizienten des Polynoms bezeichnet; speziell ist a_0 der absolute Koeffizient.

Beispiele: 1. Eine Gerade wird durch ein Polynom 1. Grades beschrieben:

$$y = p_1(x) = a_0 + a_1 \cdot x$$

2. Eine Parabel ist ein Polynom 2. Grades:

$$y = p_2(x) = a_0 + a_1 \cdot x + a_2 \cdot x^2$$

Ein Polynom ist im gesamten Definitionsbereich **stetig,** d.h. es ist in einem Strich zeichenbar, ohne den Stift abzusetzen (→ die Stetigkeit wird im nachfolgenden Kapitel 4 genauer definiert und behandelt). Eine derartige Kurve besitzt insbesondere keine Lücken, Sprünge und Pole.

Nullstellen

Über die Anzahl der Nullstellen eines Polynoms $p_n(x)$ gibt es einen präzisen mathematischen Satz, der als **Fundamentalsatz der Algebra**[6] bezeichnet wird.

▶ Ein Polynom *n*-ten Grades $p_n(x)$ besitzt *genau n Nullstellen,* die jedoch nicht reell zu sein brauchen, und von denen einzelne mehrfach vorkommen können.

Wir wollen diese Aussage am Beispiel einer Parabel verdeutlichen, die als Polynom zweiten Grades demnach genau zwei Nullstellen besitzt.

Beispiel: Es sei $y = a_0 + a_1 \cdot x + a_2 \cdot x^2$.

Wir untersuchen die Parabel bei parametrischer Änderung des absoluten Gliedes a_0.

Fall (i): $a_0 = -3;\ a_1 = -2;\ a_2 = 1: y = -3 - 2x + x^2$
In diesem Fall lauten die Nullstellen (vgl. *Abb. 3.38*) $x = -1$ und $x = 3$.

---

[6] Der erste vollständige Beweis des Fundamentalsatzes wurde von *C.F. Gauß* (1777–1855) in seiner 1799 erschienenen Dissertation geführt.

Fall (ii): $a_0=1;\ a_1=-2;\ a_2=1: y=1-2x+x^2$
In diesem Fall fallen die beiden reellen Nullstellen zusammen. Es gibt nur eine Nullstelle (vgl. *Abb. 3.39*) $x=1$, die deshalb als **doppelte** Nullstelle bezeichnet wird.

Fall (iii): $a_0=3;\ a_1=-2;\ a_2=1: y=3-2x+x^2$
Die Gleichung hat jetzt keine reellen Nullstellen mehr (vgl. *Abb. 3.40*), sondern die beiden **komplexen** Nullstellen $x=1+\sqrt{2}\cdot i$ und $x=1-\sqrt{2}\cdot i$.

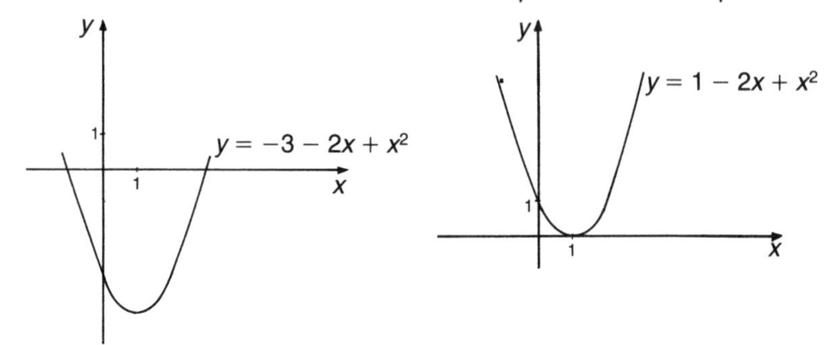

Abb. 3.38: Parabel mit zwei reellen Nullstellen

Abb. 3.39: Parabel mit einer doppelten reellen Nullstelle

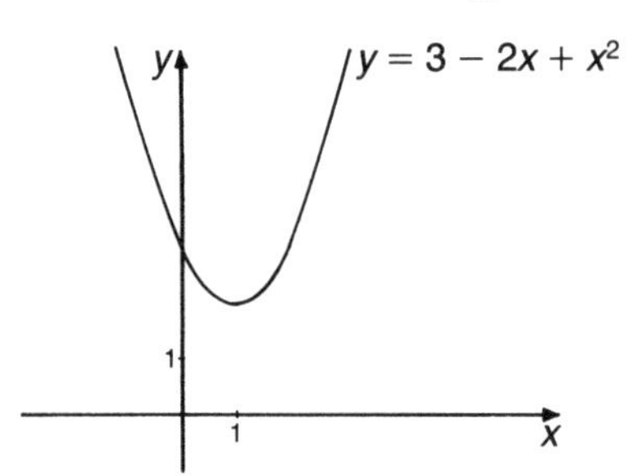

Abb. 3.40: Parabel ohne reelle Nullstelle

Ein Polynom ungeraden Grades strebt auf einer Seite immer gegen $+\infty$ und auf der anderen Seite immer gegen $-\infty$, je nachdem, welches Vorzeichen der Koeffizient der höchsten Potenz der Variablen besitzt. Dazwischen muß immer mindestens eine reelle Nullstelle auftreten.

► Ein Polynom n-ten Grades hat bei ungeradem n *mindestens eine* reelle Nullstelle.

Für gerades n ist eine derartige Aussage nicht möglich, so daß man höchstens folgern kann:

► Ein Polynom n-ten Grades hat bei geradem n *höchstens* n reelle Nullstellen.

Beispiele: 1. Die lineare Gleichung $y=a_0+a_1\cdot x$ hat als Polynom ersten Grades genau eine reelle Nullstelle:

$$x=-a_0/a_1$$

2. Bei einer quadratischen Gleichung $y=a_0+a_1\cdot x+a_2\cdot x^2$ kann man über die Zahl der reellen Nullstellen a priori keine Aussage machen, außer, daß ihre Höchstzahl zwei beträgt. Allgemein lauten die Lösungen einer quadratischen Gleichung:

$$x=-a_1/2a_2\pm\sqrt{a_1^2/4a_2^2-a_0/a_2}$$

Es gibt zwei reelle Nullstellen, wenn die Diskriminante positiv ist, d.h. wenn gilt:

$$a_1^2/4a_2^2-a_0/a_2>0, \quad \text{d.h.} \quad a_1^2-4a_0\cdot a_2>0$$

Eine reelle Nullstelle liegt vor, wenn die Diskriminante gleich null ist, und keine, falls sie negativ ist.

Für eine Gleichung dritten Grades lassen sich die Nullstellen mit Hilfe der sogenannten *Cardan*ischen Lösungsformel[7] noch in geschlossener Form angeben. Für $n>4$ ist dies nicht mehr möglich. Die Nullstellen sind dann i.allg. nur noch näherungsweise mittels Iterationsverfahren bestimmbar, z.B. mit dem *Newton*-Verfahren (vgl. Abschnitt 6.5).

Kennt man eine oder mehrere Nullstellen, so kann man durch Ausklammern ein Restpolynom bestimmen, das einen entsprechend der Anzahl der ausgeklammerten Nullstellen niedrigeren Grad besitzt. Man spricht auch vom Abspalten von Nullstellen bzw. von **Polynomdivision.**

► Ist für ein Polynom $p_n(x)=a_0+a_1\cdot x+\ldots+a_n\cdot x^n$ eine Nullstelle $x=\xi$ bekannt, so ist $p_n(x)$ darstellbar als:

$$p_n(x)=(x-\xi)\cdot(\bar{a}_0+\bar{a}_1\cdot x+\ldots+\bar{a}_{n-1}\cdot x^{n-1})=(x-\xi)\cdot\bar{p}_{n-1}(x)$$

$\bar{p}_{n-1}(x)$ ist das *Restpolynom*

Sind eventuell sogar mehrere Nullstellen $x=\xi_1$, $x=\xi_2$ usw. bekannt, so kann man sie sukzessive abspalten.

Polynomdivision

Das Polynom $\bar{p}_{n-1}(x)$ läßt sich durch Polynomdivision bestimmen. Hierzu dividiert man das ursprüngliche Polynom durch den Nullstellenfaktor $(x-\xi)$ nach den ganz normalen Divisionsregeln. Am Beispiel kann dies am besten erläutert werden.

---

[7] Die Formeln zur Lösung von Gleichungen dritten Grades sind nach dem italienischen Mathematiker *Geronimo Cardano* (1501–1576) benannt, der sie erstmals veröffentlichte. Allerdings stammen die Formeln nicht von ihm, sondern von *Niccolo Tartaglia* (1500–1557), der eigentlich *N. Fontana* hieß, wegen seiner Sprachbehinderung aber *Tartaglia* (der Stotterer) gerufen wurde.

Beispiel: Für das Polynom $p_4(x)=x^4-x^3-7x^2+x+6$ seien zwei Nullstellen $x=1$ und $x=-2$ bekannt. Wie lauten die übrigen beiden Nullstellen?

Die Nullstellen sind Lösungen der Polynome ersten Grades $x-1=0$ und $x+2=0$, die deshalb als Faktoren ausgeklammert werden können:

$$p_4(x)=x^4-x^3-7x^2+x+6=p_2(x)\cdot(x-1)\cdot(x+2)$$

Um nun $p_2(x)$ zu bestimmen, kann man in einem ersten Schritt durch den Faktor $(x+2)$ dividieren:

$$\begin{array}{l}
(x^4-\ \ x^3-7x^2+x+6):(x+2)=x^3-3x^2-x+3\\
\underline{-(x^4+2x^3)}\\
\quad -3x^3-7x^2\\
\quad \underline{-(-3x^3-6x^2)}\\
\qquad\quad -\ \ x^2+\ \ x\\
\qquad\quad \underline{-(-\ \ x^2-2x)}\\
\qquad\qquad\quad 3x+6\\
\qquad\qquad\quad \underline{-(3x+6)}\\
\qquad\qquad\qquad 0
\end{array}$$

Das Restpolynom wird im zweiten Schritt durch $(x-1)$ dividiert:

$$\begin{array}{l}
(x^3-3x^2-\ \ x+3):(x-1)=x^2-2x-3\\
\underline{-(x^3-\ \ x^2)}\\
\quad -2x^2-\ \ x\\
\quad \underline{-(-2x^2+2x)}\\
\qquad\quad -3x+3\\
\qquad\quad \underline{-(-3x+3)}\\
\qquad\qquad 0
\end{array}$$

Man kann natürlich auch direkt in einem Schritt durch $(x+2)\cdot(x-1)=x^2+x-2$ dividieren:

$$\begin{array}{l}
(x^4-x^3-7x^2+x+6):(x^2+x-2)=x^2-2x-3\\
\underline{-(x^4+x^3-2x^2)}\\
\quad -2x^3-5x^2+\ \ x\\
\quad \underline{-(-2x^3-2x^2+4x)}\\
\qquad\quad -3x^2-3x+6\\
\qquad\quad \underline{-(-3x^2-3x+6)}\\
\qquad\qquad\qquad 0
\end{array}$$

In beiden Fällen erhält man das Restpolynom $p_2(x)=x^2-2x-3$ mit den Nullstellen:

$$x=1\pm\sqrt{1+3}=1\pm 2$$

Das heißt, $x=3$ und $x=-1$ sind zwei weitere Nullstellen des ursprünglichen Polynoms $p_4(x)$, für das man schließlich die Produktdarstellung erhält:

$$p_4(x)=(x+2)\cdot(x-1)\cdot(x-3)\cdot(x+1)$$

Horner-Schema

Der aufmerksame Leser wird sich bei der Darstellung der Einkommensteuerformel im Abschnitt 3.3.1 vielleicht über die etwas kompliziert erscheinende Darstellung der Polynome in den sog. Progressionszonen (1) und (2) gewundert haben. Im Gesetz wird für den Zweig (3) die Form

$$s=(768{,}85\cdot y+1\,990)\cdot y \text{ mit } y=\frac{x-7\,200}{10000} \text{ für } 7\,236\,€ \leqq x \leqq 9\,251\,€$$

verwendet, obwohl man durch Einsetzen des Ausdruckes für y die quadratische Gleichung

$$s=0{,}076885\cdot x^2+0{,}0882856\cdot x-0{,}103422816$$

erhält, die zunächst tatsächlich übersichtlicher ist. Mit der geklammerten Darstellung wird jedoch eine Form gewählt, die sich ganz allgemein für die Berechnung eines Polynoms – besonders solcher höherer Ordnung! – an einer bestimmten Stelle $x=\xi$, d.h. für einen bestimmten Wert der Variablen, als besonders geeignet erweist. Sie wird als ***Horner*-Schema** bezeichnet.

Beim *Horner*-Schema ordnet man die Variablen nach absteigenden Exponenten, d.h. im Vergleich zur bisherigen Anordnung gerade umgekehrt. Schrittweise multipliziert man mit der Variablen x und addiert jeweils einen Koeffizienten a_i, so daß schließlich ein geschachtelter Ausdruck entsteht, bei dem die Klammern von innen nach außen auszuwerten sind. Durch Ausmultiplizieren kann man sich im Zweifelsfall leicht überzeugen, daß das Polynom n-ten Grades

$$y=a_n\cdot x^n+a_{n-1}\cdot x^{n-1}+\ldots+a_1\cdot x+a_0$$

identisch ist mit der Darstellung im *Horner*-Schema:

$$y=(\ldots((a_n\cdot x+a_{n-1})\cdot x+a_{n-2})\cdot x+\ldots+a_1)\cdot x+a_0$$

Fehlt einmal ein Exponent, z.B. x^2, so ist definitionsgemäß der zugehörige Koeffizient gleich null, z.B. $a_2=0$.

Beispiele: 1. Das Polynom $y=3x^4+4x^3-x^2+7x-2$ lautet im *Horner*-Schema:

$$y=(((3x+4)\cdot x-1)\cdot x+7)\cdot x-2$$

2. Das Polynom $y=7x^5+2x^3+3x^2-10$ stellt sich im *Horner*-Schema wie folgt dar:

$$y=((((7x)\cdot x+2)\cdot x+3)\cdot x)\cdot x-10$$

Der **Vorteil** des *Horner*-Schemas liegt in der wesentlich geringeren Anzahl von Multiplikationen, die bei gliedweiser Berechnung an einer bestimmten Stelle ausgeführt werden müssen, wenn man jeweils nur ein Zwischenergebnis speichern kann. Im Normalfall müßte man nacheinander alle Potenzen der Variablen berechnen und summieren, wobei

$$1+2+3+\ldots+n=\frac{n\cdot(n+1)}{2}$$

Multiplikationen und n Additionen auszuführen wären. Dagegen ergeben sich beim *Horner*-Schema nur n Multiplikationen und ebenfalls n Additionen, weshalb sich seine Anwendung bei der Benutzung eines Taschenrechners ohne Speicher besonders empfiehlt. Hat man allerdings n Speicherplätze zur Verfügung, so kann man die Zwischenergebnisse $x, x^2, x^3, \ldots, x^n$ durch $n-1$ Multiplikationen und das Polynom schließlich durch $2n-1$ Multiplikationen und n Additionen berechnen.

Beispiel: Berechnung der Steuerschuld bei einem Einkommen von $e = 45\,000$ Euro.

Der gerundete Wert der unabhängigen Variablen in der Steuerformel ist:

$$z=\frac{45\,000-9\,216}{10\,000}=3{,}58$$

Die Auswertung der Klammerausdrücke von innen nach außen führt auf folgende Rechenschritte:

1. Schritt: $278{,}65 \cdot 3{,}58+2\,300= 3\,297{,}662$
2. Schritt: $3\,297{,}662\cdot 3{,}58+ 423=12\,238{,}148$

Die Steuerschuld beträgt demnach $s = 12\,238$ Euro[8]

Approximation empirisch gewonnener Daten durch Polynome

In den Wirtschaftswissenschaften müssen sehr häufig empirisch gewonnene Daten ausgewertet werden. Das geschieht i.d.R. dadurch, daß man den funktionalen Zusammenhang zunächst in einer Wertetabelle und danach graphisch als Punktfolge aufzeichnet.

---

[8] Laut § 32 a EStG ... „sind die sich aus den Multiplikationen ergebenden Zwischenergebnisse für jeden weiteren Rechenschritt mit drei Dezimalen anzusetzen; die nachfolgenden Dezimalstellen sind fortzulassen. Der sich ergebende Steuerbetrag ist auf den nächsten vollen Euro-Betrag abzurunden."

In der Folge muß mit dem so gewonnenen Bild über den funktionalen Verlauf weitergerechnet werden, z.B. in Modellen oder sich anschließenden Analysen. In diesen Fällen ist es sehr unhandlich, mit Wertetabellen oder graphischen Darstellungen zu arbeiten. Man möchte gerne die funktionale Abhängigkeit zwischen den Werten im betrachteten Bereich durch eine Formel darstellen. Da die Daten empirisch gewonnen sind, kann man wegen der Meßfehler und anderer äußerer Einflüsse, die zwar nicht erwünscht sind, die man aber nie gänzlich ausschalten kann, nicht erwarten, daß die Werte genau eine geschlossen darstellbare Funktion treffen, doch lassen sich die Punkte meist in guter Näherung durch eine Funktion approximieren. Die Frage ist, mit welcher Funktion dieses am besten gelingt.

Im Prinzip geht man dabei wie folgt vor. Von dem qualitativen Verlauf der Punktfolge her wird eine mathematische Funktion angenommen. Häufig wird man versuchen, die Punktfolge durch ein Polynom zu approximieren, weshalb es auch wichtig ist, den qualitativen Verlauf verschiedener Funktionen sicher zu kennen. Es wird also ein Polynom unterstellt, dessen Grad man vorgibt, z.B.:

$$p_2(x) = a_0 + a_1 \cdot x + a_2 \cdot x^2$$

Die Koeffizienten werden zunächst allgemein formuliert. Nun setzt man die Wertepaare in das Polynom ein und bestimmt die Koeffizienten so, daß die empirischen Werte von dem Kurvenverlauf möglichst wenig abweichen, beispielsweise, indem man die Summe der Abstandsquadrate minimiert. Diese Methode wurde von *C.F. Gauß* zur Lösung von Problemen der Landmessung bzw. zur Bahnberechnung von Himmelskörpern entwickelt.[9]

Die Bestimmung der funktionalen Abhängigkeit bestimmter Merkmale mittels Approximation durch mathematische Funktionen wird als **Regressionsrechnung** bezeichnet. Sie spielt in der Statistik und in der Ökonometrie eine sehr wichtige Rolle und wird auch dort ausführlich behandelt. In Abschnitt 8.6 werden wir als ein Beispiel zur Extremwertbestimmung die **Methode der kleinsten Quadrate** bei Anwendung der **linearen Regression** behandeln.

3.6.2 Gebrochen rationale Funktionen

Wird neben den Operationen Addition/Subtraktion und Multiplikation auch die Division als Verknüpfungsoperator zugelassen, so ist die Funktion allgemein nur noch als Quotient von Polynomen darstellbar.

---

[9] Die Methode der kleinsten Quadrate ist erstmals in dem Buch von *C.F. Gauß:* Theoria motus corporum coelestium in sectionibus conicis solem ambientum, Hamburg 1809, beschrieben (Theorie der Himmelskörper, die in Kegelschnitten die Sonne umlaufen).

▶ Der Quotient zweier Polynome

$$r(x)=\frac{p_n(x)}{q_m(x)}=\frac{\sum_{i=0}^{n} a_i \cdot x^i}{\sum_{i=0}^{m} b_i \cdot x^i} \quad \text{mit } q_m(x) \neq 0$$

heißt eine *gebrochen rationale Funktion.*

Beispiel: Die Funktion $y=1/x$ ist eine gebrochen rationale Funktion. Es handelt sich um eine rechtwinklige Hyperbel mit dem in *Abb. 3.41* dargestellten bekannten Verlauf.

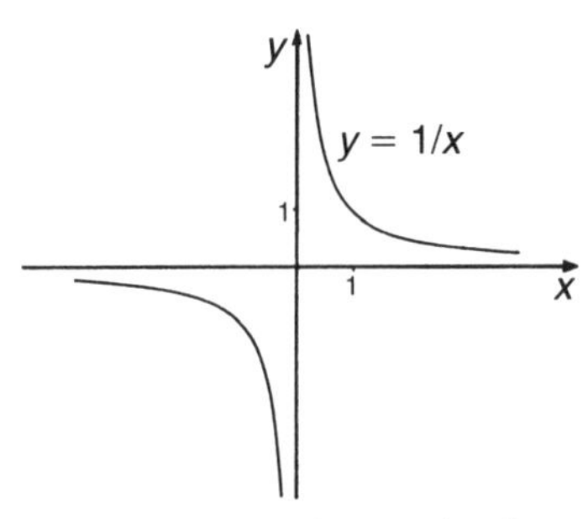

Abb. 3.41: Hyperbel $y=1/x$ als Beispiel einer gebrochen rationalen Funktion

An der *Abb. 3.41* erkennt man, daß die Funktion offenbar nicht zu zeichnen ist, ohne den Stift abzusetzen. Gebrochen rationale Funktionen sind i.allg. also nicht für alle $x \in \mathbb{R}$ stetig, sondern nur dort, wo das Nennerpolynom keine Nullstellen besitzt.

Nullstellen

▶ Die *Nullstellen* einer gebrochen rationalen Funktion sind die Punkte, in denen das Zählerpolynom, jedoch nicht gleichzeitig das Nennerpolynom gleich null wird:

$$x=\xi \text{ ist Nullstelle} \rightarrow r(\xi)=\frac{p_n(\xi)}{q_m(\xi)}=0$$

$$\rightarrow p_n(\xi)=0 \quad \text{und} \quad q_m(\xi) \neq 0$$

Die Aussagen über die Nullstellen des Zählerpolynoms sowie die Verfahren zur Berechnung derselben lassen sich also von den ganzen rationalen Funktionen her übernehmen.

Beispiel: Die gebrochen rationale Funktion

$$r(x)=\frac{x^2-2x-3}{x^3-5x^2-4x+20}$$

hat die Nullstellen $x=3$ und $x=-1$, weil dort der Zähler gleich null ist, ohne daß gleichzeitig der Nenner verschwindet.

Polstellen

Bei der Einführung gebrochen rationaler Funktionen mußte die Einschränkung gemacht werden, daß das Nennerpolynom nicht gleich null werden darf, weil die Division durch null nicht erklärt ist. Wir begegnen hier also erstmals einem Funktionstyp, der offenbar nicht auf der gesamten Zahlengerade definiert ist, sondern nur in dem Bereich, in dem $q_m(x) \neq 0$ ist, d.h. der **Definitionsbereich** ist $D(r) = \mathbb{R} \setminus \{\text{Nullstellen von } q_m(x)\}$.

Wenn die Funktion $r(x)$ an den Nullstellen des Nennerpolynoms nicht definiert ist, so ist es zumindest interessant zu sehen, wie sich die Funktion in der Nähe dieser Punkte verhält. Was geschieht mit dem Funktionswert $r(x)$, wenn wir uns einer Nullstelle des Nennerpolynoms immer stärker annähern, wobei wir zu unterscheiden haben, ob wir uns von rechts oder von links dieser Stelle nähern? Man spricht in diesem Zusammenhang vom **Grenzverhalten** der Funktion $r(x)$ in der Nähe der Nullstelle des Nennerpolynoms.

Angenommen, es gelte für $r(x) = p_n(x)/q_m(x)$ an der Stelle $x=\xi$ $p_n(\xi) \neq 0$ und $q_m(\xi) = 0$.

Da $p_n(x)$ an der Stelle $x=\xi$ ungleich null ist, wechselt das Polynom $p_n(x)$ in der Nähe von $x=\xi$ auch nicht sein Vorzeichen, d.h. es ist in einer Umgebung des Punktes $x=\xi$ entweder überall positiv oder überall negativ. Nehmen wir an, es sei positiv, d.h. $p_n(x) > 0$ für $x \in U(\xi)$ (vgl. *Abb. 3.42*).

Wenn wir uns der Nullstelle $x=\xi$ des Nennerpolynoms $q_m(x)$ immer mehr annähern, dann wird der Funktionswert der gebrochen rationalen Funktion $r(x)$ beliebig groß, wenn die Annäherung aus dem Bereich mit $q_m(x) > 0$ erfolgt. Dagegen strebt der Quotient gegen $-\infty$, wenn wir uns aus dem Bereich des negativen Nennerpolynoms seiner Nullstelle nähern.

Der Funktionswert an der (nie erreichbaren) Stelle $x=\xi$ heißt **Grenzwert** oder auch **Limes** (abgekürzt lim). Näheres hierzu wird im Abschnitt 4.5 behandelt. Man schreibt dafür

$$\lim_{x \to \xi^+} \frac{p_n(x)}{q_m(x)} = \pm\infty \quad \text{bzw.} \quad \lim_{x \to \xi^-} \frac{p_n(x)}{q_m(x)} = \mp\infty,$$

je nachdem, nach welcher Seite der Funktionswert strebt. Die Stelle $x=\xi$ selbst wird als **Pol**, als **Polstelle** oder als **Singularität** bezeichnet.

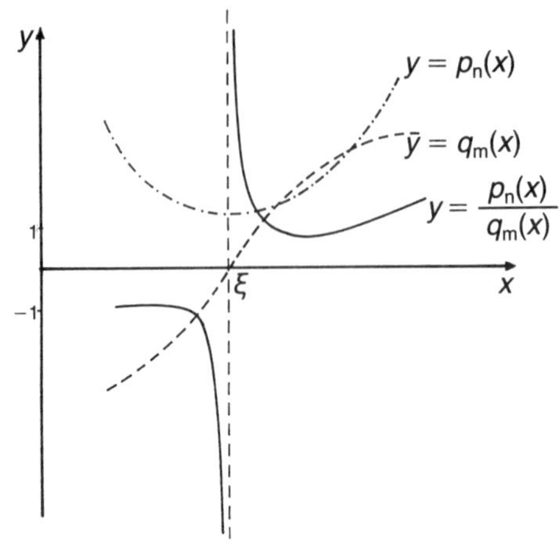

Abb. 3.42: Verhalten der gebrochen rationalen Funktion $r(x)=p_n(x)/q_m(x)$ in der Nähe ihrer Polstelle $x=\xi$

▶ Die *Polstellen* einer gebrochen rationalen Funktion liegen dort, wo das Nennerpolynom seine Nullstellen besitzt, ohne daß das Zählerpolynom gleichzeitig verschwindet:

$$x=\xi \text{ ist Pol} \rightarrow q_m(\xi)=0 \quad \text{und} \quad p_n(\xi)\neq 0$$

Nach welcher Richtung die Funktion strebt, ob nach $+\infty$ oder nach $-\infty$, hängt von den Vorzeichen der beiden Polynome ab und ist im einzelnen leicht zu entscheiden.

Je nach Art der Nullstelle des Nennerpolynoms wird auch zwischen ungeraden und geraden Polstellen unterschieden. Eine einfache Nullstelle führt zu einer **einfachen** Polstelle, bei einer mehrfachen Nullstelle des Nennerpolynoms spricht man entsprechend von einem **mehrfachen** Pol.

Eine r-fache Nullstelle des Nennerpolynoms führt bei ungeradem r immer zu einer **ungeraden** Polstelle, bei der ein Zweig der Funktion gegen $+\infty$ und der andere gegen $-\infty$ strebt. Ist der Grad der Nullstelle r gerade, so streben beide Zweige in die gleiche Richtung, und man erhält eine **gerade** Polstelle (vgl. *Abb. 3.43* und *3.44*).

Wenn an einer Stelle $x=\xi$ sowohl das Zählerpolynom $p_n(\xi)=0$ als auch das Nennerpolynom $q_m(\xi)=0$ verschwinden, so führt der Quotient beider Polynome auf einen sog. **unbestimmten Ausdruck.** In diesem Fall kann das Grenzverhalten mit Hilfe der sog. ***l'Hospital*schen Regel** untersucht werden, die Thema des Abschnitts 6.6 ist.

Beispiel: Die Funktion $r(x)=\dfrac{x^2-2x-3}{x^3-5x^2-4x+20}$ hat Nullstellen für $x=3$ und $x=-1$ (vgl. vorausgegangenes Beispiel). Sie besitzt Pole an den Stellen $x=2$, $x=5$ und $x=-2$, weil dort der

Nenner gleich Null wird, ohne daß der Zähler verschwindet. Die Funktion ist in *Abb. 3.45* dargestellt.

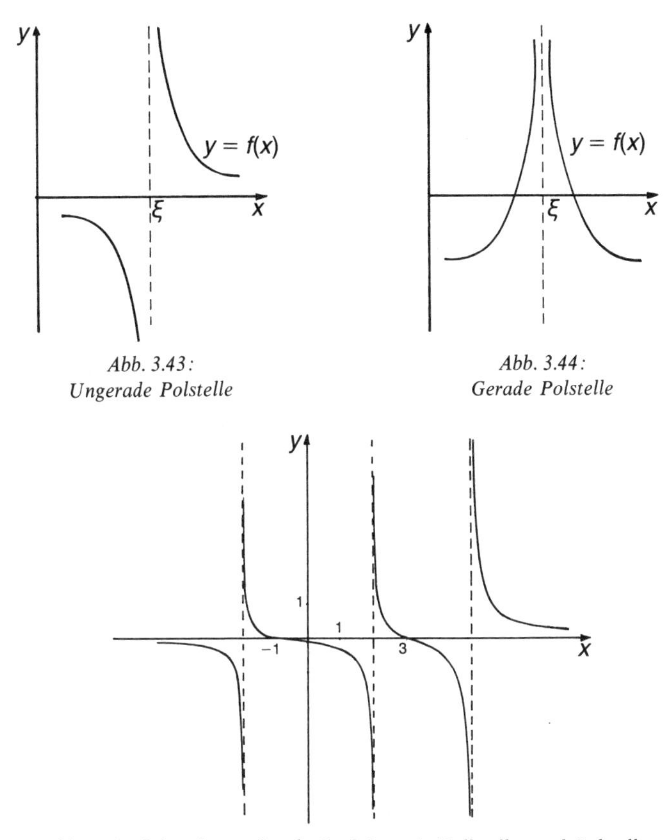

Abb. 3.43: Ungerade Polstelle

Abb. 3.44: Gerade Polstelle

Abb. 3.45: Gebrochen rationale Funktion mit Nullstellen und Polstellen

Asymptotisches Verhalten

Asymptoten sind meistens Geraden, an die sich eine Kurve anschmiegt, wenn die unabhängige Variable hinreichend groß wird. Jedoch braucht sich ein Kurvenverlauf nicht notwendigerweise Geraden zu nähern; jede andere Kurve kommt ebenfalls als Asymptote in Betracht.

▶ *Eine Asymptote* ist allgemein eine Kurve, der sich eine Funktion $y = f(x)$ für $x \to \infty$ bzw. $x \to -\infty$ beliebig stark anschmiegt.

Im Falle gebrochen rationaler Funktionen entscheidet über das asymptotische Verhalten letztlich das Wachstum des Zählerpolynoms im Vergleich zu dem des Nennerpolynoms, d.h. der Grad beider Polynome. Wächst der Nenner schneller als der Zähler, so strebt der Quotient offenbar gegen null. Im umgekehrten Fall wird der Funktionswert immer größer.

Es sei:

$$r(x)=\frac{p_n(x)}{q_m(x)}=\frac{a_0+a_1\cdot x+\ldots+a_n\cdot x^n}{b_0+b_1\cdot x+\ldots+b_m\cdot x^m}$$

Dividiert man den Zähler durch den Nenner (→Polynomdivision, vgl. Abschnitt 3.6.1), so erhält man die Darstellung:

$$r(x)=\frac{p_n(x)}{q_m(x)}=\bar{p}_{n-m}(x)+\frac{\tilde{p}_k(x)}{q_m(x)} \qquad \text{für} \quad q_m(x)\neq 0$$

Man nennt dies die Zerlegung des gebrochen rationalen Ausdrucks $\frac{p_n(x)}{q_m(x)}$ in seinen **ganz rationalen Anteil** $\bar{p}_{n-m}(x)$ (=Polynom vom Grade $n-m$) und in den **gebrochen rationalen Rest** $\frac{\tilde{p}_k(x)}{q_m(x)}$, der auch als **echtes** gebrochenes Restglied bezeichnet wird.
Beim Grenzübergang $x\to\pm\infty$ strebt das Restglied gegen null, weil der Zählergrad k von $\tilde{p}_k(x)$ stets kleiner ist als der Nennergrad m. Daher nähert sich die Funktion $r(x)$ für $x\to\pm\infty$ dem ganz rationalen Anteil, der folglich die Asymptote darstellt.

▶ Die Asymptote einer gebrochen rationalen Funktion ist stets der *ganz rationale Anteil*: $y=\bar{p}_{n-m}(x)$

Es sind die folgenden drei Fälle zu unterscheiden:

Fall (i): $n<m$

Der Zählergrad ist kleiner als der Nennergrad, d.h. die gebrochen rationale Funktion hat **keinen** ganz rationalen Anteil.

Die Asymptote ist folglich $y=0$, d.h. die x-Achse.

Fall (ii): $n=m$

Zählergrad und Nennergrad sind gleich. Als ganz rationaler Anteil ergibt sich: $\bar{p}_0=\frac{a_n}{b_m}$, d.h. eine Konstante.

Die Asymptote ist $y=\frac{a_n}{b_m}$, d.h. eine Parallele zur x-Achse.

Fall (iii): $n>m$

Der Zählergrad ist größer als der Nennergrad. Es ergibt sich als ganz rationaler Anteil ein Polynom vom Grad $n-m\geq 1$, dem sich die Funktion asymptotisch nähert.

Eine interessante Frage ist in allen drei Fällen, aus **welcher Richtung** (von oben oder unten?) die Annäherung erfolgt. Hierüber entscheidet das Vorzeichen des Restgliedes:

- Ist das Restglied für $x \to \infty$ (bzw. $x \to -\infty$) **positiv**, so ist der Funktionswert der rationalen Funktion entsprechend **größer** als der Asymptotenwert → die Annäherung erfolgt **von oben.**
- Ist das Restglied für $x \to \pm\infty$ **negativ**, so liegt Annäherung **von unten** vor.

Das Vorzeichen des Restgliedes ergibt sich schließlich aus den Vorzeichen der größten Potenzen in Zähler **und** Nenner, wobei sorgfältig zu unterscheiden ist, ob der Exponent gerade oder ungerade ist.

Beispiele: 1. $y = \dfrac{2x+4}{x^2-2x-3}$: $n=1$ und $m=2 \to$ Fall (i)

Die Asymptote ist $y=0$ (x-Achse).
Für $x \to \infty$ sind Zähler und Nenner positiv, d.h. die Annäherung an die x-Achse erfolgt von oben.

Für $x \to -\infty$ sind der Zähler negativ, der Nenner positiv, der ganze Ausdruck also negativ. Die Annäherung erfolgt von unten.
Abb. 3.46 verdeutlicht dieses Verhalten.

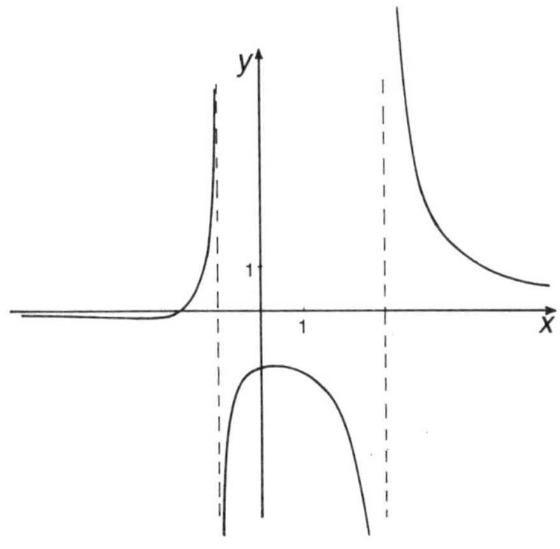

Abb. 3.46:
Gebrochen rationale Funktion mit der x-Achse als Asymptote

2. $y = \dfrac{x^2+2x}{9-x^2}$: $n=2$ und $m=2 \to$ Fall (ii)

Die Polynomdivision ergibt:

$$y = \frac{x^2+2x}{9-x^2} = -1 + \frac{2x+9}{9-x^2}$$

Die Asymptote ist $y=-1$, d.h. eine Parallele zur x-Achse.

Für $x \to \infty$ ist der Zähler positiv, der Nenner negativ, d.h. das Restglied negativ. Die Annäherung an die Asymptote ergibt sich von unten.

Für $x \to -\infty$ sind Zähler und Nenner negativ, d.h. das Restglied ist positiv. Die Annäherung erfolgt von oben.

Abb. 3.47 zeigt den Funktionsverlauf.

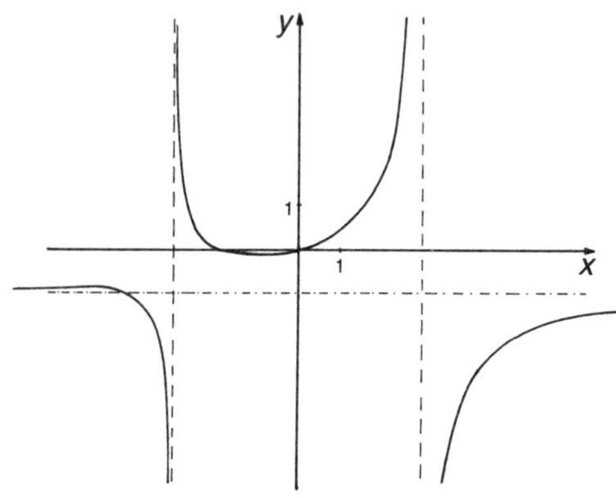

Abb. 3.47:
Gebrochen rationale Funktion mit der Geraden $y = -1$ als Asymptote

3. $y = \dfrac{x^3 - 2x^2 + 4}{x^2 - 1}$: $n = 3$ und $m = 2 \to$ Fall (iii)

   Die Polynomdivision ergibt:

   $$y = x - 2 + \frac{x+2}{x^2 - 1}$$

   Die Asymptote ist also die Gerade $y = x - 2$.

   Für $x \to \infty$ sind Zähler und Nenner des Restgliedes positiv, d.h. das Restglied ist positiv. Die Annäherung an die Asymptote erfolgt von oben.

   Für $x \to -\infty$ ist der Zähler negativ, der Nenner weiterhin positiv, und das Restglied ist negativ. Die Funktion schmiegt sich von unten an die Asymptote.

   Die Funktion und ihre Asymptote sind in *Abb. 3.48* dargestellt.

4. $y = \dfrac{2x^2 - 4x - 6}{9 - x^2} = \dfrac{(3-x)\cdot(-2x-2)}{(3-x)\cdot(3+x)}$

   Die Zerlegung in Linearfaktoren zeigt, daß Zähler **und** Nenner an der Stelle $x = 3$ eine Nullstelle besitzen, so daß die Funktion hier nicht definiert ist. Für $x \neq 3$ kann man dann untersuchen:

$$\bar{y}=\frac{-2x-2}{x+3}: \quad n=1 \text{ und } m=1 \rightarrow \text{Fall (ii)}$$

Die Polynomdivision ergibt:

$$\bar{y}=-2+\frac{4}{x+3}.$$

Die Asymptote ist also $y=-2$, d.h. eine Parallele zur x-Achse. Die Annäherung erfolgt für $x \rightarrow \infty$ von oben und für $x \rightarrow -\infty$ von unten (vgl. *Abb. 3.49*).

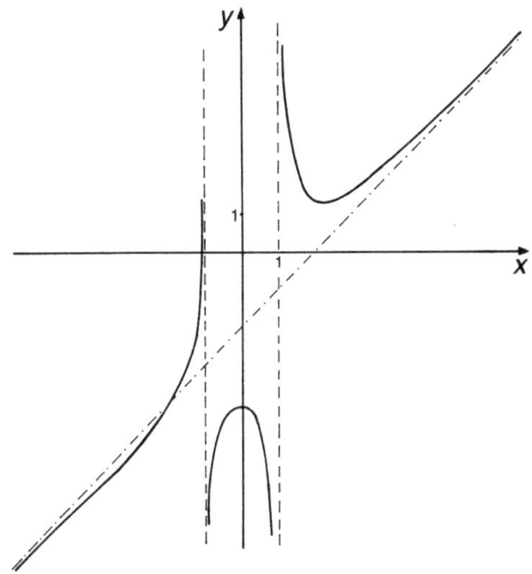

Abb. 3.48: Gebrochen rationale Funktion mit der Geraden $y=x-2$ als Asymptote

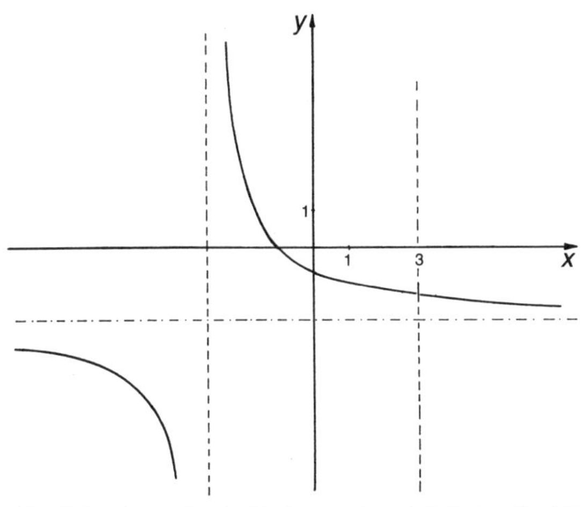

Abb. 3.49: Gebrochen rationale Funktion mit undefiniertem Funktionswert an der Stelle $x=3$

3.6.3 Algebraische Funktionen

Tritt zu den bislang behandelten Operationen noch das Radizieren, d.h. das Wurzelziehen hinzu, so erhält man die allgemeinste Form einer algebraischen Funktion:

$$y=\sqrt{\frac{p_n(x)}{q_m(x)}} \quad \text{mit} \quad q_m(x) \neq 0$$

Bei Wurzelzeichen ist in algebraischen Funktionen stets das positive Vorzeichen impliziert, es sei denn, es wird ausdrücklich anders verabredet. Da die Diskriminante, d.h. der Ausdruck unter der Wurzel, nicht negativ werden darf, ist der Definitionsbereich dieser Funktionen häufig stark eingeschränkt.

► Eine *algebraische Funktion* erhält man, wenn die unabhängige Variable durch die Operationen Addieren, Subtrahieren, Multiplizieren, Dividieren und Radizieren verknüpft ist:

$$y=\sqrt{r(x)} \quad \text{mit} \quad r(x)=\frac{p_n(x)}{q_m(x)} \quad \text{für } q_m(x) \neq 0$$

Die Funktion ist reellwertig definiert für $r(x) \geqq 0$.

Beispiel: $y=\sqrt{\frac{4x}{x^2-9}}$ ist eine algebraische Funktion.

Ihr Definitionsbereich ist begrenzt durch:

$$\frac{4x}{x^2-9} \geqq 0$$

Die Ungleichung gilt im Intervall $-3<x \leqq 0$, wobei an der Stelle $x=-3$ ein Pol und an der Stelle $x=0$ die Nullstelle vorliegt. Ferner ist die Ungleichung auch im Intervall $3<x<\infty$ erfüllt; am linken Rand $x=3$ liegt wieder eine Polstelle, am rechten Rand nähert sich die Funktion asymptotisch der x-Achse (vgl. *Abb. 3.50*).

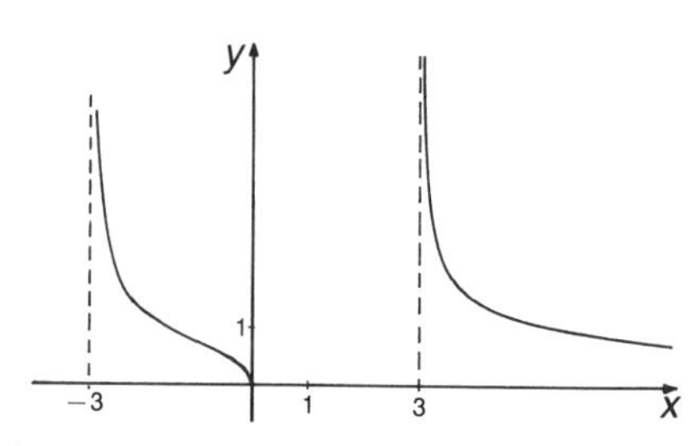

Abb. 3.50: Algebraische Funktion $y=f(x)$, definiert auf $-3<x \leqq 0$ und $3<x$

3.6.4 Transzendente Funktionen

▶ Funktionen, die sich nicht mehr mit Hilfe von Polynomen und Wurzeln exakt darstellen lassen, werden als *transzendente Funktionen* bezeichnet.

Zu dieser Klasse zählen als elementare transzendente Funktionen die in den Wirtschaftswissenschaften häufig verwendeten **Exponential-** und **Logarithmusfunktionen.** Gelegentlich begegnet man auch einer **trigonometrischen Funktion,** die jedoch überwiegend im technisch-naturwissenschaftlichen Bereich Verwendung findet. Die drei erwähnten Funktionen werden im folgenden behandelt, da der sichere Umgang mit ihnen eine wichtige Voraussetzung für die nachfolgenden Kapitel bedeutet.

3.6.4.1 Exponentialfunktionen

▶ Die Funktion

$y = a^x \quad$ für $a > 0$

wird als *Exponentialfunktion zur Basis a* bezeichnet.

Man beachte, daß die Exponentialfunktion nur für **positive Basen $a > 0$** im Bereich $x \in \mathbb{R}$ definiert ist, so daß der Funktionswert stets positiv, d.h. der Wertebereich $y \in \mathbb{R}_+$ ist. Für $a < 0$ ist der Funktionswert reellwertig nicht erklärt, was man sich schnell klar machen kann, wenn man z.B. für die einfache rationale Zahl $x = 1/2$ den Wert $y = a^{1/2} = \sqrt{a}$ berechnet. Für $a < 0$ ergibt sich keine reelle Zahl.

Man beachte ferner, daß die unabhängige Variable der Exponentialfunktion im **Exponenten** steht, im Gegensatz etwa zur Potenzfunktion $y = x^n$, bei der die unabhängige Variable die **Basis** bildet.

Eine überragende Rolle spielt vor allem die Exponentialfunktion zur Basis **$e = 2{,}71828183\ldots$**, der sog. ***Euler*schen Zahl.**[10] e ist eine irrationale Zahl. Durch die Funktion $y = e^x$ können zahlreiche natürliche und technische Zusammenhänge erklärt werden.

Beispiele: 1. **Stetige Verzinsung**
Wird ein Kapital K_0 zum Jahreszinssatz von $p\%$ stetig verzinst, so hat man nach t Jahren ein Kapital von $K(t) = K_0 \cdot e^{p \cdot t/100}$ (vgl. Abschnitt 4.8.1.3).

---

[10] Für die irrationale Zahl e wurde schon vor Lebzeiten *Leonard Eulers* (1707–1783) der Buchstabe e verwendet, so z.B. bei *Napier, J.*: Logarithmorum canonis desciptio, Edinbourgh 1614. Erst nachträglich wurde die Zahl e *Euler* gewidmet, der sich ganz besonders intensiv mit der Untersuchung von Eigenschaften der Zahl e befaßt hat.

2. **Allgemeines organisches Wachstum**

   Die Kapitalzunahme folgt bei der stetigen Verzinsung dem Wachstumsprozeß, der sich in der Natur beim Wachstum durch Zellteilung beobachten läßt. Wenn zu jedem Zeitpunkt die Wachstumsrate λ konstant, d.h. das Wachstum proportional zum gewachsenen Organismus ist, so ergibt sich zum Zeitpunkt t als Menge $y(t) = y_0 \cdot e^{\lambda \cdot t}$ (z.B. kann y die Zellenzahl, die Bakterienzahl oder auch die Geldmenge bedeuten). Man spricht in diesem Zusammenhang auch allgemein vom exponentiellen Wachstum.

3. **Logistische Funktion**

   In den Wirtschaftswissenschaften sind häufig Wachstumsprozesse zu beobachten, bei denen sich der Funktionswert bei größer werdendem Argument (Zeit, Faktoreinsatz) einer Sättigungsgrenze M nähert. Ein derartiges Verhalten zeigt die sog. logistische Funktion $y = M/(1 + e^{f(x)})$ mit ihrem in *Abb. 3.51* dargestellten typischen Verlauf, wobei $f(x)$ eine allgemeine, i.d.R. streng monoton steigende Funktion ist.

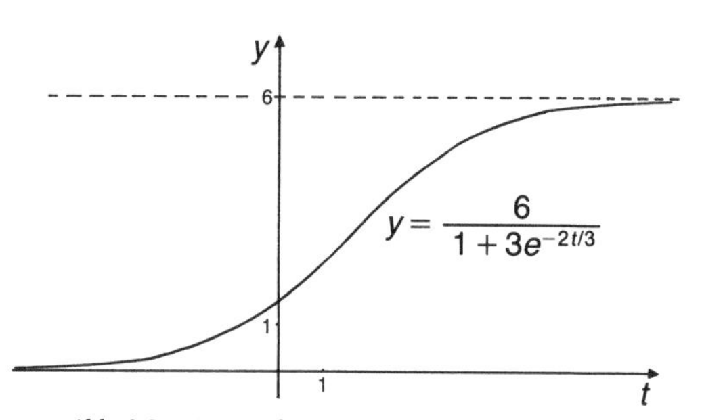

Abb. 3.51: Beispiel einer logistischen Funktion

   Ein gutes Beispiel für eine logistische Funktion erhält man, wenn man die Absatzmengen eines neuen Produktes in Abhängigkeit der Zeit t beobachtet. Der Absatz setzt zögernd ein, steigt dann rasch an und nähert sich schließlich langsam einer Sättigungsgrenze. Ein derartiges Verhalten zeigt z.B. die Funktion $y = a/(1 + b \cdot e^{-c \cdot t})$.

4. **Normalverteilung**
   Eine bedeutsame Rolle spielt die e-Funktion (= häufig benutzte Kurzbezeichnung der Exponentialfunktion zur Basis e) auch in der Wahrscheinlichkeitsrechnung und in der Statistik. Sogenannte normalverteilte Zufallsgrößen

x haben die Dichtefunktion

$$y=f(x)=\frac{1}{\sqrt{2\pi}\cdot\sigma}\cdot e^{-(x-\mu)^2/2\sigma^2},$$

wobei mit μ der Mittelwert und mit σ die Standardabweichung bezeichnet sind. Eine Kurzschreibweise für diese Verteilung lautet $N(\mu;\sigma)$-Verteilung.

Die Verteilung wird auch als *Gauß*-Verteilung[11] und ihr Graph wegen seiner Form als ***Gauß*sche Glockenkurve** bezeichnet (vgl. *Abb. 3.52*).

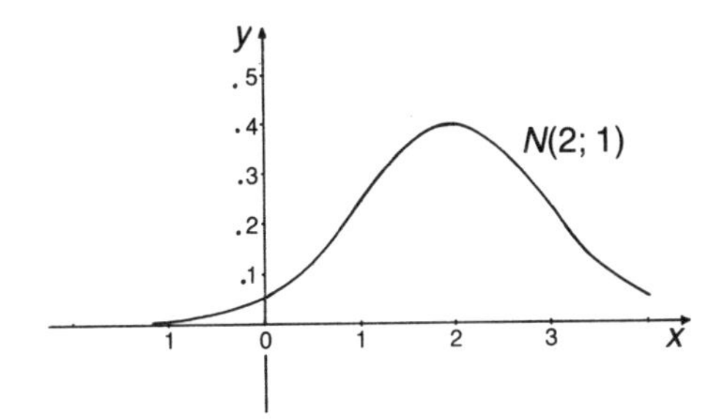

Abb. 3.52: N(2; 1)-Normalverteilung (Gaußsche Glockenkurve)

$$y=\frac{1}{\sqrt{2\pi}}e^{-(x-2)^2/2}$$

Beispielsweise ist die Körperlänge Neugeborener eine normalverteilte Zufallsgröße. Auch folgen Meßfehler, die nicht systematischer Natur sind, dem gleichen Verteilungsgesetz.

5. **Kettenlinie**

Fixiert man eine Kette (Faden, Seil, etc.) an zwei Punkten und läßt das Zwischenstück frei durchhängen, so beschreibt dieses durchhängende Stück eine Kurve, die als Kettenlinie bezeichnet wird. Sie ist durch

$$y=\frac{1}{2c}\cdot(e^{c\cdot x}+e^{-c\cdot x})$$

beschrieben, d.h. es handelt sich im wesentlichen um die Summe zweier Exponentialfunktionen. Eine Hochspannungsleitung oder das unbelastete Seil einer Seilbahn haben beispielsweise den Verlauf von Kettenlinien. Die *Abb. 3.53* zeigt die Kettenlinie für $c=2$.

---

[11] *Carl Friedrich Gauß* veröffentlichte in der schon erwähnten Schrift „Theoria motus corporum..." (vgl. Abschnitt 3.6.1) auch das nach ihm benannte Fehlergesetz, das als wesentliches Merkmal die Normalverteilung enthält.

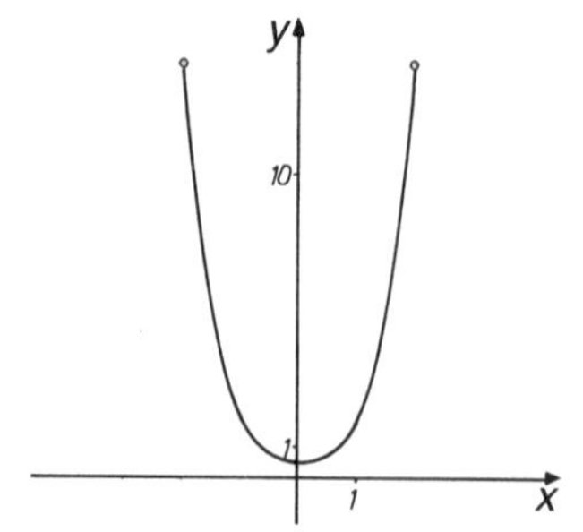

Abb. 3.53: *Kettenlinie* $y=1/4\ (e^{2x}+e^{-2x})$

Für Verknüpfungen von Exponentialfunktionen gelten folgende Rechenregeln:

- $a^x \cdot a^y = a^{x+y}$
- $\dfrac{a^x}{a^y} = a^{x-y}$
- $a^{-x} = \dfrac{1}{a^x}$
- $a^{n \cdot x} = (a^x)^n$
- $a^{\frac{x}{n}} = \sqrt[n]{a^x}$

Die wichtigsten Eigenschaften der Exponentialfunktion sind im folgenden zusammengestellt.

Nullstellen

Die Exponentialfunktion $y=a^x$ ist nur für $a>0$ definiert. Sie besitzt keine Nullstellen, weil es kein x gibt, für das $a^x=0$ würde. Das heißt, der Graph der Exponentialfunktion verläuft vollständig oberhalb der x-Achse.

Graph

Mit $y=a^x$ für $a>0$ ist, wenn der Parameter a nicht festliegt, eine ganze Kurvenschar beschrieben. Da für $x=0$ jedoch immer $y=a^0=1$ gilt, schneiden alle Kurven die y-Achse im Punkt $y=1$.

Ansonsten muß man folgende drei Fälle unterscheiden (vgl. *Abb. 3.54*).

Fall (i): $a>1$

In diesem Fall ist die Kurve streng monoton steigend; sie wird steiler, je größer a ist. Für $x \to -\infty$ nähert sie sich für jeden Wert $a>1$ asymptotisch der x-Achse.

Fall (ii): $a=1$

Wegen $y=1^x=1$ ist der Funktionswert konstant, und der Graph verläuft als Abszissenparallele.

Fall (iii): $0<a<1$

Die Kurve fällt streng monoton und nähert sich für $x \to \infty$ der x-Achse, d.h. dem Wert $y=0$. Für negative Werte von x wird der Funktionswert $y=a^x$ um so größer, je kleiner x wird.

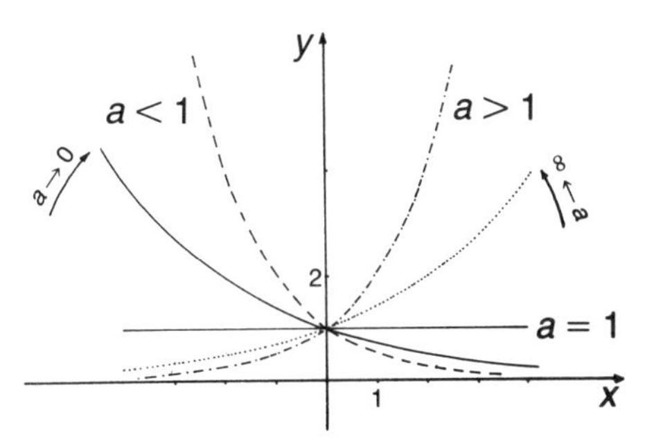

Abb. 3.54: Exponentialfunktionen $y=a^x$ zu den Basen $a=0{,}5$, $a=0{,}714$, $a=1$, $a=1{,}4$ und $a=2$

Extrema

Da die Funktion in ihrem gesamten Definitionsbereich stetig ist und sich streng monoton (steigend oder fallend) verhält, kann sie keine Extrema besitzen. Sie ist nach oben unbeschränkt ($a \neq 1$) und nach unten wegen $y>0$ beschränkt.

Asymptoten

Die Funktion nähert sich jeweils auf einer Seite der x-Achse, die also Asymptote ist.

Fall (i): $a>1$

Für $x \to -\infty$ geht $y \to 0$.

Fall (ii): $a<1$

Für $x \to \infty$ geht $y \to 0$.

3.6.4.2 Logarithmusfunktionen

▶ Die *Logarithmusfunktion* ist die Umkehrfunktion der Exponentialfunktion. Sie lautet in ihrer allgemeinen Form:

$y=\log_a x$ mit $a>0$ $(a \neq 1)$ und $x>0$

Man bezeichnet a als die *Basis* und spricht „Logarithmus x zur Basis a".

Man beachte, daß die Logarithmusfunktion nur für **positive Basen** existiert, und der Definitionsbereich auf die Halbachse $x>0$ beschränkt ist. Diese und die folgenden Eigenschaften sind offensichtlich, wenn man die Logarithmusfunktion als Umkehrfunktion der Exponentialfunktion interpretiert.

- Wir hatten erkannt (vgl. Abschnitt 3.4), daß eine eindeutige Umkehrfunktion nur zu einer streng monotonen Funktion existieren kann. Diese Voraussetzung ist für die Exponentialfunktion und somit auch für deren Umkehrfunktion, die Logarithmusfunktion, erfüllt.
- Der Wertebereich der Exponentialfunktion ($y>0$) ist gleich dem Definitionsbereich der Logarithmusfunktion ($x>0$).
- Der Definitionsbereich der Exponentialfunktion ($x\in\mathbb{R}$) wird zum Wertebereich des Logarithmus.
- Die Umkehrfunktion der Umkehrfunktion ist wieder die Ausgangsfunktion. Folglich ist die Exponentialfunktion auch die Umkehrfunktion der Logarithmusfunktion.
- Der Graph der Logarithmusfunktion ergibt sich durch Spiegelung der Exponentialfunktion an der Winkelhalbierenden des positiven Quadranten.

In der nachstehenden *Tab. 3.4* sind diese Eigenschaften formal zusammengefaßt.

Exponentialfunktion	Logarithmusfunktion
$y=a^x$	$y=\log_a x$
$y=a^x \leftrightarrow x=\log_a y$	$y=\log_a x \leftrightarrow x=a^y$
$W(y=a^x)=\{y \mid y>0\}$	$D(y=\log_a x)=\{x \mid x>0\}$
$D(y=a^x)=\{x \mid x\in\mathbb{R}\}$	$W(y=\log_a x)=\{y \mid y\in\mathbb{R}\}$

Tab. 3.4: Beziehungen zwischen der Exponential- und der Logarithmusfunktion

Beispiele:
1. $y=\log_3 27=3$, denn $3^3=27$
2. $y=\log_7 49=2$, denn $7^2=49$
3. $y=\log_2 1024=10$, denn $2^{10}=1024$
4. $y=\log_{3,4} 98=3{,}7466$, denn $(3,4)^{3,7466}=98$

Die Logarithmusfunktion und die Exponentialfunktion begegnen uns häufig als Hilfsmittel bei der Berechnung und Darstellung ökonomischer Zusammenhänge.

- **Der Rechenschieber** war früher ein wichtiges Instrument zur Berechnung komplizierter Formeln, bevor er vom Taschenrechner verdrängt wurde. Die Skalen des Rechenschiebers sind logarithmisch eingeteilt, so daß die Multiplikation zweier Zahlen auf die Addition entsprechender Skalenabschnitte hinausläuft (vgl. Rechenregeln für den Logarithmus).

- Der Logarithmus wird in graphischer Darstellung vielfach zur **Maßstabsverkürzung** verwendet. Wenn der Funktionswert sehr rasch ansteigt, werden bei einer linearen Skalenteilung die Bereiche kleiner Funktionswerte so stark verkleinert, daß sie kaum noch darstellbar sind. In diesen Fällen hilft eine logarithmische Teilung der Ordinatenskala.

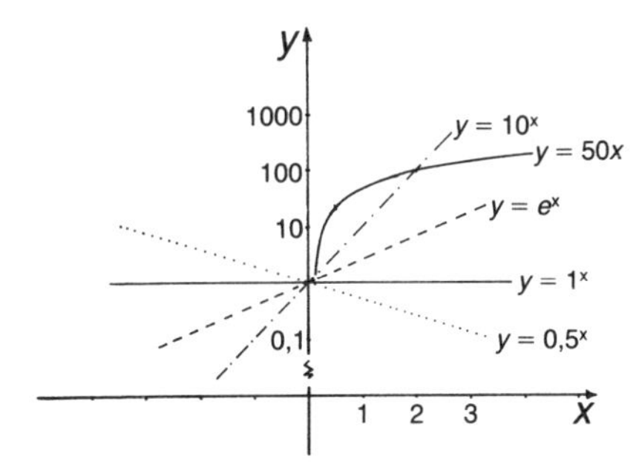

Abb. 3.55: Beispiel für logarithmische Skalenteilung

In der *Abb. 3.55* sind einige Exponentialfunktionen in einem Koordinatensystem mit logarithmischer Ordinatenteilung dargestellt. Sie erscheinen hier als Geraden, während sich z.B. die Gerade $y=50x$ als konkav gekrümmte Kurve ergibt (vgl. Abschnitt 3.3.3 und die *Abb. 3.9* und *3.10*).

Diese Darstellungsform hat sich in vielen Bereichen, wie z.B. in der Statistik und Ökonometrie, als sehr zweckmäßig erwiesen. mm-Papier mit logarithmischer Skalenteilung ist im Handel erhältlich.

Der natürliche Logarithmus

Wegen der ausgezeichneten Bedeutung der Exponentialfunktion zur Basis e hat man auch ihre Umkehrfunktion speziell benannt.

▶ Der Logarithmus zur Basis e heißt *natürlicher Logarithmus* und wird mit

$y=\ln x \leftrightarrow y=\log_e x$

bezeichnet.

▶ Der Logarithmus zur Basis 10 wird häufig als *dekadischer Logarithmus* bezeichnet. Normalerweise wird diese Basis angenommen, wenn nichts anderes vereinbart ist:

$y=\log x \leftrightarrow y=\log_{10} x$

Beispiele:

1.	$\log e = 0{,}434294$	$\ln e = 1$
2.	$\log 10 = 1$	$\ln 10 = 2{,}302585$
3.	$\log 87 = 1{,}939519$	$\ln 87 = 4{,}465908$
4.	$\log 10^4 = 4$	$\ln 10^4 = 9{,}210340$

Zur Berechnung von Logarithmen wurde früher die **Logarithmentafel** verwendet, die den dekadischen ($y = \log x$) und den natürlichen ($y = \ln x$) Logarithmus von 1 bis 10 in Schritten zu 0,01 oder 0,001 enthält. Heute wird überwiegend der Taschenrechner benutzt.

Sind mehrere Logarithmen miteinander verknüpft, so gelten die Rechenregeln:

- $\log_a(x \cdot y) = \log_a x + \log_a y$
- $\log_a\left(\dfrac{x}{y}\right) = \log_a x - \log_a y$
- $\log_a \dfrac{1}{x} = -\log_a x$
- $\log_a(x^n) = n \cdot \log_a x$
- $\log_a(\sqrt[n]{x}) = \dfrac{\log_a x}{n}$

Der allgemeine Logarithmus

$y = \log_a x \quad \text{mit} \quad a > 0 \text{ und } x > 0$

kann durch nachstehende Schritte immer auf den dekadischen oder natürlichen Logarithmus zurückgeführt werden.

Definitionsgemäß gilt:

$y = \log_a x \rightarrow x = a^y$

Logarithmiert man beide Seiten der letzten Gleichung, so erhält man:

$\log x = y \cdot \log a$

Es folgt also:

$$y = \frac{\log x}{\log a} = \frac{\ln x}{\ln a}$$

Beide Funktionen sind i. allg. auf dem Taschenrechner programmiert.

Beispiel: $\log_{3,4} 98 = \dfrac{\log 98}{\log 3,4} = \dfrac{1{,}991226}{0{,}531479} = 3{,}746576$

$$= \frac{\ln 98}{\ln 3,4} = \frac{4{,}584967}{1{,}223775} = 3{,}746576$$

Die wichtigsten Eigenschaften der Logarithmusfunktion lauten zusammengefaßt:

Nullstellen

Die Gleichung $y = \log_a x = 0$ ist für beliebige Basen $a > 0$ immer an der Stelle $x = 1$ erfüllt, da $a^0 = 1$ ist. Alle Logarithmusfunktionen schneiden also die x-Achse im Punkt $x = 1$. Als Umkehrfunktion zur Exponentialfunktion ist sie im Definitionsbereich stetig und streng monoton. Folglich kann es keine anderen Nullstellen geben.

Graph

Aus der Spiegelung der Exponentialfunktion an der Winkelhalbierenden entsteht die Logarithmusfunktion (vgl. *Abb. 3.56* und *3.57*).

Die Funktion $y = \log_a x$ beschreibt eine Kurvenschar, d.h. für jeden neuen Wert des Parameters a ergibt sich eine andere Kurve, die die x-Achse an der Stelle $x = 1$ schneidet. Man unterscheidet:

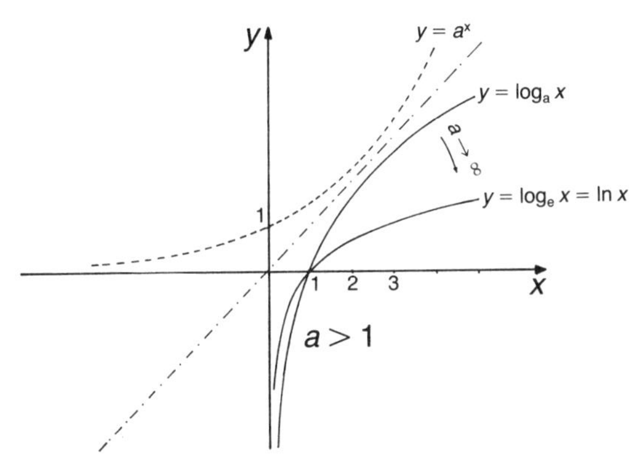

Abb. 3.56: Logarithmusfunktionen (durchgezogene Kurven, entstanden durch Spiegelung der Exponentialfunktion an der Winkelhalbierenden des 1. Quadranten) für $a > 1$

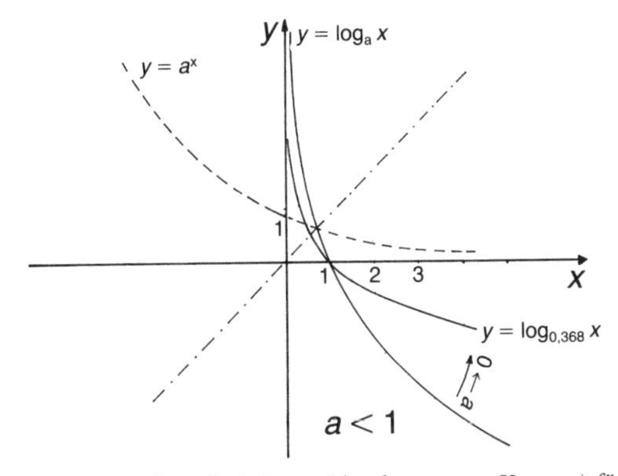

Abb. 3.57: Logarithmusfunktionen (durchgezogene Kurven) für $a < 1$

Fall (i): $a>1$

Die Kurve steigt streng monoton. Sie ist für $0<x<1$ negativ und kommt steil aus dem Wertebereich $y=-\infty$; für $1\leqq x<\infty$ ist sie positiv und wird immer flacher (vgl. *Abb. 3.56*).

Fall (ii): $a=1$

Die Funktion $y=\log_1 x$ ist unbestimmt. Es gibt keinen Wert y, so daß ein vorgegebenes x darstellbar ist durch $x=1^y$.

In der Tat zeigt auch der Versuch, den Logarithmus zu berechnen $\left(\log_1 x=\frac{\log x}{\log 1}\right)$, daß der Ausdruck wegen $\log 1=0$ nicht existiert.

Fall (iii): $0<a<1$

Die Kurve fällt streng monoton. Sie ist positiv für $0<x<1$ und kommt in diesem Intervall steil von $y=\infty$. Im Bereich $1\leqq x<\infty$ wird sie negativ und verläuft immer flacher (vgl. *Abb. 3.57*).

Extrema

In ihrem Definitionsbereich ($x>0$) ist die Logarithmusfunktion stetig und steigt bzw. fällt monoton. Daher kann sie keine Extrema haben. Sie ist nach oben und unten unbeschränkt.

Asymptoten

Die Logarithmusfunktion nähert sich asymptotisch der y-Achse.

Fall (i): $a>1$

Für $x\to 0$ geht $y\to -\infty$ (vgl. *Abb. 3.56*).

Fall (ii): $a<1$

Für $x\to 0$ geht $y\to\infty$ (vgl. *Abb. 3.57*).

3.6.4.3 Trigonometrische Funktionen

Zu den elementaren Aufgaben der Geometrie gehört die Konstruktion und Vermessung von Dreiecken, die u.a. in der Astrometrie (Sternmessung), in der Geodäsie (Landmessung) und in vielen Bereichen der Technik eine große Rolle spielen. Die Vermessung des Dreiecks (=Trigonometrie) basiert auf vier Funktionen, die für ein rechtwinkliges Dreieck (vgl. *Abb. 3.58*) abhängig vom Winkel α folgendermaßen definiert sind.

▶ Der *Sinus* des Winkels α ist:

$$\sin\alpha=\frac{a}{c}=\frac{\text{Gegenkathete}}{\text{Hypotenuse}}$$

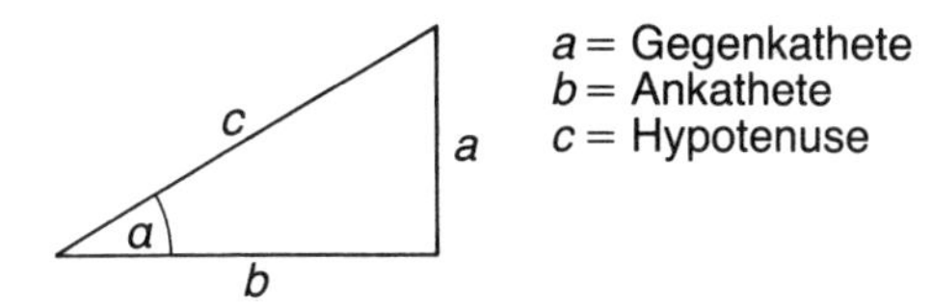

Abb. 3.58: Rechtwinkliges Dreieck zur Erklärung der trigonometrischen Funktionen

▶ Der *Cosinus* des Winkels α lautet:

$$\cos\alpha = \frac{b}{c} = \frac{\text{Ankathete}}{\text{Hypotenuse}}$$

▶ Den *Tangens* des Winkels α erhält man:

$$\operatorname{tg}\alpha = \frac{a}{b} = \frac{\text{Gegenkathete}}{\text{Ankathete}}$$

▶ Der *Cotangens* des Winkels α ist definiert:

$$\operatorname{ctg}\alpha = \frac{b}{a} = \frac{\text{Ankathete}}{\text{Gegenkathete}}$$

Diese Beziehungen stellen Funktionen der unabhängigen Veränderlichen α dar, wobei α in Grad des Winkels gemessen wird. Die Funktionen heißen daher auch **Winkelfunktionen.** Synonym wird hierzu häufig die Bezeichnung **Kreisfunktion** verwendet, für die man am Einheitskreis (mit Radius $r=1$) schnell die Erklärung findet (vgl. *Abb. 3.59*). Ein Strahl, der mit einer fixierten Nullstellung den Winkel α bildet, definiert bezüglich des Einheitskreises ein innenliegendes rechtwinkliges Dreieck mit der Hypotenusenlänge $r=1$, so daß Gegenkathete und Hypotenuse gerade die Funktionswerte sin α (gestrichelt) und cos α (durchgezogen) bilden. Gleichzeitig entstehen zwei tangentiale Abschnitte, die gleich dem tg α (punktiert) und dem ctg α (strichpunktiert) sind.

Da in den meisten Anwendungen das Winkelmaß für die unabhängige Veränderliche unpraktisch ist, weil man gewohnt ist, im metrischen Maß zu messen, hat man für den Winkel das sog. **Bogenmaß** eingeführt. Das ist die Länge des Bogens (= Randes) des Einheitskreises, der durch

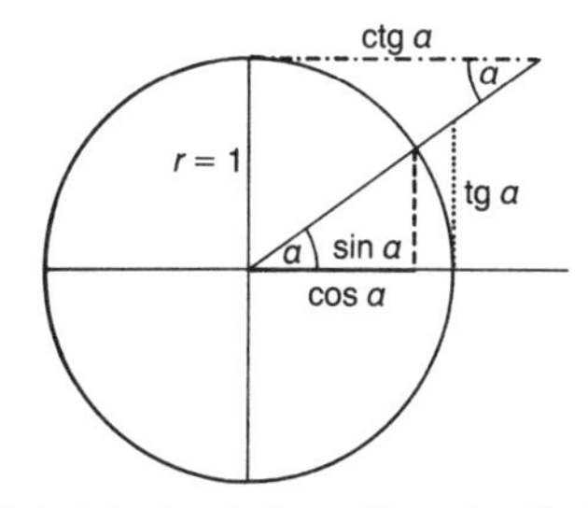

Abb. 3.59: Einheitskreis mit Darstellung der Kreisfunktionen

den Winkel überstrichen wird. Er wird in mm und cm gemessen. Dem Gesamtumfang des Einheitskreises entsprechen bekanntlich $2\pi \mathrel{\hat{=}} 360°$. Es gelten also die Umrechnungen ($r = 1$ cm):

▶ *Grad* in Bogenmaß

$$\alpha \to \frac{2\pi}{360}\alpha \text{ [cm]} \quad \text{für } 0 \leqq \alpha \leqq 360$$

▶ *Bogenmaß* in Grad

$$x \to \frac{360}{2\pi} x \text{ [°]} \quad \text{für } 0 \leqq x \leqq 2\pi$$

Die folgenden Fixwerte der *Tab. 3.5* sollte man kennen.

Grad	360	180	90	60	45	30	0
Bogenmaß	2π	π	$\pi/2$	$\pi/3$	$\pi/4$	$\pi/6$	0

Tab. 3.5: Umrechnung von Grad in Bogenmaß

In der weiteren Diskussion werden die trigonometrischen Funktionen nur noch im Bogenmaß dargestellt, d.h. durch $y = \sin x$, $y = \cos x$, $y = \operatorname{tg} x$ und $y = \operatorname{ctg} x$.

Die Sinusfunktion

Läßt man den Strahl einmal den Einheitskreis überstreichen, und beobachtet man die Veränderung der Gegenkathete y in Abhängigkeit des Bogens x für $0 \leqq x < 2\pi$, so nimmt die Sinusfunktion die Werte der *Tab. 3.6* an.

Sektor	Sinusfunktion
$0 \leqq x \leqq \pi/2$	$0 \leqq \sin x \leqq 1$
$\pi/2 \leqq x \leqq \pi$	$1 \geqq \sin x \geqq 0$
$\pi \leqq x \leqq 3\pi/2$	$0 \geqq \sin x \geqq -1$
$3\pi/2 \leqq x < 2\pi$	$-1 \leqq \sin x < 0$

Tab. 3.6: Wertebereiche des Sinus

Nach einer vollen Umdrehung des Strahles wiederholt sich der gesamte Vorgang, so daß offensichtlich gilt:

$$\sin(2k \cdot \pi + x) = \sin x \quad \text{für alle } k \in \mathbb{Z}$$

Wir bezeichnen eine derartige Eigenschaft als **periodisch** mit der Periodenlänge 2π. Es genügt daher im folgenden, die Sinusfunktion (wie auch alle anderen Kreisfunktionen) auf dem Intervall $[0, 2\pi)$ zu diskutieren.

Eigenschaften der Sinusfunktion

- Periodizität
  Die Sinusfunktion ist periodisch mit der Periodenlänge 2π, d.h. es gilt:

  $\sin(x+2k\cdot\pi)=\sin x \quad$ für alle $k\in\mathbb{Z}$

- Nullstellen
  Die Funktion $y=\sin x$ hat im Intervall $[0, 2\pi)$ zwei Nullstellen bei $x=0$ und $x=\pi$. Wegen der Periodizität liegen Nullstellen bei $x=k\cdot\pi$ für alle $k\in\mathbb{Z}$, d.h. bei $\ldots -2\pi, -\pi, 0, \pi, 2\pi, \ldots$

- Extrema
  Im Intervall $[0, 2\pi)$ liegt ein Maximum an der Stelle $x=\pi/2$ (mit dem Funktionswert $y=1$) und ein Minimum bei $x=3\pi/2$ (mit $y=-1$). Alle Extrema im Definitionsbereich sind beschrieben durch:

  Maxima (mit $y=1$) bei $x=\pi/2+2k\cdot\pi$ für alle $k\in\mathbb{Z}$,
  d.h. bei $\ldots -7\pi/2, -3\pi/2, \pi/2, 5\pi/2, \ldots$
  Minima (mit $y=-1$) bei $x=-\pi/2+2k\cdot\pi$ für alle $k\in\mathbb{Z}$,
  d.h. bei $\ldots -9\pi/2, -5\pi/2, -\pi/2, 3\pi/2, 5\pi/2, \ldots$

- Graph
  Die Sinusfunktion verläuft wellenförmig. Wegen der Periodizität läßt sich der Funktionsverlauf als eine Schwingung deuten. Tatsächlich werden die Sinusfunktion und die Cosinusfunktion in den Naturwissenschaften und in der Technik, manchmal auch in den Wirtschaftswissenschaften, immer dann verwendet, wenn bestimmte Schwingungsvorgänge beschrieben werden sollen (vgl. *Abb. 3.60*).

- Monotonie und Beschränktheit
  Die Sinusfunktion ist streng monoton steigend in den Intervallen:

  $[-\pi/2+2k\cdot\pi, \pi/2+2k\cdot\pi] \quad$ für alle $k\in\mathbb{Z}$

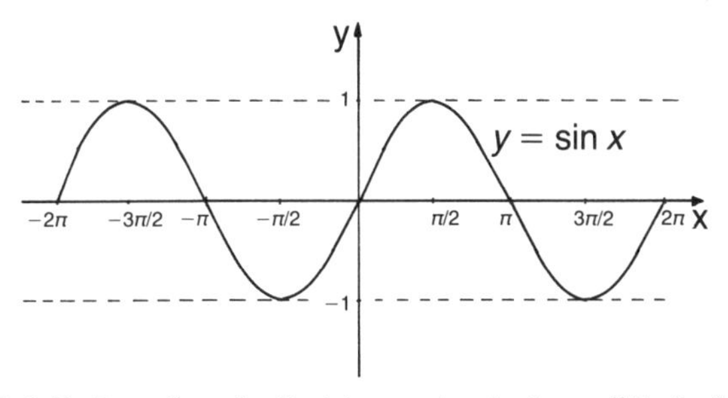

Abb. 3.60: Darstellung der Funktion $y=\sin x$ im Intervall $[-2\pi, 2\pi]$

Sie ist streng monoton fallend in den Intervallen:

$[\pi/2+2k\cdot\pi, 3\pi/2+2k\cdot\pi]$ für alle $k\in\mathbb{Z}$

Die Sinusfunktion ist auf ihrem gesamten Definitionsbereich beschränkt.

- Symmetrie
  Die Sinusfunktion ist eine ungerade Funktion: $\sin(-x)=-\sin x$. Sie ist punktsymmetrisch zum Nullpunkt.

Die Cosinusfunktion

Beobachtet man bei einer Umdrehung des Strahls die Ankathete des Innendreiecks, so ändert sich deren Länge genau wie der Sinus, jedoch um eine viertel Umdrehung später. Man nennt dies eine **Phasenverschiebung** um 90° oder $\pi/2$. Die beschreibende Funktion ist die Cosinusfunktion $y=\cos x$. Zwischen ihr und der Sinusfunktion besteht also die Beziehung $\cos x=\sin(x+\pi/2)$.

Eigenschaften der Cosinusfunktion

- Periodizität
  Die Cosinusfunktion ist periodisch mit der Periodenlänge 2π, d.h. es gilt:

  $\cos(x+2k\cdot\pi)=\cos x$ für alle $k\in\mathbb{Z}$

- Nullstellen
  Die Funktion $y=\cos x$ hat im Intervall $[0, 2\pi)$ zwei Nullstellen bei $x=\pi/2$ und $x=3\pi/2$. Wegen der Periodizität liegen Nullstellen bei $x=\pi/2+k\cdot\pi$ für alle $k\in\mathbb{Z}$, d.h. bei $\ldots -3\pi/2$, $-\pi/2$, $\pi/2$, $3\pi/2, \ldots$

- Extrema
  Im Intervall $[0, 2\pi)$ liegt ein Maximum (mit $y=1$) and der Stelle $x=0$ und ein Minimum (mit $y=-1$) an der Stelle $x=\pi$. Alle Extrema im Definitionsbereich sind beschrieben durch:

  Maxima (mit $y=1$) bei $x=2k\cdot\pi$ für alle $k\in\mathbb{Z}$,
  d.h. bei $\ldots, -2\pi, 0, 2\pi, \ldots$

  Minima (mit $y=-1$) bei $x=(2k+1)\cdot\pi$ für alle $k\in\mathbb{Z}$,
  d.h. bei $\ldots -3\pi, -\pi, \pi, 3\pi, \ldots$

- Graph
  Die Kurve der Cosinusfunktion ist in ihrem Verlauf identisch mit der der Sinusfunktion, jedoch um $\pi/2=90°$ nach links phasenverschoben (vgl. *Abb. 3.61*).

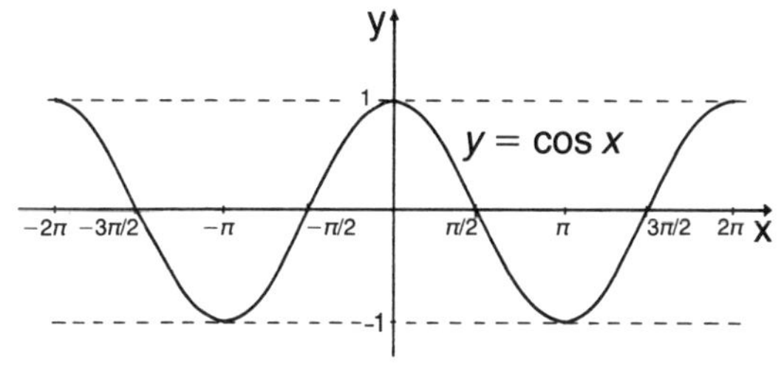

Abb. 3.61: Darstellung der Funktion $y=\cos x$ im Intervall $[-2\pi, 2\pi]$

- Monotonie und Beschränktheit
  Die Cosinusfunktion ist streng monoton steigend in den Intervallen:
  $[(2k-1)\cdot\pi,\ 2k\cdot\pi]$ für alle $k\in\mathbb{Z}$
  Sie ist streng monoton fallend in den Intervallen:
  $[2k\cdot\pi,\ (2k+1)\cdot\pi]$ für alle $k\in\mathbb{Z}$
  Sie ist auf ihrem gesamten Definitionsbereich beschränkt.
- Symmetrie
  Die Cosinusfunktion ist eine gerade Funktion: $\cos(-x)=\cos x$. Sie ist spiegelsymmetrisch zur y-Achse.

Die Tangensfunktion

Die Tangens- und die Cotangensfunktion stellen den funktionalen Zusammenhang zwischen dem überstrichenen Bogen x des Einheitskreises und den Tangentenabschnitten an dem Kreis senkrecht zur positiven x-Achse (Tangens) bzw. senkrecht zur positiven y-Achse (Cotangens) her (vgl. *Abb. 3.59*).

Überstreicht der Strahl den ersten Quadranten, d.h. $0\leqq x\leqq\pi/2$, dann wächst die Tangensfunktion $y=\operatorname{tg} x$ von 0 bis ∞. Am Intervallende $(x=\pi/2)$ springt die Funktion nach $-\infty$ um, weil nur von dort aus eine Tangente an die positive x-Achse konstruiert werden kann. Im Intervall $\pi/2\leqq x<\pi$ wächst die Funktion also von $-\infty$ bis 0, und von dieser Stelle an wiederholt sich der Funktionsverlauf periodisch.

An den Stellen $x=\pi/2$ und $x=3\pi/2$ ist die Tangensfunktion nicht definiert. Sie besitzt hier ungerade Polstellen.

Im Intervall $[0, 2\pi)$ nimmt die Tangensfunktion die Werte der *Tab. 3.7* an.

Sektor	Tangensfunktion
$0\leqq x<\pi/2$	$0\leqq\operatorname{tg} x<\infty$
$\pi/2<x\leqq\pi$	$-\infty<\operatorname{tg} x\leqq 0$
$\pi\leqq x<3\pi/2$	$0\leqq\operatorname{tg} x<\infty$
$3\pi/2<x<2\pi$	$-\infty<\operatorname{tg} x<0$

Tab. 3.7: Wertebereiche des Tangens

Eigenschaften der Tangensfunktion

- Periodizität
  Die Tangensfunktion ist periodisch mit der Periodenlänge π, d.h. es gilt:

  $\operatorname{tg}(x+k\cdot\pi)=\operatorname{tg} x$ für alle $k\in\mathbb{Z}$

- Nullstellen
  Die Funktion $y=\operatorname{tg} x$ hat im Intervall $[0, 2\pi)$ zwei Nullstellen bei $x=0$ und $x=\pi$. Wegen der Periodizität liegen Nullstellen bei $x=k\cdot\pi$ für alle $k\in\mathbb{Z}$, d.h. bei $\dots -2\pi, \pi, 0, \pi, 2\pi, \dots$

- Extrema
  Die Tangensfunktion besitzt keine Extrema.

- Pole
  Im Intervall $[0, 2\pi)$ liegen ungerade Polstellen an den Stellen $x=\pi/2$ und $x=3\pi/2$. Wegen der Periodizität liegen allgemein Polstellen bei $x=\pi/2+k\cdot\pi$ für alle $k\in\mathbb{Z}$, d.h. bei $\dots -3\pi/2, -\pi/2, \pi/2, 3\pi/2, \dots$

- Graph
  Die Tangensfunktion besteht aus einzelnen Zweigen, die zwischen zwei benachbarten Polstellen stetig sind (vgl. *Abb. 3.62*).

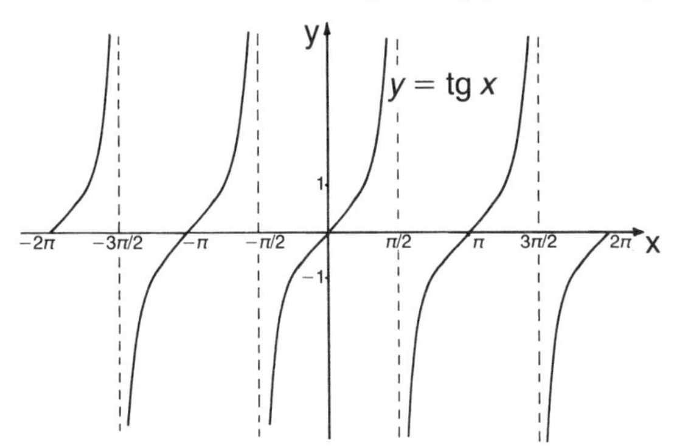

Abb. 3.62: Darstellung der Funktion $y=\operatorname{tg} x$ im Intervall $[-2\pi, 2\pi]$

- Monotonie und Beschränktheit
  Die Tangensfunktion ist zwischen den Polstellen streng monoton steigend. Sie ist auf ihrem Definitionsbereich unbeschränkt.

- Symmetrie
  Die Tangensfunktion ist eine ungerade Funktion: $\operatorname{tg}(-x)=-\operatorname{tg} x$. Sie ist punktsymmetrisch zum Nullpunkt.

Die Cotangensfunktion

Die Cotangensfunktion $y=\operatorname{ctg} x$ beschreibt die Länge des Tangentenabschnitts senkrecht zur positiven y-Achse (vgl. *Abb. 3.59*). Sie ist für

$x=0$ offenbar $y=\infty$, fällt bis $x=\pi/2$ auf 0 und dann weiter bis $x=\pi$ auf $-\infty$, wenn der Strahl den zweiten Quadranten überstreicht. Beim weiteren Drehen springt der Funktionswert wieder nach $+\infty$ um, weil sich nur dort ein Tangentenabschnitt senkrecht zur positiven y-Achse bildet.

Im Intervall $[0, 2\pi)$ ergeben sich die in der *Tab. 3.8* zusammengefaßten Werte der Cotangensfunktion.

Sektor	Cotangensfunktion
$0<x\leqq\pi/2$	$\infty>\operatorname{ctg} x\geqq 0$
$\pi/2\leqq x<\pi$	$0\geqq\operatorname{ctg} x>-\infty$
$\pi<x\leqq 3\pi/2$	$\infty>\operatorname{ctg} x\geqq 0$
$3\pi/2\leqq x<2\pi$	$0\geqq\operatorname{ctg} x>-\infty$

Tab. 3.8: Wertebereiche des Cotangens

Eigenschaften der Cotangensfunktion

- Periodizität
  Die Cotangensfunktion ist periodisch mit der Periodenlänge π, d.h. es gilt:
  $\operatorname{ctg}(x+k\cdot\pi)=\operatorname{ctg} x \quad$ für alle $k\in\mathbb{Z}$
- Nullstellen
  Die Funktion $y=\operatorname{ctg} x$ hat im Intervall $[0, 2\pi)$ zwei Nullstellen bei $x=\pi/2$ und bei $x=3\pi/2$. Wegen der Periodizität liegen Nullstellen bei $x=\pi/2+k\cdot\pi$ für alle $k\in\mathbb{Z}$, d.h. bei $\ldots -3\pi/2$, $-\pi/2$, $\pi/2$, $3\pi/2, \ldots$
- Extrema
  Die Cotangensfunktion besitzt keine Extrema.
- Pole
  Im Intervall $[0, 2\pi)$ liegen ungerade Pole an den Stellen $x=0$ und $x=\pi$. Wegen der Periodizität liegen allgemein die Polstellen bei $x=k\cdot\pi$ für alle $k\in\mathbb{Z}$, d.h. bei $\ldots -2\pi, -\pi, 0, \pi, 2\pi, \ldots$
- Graph
  Die Cotangensfunktion besteht aus einzelnen Zweigen, die zwischen zwei benachbarten Polstellen stetig sind (vgl. *Abb. 3.63*).
- Monotonie und Beschränktheit
  Die Cotangensfunktion ist zwischen den Polen streng monoton fallend. Sie ist auf ihrem Definitionsbereich unbeschränkt.
- Symmetrie
  Die Cotangensfunktion ist eine ungerade Funktion: $\operatorname{ctg}(-x)=-\operatorname{ctg} x$. Sie ist punktsymmetrisch zum Nullpunkt.

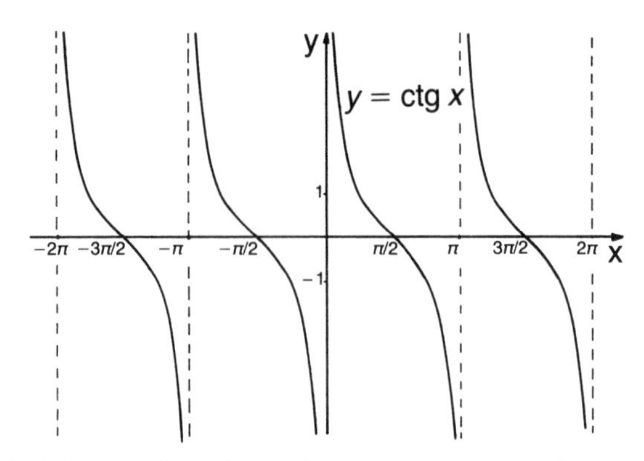

Abb. 3.63: Darstellung der Funktion $y = \operatorname{ctg} x$ *im Intervall* $[-2\pi, 2\pi]$

Beziehungen zwischen den Kreisfunktionen

Die gemeinsame Definitionsbasis des Einheitskreises *(Abb. 3.59)* läßt erwarten, daß zwischen den Kreisfunktionen enge Beziehungen bestehen, von denen eine (zwischen dem Sinus und dem Cosinus) bereits genannt wurde. Einige nützliche von zahlreichen existierenden Zusammenhängen sind im folgenden kommentarlos aufgeführt:

- $\sin(x + \pi/2) = \cos x$
- $\operatorname{tg} x = \sin x / \cos x$
- $\operatorname{ctg} x = \cos x / \sin x$
- $\operatorname{tg} x = 1/\operatorname{ctg} x$
- $\sin^2 x + \cos^2 x = 1$[12]
- $\sin(x \pm y) = \sin x \cdot \cos y \pm \cos x \cdot \sin y$
- $\sin 2x = 2 \sin x \cdot \cos x$
- $\cos(x \pm y) = \cos x \cdot \cos y \mp \sin x \cdot \sin y$
- $\cos 2x = \cos^2 x - \sin^2 x$

3.6.5 Spezielle Funktionen

Zum Abschluß dieses Kapitels sollen noch einige spezielle Funktionen behandelt werden, die zwar regelmäßig verwendet, jedoch seltener explizit diskutiert werden. Es handelt sich um die sog. ***Gauß*sche Klammer-Funktion** oder Ganzzahligkeitsfunktion, um die **Absolutfunktion,** um die **Maximum-** bzw. **Minimumfunktion** und um die **Vorzeichenfunktion.** Die Erfahrung lehrt, daß viele Leser zwar die entsprechenden Symbole bzw. die damit verbundenen Rechenvorschriften kennen, ohne sich bewußt zu sein, daß mit den Operatoren auch Funktionen definiert sind.

---

[12] $\sin^2 x = (\sin x)^2$: Man spricht „sinus quadrat x“.

Die *Gauß*sche Klammer

Es gibt in den Wirtschaftswissenschaften zahlreiche Beispiele dafür, daß für bestimmte Größen (→ Parameter, Variablen!) nur **ganzzahlige Werte** sinnvoll oder zulässig sind. Erwähnt sei hier etwa die im Abschnitt 3.3 ausführlich dargestellte Einkommensteuerformel, bei der das Einkommen auf durch 36 teilbare und um 18 erhöhte Euro-Beträge und die Steuerschuld auf ganze Euro-Beträge abzurunden sind. Diese Abrundungsvorschrift auf die nächstkleinere ganze Zahl wird durch die *Gauß*sche Klammer symbolisiert.

▶ Die *Gaußsche Klammer* oder Ganzzahligkeitsfunktion ist definiert durch:

$y = \lceil x \rceil = k$ für $k \leqq x < k+1$ und alle $k \in \mathbb{Z}$

Verbal formuliert bedeutet der Funktionswert die größte ganze Zahl, die kleiner oder gleich dem Argument ist.

Höhere Programmiersprachen für EDV-Anlagen enthalten die elementaren Funktionen als festprogrammierte Bauteile, u.a. auch die *Gaußsche* Klammer, die dann i.d.R. mit INT abgekürzt wird, d.h. $y = \mathrm{INT}(x)$ (Integerfunktion; integer (engl.) = ganzzahlig).

Man beachte besonders, daß bei einem negativen Argument die nächstkleinere ganze Zahl absolut gesehen größer ist, während sie bei positivem Argument immer kleiner ist.

Beispiele:
1. $\lceil 3{,}14 \rceil = 3$
2. $\lceil -1{,}2 \rceil = -2$
3. $\lceil 0{,}75 \rceil = 0$
4. $\lceil -0{,}75 \rceil = -1$

Die Funktion ist auf der gesamten reellen Zahlengeraden definiert. Sie nimmt jedoch verschiedene ganzzahlige Werte an und hat deshalb Sprungstellen. Daher ist sie auf ihrem Definitionsbereich nicht stetig.

Der Graph der Funktion in *Abb. 3.64* zeigt eine Treppenfunktion, wobei der linke Randpunkt jeder Stufe eingeschlossen (angedeutet durch den Punkt) und der rechte Randpunkt ausgeschlossen ist.

Es erklärt sich von selbst, daß die *Gauß*sche Klammer auch mit anderen Funktionen zusammengesetzt werden kann, d.h. Funktionen des Typs $y = \lceil f(x) \rceil$ oder $y = f(\lceil x \rceil)$ sind möglich. In diesen Fällen ist besondere Aufmerksamkeit angezeigt, weil sich z.T. ganz außergewöhnliche Funktionsverläufe ergeben.

Beispiele: 1. Der Graph der Funktion $y = \lceil x^2 - 5 \rceil$ ist in der *Abb. 3.65* dargestellt. Es ergibt sich eine Treppenfunktion entlang der gestrichelt gezeichneten Parabel $y = x^2 - 5$ (innere Funktion).

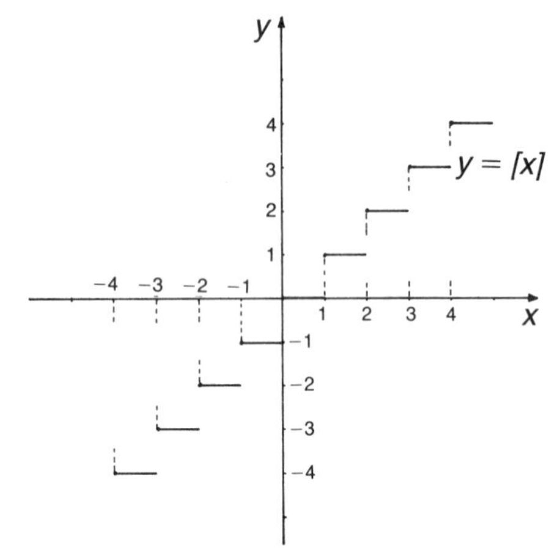

Abb. 3.64: Darstellung der Gaußschen Klammer $y=[x]$

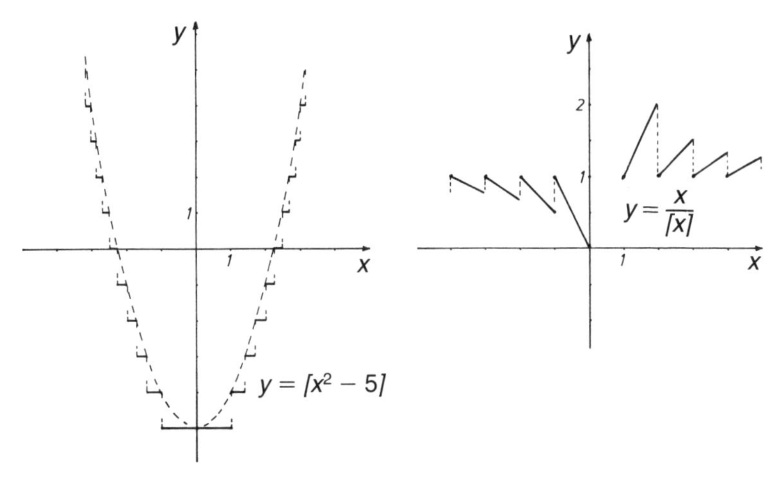

Abb. 3.65:
Darstellung der Funktion $y=[x^2-5]$

Abb. 3.66:
Darstellung der Funktion $y=x/[x]$

2. Außergewöhnlich ist der Verlauf der relativ einfach erscheinenden Funktion $y=x/[x]$, der in *Abb. 3.66* dargestellt ist.

   Im Intervall $0 \leqq x < 1$ ist die Funktion nicht definiert, da dort $[x]=0$ ist.

   Für $x \geqq 1$ ergibt sich $y=x/k$ für $k \leqq x < k+1$ mit $k \in \mathbb{N}$.

   Für $x<0$ erhält man $y=-x/k$ für $-k \leqq x < -k+1$ mit $k \in \mathbb{N}$.

Die Absolutfunktion

Durch senkrechte Striche wird in der Mathematik i.allg. die Vorschrift symbolisiert, den **absoluten Betrag** des entsprechenden Argumentes zu verwenden, d.h. den entsprechenden Wert in jedem Fall als positiv oder gleich null zu betrachten. Formal handelt es sich auch hierbei um eine Funktion mit nachfolgender Definition.

▶ Die *Absolutfunktion* lautet:

$$y=|x|=\begin{cases} x & \text{für } x \geqq 0 \\ -x & \text{für } x<0 \end{cases}$$

Die Funktionswerte der Absolutfunktion sind immer nichtnegativ. In Programmiersprachen wird der Absolutbetrag durch ABS abgekürzt, d.h. $y=\text{ABS}(x)$.

Beispiele: 1. $|-3{,}8|=3{,}8$
2. $|-\pi|=\pi$

Den Graph der Absolutfunktion $y=|x|$ zeigt die *Abb. 3.67.*

Man erkennt an der *Abb. 3.67*, daß es sich bei der Absolutfunktion um eine gerade Funktion handelt. Sie ist stetig und hat ein Minimum an der Stelle $x=0$.

Die Absolutfunktion kann wieder mit anderen Funktionen zusammengesetzt werden, d.h. $y=|f(x)|$ oder $y=f(|x|)$, woraus sich ebenfalls ungewöhnliche Kurvenverläufe ergeben können.

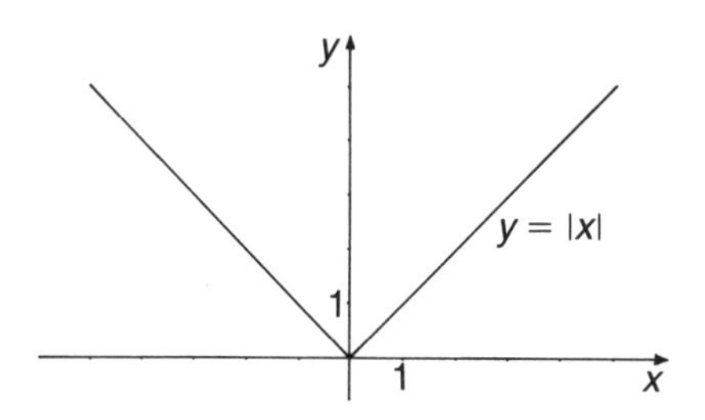

Abb. 3.67: Darstellung der Absolutfunktion $y=|x|$

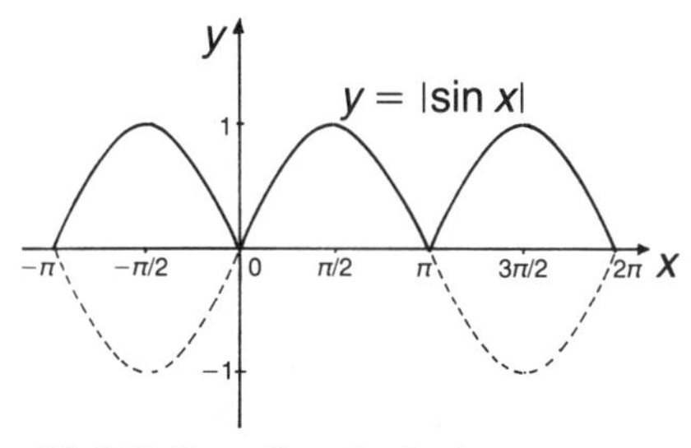

Abb. 3.68: Darstellung der Funktion $y=|\sin x|$

Beispiele: 1. Die Funktion $y=|\sin x|$ bedeutet, daß die Schwingungen der Sinusfunktion im negativen Wertebereich „nach oben geklappt" werden. Der Funktionsverlauf ist in der *Abb. 3.68* dargestellt.

2. Bei der Funktion $y=\sin|x|$ ergeben sich im Bereich $x<0$ die gleichen Funktionswerte wie im Bereich $x>0$, so daß eine Spiegelung der Sinusfunktion an der y-Achse vorliegt (vgl. *Abb. 3.69*). Die dargestellte Funktion ist gerade.

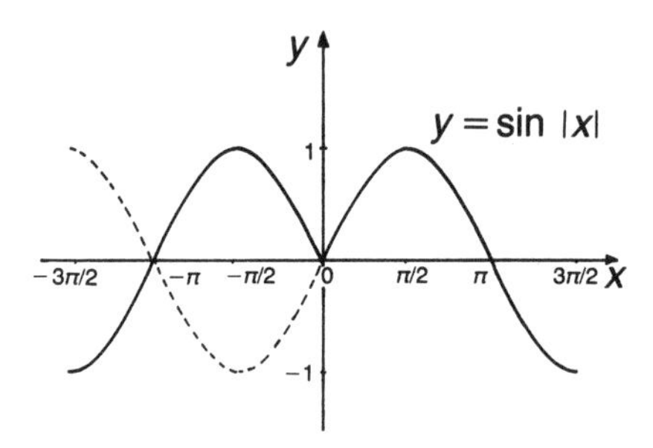

Abb. 3.69: Darstellung der Funktion $y=\sin|x|$

Die Maximum- bzw. Minimumfunktion

Es kommt relativ häufig vor, daß von zwei oder mehreren bewertbaren Alternativen jeweils eine auszuwählen ist. Bei vergleichbaren Werten, d.h. insbesondere auch dimensionsgleichen Größen, wird in den Wirtschaftswissenschaften dabei meist nach dem jeweils größten oder kleinsten gefragt, d.h. als Auswahlprinzip die Maximierung oder Minimierung gewählt.

Die Auswahlvorschrift Maximiere wird formal durch die sog. Maximumfunktion beschrieben.

► Die *Maximumfunktion* $y=\max\{f(x); g(x)\}$ hat die Bedeutung:

$$y=\begin{cases} f(x), & \text{falls } f(x)\geqq g(x) \\ g(x), & \text{falls } f(x)<g(x) \end{cases}$$

Die Gleichheit, d.h. $f(x)=g(x)$, könnte auch in der zweiten Fallunterscheidung $(f(x)\leqq g(x))$ berücksichtigt werden.

Die Minimumfunktion ist entsprechend definiert.

► Die *Minimumfunktion* $y=\min\{f(x); g(x)\}$ bedeutet:

$$y=\begin{cases} f(x), & \text{falls } f(x)\leqq g(x) \\ g(x), & \text{falls } f(x)>g(x) \end{cases}$$

Auch die Maximum- und die Minimumfunktion sind i.d.R. Standardfunktionen in Programmiersprachen, abgekürzt durch MAX und MIN.

Beispiele: 1. Die SMS-Kostenfunktion (vgl. Abschnitt 3.2) kann auch geschrieben werden als:

$y = \max\{5{,}09; 5{,}09 + (x-111) \cdot 0{,}2\}$

2. Die Funktion $y = \max(0; \sqrt{x^2-4})$ ist auf der gesamten reellen Achse $x \in \mathbb{R}$ definiert. Sie lautet:

$$y = \begin{cases} 0 & \text{für} \quad -2 \leqq x \leqq 2 \\ \sqrt{x^2-4} & \text{sonst} \end{cases}$$

Die *Abb. 3.70* veranschaulicht diesen Zusammenhang.

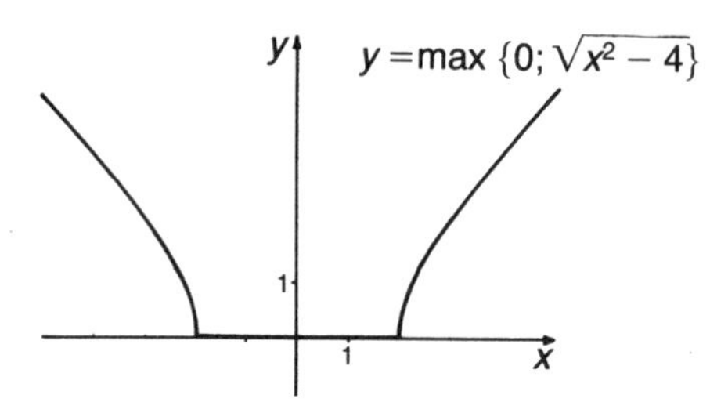

Abb. 3.70: Darstellung der Funktion $y = \max\{0; \sqrt{x^2-4}\}$

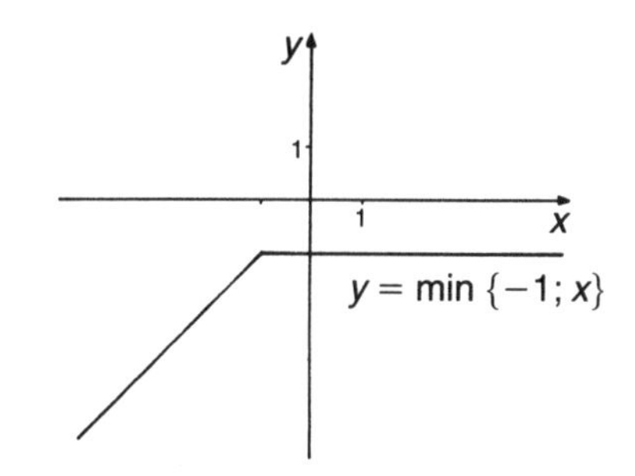

Abb. 3.71: Darstellung der Funktion $y = \min\{-1; x\}$

3. Die Funktion $y = \min\{-1; x\}$ ist für Werte $x \geqq -1$ konstant gleich -1 und sonst gleich der Winkelhalbierenden, d.h. sie besitzt den Graph in *Abb. 3.71.*

Die Maximumfunktion bzw. die Minimumfunktion können auch auf mehr als zwei Funktionen angewendet werden, z.B. allgemein auf n Funktionen:

$y = \max\{f_1(x); f_2(x); \ldots; f_n(x)\}$

Wechselt man in der geschweiften Klammer die Vorzeichen aller Funktionen, so ändert sich das Ergebnis nicht, wenn man die Auswahlvorschrift max in min ändert bzw. min in max und ein Minuszeichen vorzieht.

► Den Vorzeichenwechsel aller Argumentfunktionen kann man durch ein Minuszeichen und die Umkehr der Optimierungsrichtung kompensieren, d.h. es gilt:

$$\max\{f(x); g(x)\} = -\min\{-f(x); -g(x)\}$$

Beispiel: Die Funktionen $y=\max\{1; -x\}$ und $y=-\min\{-1; x\}$ sind identisch. Ihr Graph ist in der *Abb. 3.72* dargestellt.

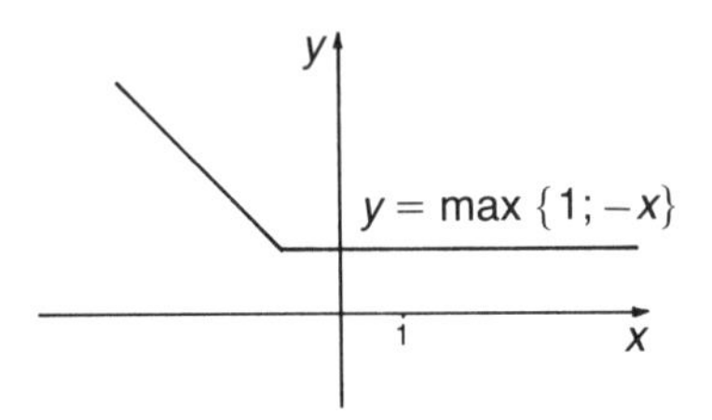

Abb. 3.72: Darstellung der Funktion $y=\max\{1; -x\}=-\min\{-1; x\}$

Die Vorzeichenfunktion

Interessiert man sich nur für das Vorzeichen eines Ausdrucks, so kann man dieses mit Hilfe der Vorzeichenfunktion ausdrücken, die in Programmiersprachen i.allg. als SIGN(x) (Signfunktion) bezeichnet ist.

► Die *Vorzeichenfunktion* $y=\operatorname{sign}(f(x))$ hat die Bedeutung:

$$\operatorname{sign}(f(x))=\begin{cases} +1 & \text{für } f(x)>0 \\ 0 & \text{für } f(x)=0 \\ -1 & \text{für } f(x)<0 \end{cases}$$

In Abhängigkeit einer beliebig vorgegebenen Funktion $f(x)$ ergibt sich als Graph die *Abb. 3.73*.

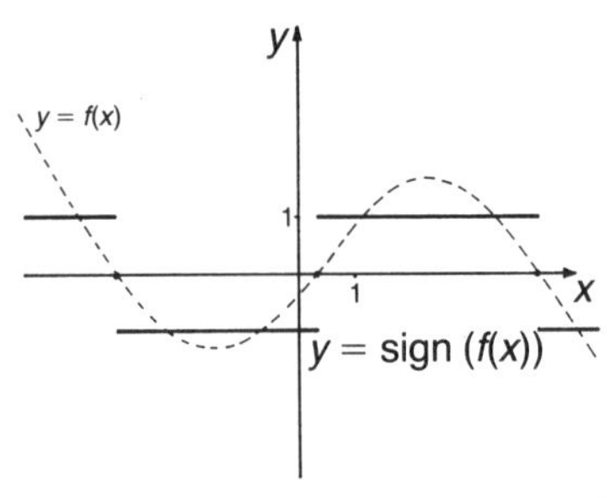

Abb. 3.73: Darstellung der Funktion $y=\operatorname{sign}(f(x))$

Aufgaben zum Kapitel 3

Aufgabe 3.1

Zeichnen Sie die Graphen der folgenden Funktionen und diskutieren Sie anhand der Darstellungen ihre Eigenschaften hinsichtlich: Definitions- und Wertebereich, Beschränktheit, Monotonie, Eineindeutigkeit, Existenz der Umkehrfunktion, Krümmung, Nullstellen, Extrema, Wendepunkte, Polstellen und asymptotisches Verhalten.

(a) $f(x)=\dfrac{2x^2-3x-1}{x^2-2x-3}$ für $x\in\mathbb{R}$

(b) $f(x)=|x+1|-|2x+3|$ für $x\in\mathbb{R}$

(c) $f(x)=\begin{cases} 2x & -\infty<x\leqq -1 \\ 2x^3 & -1\leqq x\leqq 1 \\ \dfrac{x+3}{2} & 1\leqq x<\infty \end{cases}$

Aufgabe 3.2

Ermitteln Sie (ohne Wertetabellen) aufgrund des Verhaltens an Nullstellen bzw. Polstellen und mit Hilfe der Asymptoten in groben Zügen den Verlauf folgender gebrochen rationaler Funktionen, und skizzieren Sie sie.

(a) $f(x)=\dfrac{(x-1)\cdot(x+2)^2}{x^2\cdot(x^2-16)}$

(b) $g(x)=\dfrac{(x-4)\cdot(x-2)^2\cdot(x+1)^3}{(x-3)^2\cdot(x-1)}$

Aufgabe 3.3

Gegeben sind die Funktionen:

$z=f(y)=\dfrac{1-y^2}{|y|+3}$ für $y\in\mathbb{R}$

$y=g(x)=x^2-3$ für $x\in\mathbb{R}$

Berechnen Sie:

(a) $z=f(0)$
(b) $z=f(g(2))$
(c) x und z für $y=6$
(d) $z=f(g(x))|_{x=1}$

Aufgabe 3.4

Skizzieren Sie den Verlauf folgender Funktionen:

(a) $f(x)=\max\{|x|;\, x^2\}$ für $x \in \mathbb{R}$

(b) $f(x)=\min\{x;\, x^3\}$ für $x \in \mathbb{R}$

(c) $f(x)=\max\{1;\, e^x\}$ für $x \in \mathbb{R}$

(d) $f(x)=\max\{-x^2;\, \log x\}$ für $x>0$

Aufgabe 3.5

Formulieren Sie folgende Funktionen $z=z(x)$ als zusammengesetzte Funktionen der Form $z=f(g(x))$, indem Sie $y=g(x)$ substituieren. Wie lauten die Substitutionen, und welches sind die Definitions- und Wertebereiche?

(a) $z=\sqrt{2x^2+4x}-5$

(b) $z=\ln\dfrac{x^3-8}{25}-3x^3+24$

(c) $z=\dfrac{\sqrt{3x-1}-5}{10-2\cdot\sqrt{3x-1}}$

Aufgabe 3.6

Sind die folgenden Funktionen gerade, ungerade, oder besitzen sie keine von beiden Eigenschaften?

(a) $f(x)=\log(x^4+2x^2)$

(b) $f(x)=e^{-|x|}$

(c) $f(x)=\sin 1/x$

(d) $f(x)=\frac{1}{5}x^5-2x^3+x$

(e) $f(x)=\dfrac{\sin x}{\cos x}$

(f) $f(x)=\sqrt{|x|}+1$

(g) $f(x)=e^{-(x-1)^2}$

(h) $f(x)=\sin^3 x\cdot\cos x$

(i) $f(x)=\ln(1-x^2)$

(j) $f(x)=\dfrac{2x}{x^2+1}$

Aufgabe 3.7

Lösen Sie die folgenden Gleichungen nach x auf:

(a) $\ln(4e^x) = \ln(2^x/3) - x$
(b) $e^{\ln x - 2x} = (1/x)e^{2\ln x} + 2x$
(c) $\log_{10}(\frac{3}{2}\sqrt{x}) = \log_{10}(x^2) + 1$
(d) $\ln(4x) - \ln(2e^x) = e^{\ln x + \ln 2} + \ln(x^2) + \ln(1/2x)$

Aufgabe 3.8

Berechnen Sie durch Raten einer Nullstelle und anschließende Polynomdivision alle Nullstellen des Polynoms:

$p(x) = x^4 - 3x^3 - 4x^2 + 12x$

Aufgabe 3.9

Stellen Sie die folgenden Polynome in der Form des *Horner*-Schemas dar, und berechnen Sie sie an den Stellen $x = 0{,}45$ und $x = 1{,}7$.

(a) $p(x) = 3x^5 - 2x^3 + 7x^2 - 4$
(b) $p(x) = 2x^6 - 3x^2 + 5$

Kapitel 4 Folgen, Reihen, Grenzwerte

Zahlenfolgen sind spezielle Funktionen, deren Besonderheit es ist, daß die unabhängige Veränderliche stets aus der Menge der natürlichen Zahlen $\mathbb{N}$ gewählt wird. In der Funktion wird letztlich das Bildungsgesetz der Folge ausgedrückt, deren Werte die Glieder der Folge sind.

Zwei Folgen spielen vor allem in der Finanz- und Versicherungsmathematik eine wichtige Rolle. Bei der **arithmetischen Folge** ist die Differenz und bei der **geometrischen Folge** ist der Quotient aufeinanderfolgender Glieder konstant (vgl. Abschnitt 4.2).

Summiert man die Glieder von Folgen, so bildet die Folge der Teilsummen eine **Reihe**. Reihen finden z.B. überall dort Anwendung, wo Ein- und Auszahlungen auf Konten stattfinden, die verzinst oder abgezinst werden (vgl. Abschnitt 4.8).

Über das Verhalten von Zahlenfolgen und -reihen für große Werte des Index $n \in \mathbb{N}$ wird der Begriff des **Grenzwertes** eingeführt. Das sind endliche Werte, denen Zahlenfolgen oder Reihen beliebig nahe kommen, ohne sie i.allg. zu erreichen. Wir studieren im Abschnitt 4.4 dieses Grenzverhalten der Folgeglieder und im Abschnitt 4.5 das der Reihen, bei denen im Fall von Konvergenz die unendliche Summe einen endlichen Wert besitzt. Es liegt nun nahe, im nächsten Abschnitt auch den **Grenzwert einer Funktion** einzuführen, über den sich u.a. der Begriff der Stetigkeit etwas präziser fassen läßt.

Im Abschnitt 4.7 werden **Potenzreihen** behandelt, das ist ein spezieller Reihentyp, durch den Funktionen innerhalb bestimmter Konvergenzradien darstellbar sind. Die sog. Potenzreihenentwicklung ermöglicht die Darstellung komplizierter Funktionen, z.B. auch transzendenter Funktionen, mit Hilfe der Verknüpfungen Addition und Multiplikation, d.h. in einfach zu programmierender Form.

Im letzten Abschnitt 4.8 dieses Kapitels wird schließlich auf die vielfältigen Anwendungen von Folgen und Reihen auf dem Gebiet der **Finanzmathematik** hingewiesen. Es werden Beispiele aus der Zinsrechnung, der Rentenrechnung und der Tilgungsrechnung behandelt.

4.1 Begriffliche Einführung

Der Begriff „Folge“ ist in der deutschen Sprache nicht eindeutig. Einmal drückt sich in ihm das – häufig zeitliche – Aufeinanderfolgen verschiedener Ereignisse oder Aktivitäten aus. Andererseits impliziert man meistens eine Abhängigkeit aufeinanderfolgender Ereignisse. Gemeinsam ist beiden Aspekten der vermeintliche oder wirkliche Zusammenhang der Folgeglieder. Darauf beruhen z.B. die in sog. Eignungs- und Intelligenztests vorgegebenen Folgen, die ein Kandidat ergänzen und fortsetzen soll, um damit zu zeigen, daß er das Bildungsgesetz erkannt hat. Testen Sie selbst!

Beispiele: 1. Setzen Sie die Folge mit den nächsten beiden Buchstaben fort!

$A, C, G, I, M, O, \_, \_, \ldots$

2. Setzen Sie in die leeren Kästchen die fehlenden Buchstaben ein!

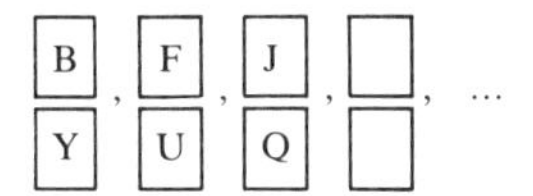

3. Setzen Sie die Folge der Figuren fort!

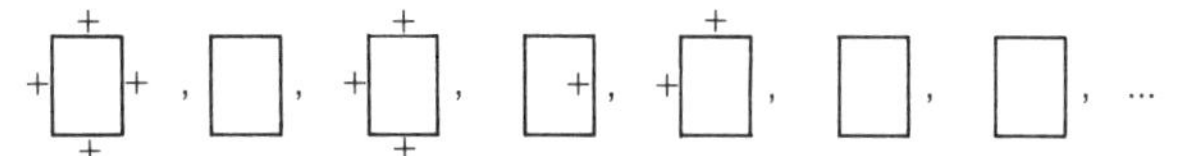

4. Setzen Sie die Folge der Zahlen fort!

$3, 7, 16, 35, \_, \_, \ldots$

Der funktionale Zusammenhang zwischen den Folgegliedern ist das wesentliche Merkmal einer mathematischen Folge, die stets eine **Zahlenfolge** ist.

In vielen ökonomischen Anwendungen spielen regelmäßige Ein- und Auszahlungen sowie die Verzinsung oder Diskontierung der entsprechenden Beträge eine wichtige Rolle. In der Bank- und Versicherungsbranche sind dies die Grundrechenarten, im Bereich der Investition und Finanzierung werden ähnliche Rechnungen ebenfalls durchgeführt, die zusammen meistens unter dem Begriff **Finanzmathematik** zusammengefaßt sind.

Die Grundlage aller finanzmathematischen Überlegungen ist i.d.R. die **Reihe.** Summiert man die ersten n Glieder einer Folge und bildet man eine Folge dieser Teilsummen, so erhält man (im mathematischen Sinn) eine Reihe. Im konkreten Fall ist also das angesparte und verzinste Kapital, das sich bei einer Lebensversicherung, Bausparkasse etc. ansammelt, das Glied einer Reihe. Hierauf wird im Abschnitt 4.8 noch näher eingegangen.

Als dritter Teil der Kapitelüberschrift ist der Begriff **Grenzwert** zu erläutern. Es handelt sich um einen zentralen Begriff der Analysis, weil hierin der Übergang vom Endlichen zum Unendlichen eine Rolle spielt. Konkret stellt sich bei Folgen und Reihen die Frage, ob ihr allgemeines Glied gegen einen endlichen Wert strebt, wenn man die Entwicklung bis ins Unendliche fortsetzt. Existiert ein solcher Wert, so spricht man von **Konvergenz,** und den Wert bezeichnet man als **Grenzwert.** Der Übergang vom Endlichen zum Unendlichen – auch vom endlich zum unendlich Kleinen – war letztlich der entscheidende Schritt, den *Isaac Newton* (1642–1717) mit seiner Fluktuationsrechnung[1] und gleichzeitig *Gottfried Wilhelm Leibniz* (1646–1716) mit der Formulierung der Grundzüge der Differentialrechnung[2] vollzogen. Beide gelten als die Begründer der **Infinitesimalrechnung,** d.h. der **Differential-** und **Integralrechnung,** und beide haben sich auch sehr intensiv mit Reihen beschäftigt.[3]

4.2 Folgen

Eine Zahlenfolge ist eine Folge von Zahlen, die in einem funktionalen Zusammenhang zu den natürlichen Zahlen oder einer Teilmenge daraus stehen. Die eindeutige Abbildung der natürlichen Zahlen auf die Glieder der Folge ist in dieser Definition die zentrale Aussage.

► Eine Funktion, durch die jeder natürlichen Zahl $n \in \mathbb{N}$ (oder einer Teilmenge von $\mathbb{N}$) eine reelle Zahl $a_n \in \mathbb{R}$ zugeordnet wird, heißt eine *Folge.* Man schreibt: $[a_n]$

Die reellen Zahlen $a_1, a_2, \ldots, a_n \in \mathbb{R}$ heißen die *Glieder* der Folge mit a_n als dem allgemeinen Glied.

---

1 *Newton, Isaac:* Analysis per quantitatum series fluxiones, ac differentias cum enumeratione linearum tertii ordinis, London 1711.

2 *Leibniz, Gottfried Wilhelm:* Nova methodus pro maximis et minimis, itemque tangentibus qua nec fractas, nec irrationales quantites moratur, et singulare illis calculi genus, in: acta eruditorum, 3 (1684), S. 467–473.
(Übersetzung: Eine neue Methode für Maxima und Minima sowie für Tangenten, die durch gebrochene und irrationale Werte nicht beeinträchtigt wird, und eine merkwürdige Art des Kalküls dafür.)

3 Die vier begonnenen Folgen setzen sich übrigens wie folgt fort:

1. *A, C, G, I, M, O, S, U,* ...
2. B/Y, F/U, J/Q, N/M, ...
3. ...
4. 3, 7, 16, 35, 74, 153, ...

Andere Schreibweisen sind: $(a_n)_{n \in \mathbb{N}}$, $(a_n)_{n=1}^{\infty}$, $\{a_n\}_{n \in \mathbb{N}}$ oder $\{a_n\}_{n=1}^{\infty}$

Es ist häufig sinnvoll und notwendig, die **Folge** $[a_n]$ von der **Menge** ihrer Glieder $\{a_n\}$ zu unterscheiden. Bei der Folge ist im Gegensatz zur Menge immer eine Ordnung impliziert, und bei einer Zahlenfolge können sich die Elemente wiederholen.

Beispiel: Die Zahlenfolge $[a_n] = [\frac{1}{4} \cdot (n + (-1)^n \cdot n)]$ für alle $n \in \mathbb{N}$ lautet: 0, 1, 0, 2, 0, 3, ...,
Die Menge der Glieder ist jedoch:

$$\{a_n\} = \mathbb{N} \cup \{0\}$$

Um die Folge zu beschreiben, genügt es, das **Bildungsgesetz** mit dem allgemeinen Glied und den Definitionsbereich anzugeben.

Beispiele:

1. Es sei $a_n = n^2 - n$ für alle $n \in \mathbb{N}$.
   Die Zahlenfolge lautet: 0, 2, 6, 12, 20, 30, 42, ...
2. Das Bildungsgesetz $a_n = 2/3n$ für alle $n \in \mathbb{N}$ führt auf die Zahlenfolge: 2/3, 2/6, 2/9, 2/12, ...
3. Als taktisches Konzept in Verhandlungen wird gelegentlich das „Zwei Schritte vor und einen zurück"-Prinzip verfolgt. In Zahlen ergibt sich die Folge:

   $$a_n = \frac{n + \frac{3}{2} - \frac{3}{2} \cdot (-1)^n}{2} \quad \text{für alle } n \in \mathbb{N}\text{: } 2, 1, 3, 2, 4, 3, 5, 4, \ldots$$

4. Geben Sie die nächsten drei Glieder der nachstehenden Folgen an:

   1, 2, 4, 7, 11, 16, __, __, __, ...

   1, 1/6, 1/13, 1/22, 1/33, ___, ___, ___, ...

5. Wie lauten die allgemeinen Glieder der nachstehenden Zahlenfolgen?

   1, 0, 3, 0, 5, 0, ...

   1, 7, 17, 31, 49, 71, ...

Wird die unabhängige Variable, d.h. die natürliche Zahl n, aus einer endlichen Menge gewählt, so erhält man eine **endliche** Folge mit endlich vielen Gliedern. Andernfalls heißt die Folge **unendlich.** Ein Glied darf in einer Folge beliebig häufig vorkommen, d.h. auch unendlich oft, wie z.B.:

$$a_n = (-1)^n \quad \text{für alle } n \in \mathbb{N}\text{: } \quad -1,\ 1,\ -1,\ 1,\ -1, \ldots$$

Neben der Zahlenfolge spielt die sog. Punktfolge in der Mathematik eine gewisse Rolle. Hierbei handelt es sich um die Abbildung der natürlichen Zahlen auf Punkte, z.B. der Zahlenebene (vgl. *Abb. 4.1*).

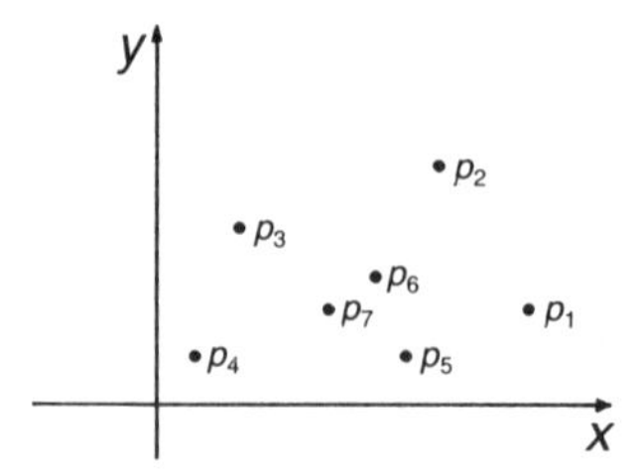

Abb. 4.1: Darstellung einer Punktfolge

Zwei Folgen spielen in der Praxis eine so wichtige Rolle, daß sie eigene Namen bekamen:

- die arithmetische Folge
- die geometrische Folge

Die Namen erklären sich aus ihrem Bildungsgesetz.[4]

Die arithmetische Folge

▶ Eine Folge, bei der die Differenz zweier aufeinanderfolgender Glieder konstant ist, heißt *arithmetische Folge:*

$a_{n+1} - a_n = d$ mit $d =$ konstant für alle $n \in \mathbb{N}$

Das Bildungsgesetz führt auf die Folge:

$a_1, a_1 + d, a_1 + 2d, a_1 + 3d, \ldots$

Das heißt, man kann auch schreiben:

$a_n = a_1 + (n-1) \cdot d$ für alle $n \in \mathbb{N}$

Arithmetische Folgen treten immer dann auf, wenn regelmäßig eine Konstante addiert oder subtrahiert wird.

Die geometrische Folge

▶ Eine Folge, bei der der Quotient zweier aufeinanderfolgender Glieder konstant ist, heißt *geometrische Folge:*

$\frac{a_{n+1}}{a_n} = q$ mit $q =$ konstant für alle $n \in \mathbb{N}$

---

[4] Nebenbei bemerkt, die Lösungen für das vierte und fünfte Beispiel dieses Abschnittes lauten:

4. $a_n = a_{n-1} + (n-1) = 1 + \frac{n \cdot (n-1)}{2}$ für alle $n \in \mathbb{N}$: 1, 2, 4, 7, 11, 16, 22, 29, 37, …

   $a_n = 1/(n^2 + 2n - 2)$ für alle $n \in \mathbb{N}$: 1, 1/6, 1/13, 1/22, 1/33, 1/46, …

5. $a_n = 1/2[n - (-1)^n \cdot n]$ für alle $n \in \mathbb{N}$: 1, 0, 3, 0, 5, 0, 7, 0, 9, …

   $a_n = 2n^2 - 1$ für alle $n \in \mathbb{N}$: 1, 7, 17, 31, 49, 71, 97, 127, …

Haben Sie die Bildungsgesetze erkannt? Es ist in der Regel sehr schwer, von der Zahlenfolge auf das Bildungsgesetz zu schließen.

Das Bildungsgesetz ergibt:

$a_1,\ a_1 \cdot q,\ a_1 \cdot q^2, \ldots, a_1 \cdot q^n, \ldots$

Das heißt, man erhält:

$a_n = a_1 \cdot q^{n-1}$ für alle $n \in \mathbb{N}$.

Geometrische Folgen ergeben sich, wenn regelmäßig mit einem konstanten Faktor multipliziert wird.

Beispiele: 1. $a_n = 1 + 2(n-1)$ für alle $n \in \mathbb{N}$: 1, 3, 5, 7, 9, ...

Die Folge der ungeraden natürlichen Zahlen ist eine arithmetische Folge.

2. $a_n = (2)^{n-1}$ für alle $n \in \mathbb{N}$: 1, 2, 4, 8, 16, ...

Die Folge der Zweierpotenzen des Dualsystems ist eine geometrische Folge.

4.3 Reihen

In vielen Situationen des täglichen Lebens werden regelmäßige Ein- und Auszahlungen vorgenommen, die einem Konto gutgeschrieben oder von einem Konto abgezogen werden. Sie werden in aller Regel entweder verzinst (Endkapital in Abhängigkeit des eingezahlten Anfangskapitals) oder abgezinst (diskontiert, Anfangskapital in Abhängigkeit eines vorgegebenen Endkapitals). Spareinlagen, Versicherungs- und Bausparbeiträge, Renten, Tilgungen, Investitionen und viele andere Beispiele sind im Prinzip derartige Zahlungen.

Die Kontostände derartiger, meist regelmäßig vorgenommener Ein- und Auszahlungen stellen Zwischensummen dar, die in Abhängigkeit von den Zahlungszeitpunkten die Glieder einer Folge bilden. Ihres speziellen Bildungsgesetzes wegen bezeichnet man diese Folge als eine **Reihe.**

Ausgangspunkt für die Bildung einer Reihe ist stets eine unendliche **Zahlenfolge** $[a_n]$ mit den Gliedern $a_1, a_2, a_3, \ldots$ Summiert man die jeweils ersten n Glieder der Folge, so ergibt sich die ***n*-te Teilsumme** (Partialsumme) s_n:

$$s_n = \sum_{i=1}^{n} a_i = a_1 + a_2 + \ldots + a_n$$

▶ Die Folge der n-ten Teilsummen $[s_n]$ heißt *Reihe.*

Von speziellem Interesse sind in der Finanzmathematik offenbar Reihen, die bei regelmäßigen Ein- bzw. Auszahlungen desselben Betrages entstehen, d.h. die sich aus der arithmetischen Folge ableiten. Die entstehende Reihe wird entsprechend arithmetische Reihe genannt. Die geometrische Reihe basiert analog auf der geometrischen Folge.

Die arithmetische Reihe

Für die Glieder der arithmetischen Folge gilt das Bildungsgesetz:

$$a_n - a_{n-1} = d \quad \text{bzw.} \quad a_n = a_1 + (n-1)\cdot d$$

Die n-te Teilsumme der Glieder der arithmetischen Folge ist im folgenden zweimal in jeweils umgekehrter Summationsreihenfolge aufgeschrieben, so daß die untereinander stehenden Glieder addiert werden können.[5]

$$\begin{array}{rlllll} s_n = & a_1 & + & a_1 + d & + \ldots + & a_1 + (n-1)\cdot d \\ s_n = & a_1 + (n-1)\cdot d & + & a_1 + (n-2)\cdot d & + \ldots + & a_1 \\ \hline 2s_n = & [2a_1 + (n-1)\cdot d] & + & [2a_1 + (n-1)\cdot d] & + \ldots + & [2a_1 + (n-1)\cdot d] \end{array}$$

Man erkennt, daß sich nach der Addition beider Summen n-mal die gleichen Glieder ergeben, so daß gilt:

$$2s_n = n\cdot[2a_1 + (n-1)\cdot d] = n\cdot[a_1 + \{a_1 + (n-1)\cdot d\}]$$

In der geschweiften Klammer steht gerade das n-te Glied der arithmetischen Folge a_n, und man erhält:

▶ Die *n-te Teilsumme* der arithmetischen Reihe beträgt:

$$s_n = \frac{n}{2}\cdot(a_1 + a_n)$$

Beispiele: 1. Die einfachste arithmetische Zahlenfolge ist die Folge der natürlichen Zahlen $a_n = n$ für alle $n \in \mathbb{N}$: 1, 2, 3, ... In der entsprechenden Reihe sind die ersten n natürlichen Zahlen zu addieren, d.h.:

$$s_n = \sum_{i=1}^{n} i = \frac{n}{2}\cdot(1+n) = \frac{n\cdot(n+1)}{2}$$

Dies entspricht dem schon bekannten Ergebnis des Abschnitts 2.1.

---

[5] Die eckige Klammer wird in dieser Summe wie die runde und die geschweifte Klammer zur Klammerung verwendet; sie bedeutet insbesondere nicht, daß eine Folge gemeint ist.

2. Angenommen, Sie zahlen auf ein Konto am 1. Januar 1982 einen Betrag von 100,– DM ein und dann am Anfang jedes Folgemonats einen um 50,– DM erhöhten Betrag. Wieviel haben Sie bis zum 31. Dezember 1982 eingezahlt?

   $a_1 = 100,\ a_2 = 150,\ a_3 = 100 + 2 \cdot 50, \ldots$

   $a_{12} = 100 + (12-1) \cdot 50 = 650$

   Das eingezahlte Kapital (ohne Verzinsung) beträgt:

   $s_{12} = \frac{12}{2} \cdot (a_1 + a_{12}) = 6 \cdot (100 + 650) = 4500$ DM

Die geometrische Reihe

Die geometrische Folge entsteht nach dem Bildungsgesetz:

$a_n = a_{n-1} \cdot q = a_1 \cdot q^{n-1}$

In den folgenden Zeilen ist als erste die n-te Teilsumme s_n der geometrischen Folge aufgeschrieben. Darunter ist diese Teilsumme mit dem Faktor q multipliziert und jeweils ein Glied nach rechts verschoben aufgeführt. Man erkennt, daß sich mit Ausnahme des Anfangsgliedes der ersten Teilsumme und des Endgliedes der zweiten Teilsumme die gleichen Summanden ergeben.

$$
\begin{array}{llllllll}
 & s_n = & a_1 & + a_1 \cdot q & + a_1 \cdot q^2 & + \ldots & + a_1 \cdot q^{n-1} & \\
\text{bzw.} & q \cdot s_n = & & a_1 \cdot q & + a_1 \cdot q^2 & + \ldots & + a_1 \cdot q^{n-1} & + a_1 \cdot q^n \\
\hline
\text{Differenz} & s_n - q \cdot s_n = & a_1 & + 0 & + 0 & + \ldots & + 0 & - a_1 \cdot q^n
\end{array}
$$

Als Differenz beider Teilsummen erhält man $s_n - q \cdot s_n = a_1 - a_1 \cdot q^n$, so daß gilt:

► Die *n-te Teilsumme* der geometrischen Reihe beträgt:

$$s_n = a_1 \cdot \frac{1-q^n}{1-q}$$

Beispiel: Sie zahlen jährlich am 1. Januar denselben Betrag von $r = 2500$ DM bei einer Bausparkasse ein. Das eingezahlte Kapital wird am Ende eines Jahres zum Zinssatz von $p\% = 0{,}05$ verzinst (jährliche nachschüssige Verzinsung; keine Bearbeitungsgebühr). Welches Kapital haben Sie nach 7 Jahren gebildet?

Die im ersten Jahr eingezahlte Prämie wird sieben Jahre lang verzinst, d.h. sie ist auf $r \cdot (1 + p/100)^7$ angewachsen.

Die im zweiten Jahr eingezahlte Prämie wird sechs Jahre lang verzinst, d.h. $r \cdot (1 + p/100)^6$

usw.

Die im siebten Jahr eingezahlte Prämie wird noch ein Jahr verzinst, d.h. $r \cdot (1 + p/100)$.

Als Summe dieser Beträge erhält man mit $q = (1 + p/100)$:

$$K_7 = r \cdot q + r \cdot q^2 + r \cdot q^3 + \ldots + r \cdot q^7$$
$$= r \cdot q \cdot (1 + q + \ldots + q^6)$$

In der Klammer steht das siebte Glied einer geometrischen Reihe mit $a_1 = 1$ und $q = 1{,}05$, so daß das angesammelte Kapital

$$K_7 = r \cdot q \cdot \frac{1 - q^7}{1 - q} = 2\,500 \cdot 1{,}05 \cdot \frac{1 - 1{,}05^7}{1 - 1{,}05}$$
$$= 21\,372{,}77 \text{ DM}$$

beträgt.

4.4 Grenzwerte von Folgen

Da die Zahlenfolge eine diskrete Funktion ist (mit der natürlichen Zahl n als unabhängiger Veränderlicher), gelten für sie die Definitionen des Wachstums und der Beschränktheit, die im Kapitel 3 für Funktionen gegeben wurden, entsprechend.

▶ Eine Folge *wächst* (streng) monoton, wenn $a_{n+1} \geqq a_n$ $(a_{n+1} > a_n)$ gilt.

▶ Eine Folge heißt *nach oben beschränkt*, wenn eine Zahl $M \in \mathbb{R}$ existiert, so daß $a_n \leqq M$ für alle $n \in \mathbb{N}$ gilt.

Monotones Fallen einer Folge und ihre Beschränktheit nach unten werden analog definiert.

Beispiele: 1. Die Glieder der Folge $a_n = n^2$ für alle $n \in \mathbb{N}$: 1, 4, 9, ... werden offensichtlich immer größer. Sie wachsen über alle Grenzen, so daß die Folge unbeschränkt ist.

2. Die Glieder der Folge $a_n = 2 - 1/n$ für alle $n \in \mathbb{N}$: 1, 3/2, 5/3, 7/4, ... verhalten sich anders als die des ersten Beispiels. Zwar werden auch sie immer größer, jedoch wächst ihr Wert nicht über alle Grenzen, sondern bleibt immer kleiner als 2. Die Folge wächst streng monoton, sie ist jedoch beschränkt.

3. Die Glieder der Folge $a_n = (-1)^n/n$ für alle $n \in \mathbb{N}$: -1, 1/2, $-1/3$, 1/4, ... wechseln ihre Vorzeichen. Die Folge verhält sich also nicht monoton, jedoch sind ihre Glieder beschränkt, da sie vom Betrag stets kleiner-gleich eins sind: $|a_n| \leqq 1$

Häufungspunkt

Wir wollen uns mit der zweiten der oben diskutierten Folgen noch etwas näher befassen. Markiert man etwa die Glieder der Folge $a_n = 2 - 1/n$ für alle $n \in \mathbb{N}$ als Punkte auf einem Zahlenstrahl, so erkennt man anhand der *Abb. 4.2*, wie sich die Punkte dem Wert 2 immer mehr annähern.

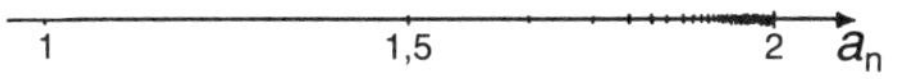

Abb. 4.2: Darstellung der Folge $a_n = 2 - 1/n$ auf dem Zahlenstrahl

Von einem bestimmten $n = N$ an, liegen alle Punkte a_n für $n > N$ in einem Umgebungsintervall des Wertes 2. Man bezeichnet eine derartige Stelle als **Häufungspunkt.**

Das Verhalten in der Nähe eines Punktes haben wir bereits im Zusammenhang mit der Definition von Extremwerten einer Funktion kennengelernt (vgl. Abschnitt 3.5). Wir benutzten dort eine Notation, die formal exakt aussagt, was man verbal meist nur unzureichend ausdrücken kann.

▶ Ein Punkt α heißt *Häufungspunkt* einer unendlichen Zahlenfolge, wenn in jeder beliebig kleinen ε-Umgebung des Punktes α mindestens noch ein Glied (= Punkt) der Zahlenfolge liegt.

In der *Abb. 4.3* ist ein Häufungspunkt α dargestellt.

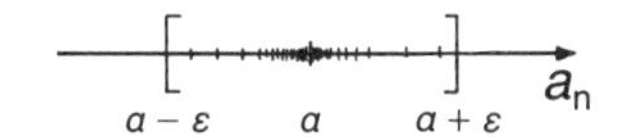

Abb. 4.3: ε-Umgebung des Punktes α

Beispiele 1. Die Zahlenfolge $a_n = 2 + (-1)^n/n^2$ für alle $n \in \mathbb{N}$: 1, 9/4, 17/9, 33/16, ... besitzt einen Häufungspunkt an der Stelle $\alpha = 2$.

2. Die Zahlenfolge $a_n = (-1)^n \cdot (2 + 1/n)$ für alle $n \in \mathbb{N}$: -3, 5/2, $-7/3$, 9/4, ... hat zwei Häufungspunkte an den Stellen $\alpha_1 = -2$ und $\alpha_2 = 2$.

Grenzwert

Wenn eine Zahlenfolge nur einen Häufungspunkt besitzt, so wird dieser als Grenzwert oder Limes bezeichnet. Dieser Begriff ist uns bereits früher begegnet. Wir wollen ihn nun zunächst für Zahlenfolgen und Reihen und danach auch für Funktionen genauer definieren.

▶ Eine Zahl α heißt *Grenzwert* einer unendlichen Zahlenfolge $[a_n]$, wenn zu jedem beliebig kleinen $\varepsilon > 0$ eine natürliche Zahl N existiert, so daß für alle $i \geqq N$ gilt: $|a_i - \alpha| < \varepsilon$

Man schreibt: $\lim\limits_{i \to \infty} a_i = \alpha$

In dieser Definition taucht also wieder eine ε-Umgebung des Grenzwertes auf, innerhalb der alle Glieder der Folge liegen, deren Indizes i größer oder gleich der Zahl N sind. Von welchem Index N an die Ungleichung gilt, hängt von der Wahl des ε ab, so daß i.allg. $N = N(\varepsilon)$ gilt.

Beispiel: Die Folge $a_n = 2 + 1/n$ für alle $n \in \mathbb{N}$: 3, 5/2, 7/3, 9/4, ... besitzt den Grenzwert $\alpha = 2$. Z.B. ist für $\varepsilon = 1/100$ die Ungleichung:

$$|a_i - 2| = |(2 + 1/i) - 2| < 1/100$$

für $i \geqq 101$ erfüllt. Für $\varepsilon = 1/1\,000$ hätte die Ungleichung erst für $i \geqq 1001$ Gültigkeit.

Konvergenz

▶ Eine Folge, für die genau ein Grenzwert existiert, heißt *konvergent*, andernfalls heißt sie *divergent*.

Bei den bislang diskutierten Beispielen war relativ einfach zu sehen, ob die Folge konvergierte oder nicht. In anderen Fällen macht es erheblich mehr Mühe, das Konvergenzverhalten der Folge zu erkennen. Betrachten Sie z.B. die Folge $a_n = (1 + 1/n)^n$ für alle $n \in \mathbb{N}$. Der Wert in der Klammer wird zwar immer kleiner, gleichzeitig wird diese Zahl jedoch mit einem wachsenden Exponenten potenziert. Stark vereinfacht stellt sich die Frage, was letztlich überwiegt, die kleiner werdende Basiszahl oder der wachsende Exponent.

Weil der direkte Beweis der Konvergenz häufig schwierig ist, hat man sog. **Konvergenzkriterien** erarbeitet. Das sind Eigenschaften, die, wenn sie erfüllt sind, die Konvergenz implizieren. Hierzu zählt die folgende, sehr mächtige Aussage.

▶ Jede *beschränkte*, *monotone* Folge ist konvergent.

Beispiel: Die Folge $a_n = \sqrt[n]{c}$ für alle $n \in \mathbb{N}$, $c \in \mathbb{R}$, $0 < c < 1$: c, $\sqrt{c}$, $\sqrt[3]{c}$, $\sqrt[4]{c}$, ... ist monoton steigend und durch 1 beschränkt; sie ist also konvergent. Für $c > 1$ ist sie monoton fallend und durch 1 beschränkt, d.h. sie konvergiert auch in diesem Fall.

Freilich haben derartige Aussagen über das Konvergenzverhalten den Nachteil, daß man den Grenzwert im Falle der Konvergenz in aller Regel nicht mitgeliefert bekommt. Man muß ihn extra berechnen.

Wichtige, häufig verwendete Grenzwerte sind beispielsweise:

- $\lim\limits_{n \to \infty} \sqrt[n]{c} = 1 \quad$ für alle $\quad c \in \mathbb{R},\ c > 0$
- $\lim\limits_{n \to \infty} \sqrt[n]{n} = 1$

- $\lim_{n \to \infty} \left(1+\frac{1}{n}\right)^n = e$

Der letzte Grenzwert spielt beim Übergang von diskreten zu kontinuierlichen Wachstumsprozessen eine wichtige Rolle, wie z.B. bei der stetigen Verzinsung (vgl. Abschnitt 4.8.1.3).

Im Zusammenhang mit der Grenzwertberechnung stellt sich die Frage, von welchem Folgeglied an man dem Grenzwert hinreichend nahe ist. Dies ist gleichbedeutend mit dem Problem, für ein vorgegebenes ε-Intervall den Index n so zu bestimmen, daß alle Folgeglieder mit größerem Index im Intervall $[\alpha-\varepsilon, \alpha+\varepsilon]$ liegen, wobei α der Grenzwert ist.

Bei einigen Folgen nähern sich die Glieder relativ rasch dem Grenzwert; andere konvergieren nur langsam. Man spricht daher in diesem Zusammenhang auch von der **Konvergenzgeschwindigkeit.**

Beispiel: Die *Tab. 4.1* enthält die n-ten Folgeglieder der drei zuvor behandelten Folgen für ausgewählte Werte von n.

n	$\sqrt[n]{612{,}81}$	$\sqrt[n]{n}$	$(1+1/n)^n$
10	1,89990	1,2589	2,5937
100	1,06628	1,0471	2,7048
1000	1,006438	1,00693	2,71692
10000	1,000642	1,00092	2,71814
100000	1,0000641	1,000115	2,718268
1000000	1,0000064	1,0000138	2,718280
Grenzwert $n \to \infty$	1	1	$2{,}71828183 = e$

Tab. 4.1: Konvergenzgeschwindigkeit

Die Folge $a_n = \sqrt[n]{n}$ konvergiert also langsamer als die Folgen $a_n = \sqrt[n]{612{,}81}$ und $a_n = (1+1/n)^n$.

Man beachte, daß der Grenzwert α einer Folge $[a_n]$ nicht Glied der Folge zu sein braucht, es andererseits jedoch sein kann.

Beispiele: 1. Die Folge $a_n = \sqrt[n]{2}$ für alle $n \in \mathbb{N}$ hat den Grenzwert $\alpha = 1$; sie enthält den Wert jedoch nicht als Glied.

2. Die Folge $a_n = \sqrt[n]{n}$ für alle $n \in \mathbb{N}$ hat ebenfalls den Grenzwert $\alpha = 1$, den sie auch als Glied enthält.

Rechenregeln mit Grenzwerten

Für die Berechnung von Grenzwerten sind die folgenden Rechenregeln hilfreich.

Mit $\alpha = \lim\limits_{n \to \infty} a_n$ und $\beta = \lim\limits_{n \to \infty} b_n$ gelten die Beziehungen:

- $\lim\limits_{n \to \infty} (a_n \pm c) = \alpha \pm c$ für alle $c \in \mathbb{R}$
- $\lim\limits_{n \to \infty} (c \cdot a_n) = c \cdot \alpha$ für alle $c \in \mathbb{R}$
- $\lim\limits_{n \to \infty} (a_n \pm b_n) = \alpha \pm \beta$
- $\lim\limits_{n \to \infty} (a_n \cdot b_n) = \alpha \cdot \beta$
- $\lim\limits_{n \to \infty} \dfrac{a_n}{b_n} = \dfrac{\alpha}{\beta}$ für $\beta \neq 0$

4.5 Grenzwerte von Reihen

Der Begriff des Grenzwertes einer Folge läßt sich unmittelbar auf Reihen übertragen, da es sich bei Reihen ja um spezielle Folgen handelt.

▶ Konvergiert die Folge $[s_n]$ der Teilsummen $s_n = \sum\limits_{i=1}^{n} a_i$ gegen einen endlichen Wert σ, so bezeichnet man

$$\sigma = \lim_{n \to \infty} s_n = \lim_{n \to \infty} \sum_{i=1}^{n} a_i = \sum_{i=1}^{\infty} a_i$$

als den *Grenzwert* der Reihe, und die Reihe heißt konvergent.

Der Nachweis der Konvergenz einer Reihe ist in der Regel schwieriger zu führen als bei Folgen. Jedoch wurden auch für Reihen sehr wirksame **Konvergenzkriterien** entwickelt.

Wir formulieren zunächst eine **notwendige** Bedingung:

▶ Notwendig für die Konvergenz einer Reihe $[s_n]$ mit $s_n = \sum\limits_{i=1}^{n} a_i$ für alle $n \in \mathbb{N}$ ist, daß die Folge $[a_n]$ eine *Nullfolge* ist, d.h. $\lim\limits_{n \to \infty} a_n = 0$ gilt.

Diese Bedingung ist aber **nicht hinreichend,** wie folgendes Gegenbeispiel zeigt.

Beispiel: Die Reihe $s_n = \sum\limits_{i=1}^{n} \ln(1 + 1/i)$ für alle $n \in \mathbb{N}$ ist nicht konvergent, obwohl $\lim\limits_{n \to \infty} a_n = \lim\limits_{n \to \infty} \ln(1 + 1/n) = 0$ ist.

Ist die Folge, aus der die Reihe gebildet wird, keine Nullfolge, so kann man bereits festhalten, daß die Reihe divergent ist. Dies sollte man in jedem Fall zuerst überprüfen!

Eine **notwendige und hinreichende** Bedingung für die Konvergenz einer Reihe ist:

▶ Eine Reihe mit nichtnegativen Gliedern $a_n \geqq 0$ *konvergiert* dann und nur dann, wenn die Folge der Teilsummen s_n nach oben beschränkt ist.

Beispiel: Die Teilsummen der im vorausgegangenen Beispiel betrachteten Reihe lauten:

$$s_n = \sum_{i=1}^{n} \{\ln(1+1/i)\} = \sum_{i=1}^{n} \{\ln(1+i) - \ln(i)\} = \ln(1+n)$$

Die Folge der Teilsummen ist also klar unbeschränkt, so daß die betrachtete Reihe divergiert.

Eine Reihe, deren Summanden abwechselnd positiv und negativ sind, heißt eine **alternierende** Reihe. Für diesen Reihentyp gibt es eine große Anzahl verschiedener Konvergenzkriterien, von denen hier nur eines genannt sei.

▶ Alternierende Reihen, die aus Folgen $[a_n]$ entstehen, deren Glieder betragsmäßig monoton fallen und gegen null streben, sind *konvergent*.

Beispiel: Die Reihe mit $s_n = \sum_{i=1}^{n} (-1)^{i-1}/i$ ist konvergent.

Wegen $1/i \geqq 1/(i+1)$ sind die Glieder der Folge betragsmäßig monoton fallend, und es gilt $\lim_{i \to \infty} 1/i = 0$. Die alternierende Reihe konvergiert.

Das Quotientenkriterium

Das Quotientenkriterium und das Wurzelkriterium lassen sich in der Regel relativ einfach anwenden. Zunächst wird das Quotientenkriterium genannt.

▶ Besitzt die Folge $[a_{n+1}/a_n]$ einen Grenzwert γ, d.h. gilt $\lim_{n \to \infty} \left|\frac{a_{n+1}}{a_n}\right| = \gamma$, so ist die Reihe mit $s_n = \sum_{i=1}^{n} a_i$ *konvergent*, falls $\gamma < 1$ ist, und sie ist *divergent*, falls $\gamma > 1$ gilt. Für $\gamma = 1$ ist keine Entscheidung möglich.

Beispiele: 1. Für die Reihe mit $s_n = \sum_{i=1}^{n} \frac{i}{2^i}$ ergibt sich nach dem Quotientenkriterium:

$$a_n = \frac{n}{2^n} > 0$$

$$\left|\frac{a_{n+1}}{a_n}\right| = \frac{(n+1)\cdot 2^n}{2^{n+1}\cdot n} = \frac{n+1}{2n}$$

$$\lim_{n\to\infty} \frac{n+1}{2n} = \frac{1+1/n}{2} = \frac{1}{2} = \gamma < 1$$

Folglich konvergiert die Reihe.

2. Die Reihe mit $s_n = \sum_{i=1}^{n} i! \cdot \left(\frac{3}{i}\right)^i$ divergiert, denn man erhält:

$$a_n = n! \cdot \left(\frac{3}{n}\right)^n > 0$$

$$\left|\frac{a_{n+1}}{a_n}\right| = \frac{(n+1)!}{n!} \cdot \frac{3^{n+1}}{3^n} \cdot \frac{n^n}{(n+1)^{n+1}} = \frac{3}{\left(1+\frac{1}{n}\right)^n}$$

$$\lim_{n\to\infty} \frac{3}{\left(1+\frac{1}{n}\right)^n} = \frac{3}{\lim\limits_{n\to\infty}\left(1+\frac{1}{n}\right)^n} = \frac{3}{e} = \gamma > 1$$

3. Die Reihe mit $s_n = \sum_{i=1}^{n} \frac{1}{i}$ wird untersucht:

$$a_n = \frac{1}{n} > 0$$

$$\left|\frac{a_{n+1}}{a_n}\right| = \frac{n}{n+1}$$

$$\lim_{n\to\infty} \frac{n}{n+1} = \gamma = 1$$

Nach dem Quotientenkriterium ist keine Entscheidung möglich.

Im letzten Beispiel handelt es sich um die sog. **harmonische** Reihe, die divergiert, deren Divergenz jedoch nicht mit dem Quotientenkriterium nachzuweisen ist.

Das Wurzelkriterium

Dem Quotientenkriterium relativ ähnlich ist das sog. Wurzelkriterium.

▶ Besitzt die Folge $[\sqrt[n]{|a_n|}]$ einen Grenzwert γ, d.h. gilt $\lim_{n\to\infty} \sqrt[n]{|a_n|} = \gamma$, so ist die Reihe mit $s_n = \sum_{i=1}^{n} a_i$ *konvergent*, falls $\gamma < 1$ ist, und sie ist *divergent* für $\gamma > 1$. Für $\gamma = 1$ ist keine Entscheidung möglich.

Beispiel: Die Reihe mit $s_n = \sum_{i=1}^{n} \left(\frac{c}{i}\right)^i$ ist für alle $c \in \mathbb{R}$ konvergent, denn es gilt:

$$a_n = \left(\frac{c}{n}\right)^n$$

$$\sqrt[n]{|a_n|} = \sqrt[n]{\left(\frac{|c|}{n}\right)^n} = \frac{|c|}{n}$$

$$\lim_{n \to \infty} \frac{|c|}{n} = \gamma = 0$$

Spezielle Reihen

Für einige spezielle Reihen, denen man häufig begegnet, ist der Nachweis der Konvergenz bzw. Divergenz verhältnismäßig aufwendig. Entsprechende Aussagen sind nachstehend z.T. ohne weitere Begründung zusammengestellt.

- **Unendliche geometrische** Reihe

  Für die aus der geometrischen Folge entstehende Reihe mit $s_n = a_1 \cdot \frac{1-q^n}{1-q}$ und $|q| \neq 1$ gilt folgendes:

$$\lim_{n \to \infty} s_n = \lim_{n \to \infty} a_1 \cdot \frac{1-q^n}{1-q}$$

$$= a_1 \cdot \lim_{n \to \infty} \left(\frac{1}{1-q} - \frac{q^n}{1-q}\right) = \frac{a_1}{1-q} - a_1 \cdot \lim_{n \to \infty} \frac{q^n}{1-q}$$

  Für $|q| > 1$ ist $\lim_{n \to \infty} |q|^n = \infty$.

  Für $|q| < 1$ ist $\lim_{n \to \infty} |q|^n = 0$.

  Die Reihe divergiert für $|q| > 1$. Sie konvergiert für $|q| < 1$, und ihr Grenzwert lautet in diesem Fall:

$$\lim_{n \to \infty} s_n = \frac{a_1}{1-q} \qquad \text{für } |q| < 1$$

- Die **harmonische** Reihe

  Die Reihe mit $s_n = \sum_{i=1}^{n} \frac{1}{i^\alpha}$ mit $\alpha \in \mathbb{R}$ ist divergent für $\alpha \leqq 1$ und für $\alpha > 1$ konvergent.

  Man beachte besonders, daß die sog. harmonische Reihe mit $s_n = \sum_{i=1}^{n} \frac{1}{i}$ divergiert.

- Darstellung der **Konstanten *e***

  Die Reihe mit $s_n = \sum_{i=0}^{n} \frac{1}{i!}$ konvergiert und besitzt als Grenzwert die Konstante e, d.h.:

  $$\lim_{n \to \infty} s_n = \sum_{i=0}^{\infty} \frac{1}{i!} = 1 + \frac{1}{1!} + \frac{1}{2!} + \ldots = e$$

Beispiel: Ihr Auto beschleunigt in 10 Sek. von 0 auf 80 km/h. Danach sei der Geschwindigkeitszuwachs in jeweils 10 Sek. genau die Hälfte des im Zeitintervall vorher erreichten Zuwachses. Gegen welche Geschwindigkeit konvergiert der Prozeß, wenn Sie hinreichend lange beschleunigen?

Die Folge der Geschwindigkeitszuwächse ist 80, 40, 20, 10, 5, $2\frac{1}{2}$, ...

Der Quotient benachbarter Glieder ist $\frac{a_{n+1}}{a_n} = \frac{1}{2}$, so daß eine geometrische Folge mit $a_1 = 80$ und $q = \frac{1}{2}$ vorliegt.

Die geometrische Reihe als Summe der Geschwindigkeitszuwächse konvergiert wegen $q = \frac{1}{2} < 1$ gegen den Wert:

$$s = \frac{a_1}{1-q} = \frac{80}{1/2} = 160 \text{ km/h}$$

4.6 Grenzwerte von Funktionen

Im Abschnitt 4.1 dieses Kapitels war eine Folge als Funktion der natürlichen Zahl n eingeführt worden. Mithin ist mit dem Grenzwert einer Folge auch bereits der Grenzwert einer – im obigen Fall speziellen – Funktion behandelt, die dadurch ausgezeichnet ist, daß die natürliche Zahl n die unabhängige Veränderliche ist und die Menge $\mathbb{N}$ den Definitionsbereich darstellt.

Indem wir als Variable jeden reellen Wert $x \in \mathbb{R}$ und als Definitionsbereich den beliebiger Funktionen zulassen, ergibt sich von selbst der Grenzwert einer Funktion.

Relativ häufig findet man den Verlauf einer Kostenfunktion, wie er in der *Abb. 4.4* dargestellt ist. Die Kosten sind gleich null, solange nichts gefertigt wird. Durch das Anlaufen der Maschinen, durch die Einrichtung von Arbeitsplätzen usw. entstehen Fixkosten k_0, sobald die Fertigung aufgenommen wird, und abhängig von der produzierten Menge anschließend variable Kosten. An der Stelle $x = \xi_1$ ist ein zweiter Kostensprung dargestellt, der mit denselben Argumenten wie zuvor erklärt werden kann.

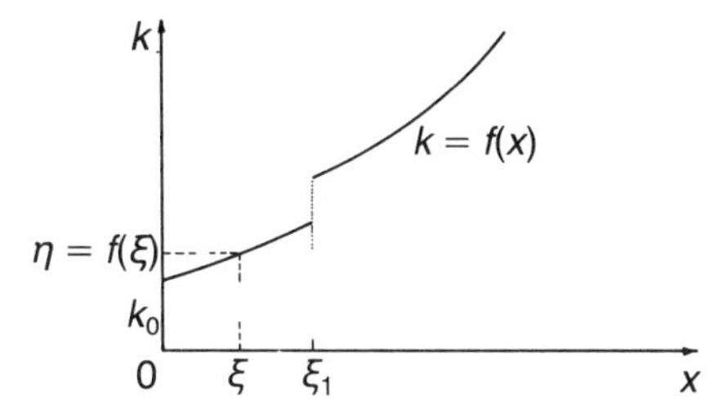

Abb. 4.4: Darstellung einer Kostenkurve $k=f(x)$ mit Fixkosten k_0 und einem Kostensprung an der Stelle $x=\xi_1$

Wir beobachten zunächst das Verhalten der Funktion $k=f(x)$ an einer Stelle $0<\xi<\xi_1$, die zwischen den beiden Sprungstellen liegt. Zu jeder Punktfolge $[x_n]$ des Argumentes, die gegen den Wert ξ strebt, gibt es offensichtlich eine Folge von Funktionswerten $[f(x_n)]$, die gegen den Funktionswert $f(\xi)$ strebt. Dabei ist es gleichgültig, wie man sich dem Wert ξ nähert, in diesem Falle also von rechts oder von links.

Tatsächlich erhält man mit dieser Beobachtung eine Definition für den Grenzwert einer Funktion.

▶ Konvergiert für jede beliebige gegen ξ strebende Folge $[x_n]$ die Folge der Funktionswerte $[f(x_n)]$ gegen η, so bezeichnet man den Wert

$$\eta=\lim_{x\to\xi} f(x)$$

als den *Grenzwert* der Funktion $y=f(x)$ an der Stelle ξ.

Der Grenzwert kann im Falle von Konvergenz $\eta=f(\xi)$ sein; es sind jedoch auch andere Werte möglich.

Für die in der *Abb. 4.4* dargestellte Funktion ergeben sich offenbar überall eindeutige Grenzwerte, außer an den Sprungstellen. Dort nähert man sich verschiedenen Funktionswerten, je nachdem, ob man sich von links oder rechts der Sprungstelle nähert. Die Funktion besitzt an den beiden Sprungstellen, d.h. für $x=0$ und $x=\xi_1$, keinen Grenzwert.

Einseitige Grenzübergänge

Anstelle der nicht durchweg eindeutigen Begriffe „links/rechts" bzw. „unten/oben" hat man in der Mathematik die folgende sehr nützliche Schreibweise eingeführt.

▶ Den einseitigen *Grenzübergang* von *links* (von unten) schreibt man:

$$\lim_{x\to\xi-} f(x)$$

▶ Der einseitige *Grenzübergang* von *rechts* (von oben) lautet:

$$\lim_{x\to\xi+} f(x)$$

▶ Die Funktion $y=f(x)$ besitzt an der Stelle $x=\xi$ einen Grenzwert, wenn die einseitigen Grenzwerte existieren und gleich sind:

$$\lim_{x\to\xi-} f(x)=\lim_{x\to\xi+} f(x)=\lim_{x\to\xi} f(x)$$

Beispiel: Die Funktion $y=f(x)=(2x+4)/(x^2-2x-3)$ besitzt an den folgenden Stellen die nachstehenden Grenzwerte (vgl. *Abb. 3.46*, Abschnitt 3.6.2):

$$\lim_{x\to-\infty} f(x)=0 \qquad \lim_{x\to 3-} f(x)=-\infty$$

$$\lim_{x\to-1-} f(x)=+\infty \qquad \lim_{x\to 3+} f(x)=+\infty$$

$$\lim_{x\to-1+} f(x)=-\infty \qquad \lim_{x\to\infty} f(x)=0$$

$$\lim_{x\to 0} f(x)=-\tfrac{4}{3}$$

Rechenregeln mit Grenzwerten

In dem vorstehenden Beispiel wurde bereits Gebrauch von den folgenden Grenzwertrechenregeln gemacht. Sie zielen im wesentlichen auf die Berechnung der Grenzwerte zusammengesetzter Funktionen.

- Falls $y=f(x)=c$ mit $c=$konstant ist, dann gilt: $\lim\limits_{x\to\xi} f(x)=c$

Es seien die Definitionsbereiche der beiden Funktionen $f(x)$ und $g(x)$ gleich, d.h. $D(f)=D(g)$, und für $\xi\in D(f)$ bzw. $\xi\in D(g)$ mögen die Grenzwerte $\eta=\lim\limits_{x\to\xi} f(x)$ und $\zeta=\lim\limits_{x\to\xi} g(x)$ existieren. Dann gilt:

- $\lim\limits_{x\to\xi}(f(x)+c)=\lim\limits_{x\to\xi} f(x)+c=\eta+c$
- $\lim\limits_{x\to\xi} c\cdot f(x)=c\cdot\eta$
- $\lim\limits_{x\to\xi}(f(x)\pm g(x))=\lim\limits_{x\to\xi} f(x)\pm\lim\limits_{x\to\xi} g(x)=\eta\pm\zeta$
- $\lim\limits_{x\to\xi} f(x)\cdot g(x)=\lim\limits_{x\to\xi} f(x)\cdot\lim\limits_{x\to\xi} g(x)=\eta\cdot\zeta$
- $\lim\limits_{x\to\xi}\dfrac{f(x)}{g(x)}=\dfrac{\lim\limits_{x\to\xi} f(x)}{\lim\limits_{x\to\xi} g(x)}=\dfrac{\eta}{\zeta}$ für $\zeta\neq 0$
- $\lim\limits_{x\to\xi}\sqrt[n]{f(x)}=\sqrt[n]{\lim\limits_{x\to\xi} f(x)}=\sqrt[n]{\eta}$ mit $\eta\geqq 0$

- $\lim\limits_{x \to \xi} (f(x))^n = (\lim\limits_{x \to \xi} f(x))^n = \eta^n$
- $\lim\limits_{x \to \xi} (a^{f(x)}) = a^{\lim\limits_{x \to \xi} f(x)} = a^\eta$
- $\lim\limits_{x \to \xi} \log_a f(x) = \log_a(\lim\limits_{x \to \xi} f(x)) = \log_a \eta \quad$ mit $a > 0,\ \eta > 0$

Stetigkeit von Funktionen

Der Begriff der Stetigkeit einer Funktion steht in einem sehr engen Zusammenhang zur Existenz von Grenzwerten. Anschaulich heißt eine Funktion stetig, wenn sie in einem Zug, d.h. ohne den Stift abzusetzen, zeichenbar ist. Präziser ist die mathematische Definition, die über die Zeichenebene hinaus Gültigkeit besitzt und auch für Funktionen mit mehreren Veränderlichen zu verallgemeinern ist.

▶ Eine Funktion $y = f(x)$ heißt an der Stelle $x = \xi$ ihres Definitionsbereiches $D(f)$ *stetig*, wenn für jede Folge $[x_n]$ mit $\lim\limits_{n \to \infty} x_n = \xi$ gilt:

$\lim\limits_{x \to \xi} f(x) = f(\xi)$ mit $f(\xi) < \infty$

Beispiele: 1. Die Funktion $y = |x|$ ist in allen Punkten ihres Definitionsbereiches $x \in \mathbb{R}$ stetig, d.h. speziell auch im Punkt $x = 0$ (vgl. *Abb. 3.67*, Abschnitt 3.6.5).

2. Auch die Funktion $y = |\sin x|$ ist stetig für alle $x \in \mathbb{R}$, d.h. auch in allen Spitzen (vgl. *Abb. 3.68*, Abschnitt 3.6.5).

In der Mathematik wird eine andere Definition der Stetigkeit bevorzugt, die der von uns gewählten jedoch völlig äquivalent ist. Um die für den Nichtmathematiker ohnehin eher akademisch erscheinende Diskussion der Stetigkeit nicht noch zu komplizieren, sei darauf verzichtet.

Die Definition „mit dem Stift zeichenbar, ohne abzusetzen" ist zwar eine höchst unmathematische, dafür aber sehr einprägsame Charakterisierung der Stetigkeit. Hierin drückt sich die Vorstellung von einem „vernünftigen" Verhalten aus, das man in der Regel von Funktionen erwarten darf, die physikalische, technische, naturwissenschaftliche oder wirtschaftswissenschaftliche Sachverhalte beschreiben. In der Natur gibt es i.allg. keine Sprünge, Polstellen oder Lücken, obwohl die oben erwähnten Preissprünge durch Rabatte, Staffelpreise oder Anlaufkosten auch ökonomisch „vernünftig" sind.

Unstetigkeit von Funktionen

▶ Eine Funktion $y = f(x)$, die in dem Punkt $x = \xi$ nicht stetig ist, heißt dort *unstetig*.

Ergibt sich also bei der Annäherung an den Punkt $x=\xi$ aus verschiedenen Richtungen nicht immer derselbe Grenzwert oder ist der Wert unendlich, so liegt eine Unstetigkeitsstelle vor. Man unterscheidet vier Fälle:

Fall (i): **Sprungstellen**

Die Grenzwerte sind bei Annäherung von rechts und von links endlich, aber unterschiedlich (vgl. *Abb. 4.4*).

Fall (ii): **Polstellen**

Der Funktionswert geht gegen unendlich. Zum Beispiel hat die Funktion $y=1/x$ an der Stelle $x=0$ eine Polstelle, wobei gilt:

$$\lim_{x\to 0-} 1/x = -\infty$$

$$\lim_{x\to 0+} 1/x = +\infty$$

Fall (iii): **Oszillierendes Verhalten**

Es kommt vor, daß eine Funktion an einer bestimmten Stelle $x=\xi$ nicht nur einen, sondern mehrere, u.U. sogar unendlich viele Werte annimmt. Dieses Verhalten wird als oszillierend bezeichnet.

Als Beispiel sei die Funktion $y=\sin(1/x)$ angeführt. Sie schwingt zwischen den Werten $+1$ und -1, wobei bei gleichbleibender Amplitude die Frequenz für $x\to 0$ immer kürzer wird. Beim Grenzübergang

$$\lim_{x\to 0} \sin(1/x)$$

nimmt die Funktion schließlich jeden Wert des Intervalls $-1 \leqq y \leqq +1$ an. Sie ist deshalb unstetig (vgl. *Abb. 4.5*).

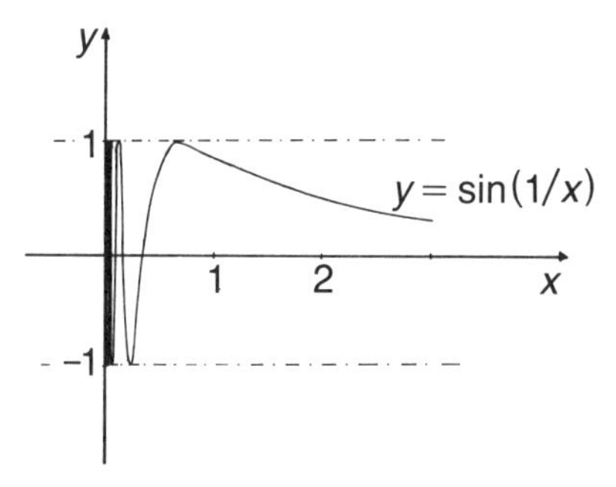

Abb. 4.5: Die Funktion $y=\sin(1/x)$ als Beispiel für oszillierendes Verhalten

Fall (iv): **Lücken (Stetige Ergänzung)**

In manchen Fällen ist eine Funktion an einer Stelle nicht definiert. Als Beispiel betrachte man die Funktion $y=\frac{x^2+3x-10}{(x+5)}$, deren Nenner an der Stelle $x=-5$ gleich null wird. Jedoch wird an der Stelle $x=-5$ auch der Zähler gleich null, so daß die Gesamtfunktion an der Stelle $x=-5$ eine Lücke besitzt. Berechnet man die beiden einseitigen Grenzwerte, so kann man $(x+5)$ im Zähler und Nenner kürzen, weil für $x \neq -5$ diese Ausdrücke ungleich null sind. Man erhält

$$\lim_{x\to -5-} \frac{x^2+3x-10}{(x+5)} = \lim_{x\to -5-} \frac{(x-2)(x+5)}{(x+5)}$$

$$= \lim_{x\to -5-} (x-2) = -7 \quad \text{und}$$

$$\lim_{x\to -5+} \frac{(x-2)(x+5)}{(x+5)} = -7$$

d.h. beide Werte sind gleich. Setzt man $f(-5)=-7$ fest, so heißt die Funktion **stetig ergänzbar.**

► Eine unstetige Funktion heißt an der Stelle $x=\xi$ *stetig ergänzbar*, wenn der Grenzwert $\lim_{x\to\xi} f(x)=\eta$ existiert, obwohl der Funktionswert an der Stelle $x=\xi$ nicht definiert oder ungleich η ist. $f(\xi)=\eta$ ist die stetige Ergänzung.

Eine stetige Ergänzung wird auch als **hebbare** Unstetigkeitsstelle bezeichnet.

4.7 Potenzreihen

Vor den finanzmathematischen Anwendungen soll noch ein interessanter Zusammenhang zwischen einigen im Kapitel 3 behandelten Funktionen und einer speziellen Klasse von Reihen hergestellt werden. Es handelt sich um die Darstellung algebraischer und transzendenter Funktionen durch Potenzreihen. Anhand eines einfachen Beispiels sollen hierzu zunächst einige grundlegende Begriffe eingeführt und danach ohne Beweis verschiedene wichtige **Potenzreihenentwicklungen** erläutert werden. Die Frage „Wie werden eigentlich transzendente Funktionen auf EDV-Anlagen und Taschenrechnern programmiert?“ kann danach ohne Schwierigkeiten beantwortet werden.

Wir kommen zunächst noch einmal auf die im Abschnitt 4.3 diskutierte geometrische Reihe zurück, die wir jetzt unwesentlich modifizieren, indem wir $a_1 = 1$ setzen und q durch das vertraute Symbol x für die unabhängige Veränderliche ersetzen. Ferner transformieren wir den Laufindex i, so daß er bei 0 statt bei 1 beginnt. Wir erhalten dann:

$$s_n = \sum_{i=0}^{n} x^i = \frac{1 - x^{n+1}}{1 - x}$$

Im Abschnitt 4.5 haben wir gelernt, daß diese Reihe unter bestimmten Bedingungen konvergiert, d.h. also gilt:

$$\lim_{n \to \infty} s_n = \sum_{i=0}^{\infty} x^i = \lim_{n \to \infty} \frac{1 - x^{n+1}}{1 - x} = \frac{1}{1 - x} \qquad \text{für alle } |x| < 1$$

Im Geltungsbereich der Konvergenz, d.h. also für $|x| < 1$, können wir die gebrochen rationale Funktion $f(x) = 1/(1 - x)$ folglich durch die unendliche Reihe darstellen:

$$\frac{1}{1 - x} = \sum_{i=0}^{\infty} x^i \qquad \text{für alle } |x| < 1$$

Wir sagen dann auch, die Funktion $f(x) = 1/(1 - x)$ sei in Form einer Potenzreihe entwickelt. Die dargestellte Reihe ist nur eine spezielle Potenzreihe, deren allgemeine Form folgendermaßen lautet.

▶ Die Reihe

$$\sum_{i=0}^{\infty} a_i \cdot x^i = a_0 + a_1 \cdot x + a_2 \cdot x^2 + a_3 \cdot x^3 + \ldots$$

heißt eine *Potenzreihe.*

Konvergenz von Potenzreihen

Das wichtigste Merkmal einer Potenzreihe ist ihre Konvergenz, d.h. ob sie einen endlichen Grenzwert besitzt oder nicht. Am Beispiel der geometrischen Reihe konnten wir erkennen, daß dies für bestimmte Werte von x in diesem speziellen Fall tatsächlich gilt, jedoch nicht uneingeschränkt für alle x. Mithin ist i.allg. nicht nur die Frage, **ob** eine Potenzreihe konvergiert, sondern auch **wo** sie konvergiert und schließlich **welchen** Grenzwert sie besitzt, von Interesse.

Potenzreihen haben die folgenden beiden Eigenschaften.

▶ Konvergiert die Potenzreihe $\sum_{i=0}^{\infty} a_i \cdot x^i$ für einen Wert $x = \xi$, dann *konvergiert* sie für alle Werte $|x| < |\xi|$, und *divergiert* die Reihe für einen Wert $x = \xi$, dann auch für alle Werte $|x| > |\xi|$.

▶ Ist eine Potenzreihe $\sum_{i=0}^{\infty} a_i \cdot x^i$ nicht für alle Werte x konvergent und nicht für alle Werte divergent, dann gibt es genau eine positive Zahl ρ, so daß die Reihe für alle $|x| < \rho$ konvergiert und für alle $|x| > \rho$ divergiert. Für $|x| = \rho$ ist keine Aussage möglich.

Die Zahl ρ heißt der *Konvergenzradius* der Potenzreihe.

Beispiel: Die Potenzreihe $\sum_{i=0}^{\infty} x^i$ besitzt den Konvergenzradius $\rho = 1$, d.h. sie konvergiert für $|x| < 1$ und divergiert für $|x| > 1$. Für $x = 1$ bleibt die Entscheidung offen.

Der Konvergenzradius einer Potenzreihe hängt von den Koeffizienten a_i ab. Zu seiner Berechnung dient der folgende Satz, der dem Quotientenkriterium (vgl. Abschnitt 4.5) entspricht.

▶ Besitzt die Folge $\left[\left|\frac{a_{n+1}}{a_n}\right|\right]$ einen Grenzwert γ, d.h. gilt $\lim_{n\to\infty}\left|\frac{a_{n+1}}{a_n}\right| = \gamma$, so ist der Konvergenzradius der Potenzreihe $\sum_{i=0}^{\infty} a_i \cdot x^i$ gleich $\rho = 1/\gamma$ (mit $\rho = \infty$ für $\gamma = 0$ und $\rho = 0$ für $\gamma = \infty$).

Beispiele: 1. Die Potenzreihe $\sum_{i=0}^{\infty} \frac{x^i}{i!}$ hat den Konvergenzradius $\rho = \infty$:

$$\left|\frac{a_{n+1}}{a_n}\right| = \frac{n!}{(n+1)!} = \frac{1}{n+1}$$

$$\gamma = \lim_{n\to\infty} \frac{1}{n+1} = 0 \to \rho = \infty$$

Die Potenzreihe konvergiert also für alle $x \in \mathbb{R}$.

2. Die Potenzreihe $\sum_{i=0}^{\infty} \frac{x^i}{i}$ hat den Konvergenzradius $\rho = 1$:

$$\left|\frac{a_{n+1}}{a_n}\right| = \frac{n}{n+1} = \frac{1}{1+1/n}$$

$$\gamma = \lim_{n\to\infty} \frac{1}{1+1/n} = 1 \to \rho = 1$$

Die Potenzreihe konvergiert für alle $|x| < 1$.

3. Die Potenzreihe $\sum_{i=0}^{\infty} i! \cdot x^i$ hat den Konvergenzradius $\rho = 0$:

$$\left|\frac{a_{n+1}}{a_n}\right| = \frac{(n+1)!}{n!} = n+1$$

$$\gamma = \lim_{n\to\infty} (n+1) = \infty \to \rho = 0$$

Die Potenzreihe divergiert für alle $x \neq 0$.

Potenzreihenentwicklung von Funktionen

Eine sehr nützliche Eigenschaft einiger Funktionen (bzw. einiger Potenzreihen, ganz wie man es bevorzugt!) ist, daß sie sich innerhalb bestimmter Konvergenzradien in Form von Potenzreihen darstellen lassen. Als Beispiel haben wir die gebrochen rationale Funktion

$$y=f(x)=\frac{1}{1-x}=\sum_{i=0}^{\infty} x^i \qquad \text{für alle } |x|<1$$

kennengelernt. Der Funktionswert ist für Werte $|x|<1$ natürlich gleich dem Grenzwert der Reihe. In den meisten Nachschlagewerken[6] sind noch eine große Zahl anderer rationaler und algebraischer Funktionen mit ihren Potenzreihenentwicklungen tabelliert. Beispiele sind:

- $$(1\pm x)^m = 1 \pm mx + \frac{m\cdot(m-1)}{2!}x^2 \pm \frac{m\cdot(m-1)\cdot(m-2)}{3!}x^3 + \ldots \pm \qquad \text{für } m>0$$
- $$(1\pm x)^{-m} = 1 \mp mx + \frac{m\cdot(m+1)}{2!}x^2 \mp \frac{m\cdot(m+1)\cdot(m+2)}{3!}x^3 + \ldots \mp \qquad \text{für } m>0$$
- $$\sqrt{1+x} = 1 + \frac{1}{2}x - \frac{1\cdot 1}{2\cdot 4}x^2 + \frac{1\cdot 1\cdot 3}{2\cdot 4\cdot 6}x^3 - \frac{1\cdot 1\cdot 3\cdot 5}{2\cdot 4\cdot 6\cdot 8}x^4 + \ldots \qquad \text{für } |x|\leqq 1$$

Für die rationalen und algebraischen Funktionen sind die Potenzreihenentwicklungen jedoch nicht annähernd so interessant wie für transzendente Funktionen. EDV-Anlagen und Taschenrechner kennen im Prinzip nur die Operation „Addition" (und daraus abgeleitet alle anderen Grundrechenarten einschließlich der Wurzelbildung). Wie aber soll eine transzendente Funktion berechnet werden, die nicht auf diese Grundrechenarten zurückführbar ist? Die Antwort lautet: durch Potenzreihenentwicklung! Wenn Sie die Funktion $y=\mathrm{EXP}(x)$ in einer Programmiersprache benützen, oder wenn Sie die Taste e^x Ihres Taschenrechners drücken, so wird ein Unterprogramm aufgerufen, das die Potenzreihe der Exponentialfunktion bis zu einer bestimmten, vorgegebenen Genauigkeit berechnet.

---

[6] Vgl. u.a. *I.N. Bronstein, K.A. Semendjajew:* Taschenbuch der Mathematik.

Die Potenzreihenentwicklungen einiger elementarer transzendenter Funktionen sind nachstehend zusammengestellt.

- Exponentialfunktion

$$e^x = \sum_{i=0}^{\infty} \frac{x^i}{i!} \qquad \text{für alle } |x| < \infty$$

Speziell ergibt sich an der Stelle $x = 1$ die Darstellung der irrationalen Zahl e:

$$e = \sum_{i=0}^{\infty} \frac{1}{i!} = 2{,}71828183\ldots$$

Die Potenzreihe der Exponentialfunktion konvergiert sehr rasch. Um die oben verwendete Genauigkeit zu erreichen, brauchen nur die ersten 12 Glieder der Reihe ausgewertet zu werden. Die ersten Teilsummen sind:

$s_0 = 1$
$s_1 = 1 + 1/1! = 2$
$s_2 = s_1 + 1/2! = 2{,}5$
$s_3 = s_2 + 1/3! = 2{,}666\ldots$
$s_4 = s_3 + 1/4! = 2{,}70833\ldots$
$s_5 = s_4 + 1/5! = 2{,}7166\ldots$
$s_6 = 2{,}718055\ldots$
$s_7 = 2{,}71825397\ldots$
$s_8 = 2{,}71827877\ldots$
$s_9 = 2{,}71828153\ldots$
$s_{10} = 2{,}71828180\ldots$
$s_{11} = 2{,}71828183\ldots$

Auch der natürliche Logarithmus kann durch eine Potenzreihenentwicklung dargestellt werden, die freilich etwas komplizierter ist als die der Exponentialfunktion:

- Logarithmusfunktion

$$\ln x = 2 \cdot \sum_{i=0}^{\infty} \frac{(x-1)^{2i+1}}{(2i+1)(x+1)^{2i+1}}$$

$$= 2 \cdot \left[\frac{x-1}{x+1} + \frac{(x-1)^3}{3(x+1)^3} + \frac{(x-1)^5}{5(x+1)^5} + \ldots\right] \qquad \text{für } x > 0$$

Bedeutsam sind auch die Potenzreihenentwicklungen der trigonometrischen Funktionen:

- Sinusfunktion

$$\sin x = \sum_{i=0}^{\infty} \frac{(-1)^i \cdot x^{2i+1}}{(2i+1)!}$$

$$= x - \frac{x^3}{3!} + \frac{x^5}{5!} - \frac{x^7}{7!} \pm \ldots \qquad \text{für alle } |x| < \infty$$

- Cosinusfunktion

$$\cos x = \sum_{i=0}^{\infty} \frac{(-1)^i \cdot x^{2i}}{(2i)!}$$

$$= 1 - \frac{x^2}{2!} + \frac{x^4}{4!} - \frac{x^6}{6!} \pm \ldots \qquad \text{für alle } |x| < \infty$$

Die Umkehrfunktionen der trigonometrischen Funktionen, die Hyperbelfunktionen und deren Umkehrfunktionen wurden in den vorausgegangenen Kapiteln nicht behandelt. Für sie gibt es ebenfalls Potenzreihenentwicklungen.

4.8 Finanzmathematische Anwendungen von Folgen und Reihen

Als eines der wichtigsten Anwendungsgebiete des Rechnens mit Folgen und Reihen hat sich der Fragenkomplex der Finanzierung im weiteren Sinn herausgebildet, woraus sich als eigenständiges Teilgebiet die Finanzmathematik entwickelt hat. Zwei grundsätzliche Problemstellungen stehen dabei zur Diskussion:

- Welchen Wert hat ein heute nutzbringend angelegtes (eingezahltes) Kapital in der Zukunft?
- Welchen Betrag muß man heute anlegen (einzahlen), damit man in der Zukunft mit einer bestimmten Auszahlung rechnen kann?

Damit derartige Fragen überhaupt einen Sinn ergeben, muß man voraussetzen, daß sich ein Kapital **verzinst.** Sämtliche finanzmathematischen Überlegungen basieren auf der **Zinsrechnung,** die Thema des nächsten Abschnittes ist.

Neben dem schon von frühester Jugend an vertrauten Begriff der Verzinsung – genauer Aufzinsung – wird man mit fortschreitendem Interesse an finanziellen Fragestellungen mit weiteren Begriffen konfrontiert:

- Auf seiner Sitzung am 06. Oktober 2001 beschloß der Zentralbankrat der Deutschen Bundesbank, den **Diskontsatz** um 25 Basispunkte von 4,5 auf 4,75% zu erhöhen. Da sich nun die Refinanzierungskosten der Kreditinstitute verteuern, erwartet man einen weiteren Anstieg der Zinsen für Kredite und Spareinlagen.
- Unsere Steuergesetze erlauben in einigen Fällen, die technische bzw. wirtschaftliche Wertminderung eines Wirtschaftsgutes infolge von Abnutzung oder Alterung steuerlich geltend zu machen. Die buchmäßige Erfassung dieser Wertminderung wird als **Abschreibung** bzw. im Steuerrecht als **AfA** (Absetzung für Abnutzung) bezeichnet.

- **Versicherungen** haben das Ziel, das individuelle Risiko des Einzelnen auf die Gemeinschaft der Versicherten zu verteilen. Seine Kosten, d.h. die Versicherungsprämie, berechnen sich in jedem Fall so, daß die Summe aller Prämien den Erwartungswert aller Versicherungsleistungen decken muß. In vielen Fällen werden Lebensversicherungen abgeschlossen, bei denen eine Auszahlung entweder im Todesfall (Risikoversicherung) oder bei Erreichen einer bestimmten Altersgrenze (Kapitalversicherung) fällig wird. Rechnerisch werden hier tatsächlich beide Versicherungsbestandteile getrennt behandelt. Während die Risikoversicherung im wesentlichen die Sterbetafel berücksichtigt, wird bei der Kapitalversicherung durch die regelmäßigen Prämien ein Kapital eingezahlt und verzinst, das bei Eintritt des Versicherungsfalles den auszuzahlenden Betrag erreicht haben muß. Die Auszahlung kann auf einmal oder als regelmäßig wiederkehrende Zahlung vorgenommen werden. Letzteres wird als **Rente** bezeichnet. Gemeinsam ist Versicherungen und Renten, daß in regelmäßigen Abständen Ein- und Auszahlungen erfolgen, die verzinst oder abgezinst werden.
- Wer sich entscheidet, ein Haus zu bauen, wird auf vielfältige Weise mit finanzmathematischen Fragestellungen konfrontiert. Vielleicht schließt er einen Bausparvertrag ab, der zwei uns interessierende Zahlungsperioden zum Gegenstand hat: Zunächst wird Kapital angespart, i.d.R. in Form eines Ratensparvertrages. Mit der Auszahlung der Bausparsumme wird neben dem angesparten Kapital ein **Kredit** ausgezahlt, d.h. dem Bausparer ein **Darlehen** gegeben, das er in den Folgejahren in Raten tilgen muß. Charakteristisch ist für beide Zahlungsperioden, daß wieder Zinsen anfallen, aus der Sicht des Bausparers in Form von **Habenzinsen** während der Ansparphase und **Sollzinsen** oder Schuldzinsen während der Tilgungsphase.

Von den zuvor erwähnten finanzmathematischen Fragestellungen können hier nur einige wenige, grundlegende Aspekte behandelt werden, wobei wir uns nur auf diejenigen Gebiete beschränken wollen, bei denen Folgen und Reihen eine wesentliche Rolle spielen.[7]

Gemeinsames Merkmal der hier diskutierten Probleme und Lösungen sind regelmäßig wiederkehrende Ein- und/oder Auszahlungen einschließlich der Verzinsung. Daher spielen **Zeitpunkte** (Einzahlungs- und Auszahlungstermine, Zinstermine, Wertstellungstermine usw.) und **Zeitperioden** (Laufzeiten, Zinsperioden, Abschreibungs- und Tilgungszeiten) eine zentrale Rolle. Ein bewährtes Hilfsmittel bei der

---

[7] Zur Vertiefung dieses Gebietes sei auf die Literatur verwiesen. Empfehlenswert ist vor allem das Buch *Caprano, E./Gierl, A.*: Finanzmathematik.

Festlegung dieser Zeitpunkte und Perioden ist der sogenannte Zeitstrahl, auf dem Termine als Punkte und Perioden als Intervalle abgetragen werden. Auf dem Zeitstrahl (vgl. *Abb. 4.6*) kann man zusätzlich zwischen Ein- und Auszahlungen unterscheiden und erhält so einen guten Überblick über die Struktur aller Zahlungsaktivitäten. Durch Abzählen kann man dann in einfacher Weise auf eine geeignete Lösung schließen.

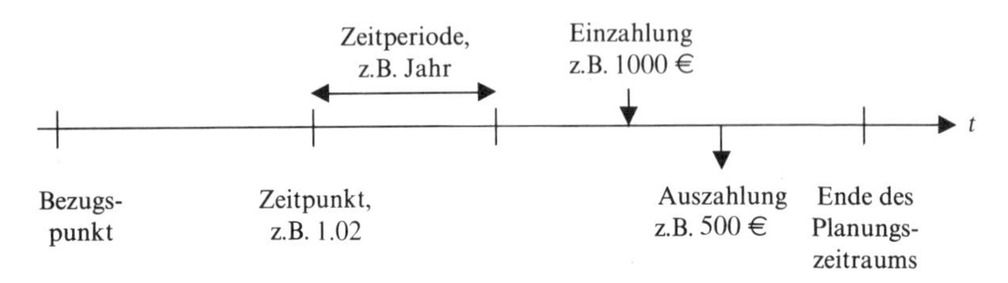

Abb. 4.6: Zeitstrahl mit Markierung der Ein- und Auszahlungen

Einzahlungen sollen auf dem Zeitstrahl im folgenden durch einen Pfeil von oben markiert werden. Insbesondere kann ein Anfangskapital oder ein Anfangsbestand stets als „Einzahlung zum Zeitpunkt 0" angesehen werden. **Auszahlungen** sollen als Pfeil nach unten dargestellt werden. Das Endkapital, der Endbestand oder der Kontostand können jeweils als letzte Auszahlung angesehen werden.

Wichtig ist schließlich noch der **Bezugspunkt** auf dem Zeitstrahl. Hierbei handelt es sich um einen fixierten Zeitpunkt, auf den sich die Verzinsungen beziehen. Er kann in der Gegenwart liegen, dann werden alle zukünftigen Bestände abgezinst, er kann aber auch in der Zukunft liegen, z.B. am Ende des Betrachtungszeitraumes oder auch irgendwo zwischen Beginn und Ende der Laufzeit. Dann werden alle vor dem Bezugspunkt angesammelten Bestände aufgezinst, danach liegende abgezinst. Der Wert des Kapitals zu einem fiktiven Zeitpunkt $t=0$, gleichgültig ob es sich um Bargeld, eine Hypothek, einen Kredit, eine Bankeinlage oder ein Bausparguthaben etc. handelt, wird jeweils in Geldeinheiten gemessen (DM) und als **Barwert** bezeichnet.

4.8.1 Zinsen

Alle finanzmathematischen Betrachtungen basieren auf der Überlegung, daß für ein Kapital Zinsen gezahlt werden. Wir bezeichnen mit:

K_0 = **Anfangskapital**
K_n = **Endkapital** nach n Zinsperioden
p = **Zinsfuß**
i = **Zinssatz** mit $i=p\%=\dfrac{p}{100}$

Als Zinsperiode wird i.d.R. das Kalenderjahr, eingeteilt in 12 Monate mit je 30 Zinstagen, gewählt, es sei denn, es wird ausdrücklich etwas anderes vereinbart.

4.8.1.1 Einfache Verzinsung

Einfache Verzinsung bedeutet, daß nach jeder Zinsperiode die Zinsen in Höhe von i (in Prozent des Anfangskapitals) fällig werden, d.h. in jeder Periode derselbe Zinsbetrag, der sich jeweils auf das Anfangskapital bezieht (vgl. *Abb. 4.7*).

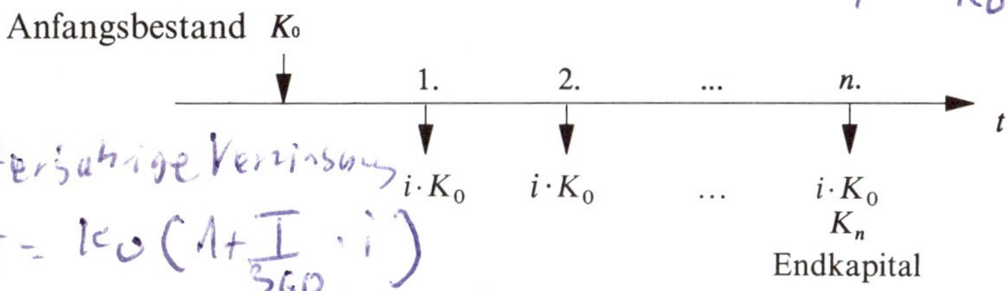

Anfangsbestand K_0

1. 2. ... n. t

$i \cdot K_0$ $i \cdot K_0$ ... $i \cdot K_0$

K_n

Endkapital

Abb. 4.7: Zeitstrahl bei einfacher Verzinsung

▶ Über n Zinsperioden summiert, ergibt sich als Endkapital bei *einfacher* Verzinsung:

$$K_n = K_0 + n \cdot i \cdot K_0 = K_0 \cdot (1 + n \cdot i)$$

Beispiel: Ein Anfangskapital von 5000 € ergibt bei einfacher Verzinsung mit 3% nach 10 Jahren:

$$K_{10} = 5000 \cdot (1 + 10 \tfrac{3}{100}) = 6\,500\ €$$

Einzahlungen, die nicht am Anfang des Jahres vorgenommen werden, werden je Zinstag mit dem entsprechend niedrigeren Zinssatz von $\frac{i}{360}$ verzinst, wobei der Einzahlungstag nicht gerechnet wird, während der Auszahlungstag als Zinstag zählt.

Beispiel: Bareinzahlungen von 1000 € am 17.5.02 und 2000 € am 6.12.02 ergeben bei einem Zinssatz von 3% am Jahresende das Endkapital:

$$K_1 = 1000(1 + 223 \tfrac{1}{360} \tfrac{3}{100}) + 2000(1 + 24 \tfrac{1}{360} \tfrac{3}{100})$$
$$= 3022{,}58\ €$$

▶ Außer dem Endkapital kann man auch das *Anfangskapital* (den Barwert), die *Laufzeit* oder den *Zinssatz* berechnen, wenn jeweils die anderen Größen bekannt sind:

$$K_0 = \frac{K_n}{1 + n \cdot i}$$

$$i = \frac{1}{n} \cdot \left(\frac{K_n}{K_0} - 1 \right)$$

$$n = \frac{1}{i} \cdot \left(\frac{K_n}{K_0} - 1 \right)$$

Beispiele: 1. Wieviel mußte man zum 1.1.02 einzahlen[8], um am 31.12.13 bei einfacher Verzinsung von 5% ein Kapital von 10000 € ausgezahlt zu bekommen?

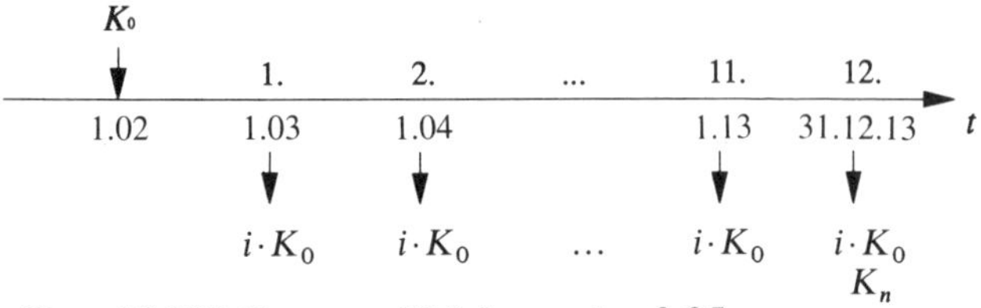

K_0 ↓	1.	2.	...	11.	12.	
1.02	1.03	1.04		1.13	31.12.13	t
	↓	↓		↓	↓	
	$i \cdot K_0$	$i \cdot K_0$	...	$i \cdot K_0$	$i \cdot K_0$ K_n	

$K_n = 10000$ €; $n = 12$ Jahre; $i = 0{,}05$:

$$K_0 = \frac{10000}{1 + 12 \cdot 0{,}05} = 6250,- \text{ €}$$

2. Wie hoch ist der Zinssatz bei einfacher Verzinsung, wenn ein Anfangskapital von 4000 € nach 4 Jahren auf 4600 € angewachsen ist?

$$i = \frac{1}{4} \cdot \left(\frac{4600}{4000} - 1 \right) = 0{,}0375$$

Ein wichtiges Beispiel für die einfache Verzinsung ist die Geldanlage in festverzinslichen Wertpapieren. Erwirbt man z.B. 6%ige Bundesobligationen im Werte von 10000 €, so erhält man jährlich genau 600 € Zinsen. Bei einem Ausgabekurs von 100% und ohne Berücksichtigung von Gebühren ist die **Rendite** oder auch der **Effektivzins bei einfacher Verzinsung** gleich dem **Nominalzins**, zu dem das Papier ausgegeben wurde.

Die tatsächliche Verzinsung ändert sich, sobald der Ausgabekurs ungleich 100% ist und/oder Gebühren bzw. Provisionen anfallen.

Beispiel: Wie hoch ist die Effektivverzinsung beim Erwerb folgender Anleihe:

Nominalwert:	10000 €
Nominalzins:	6%
Ausgabekurs:	98%
Laufzeit:	10 Jahre
Provisionen insgesamt:	1,1% vom Ausgabewert

Die Abrechnung ergibt:
Kurswert: 9800 €; Provisionen: 107,80 €

[8] Die Einzahlung „**zum 1. Januar**“ heißt, daß der Betrag an diesem Tag bereits verzinst wird.

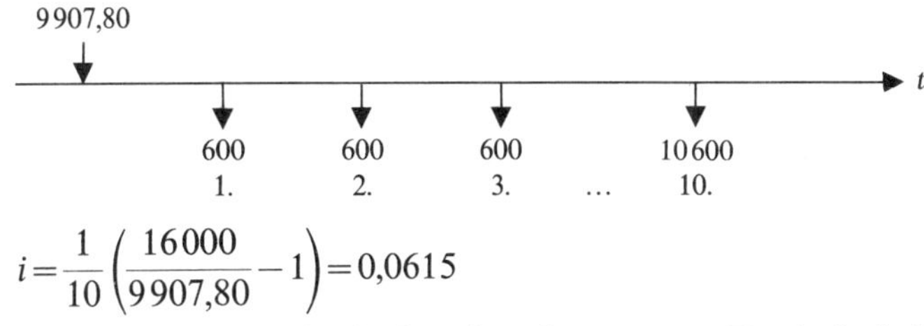

$$i = \frac{1}{10}\left(\frac{16000}{9907{,}80} - 1\right) = 0{,}0615$$

Das heißt, der Effektivzins des eingesetzten Kapitals bei einfacher Verzinsung[9] beträgt 6,15%.

Auch bei Ratenkreditgeschäften ist die Unterscheidung von Nominal- und Effektivzins von entscheidender Bedeutung. Der kleine, aber bedeutsame Unterschied ist, daß die Zinsen nicht selten auf die **Restkaufsumme** und nicht auf die **Restschuld** bezogen werden.

Beispiel: Beim Kauf eines Autos im Wert von 24000 DM müssen 25% angezahlt werden. Für die Restkaufsumme werden monatlich 0,5% Zinsen vereinbart. Zinsen und Tilgungen sollen in 36 gleichen Monatsraten geleistet werden. Wie hoch ist die Effektivverzinsung?

Kaufsumme:	24000 DM
Anzahlung 25%:	6000 DM
Restkaufsumme:	18000 DM
Tilgung monatlich:	500 DM
Zinsen 0,5% von 18000:	90 DM

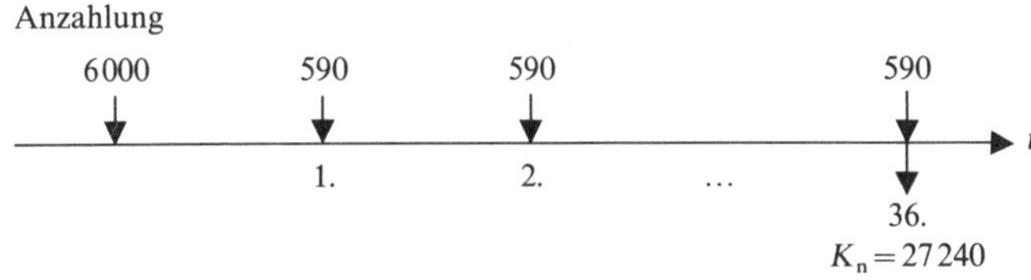

Die Summe der Zinszahlungen beträgt 3240 DM. Bezogen auf die Restschuld ergibt sich:

1. Monat $\frac{90}{18000} = 0{,}5\%$

2. Monat $\frac{90}{17500} = 0{,}514\%$

3. Monat $\frac{90}{17000} = 0{,}529\%$

⋮

36. Monat $\frac{90}{500} = 18\%$ monatlich

---

[9] Man beachte: In der Zinseszinsrechnung wird der Effektivzins berechnet als $\sqrt[n]{K_n/K_0} - 1$ (vgl. Abschnitt 4.8.1.3), während $(1/n)\cdot(K_n/K_0 - 1)$ in diesem Fall als durchschnittlicher Wertzuwachs interpretiert werden kann.

Die Restschulden stellen eine arithmetische Folge mit dem Anfangsglied 18000 und dem Endglied 500 dar. Ihre Summe über 36 Monate beträgt (vgl. Abschnitt 4.3):

$$S=\tfrac{36}{2}(500+18000)=333000$$

Relativ zu dieser Summe errechnet sich der Effektivzins bei einfacher Verzinsung

$$i=\frac{36\cdot 90}{333000}=0{,}973\%\text{ monatlich,}$$

d.h. $i=11{,}68\%$ jährlich.

Seit 1973 sind Kreditgeber verpflichtet, den Effektivzins bei Ratenkreditgeschäften anzugeben.

4.8.1.2 Zinseszinsen

Werden die Zinsen zum Zeitpunkt der Zahlung dem Kapital zugeschlagen und in der nachfolgenden Zinsperiode mitverzinst, so sprechen wir von Zinseszinsen. Bei einem Zinssatz von i wird ein Anfangskapital K_0 nach einer Zinsperiode auf $K_1=K_0\cdot(1+i)$ angewachsen sein. Wird dieses verzinst, so ergeben sich nach weiteren zwei Perioden:

$$K_2=K_1\cdot(1+i)=K_0\cdot(1+i)^2$$

$$K_3=K_0\cdot(1+i)^3$$

► Wird das Anfangskapital über n Zeitperioden verzinst und werden die *Zinsen kapitalisiert*, d.h. dem jeweiligen Kapital zugeschlagen, so ergibt sich das Endkapital:

$$K_n=K_0\cdot(1+i)^n$$

Der Faktor $(1+i)=q$ wird als *Aufzinsungsfaktor* bezeichnet.

Beispiel: Ein Anfangskapital von 5000 DM ergibt nach 10 Jahren bei jährlicher Verzinsung mit 3% und Zuschlag der Zinsen:

$$K_{10}=5000\cdot(1+0{,}03)^{10}=6719{,}58\text{ DM}$$

Im Vergleich zur einfachen Verzinsung erhält man also ein um 219,58 DM höheres Endkapital.

Bei der Zinseszinsrechnung spielt der Zeitpunkt der Gutschrift eine wichtige Rolle. Im Sparverkehr erfolgt sie i.d.R. am Ende des Kalenderjahres, d.h. per 31.12. Den Beginn der Verzinsung bezeichnet man als **Wertstellung**. Welchen Einfluß diese Abgrenzung der Zinsperiode auf die Zinsberechnung hat, kann man leicht an einem einfachen Beispiel nachvollziehen.

Beispiele: 1. $K_0 = 10000$ DM werden zum 1. Mai eingezahlt und sollen genau ein Jahr zu 3% verzinst werden.

$$\text{Verzinsung } K_{31.12.} = K_0 \cdot \left(1 + 8\,\frac{i}{12}\right) \text{ bis 31.12.}$$

$$\text{Verzinsung } K_{30.4.} = K_{31.12.} \cdot \left(1 + 4\,\frac{i}{12}\right) \text{ bis 30.4.}$$

$$K_1 = K_0 \cdot \left(1 + 8\,\frac{i}{12}\right) \cdot \left(1 + 4\,\frac{i}{12}\right) = 10302 \text{ DM}$$

2. $K_0 = 10000$ werden zum 1.10. eingezahlt und am 30.9. des nachfolgenden Jahres abgehoben.

$$\text{Verzinsung } K_{31.12.} = K_0 \cdot \left(1 + 3\,\frac{i}{12}\right)$$

$$\text{Verzinsung } K_{30.9.} = K_{31.12.} \cdot \left(1 + 9\,\frac{i}{12}\right)$$

$$K_1 = K_0 \cdot \left(1 + 3\,\frac{i}{12}\right) \cdot \left(1 + 9\,\frac{i}{12}\right) = 10301{,}69 \text{ DM}$$

3. Wo liegt der günstigste Zeitpunkt der Einzahlung bei jährlicher Zinsabrechnung? Man kann vermuten und mit Hilfe der Differentialrechnung (vgl. Abschnitt 6.3) auch nachweisen, daß der günstigste Einzahlungszeitpunkt genau in der Jahresmitte liegt:

$$K_1 = K_0 \cdot \left(1 + 6\,\frac{i}{12}\right)^2 = 10302{,}25 \text{ DM}$$

Mit Hilfe der sogenannten **Zinseszinsformel**

$$K_n = K_0 \cdot (1 + i)^n = K_0 \cdot q^n$$

lassen sich weitere abgeleitete Fragestellungen beantworten.

Berechnung des Barwertes

Legt man den Bezugspunkt an das Ende des Zinszeitraumes, so kann man vom Endkapital auf das Anfangskapital schließen. Statt des Zinszuschlages muß nun ein Zinsabschlag berücksichtigt werden. Man sagt, das Kapital werde auf einen früheren Zeitpunkt hin **abgezinst** oder diskontiert. Der **Abzinsungs-** oder **Diskontierungsfaktor** ist der Faktor, der die Verzinsung genau rückgängig macht, d.h. der reziproke Zinsfaktor.

▶ Der *Barwert* eines über n Zinsperioden abgezinsten Kapitals beträgt:

$$K_0 = K_n \cdot \frac{1}{(1+i)^n} = K_n \cdot v^n$$

Der Faktor $v = \frac{1}{q} = \frac{1}{1+i}$ wird als *Diskontierungsfaktor* bezeichnet.

Beispiel: Am Ende der 10. Zinsperiode ist ein Kapital bei einem Zinssatz von 4% auf das Endkapital von 8800 DM angewachsen. Welches Anfangskapital wurde ursprünglich eingezahlt?

$$K_0 = \frac{K_n}{(1+i)^n} = \frac{8\,800}{(1+0{,}04)^{10}} = 5\,944{,}96 \text{ DM}$$

Berechnung des Zinssatzes

Als weitere Ableitungsmöglichkeit kann man den Zinssatz aus Anfangs- und Endkapital sowie der Laufzeit in ganzen Zinsperioden berechnen:

$$q^n = K_n / K_0$$

$$q = \sqrt[n]{K_n / K_0}$$

$$q = (1+i) = \sqrt[n]{K_n / K_0}$$

$$i = -1 + \sqrt[n]{K_n / K_0}$$

▶ Aus Anfangs- und Endkapital ergibt sich bei Verzinsung über n Zinsperioden der *Zinssatz*:
$i = -1 + \sqrt[n]{K_n / K_0}$

Beispiel: Ein nach 7 Jahren auf $K_n = 7\,325{,}24$ DM angewachsenes Anfangskapital von 5500 DM wurde zum Zinssatz von

$$i = -1 + \sqrt[7]{7\,325{,}24 / 5\,500} = 0{,}0418$$

verzinst. Tatsächlich ist $K_7 = 7\,325{,}24$ DM.

Berechnung der Laufzeit

▶ Die *Laufzeit* beträgt bei gegebenen Größen K_0, K_n und i:

$$n = (\ln K_n - \ln K_0) / \ln q$$

Beispiel: Nach wieviel Jahren verdoppelt sich ein mit 6% p.a. verzinstes Anfangskapital von K_0?

$K_n = 2K_0 = K_0 \cdot (1+i)^n$:

$$n = \frac{(\ln 2K_0 - \ln K_0)}{\ln q} = \frac{\ln \dfrac{2K_0}{K_0}}{\ln q} = \frac{\ln 2}{\ln(1{,}06)} = 11{,}9 \text{ Jahre}$$

4.8.1.3 Unterjährige und stetige Verzinsung

Wir sind bislang von dem Kalenderjahr als Bemessungsgrundlage der Einlagenverzinsung per 31.12. ausgegangen, wie es bei Banken und Sparkassen üblich ist. Der Zinssatz von p% p.a. (per annum) besagt, daß innerhalb des Kalenderjahres eine einfache Verzinsung nach Zinstagen mit Wertstellung am 31.12. erfolgt.

Eine **unterjährige Verzinsung** liegt vor, wenn der Zinszuschlag halbjährlich, vierteljährlich, monatlich oder in noch kleineren Zinsperioden erfolgt. Bankinstitutionen, Bausparkassen und Versicherungen nehmen die Wertstellung von Kreditzinsen bei Hypothekendarlehen häufig quartalsweise vor.

Beispiele:

1. Ein Kapital von 5000 DM soll 10 Jahre lang vierteljährlich mit 0,75% verzinst werden. Welches Endkapital ergibt sich?

   $K_{10} = K_0 \cdot (1+0{,}0075)^{40} = 6741{,}74$ DM

2. Welchem effektiven Jahreszins würde dies bei jährlicher Verzinsung entsprechen?

   $K_0 \cdot q^{10} = 6741{,}74$ DM

   $$q^{10} = \frac{6741{,}74}{5000}$$

   $$q = \sqrt[10]{\frac{6741{,}74}{5000}} = (1+i)$$

   $$i = \sqrt[10]{\frac{6741{,}74}{5000}} - 1 = 0{,}03034$$

   $p_{\text{eff}} = 3{,}034\,\%$

Nimmt man die Verzinsung monatlich mit $p_m = \frac{3}{12}$ oder gar täglich mit $p_t = \frac{3}{360}$ vor, so ergeben sich

$K_{10} = K_0 \cdot (1{,}0025)^{120} = 6746{,}77$

mit

$$p_{\text{eff}} = \left(\sqrt[10]{\frac{6746{,}77}{5000}} - 1\right) \cdot 100 = 3{,}042\%$$

bzw.

$K_{10} = K_0 \cdot (1{,}000083)^{3600} = 6\,749{,}20$

und

$p_{\text{eff}} = 3{,}0453\,\%$.

Verkleinert man die Länge der Zinsperioden auf den n-ten Teil eines Jahres und vergrößert man somit ihre Anzahl auf n, so erhält man als allgemeinen Ausdruck für das Endkapital nach t Jahren:

$$K_t = K_0 \cdot \left[\left(1 + \frac{i}{n}\right)^n\right]^t$$

Setzt man $\frac{i}{n} = \frac{1}{x}$, d.h. $n = i \cdot x$, so ergibt sich:

$$K_t = K_0 \cdot \left[\left(1 + \frac{1}{x}\right)^x\right]^{i \cdot t}$$

Beim Grenzübergang $x \to \infty$, d.h. zu „unendlich vielen unendlich kleinen" Zinsperioden ergibt sich unter Benutzung der Formel $e = \lim\limits_{x \to \infty} \left(1 + \frac{1}{x}\right)^x$ die stetige Verzinsung.

► Ein Anfangskapital K_0 wächst bei *stetiger Verzinsung* von $p\%$ in der Zeit t auf $K_t = K_0 \cdot e^{p \cdot t/100} = K_0 \cdot e^{i \cdot t}$

Die Zeiteinheiten von t (Tage, Monate, Jahre) müssen den Perioden entsprechen, für die der Zinssatz angegeben ist.

Beispiel: Mit $K_0 = 5000$ DM ergibt sich bei stetiger Verzinsung nach 10 Jahren:

$K_{10} = 5000 \cdot e^{0{,}03 \cdot 10} = 6\,749{,}29$

Dies entspricht einer effektiven jährlichen Verzinsung von:

$$i = \sqrt[10]{\frac{6\,749{,}29}{5000}} - 1 = 0{,}03045$$

$p_{\text{eff}} = 3{,}0455\,\%$.

Um die Auswirkungen der unterschiedlich langen Zinsperioden abschließend zu verdeutlichen, sind in der nachfolgenden *Tab. 4.2* die verschiedenen Beispiele mit $K_0 = 5000$ DM, $i = 0{,}03$ p.a. und $n = 10$ Jahre zusammengefaßt. Berechnet sind jeweils das Endkapital sowie der Effektivzinsfuß bei jährlicher Verrechnung.

Art der Verzinsung	K_{10}	p_{eff}
einfache Verzinsung	6500,–	2,658
jährliche Verzinsung	6719,58	3
halbjährliche Verzinsung	6734,28	3,023
vierteljährliche Verzinsung	6741,74	3,034
monatliche Verzinsung	6746,77	3,042
tägliche Verzinsung	6749,20	3,0453
stetige Verzinsung	6749,29	3,0455

Tab. 4.2: Einfluß der Zinsperiode bei der Zinseszinsrechnung

4.8.1.4 Verzinsung bei Ratenverträgen

Bei der Zinsrechnung kann man sich i.d.R. nicht auf **eine** Ein- oder Auszahlung beschränken, sondern man muß als Regelfall mit mehreren Ein- und Auszahlungen zu verschiedenen Zeitpunkten rechnen. Von besonderer Bedeutung sind dabei Zahlungen, die in regelmäßigen Abständen vorgenommen werden und/oder bei denen es sich um die gleichen Beträge handelt. Wir wollen sie zunächst allgemein als **Ratenverträge** bezeichnen. Später werden wir den Rentenbegriff einführen und schließlich erkennen, daß die grundlegenden Methoden von Abschreibungen, Finanzierungen und Tilgungen auf diesen Methoden der Zinseszins- und Rentenrechnung basieren.

Ratenzahlungen werden fortan mit r gekennzeichnet.

Beispiel: Welches Kapital hat sich bis Ende 2007 angesammelt, wenn jeweils folgende Einzahlungen vorgenommen werden?

zum 1. 1. 03 1000 €
zum 1. 1. 04 2000 €
zum 1. 1. 05 4000 €
zum 1. 1. 06 1000 €
zum 1. 1. 07 2000 €

Das angesparte Kapital wird jährlich mit 3% verzinst.

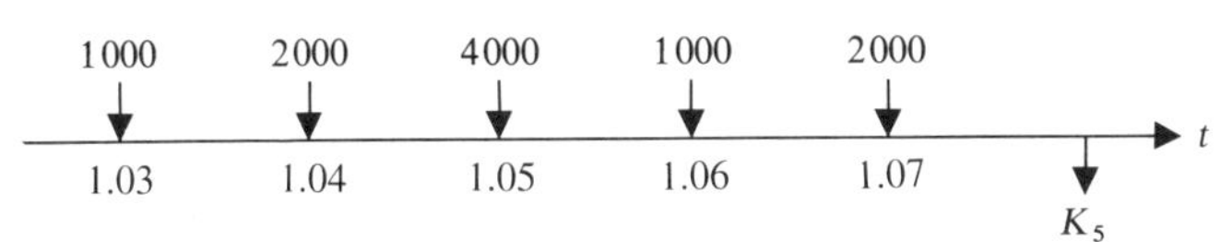

$K_5 = 1000\,q^5 + 2000\,q^4 + 4000\,q^3 + 1000\,q^2 + 2000\,q$

Nach dem *Horner*-Schema (vgl. Abschnitt 3.6.1) erhalten wir:

$$K_5 = [(\{[(1000 \cdot q + 2000) \cdot q] + 4000\} \cdot q + 1000) \cdot q + 2000] \cdot q$$

$K_5 = 10902{,}10$ €

Nur unwesentlich komplizierter wird die Lösung, wenn man zusätzliche unterjährige Zahlungen und verschiedene Zinssätze zuläßt. Erheblich einfacher wird dagegen die Fragestellung, wenn die Einzahlungen in ihrer Höhe konstant sind.

Es soll jeweils zu Beginn eines Jahres dieselbe Rate r eingezahlt werden. Welches Kapital ergibt sich bei einem Zinssatz von i am Ende des n-ten Jahres?

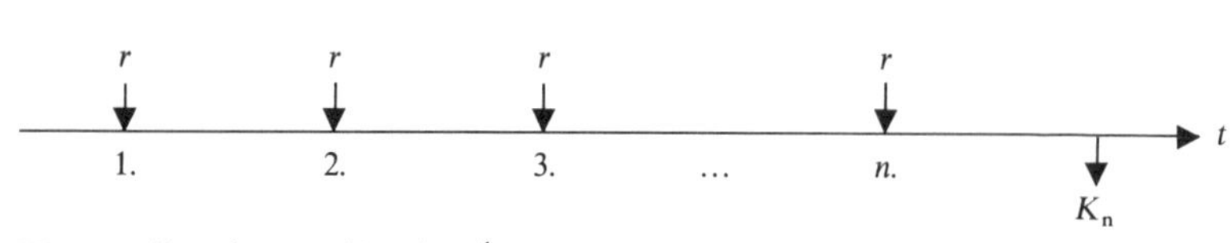

$$\begin{aligned} K_n &= r \cdot (1+i)^n + r \cdot (1+i)^{n-1} + \ldots + r \cdot (1+i) \\ &= r \cdot q^n + r \cdot q^{n-1} + \ldots + r \cdot q \\ &= r \cdot q \cdot \{1 + q + \ldots + q^{n-1}\} \end{aligned}$$

In der geschweiften Klammer steht das n-te Glied der geometrischen Reihe (vgl. Abschnitt 4.3) mit:

$$s_n = 1 + q + \ldots + q^{n-1} = \frac{1-q^n}{1-q}$$

► Als *Endwert* einer Ratenzahlung bei *nachschüssiger* Verzinsung ergibt sich:

$$K_n = r \cdot q \cdot \frac{1-q^n}{1-q} \quad \text{mit} \quad q = (1+i) \neq 1$$

Beispiel: In einem Bausparvertrag werden jeweils zum 1. Januar 2000 DM eingezahlt. Welches Kapital wurde bei 2,5%iger Verzinsung nach 7 Jahren angespart?

$n = 7$ Jahre; $r = 2000$ DM; $q = 1{,}025$:

$$K_7 = 2000 \cdot 1{,}025 \cdot \frac{1-1{,}025^7}{1-1{,}025} = 15472{,}23 \text{ DM}$$

Je nach Fragestellung läßt sich die Formel auch nach den anderen Variablen auflösen.

► Die Höhe der *Rate* r bei gegebenem Endwert, Laufzeit und Verzinsung beträgt:

$$r = \frac{K_n}{q} \cdot \frac{1-q}{1-q^n}$$

► Die *Laufzeit* n bei gegebenem Endwert, Rate und Verzinsung beträgt:

$$n = \ln(1 - K_n \cdot [1-q]/r \cdot q)/\ln q$$

Um vom Endwert, der Laufzeit und der Rate auf die Verzinsung zu schließen, muß man die Nullstellen eines Polynoms $(n+1)$-ten Grades lösen:

$$q^{n+1} - \frac{K_n + r}{r} \cdot q + \frac{K_n}{r} = 0$$

Das ist nur näherungsweise, z.B. mit Hilfe des *Newton*-Verfahrens (vgl. Abschnitt 6.5), möglich.

Beispiele: 1. Welche Jahresrate r muß man einzahlen, wenn man bei 2% Zins 40% eines Bausparvertrages über 50000 DM nach 6 Jahren angespart haben möchte?

$K_6 = 20000$ DM; $q = 1{,}02$; $n = 6$ Jahre:

$$r = \frac{20000}{1{,}02} \cdot \frac{1 - 1{,}02}{1 - 1{,}02^6} = 3108{,}35 \text{ DM}$$

2. Wie lange muß man sparen, um bei Einzahlung von jährlich 2000 DM einen Vertrag über 30000 DM zu 40% angespart zu haben?

$K_n = 12000$ DM; $q = 1{,}02$; $r = 2000$ DM:

$$n = \ln(1 - 12000[1 - 1{,}02]/2000 \cdot 1{,}02)/\ln 1{,}02$$
$$= 5{,}62 \text{ Jahre}$$

4.8.1.5 Abschreibungen

Die buchmäßige Erfassung der Wertminderung eines Wirtschaftsgutes wird als Abschreibung bezeichnet. Die Abschreibung kann sich über die Zeit der wirtschaftlichen Nutzungsdauer erstrecken oder über einen bestimmten Zeitraum. Dem Prinzip nach wird in Abschreibungsperioden (i.d.R. Jahre) der Wert des Wirtschaftsgutes um eine Abschreibungsrate korrigiert, d.h. diese Rate wird abgezogen.

Wir bezeichnen mit:

K_0 = **Nennwert** (Anschaffungswert)

n = **Nutzungsdauer**

r_k = **Abschreibungsrate** im k-ten Jahr

K_k = **Buchwert** (nach k Perioden)

K_n = **Restwert**

Man unterscheidet verschiedene Abschreibungsarten:

- lineare Abschreibung
- geometrisch degressive Abschreibung
- arithmetisch degressive (oder digitale) Abschreibung

Vom Prinzip her basiert die Abschreibungsrechnung auf der Zinsrechnung.

Lineare Abschreibung

Bei der linearen Abschreibung wird die Differenz zwischen Nennwert und Restwert in n gleichen Raten r abgeschrieben:

$$r=\frac{K_0-K_n}{n}$$

► Der *Restwert* am Ende des k-ten Jahres beträgt bei *linearer Abschreibung:*

$$K_k=K_0-k\cdot\frac{K_0-K_n}{n}=K_0\cdot\left(1-\frac{k}{n}\right)+\frac{k}{n}\cdot K_n$$

Geometrisch degressive Abschreibung

Bei Wirtschaftsgütern, die in den ersten Jahren einen relativ hohen Wertverlust erfahren, der in den Folgejahren dann immer geringer wird, ist die degressive Abschreibungsform die geeignetere.

Wählt man z.B. einen festen Prozentsatz $i=p\%$ des Restwertes als Abschreibungsrate, so ergibt sich der folgende **Abschreibungsplan.**

Jahr	Abschreibung	Restwert am Ende des k-ten Jahres
0	–	K_0
1	$r_1=K_0\cdot i$	$K_1=K_0-K_0\cdot i=K_0\cdot(1-i)$
2	$r_2=K_1\cdot i$	$K_2=K_1-K_1\cdot i=K_1\cdot(1-i)=K_0\cdot(1-i)^2$
$\vdots$	$\vdots$	$\vdots$
k	$r_k=K_{k-1}\cdot i$	$K_k=K_{k-1}\cdot(1-i)=K_0\cdot(1-i)^k$

Tab. 4.3: Abschreibungsplan bei geometrisch degressiver Abschreibung

Die Abschreibungsrate wird also immer kleiner. Sie beträgt:

$$r_k=K_{k-1}\cdot i=K_{k-2}\cdot(1-i)\cdot i=\ldots=K_0\cdot(1-i)^{k-1}\cdot i$$

Wegen

$$K_k/K_{k-1}=1-i \quad (=\text{konstant})$$

handelt es sich beim Restwert um die Glieder einer **geometrischen** Folge (vgl. Abschnitt 4.2). Die Abschreibungsform wird daher auch geometrisch degressiv genannt.

▶ Der *Restwert* der *geometrisch degressiven* Abschreibung lautet am Ende des k-ten Jahres:

$$K_k = K_{k-1} \cdot (1-i) = K_0 \cdot (1-i)^k$$

Die *Abschreibungsrate* im k-ten Jahr ist:

$$r_k = K_{k-1} \cdot i = K_0 \cdot (1-i)^{k-1} \cdot i$$

Der Restwert kann hierbei nie gleich null werden.

Beispiel: Eine EDV-Anlage im Werte von 40000 DM kann jährlich mit 13% vom Restwert abgeschrieben werden. Welches sind die Abschreibungsrate und der Restwert am Ende des vierten Jahres?

$$K_0 = 40000 \text{ DM}; \quad i = 0{,}13; \quad 1-i = 0{,}87:$$

$$r_4 = K_0 \cdot (1-i)^3 \cdot i = 3424{,}22 \text{ DM}$$

$$K_4 = K_0 \cdot (1-i)^4 = 22915{,}90 \text{ DM}$$

Arithmetisch degressive (digitale) Abschreibung

Verringern sich die Abschreibungsraten von Jahr zu Jahr um einen festen Betrag d, d.h. gilt

$$r_{k+1} = r_k - d,$$

so führt das Bildungsgesetz auf die Folge der Abschreibungsraten:

$$r_1, \quad r_1 - d, \quad r_1 - 2d, \ldots$$

Es handelt sich hierbei um eine arithmetische Folge.

Der Restwert nach k Jahren lautet:

$$K_k = K_0 - \{r_1 + (r_1 - d) + (r_1 - 2d) + \ldots + (r_1 - (k-1) \cdot d)\}$$

In der geschweiften Klammer steht das k-te Glied der entsprechenden arithmetischen Reihe mit der Summe:

$$K_k = K_0 - \frac{k}{2} \cdot [r_1 + r_1 - (k-1) \cdot d]$$

▶ Der *Restwert* der *arithmetisch degressiven* (oder *digitalen*) Abschreibung nach k Jahren mit r_1 als erster Abschreibungsrate und d als dem Minderungsbetrag der Abschreibungsrate lautet:

$$K_k = K_0 - \frac{k}{2} \cdot [2r_1 - (k-1) \cdot d]$$

Beispiel: Eine EDV-Anlage im Wert von 40000 DM soll im 1. Jahr mit 12000 DM abgeschrieben werden. Die Abschreibungsrate soll jährlich um 2000 DM sinken. Welcher Restwert ergibt sich nach 4 Jahren?

$K_0 = 40000$ DM; $k = 4$ Jahre; $r_1 = 12000$ DM;

$d = 2000$ DM:

$K_4 = 4000$ DM

Aus der Restwertformel erhält man bei n Abschreibungsperioden für $k = n$:

$$K_0 - K_n = r_1 \cdot n - \frac{n \cdot (n-1) \cdot d}{2}$$

$$d = \frac{2 \cdot (r_1 \cdot n + K_n - K_0)}{n \cdot (n-1)}$$

Für eine degressive Abschreibung muß $d \geqq 0$ sein, d.h. für die Anfangsrate muß gelten:

$$r_1 \cdot n + K_n - K_0 \geqq 0$$

$$r_1 \geqq \frac{K_0 - K_n}{n}$$

Die erste Rate sollte also nicht kleiner sein als die Rate bei linearer Abschreibung (= rechte Seite der Ungleichung!).

Andererseits soll auch die letzte Abschreibung nicht negativ sein, d.h. $r_n \geqq 0$.

$$r_n = r_1 - (n-1) \cdot d \geqq 0$$

$$r_1 - (n-1) \cdot \frac{2}{n \cdot (n-1)} \cdot (r_1 \cdot n + K_n - K_0) \geqq 0$$

$$-r_1 + 2 \frac{(K_0 - K_n)}{n} \geqq 0$$

$$r_1 \leqq 2 \frac{K_0 - K_n}{n}$$

Die erste Rate sollte also auch nicht größer als das Doppelte der linearen Abschreibungsrate sein.

► Die *erste Abschreibungsrate* bei arithmetisch degressiver Abschreibung muß mindestens gleich der linearen und darf höchstens gleich der doppelten linearen Rate sein:

$$\frac{K_0 - K_n}{n} \leqq r_1 \leqq 2 \frac{K_0 - K_n}{n}$$

4.8.2 Renten

Beim Sparen ist charakteristisch, daß Einzahlungen vorgenommen werden, die sich verzinsen. Der Bezugspunkt der Betrachtungsweise fällt mit dem Zeitpunkt der Einzahlung zusammen, und man interessiert sich i.d.R. für das Endkapital an einem beliebig wählbaren zukünftigen Zeitpunkt. Renten sind regelmäßig wiederkehrende Auszahlungen. Hier besteht die Aufgabe, den Gesamtwert aller Auszahlungen auf einen bestimmten Bezugspunkt hin abzuzinsen, zu diskontieren. Der Barwert einer Rente muß an diesem (wieder fiktiven) Bezugspunkt eingezahlt werden oder bis zu diesem Termin angespart sein.

Eine Rente ist eine auf eine Zeitperiode bezogene einzelne Auszahlung, z.B. eine Jahresrente. Üblich sind jedoch auch hier unterjährige Zahlungsweisen. Je nachdem, zu welchem Zeitpunkt innerhalb der zugehörigen Zeitperiode die Rente zur Auszahlung kommt, unterscheidet man zwischen einer **vorschüssigen** Rente, wenn sie am Anfang, und einer **nachschüssigen** Rente, wenn sie am Ende des zugehörigen Zeitintervalls ausgezahlt wird. Analog zur Zinsrechnung wählen wir folgende Bezeichnungen:

R_0 = **Rentenbarwert** (zum Zeitpunkt $t=0$)

R_n = **Rentenendwert** nach n Rentenzahlungen

r = **nachschüssige** Rente

r' = **vorschüssige** Rente

4.8.2.1 Nachschüssige Rente

Eine Rente r wird über n Jahre jeweils am Ende des Jahres ausgezahlt. Welches ist der Barwert dieser Rente bei einem Zinssatz i?

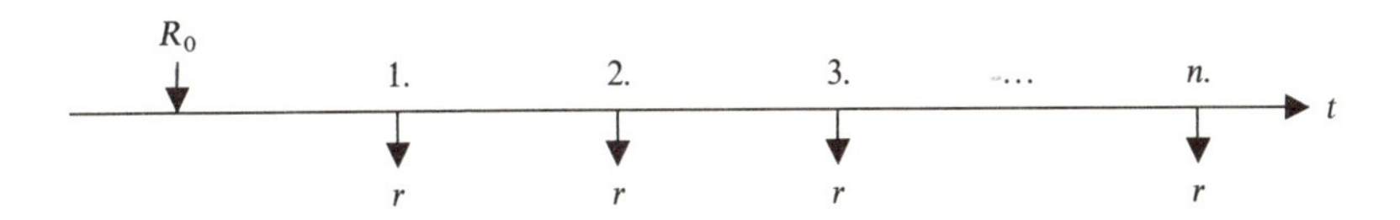

Alle Renten werden auf den Zeitpunkt $t=0$ abgezinst.

Mit dem Diskontierungsfaktor $v=\frac{1}{q}=\frac{1}{1+i}$ erhält man:

$$\begin{aligned} R_0 &= r \cdot v + r \cdot v^2 + r \cdot v^3 + \ldots + r \cdot v^n \\ &= r \cdot v \cdot \{1 + v + \ldots + v^{n-1}\} \end{aligned}$$

Der Ausdruck in der geschweiften Klammer ist wieder das n-te Glied der geometrischen Reihe mit

$$s_n = 1 + v + \ldots + v^{n-1} = \frac{1-v^n}{1-v},$$

so daß gilt:

► Der *Barwert* der *nachschüssigen* Rente über n Jahre ist:

$$R_0 = r \cdot v \cdot \frac{1-v^n}{1-v}$$

Beispiel: Wieviel kostet eine Rente von jährlich 12000 DM, zahlbar nachschüssig über 15 Jahre bei einem Zinssatz von $i = 0{,}05$?

$$r = 12000 \text{ DM}; \quad n = 15 \text{ Jahre}; \quad v = \frac{1}{1{,}05} = 0{,}9524:$$

$$R_0 = 124\,555{,}90 \text{ DM}$$

4.8.2.2 Vorschüssige Rente

Eine **vorschüssig** zahlbare Rente wird bereits am Anfang der Bezugsperiode ausgezahlt. Dadurch kommen alle Rentenzahlungen eine Periode früher zur Auszahlung; die vorschüssige Rente ist deshalb stets teurer als die nachschüssige. Die entsprechenden Symbole sind bei der vorschüssigen Rente jeweils mit einem Strich gekennzeichnet:

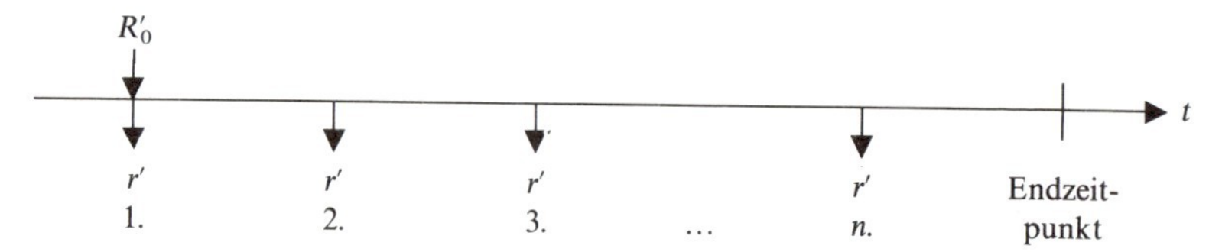

$$R'_0 = r' + r' \cdot v + r' \cdot v^2 + \ldots + r' \cdot v^{n-1}$$
$$= r' \cdot \{1 + v + v^2 + \ldots + v^{n-1}\}$$

► Der *Barwert* der *vorschüssigen* Rente beträgt:

$$R'_0 = r' \cdot \frac{1-v^n}{1-v}$$

Beispiel: Was kostet eine vorschüssige Rente von $r' = 12000$ DM bei einem Zinssatz von $i = 0{,}05$, die über 15 Jahre ausgezahlt wird?

$$R'_0 = 130\,783{,}69 \text{ DM}$$

Die Differenz zwischen nachschüssiger und vorschüssiger Zahlweise beträgt bei den letzten beiden Beispielen also

$$R'_0 - R_0 = 6\,227{,}79 \text{ DM}.$$

Sowohl bei der nachschüssigen als auch bei der vorschüssigen Rente kann man vom Barwert auch auf die anderen Größen schließen:

▶ Die *nachschüssige Rente* beträgt:

$$r = \frac{R_0}{v} \cdot \frac{1-v}{1-v^n}$$

▶ Die *Laufzeit* einer nachschüssigen Rente beträgt:

$$n = \ln(1 - R_0 \cdot [1-v]/r \cdot v)/\ln v$$

▶ Für die Bestimmung des *Zinssatzes* muß man bei der nachschüssigen Rente die Nullstellen des folgenden Polynoms bestimmen:

$$v^{n+1} - (1 + R_0/r) \cdot v + R_0/r = 0$$

Die entsprechenden Formeln für die *vorschüssige* Rente lauten:

▶ $r' = R'_0 \cdot \frac{1-v}{1-v^n}$

▶ $n = \ln(1 - R'_0 \cdot [1-v]/r')/\ln v$

▶ $v^n - (R'_0/r') \cdot v + (R'_0 - r')/r' = 0$

Beispiele: 1. Wie hoch ist eine 20 Jahre nachschüssig zahlbare Rente, wenn zu Beginn des 1. Jahres ein Lottogewinn in Höhe von 200000 DM bei 6%iger Verzinsung angelegt wird?

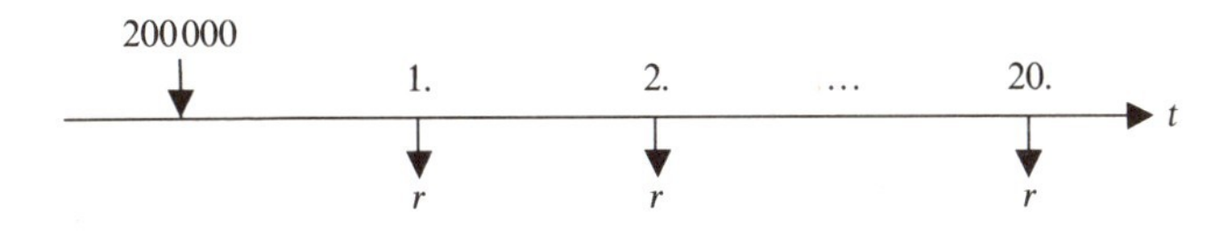

$$R_0 = 200000\text{ DM}; \quad v = \frac{1}{1{,}06} = 0{,}9434;$$

$n = 20$ Jahre:

$r = 17436{,}91$ DM

2. Wieviel Jahre kann eine nachschüssige Rente in Höhe von 12000 DM gezahlt werden, wenn 100000 DM bei einem Zinssatz von 6% eingezahlt wurden?

$$R_0 = 100000\text{ DM}; \quad r = 12000\text{ DM}; \quad v = \frac{1}{1{,}06}:$$

$$n = \frac{\ln\left(1 - \frac{100000 \cdot (1 - 0{,}9434)}{12000 \cdot 0{,}9434}\right)}{\ln 0{,}9434} = 11{,}9 \text{ Jahre}$$

Rentenrechnungen lassen sich in vielfacher Weise gestalten:

- Der Barwert einer Rente wird nicht auf einmal eingezahlt, sondern in Raten angespart.
- Zwischen der Ansparphase und der Auszahlung der 1. Rente kann eine Ruhephase vereinbart sein, in der weder etwas eingezahlt noch ausgezahlt wird.
- Die vereinbarten Zinssätze können während der verschiedenen Phasen verschieden sein.
- Die Fälligkeit (vorschüssig, nachschüssig) der Rente kann gewechselt werden.

Im folgenden sind zwei Beispiele hierfür ausgeführt, die die Ausgestaltungsvielfalt derartiger Rentenverträge illustrieren sollen.

Beispiele: 1. Herr K. wird demnächst 32 Jahre alt. Er entschließt sich, ab 1. 1. 2003 über 20 Jahre jährlich 2400 € mit fest vereinbartem Zins von 4% p.a. zu sparen. In den folgenden 8 Jahren (ab 1. Januar 2023) wird das angesparte Guthaben zu 6% festgelegt. Ab 1. 1. 2031 soll jeweils am 1. Januar eine Jahresrente über 15 Jahre ausgezahlt werden. Für diese Zeit ist ein Zins von 5% vereinbart. Mit welcher Rente kann Herr K. rechnen?

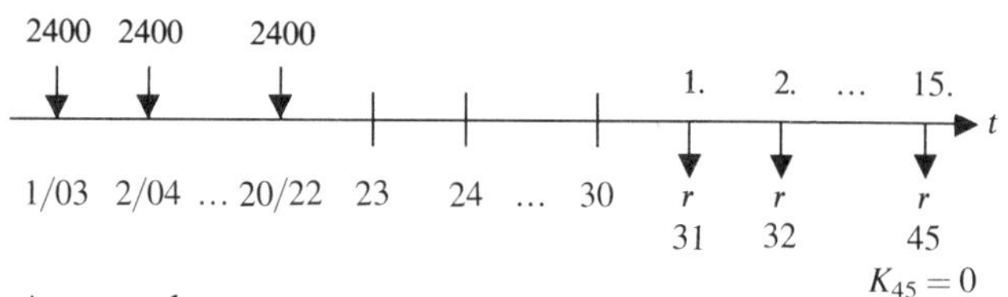

Ansparphase:

$k = 2400$ €; $q = 1{,}04$; $n = 20$ Jahre:

Endwert am 1. Januar 2023:

$$K_{23} = k \cdot q \cdot \frac{1-q^{20}}{1-q} = 74\,326{,}08 \text{ €}$$

Ruhephase:

$q = 1{,}06$; $n = 8$ Jahre:

$$K_{31} = K_{23} \cdot q^8 = 118\,464{,}49 \text{ €}$$

K_{31} ist der Barwert einer vorschüssigen Rente!

$R_0' = K_{31}$; $v = \dfrac{1}{1{,}05}$; $n = 15$ Jahre:

$$r' = K_{31} \cdot \frac{1-v}{1-v^{15}} = 10\,869{,}66 \text{ €}$$

Herr K. bekommt am 1. Januar 2031 erstmals und am 1. Januar 2045 letztmalig 10 869,66 € ausgezahlt.

2. Frau F. kauft zum 1. 1. 2003 für 100 000 € eine Rente. Bei einem Zinssatz von 4% sollen nachschüssig 12 000 € jährlich ausgezahlt werden. Welchen Restwert hat die Rente nach 8 Jahren, d.h. am 1. 1. 2021? Danach sollen noch 4 gleich große Rentenzahlungen am 1. 1. 2012 bis 1. 1. 2015 erfolgen. Wie hoch sind diese?

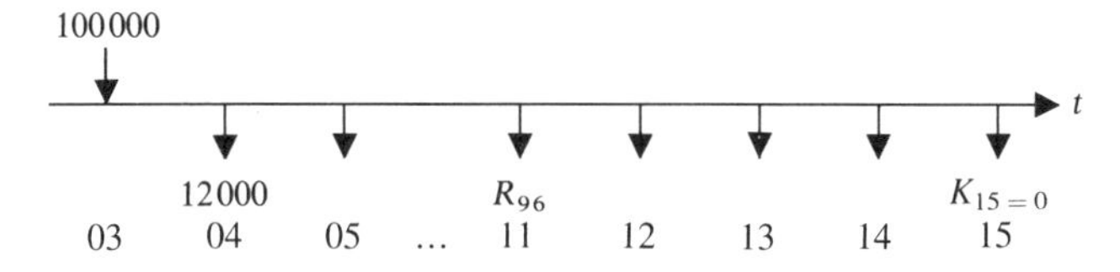

Beim ersten Teil der Aufgabe wird der Restwert (Endwert) einer nachschüssigen Rente berechnet.

$R_{03} = 100\,000$ €; $\quad q = 1{,}04; \quad n = 8$ Jahre:

$$\begin{aligned} R_{11} &= 100000 \cdot q^8 - 12000 \cdot q^7 - \ldots - 12000 \\ &= 100000 \cdot q^8 - 12000 \cdot \{1 + q + \ldots + q^7\} \\ &= 100000 \cdot q^8 - 12000 \cdot \frac{1-q^8}{1-q} \end{aligned}$$

$R_{11} = 26\,286{,}19$ €

Dies ist der Barwert einer Rente, die über 4 Jahre ausgezahlt wird.

$$v = \frac{1}{1{,}04};$$

$$r = \frac{R_{11}}{v} \cdot \frac{1-v}{1-v^4} = 7\,241{,}58 \text{ €}$$

4.8.2.3 Unterjährige Raten und Renten

Zum Zweck der Anpassung an banküblichen Zinsverrechnungen wurden bisher meist Jahresraten und -renten behandelt. Bei Spar-, Bauspar- und Rentenzahlungen ist die monatliche Zahlweise jedoch weit verbreitet und soll kurz diskutiert werden.

Zur Behandlung der monatlichen und – allgemeiner – der unterjährigen Zahlweise bieten sich prinzipiell zwei Wege an:

(i) Man rechnet die Summe der Monatszahlungen unter Berücksichtigung einfacher Verzinsung in äquivalente Jahreszahlungen um, für die dann Zinseszinsen berechnet werden, oder

(ii) man rechnet den Jahreszinssatz in den entsprechenden Monatszinssatz um, der dann bei monatlicher Zinskapitalisierung zum selben Ergebnis wie bei jährlicher Zinsverrechnung führt. Exakt ist dies allerdings nur dann möglich, wenn der Endwert bekannt ist.

Beispiel: Philipp spart an jedem Monatsersten 25,– DM. Wieviel hat er in 10 Jahren bei einem Zinssatz von 3% angespart?

Lösungsweg (i):
Philipp zahlt an jedem Monatsersten $r = 25$,– DM ein.

Der Endwert zum Jahresende des 1. Jahres beträgt bei einfacher Verzinsung von $i = 0{,}03$:

$$K_1 = r \cdot (1+i) + r \cdot \left(1 + 11\,\frac{i}{12}\right) + \ldots + r \cdot \left(1 + \frac{i}{12}\right)$$

$$= 12r + \frac{r \cdot i}{12} \cdot (12 + 11 + \ldots + 1)$$

Die Klammer enthält das 12. Glied der arithmetischen Reihe (vgl. Abschnitt 4.2):

$$K_1 = 12r + \frac{r \cdot i}{12} \cdot \frac{12 \cdot 13}{2} = 12r + \frac{13 \cdot r \cdot i}{2}$$

$$= 304{,}875 \text{ DM}$$

Dieser Betrag ist am Ende des 1. Jahres gutgeschrieben. In den folgenden Jahren wiederholt sich die Zahlungsreihe:

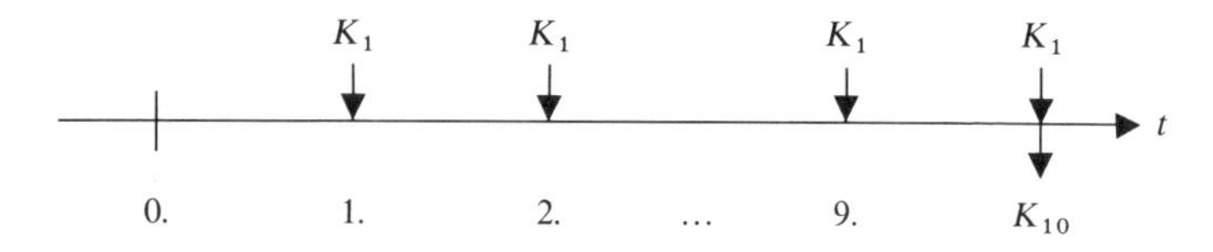

Wegen der nachschüssigen Betrachtungsweise erhält man mit $i = 0{,}03$ und $q = 1 + \mathrm{i}$:

$$K_{10} = K_1 \cdot q^9 + K_1 \cdot q^8 + \ldots + K_1 = K_1 \cdot \{1 + q + \ldots + q^9\}$$

$$= K_1 \cdot \frac{1 - q^{10}}{1 - q} = 3\,495{,}05 \text{ DM}$$

Lösungsmöglichkeit (ii):
Der Endwert von $K_{10} = 3\,495{,}05$ € sei bekannt.

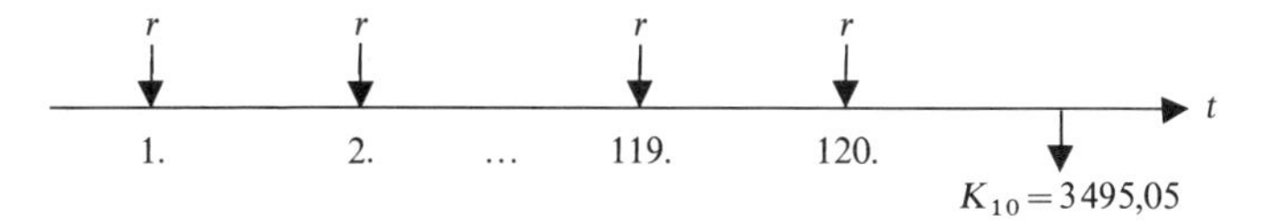

Mit dem monatlichen Zinsfaktor $q' = 1 + i'$ ergibt sich:

$$K_{10} = r \cdot q'^{120} + r \cdot q'^{119} + \ldots + r \cdot q'$$
$$= r \cdot q' \cdot \frac{1 - q'^{120}}{1 - q'}$$

Bei näherungsweiser Lösung dieses Polynoms 121. Grades erhält man:

$$q' = 1{,}00246741$$

Folgende Überlegung führt zu einem recht guten Näherungswert für den unterjährigen Zinsfaktor; 1 € monatlich (q') bzw. jährlich (q) verzinst soll denselben Endwert ergeben:

$$q'^{12} = q$$
$$q' = \sqrt[12]{q}$$

Für $q = 1{,}03$ ergibt sich $q' = 1{,}00246627$.
Der Endwert nach 10 Jahren ist damit in guter Näherung:

$$K_{10} = r \cdot q' \cdot \frac{1 - q'^{120}}{1 - q'} = 3\,494{,}80 \text{ €}$$

Bei Rentenzahlungen und Tilgungen (z.B. von Bauspardarlehen) ist häufig die unterjährige Verrechnung – mit entsprechend einfacher Verzinsung – vereinbart. Durch Berechnung eines äquivalenten Monatszinsfaktors $q' = \sqrt[12]{q}$ kann man in diesem Fall trotzdem die normale Rentenberechnung anwenden.

Beispiel: Annette kaufte sich zum 1. 1. 02 mit einem Lotteriegewinn von 300 000 € eine Rente, die ab 1.1.2010 in **Monatsraten** über 15 Jahre ausbezahlt werden soll. Für die gesamte Laufzeit ist ein Zinssatz von $i = 0{,}05$ p.a. vereinbart. Mit welcher Rente kann Annette rechnen?

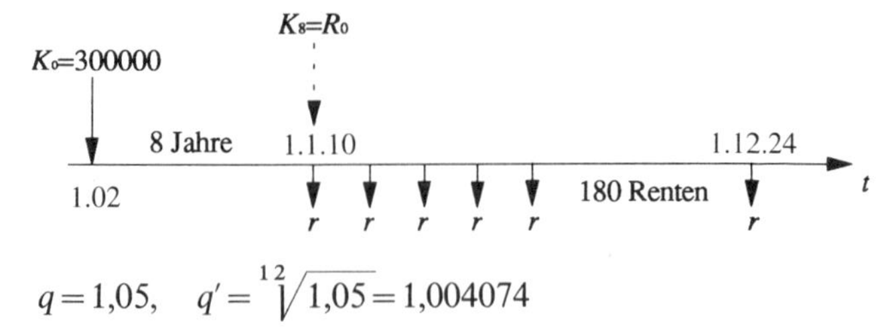

$q = 1{,}05, \quad q' = \sqrt[12]{1{,}05} = 1{,}004074$

Nach 8 Jahren wird aus dem Kapital K_0 der Barwert einer vorschüssig auszahlbaren Rente:

$$K_0 \cdot q^8 = r + r \cdot v' + r \cdot v'^2 + \ldots + r \cdot v'^{179} = r \cdot \frac{1 - v'^{180}}{1 - v'}$$

$$r = K_0 \cdot q^8 \cdot \frac{1 - v'}{1 - v'^{180}} \quad \text{mit} \quad v' = \frac{1}{q'} = 0{,}995942.$$

Es ergibt sich:

$r = 300000 \cdot 1{,}477455 \cdot 0{,}00781836 = 3465{,}38$ €

4.8.3 Tilgungen

Neben Sparvorgängen und Rentenzahlungen gehören Tilgungen von Schulden zu den wichtigsten finanzmathematischen Aufgabenstellungen. Bei der **Tilgungsrechnung** steht eine Auszahlung am Beginn der Tilgungszeit, z.B. bei Auszahlung eines Darlehens, einer Hypothek oder einer Anleihe. Die Rückzahlung dieser Anfangsschuld erfolgt i.d.R. in – regelmäßigen oder unregelmäßigen – Raten, von denen jeweils ein Teil für die Schuldzinsen und der Rest für die Tilgung der Schuld aufgewendet wird. Zinsen (auf die Restschuld) und Tilgungen werden i.d.R. zum Jahresende ermittelt, sie ergeben zusammen die Jahreszahlung oder **Annuität.**

Grundsätzlich gilt, daß die gesamte Schuld getilgt wird, d.h. die Summe der Tilgungszahlungen muß immer gleich der Anfangsschuld sein. Die Restschuld nach k Jahren ist stets gleich der Anfangsschuld abzüglich der bis dahin geleisteten Tilgungszahlungen!

Werden unregelmäßige Tilgungszahlungen vereinbart, so stellt man einen **Tilgungsplan** auf, in dem die Restschuld fortgeschrieben wird und aus dem sich Zinsen und Annuitäten ergeben.

Beispiel: Jemand tilgt eine mit 7% verzinsliche Schuld von 50 000 € durch folgende, jeweils am Ende eines Jahres fällige Tilgungsraten: 5 000 € im 1. Jahr, 7 000 € im 2. Jahr, 10 000 € im 3. Jahr, 12 000 € im 4. Jahr, 16 000 € im letzten Jahr.

Die Annuitäten ergeben sich aus *Tab. 4.4:*

Jahr	Restschuld	Zinsen	Tilgung	Annuität
1	50000	3500	5000	8500
2	45000	3150	7000	10150
3	38000	2660	10000	12660
4	28000	1960	12000	13960
5	16000	1120	16000	17120
Summe	177000	12390	50000	62390

Tab. 4.4: Tilgungsplan bei unregelmäßigen Tilgungsraten und Annuitäten

Aus dem Tilgungsplan kann man die Summe der Restschulden, der Zinsen und Tilgungen und damit der Annuitäten leicht berechnen. Die Effektivverzinsung ergibt sich, wenn man die Zinssumme ins Verhältnis zur Restschuldsumme setzt:

$$i_{\text{eff}} = \frac{12390}{177000} = 0{,}07$$

Bei jährlicher Zahlweise mit konstantem Zinssatz muß sich der Nominalzins ergeben.

Unregelmäßige Einzahlungen führen zu schwankenden Annuitäten, konstante Tilgungsraten ergeben degressiv abnehmende Annuitäten.

Beispiel: Die Schuld von 50000 DM wird nun bei 7%iger Verzinsung in 5 gleichen Raten zu je 10000 DM getilgt. Es ergibt sich der Tilgungsplan in *Tab. 4.5:*

Jahr	Restschuld	Zinsen	Tilgung	Annuität
1	50000	3500	10000	13500
2	40000	2800	10000	12800
3	30000	2100	10000	12100
4	20000	1400	10000	11400
5	10000	700	10000	10700
Summe	150000	10500	50000	60500

Tab. 4.5: Tilgungsplan bei konstanter Tilgungsrate

Die am häufigsten anzutreffende Form ist die Tilgung mittels gleich großer Annuitäten. Das heißt, es werden immer die gleichen Jahreszahlungen vorgenommen. Die darin enthaltene Tilgungsrate verringert die Restschuld, folglich sinkt der Zinsanteil, und der Tilgungsanteil an der Annuität steigt. Dies bezeichnet man als **Annuitätentilgung.**

Annuitätentilgung

Eine Anfangsschuld S_0, die mit $p\%$ p.a. verzinst wird, soll in n Jahren durch Annuitätenzahlungen von a getilgt werden. Wie sieht der Tilgungsplan aus?

Mit S_k sei die **Restschuld** am Ende des k-ten Jahres bezeichnet; q sei wieder der Zinsfaktor.

Auf dem Zeitstrahl kann man folgende Zahlungsreihe ermitteln:

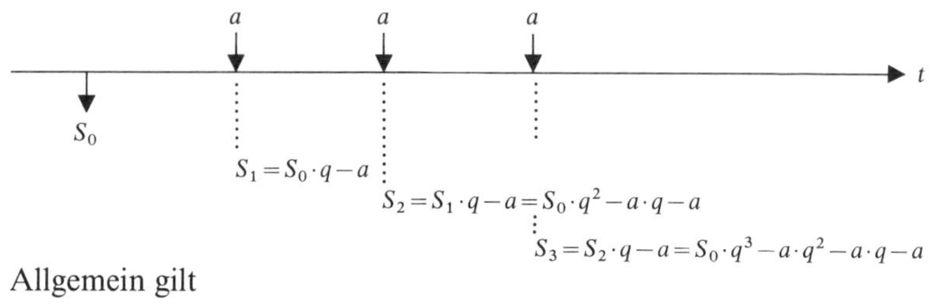

Allgemein gilt

$$\begin{aligned} S_n &= S_0 \cdot q^n - a \cdot q^{n-1} - a \cdot q^{n-2} - \ldots - a \\ &= S_0 \cdot q^n - a \cdot \{q^{n-1} + q^{n-2} + \ldots + 1\} \end{aligned}$$

Nach n Jahren soll die Schuld getilgt sein, d.h. $S_n = 0$. Also gilt:

$$S_0 \cdot q^n = a \cdot \frac{1 - q^n}{1 - q}$$

Hiermit läßt sich aus der Anfangsschuld die Annuität berechnen:

$$a = S_0 \cdot q^n \cdot \frac{1 - q}{1 - q^n} = S_0 \cdot \frac{1}{a_n}$$

Der Ausdruck $1/a_n$ wird als **Annuitätenfaktor** bezeichnet.

Beispiel: Mit $S_0 = 50000$ DM, $q = 1{,}07$ und $n = 5$ Jahre erhält man:

$$a = 50000 \cdot 1{,}07^5 \cdot \frac{1 - 1{,}07}{1 - 1{,}07^5} = 12194{,}53$$

Als Tilgungsplan ergibt sich *Tab. 4.6:*

Jahr	Restschuld	Zinsen	Tilgung	Annuität
1	50000,00	3500,00	8694,53	12194,53
2	41305,47	2891,38	9303,15	12194,53
3	32002,32	2240,16	9954,37	12194,53
4	22047,95	1543,36	10651,18	12194,53
5	11396,77	797,77	11396,77	12194,53
Summe	156752,51	10972,67	50000,00	60972,67

Tab. 4.6: Tilgungsplan bei konstanter Annuität

Bei konstanter Annuität wird der Anteil der Zinsen kontinuierlich kleiner, während die Tilgungsraten steigen. Beginnt man mit einer Anfangstilgung t_1, die bei Hypothekendarlehen meist ein Prozentsatz der Anfangsschuld ist, dann ergibt sich die in *Tab. 4.7* dargestellte Entwicklung der Zins- und Tilgungsraten.

Jahr	Restschuld	Zinsen	Tilgung	Annuität
1	S_0	$z_1 = S_0 \cdot i$	t_1	$a = z_1 + t_1$
2	$S_1 = S_0 - t_1$	$z_2 = S_1 \cdot i$ $= z_1 - t_1 \cdot i$	$t_2 = a - z_2$ $= (z_1 + t_1) - (z_1 - t_1 \cdot i)$ $= t_1 \cdot (1+i)$	$a = z_2 + t_2$
3 ⋮	$S_2 = S_1 - t_2$	$z_3 = S_2 \cdot i$ $= z_2 - t_2 \cdot i$	$t_3 = a - z_3$ $= (z_2 + t_2) - (z_2 - t_2 \cdot i)$ $= t_2 \cdot (1+i)$ $= t_1 \cdot (1+i)^2$	$a = z_3 + t_3$
k	$S_k = S_{k-1} - t_k$	$z_k = z_{k-1} - t_{k-1} \cdot i$	$t_k = t_1 \cdot (1+i)^{k-1}$	$a = z_k + t_k$

Tab. 4.7: Zinsen und Tilgung bei konstanten Annuitäten

Die Tilgungsraten bilden demnach eine geometrische Folge (vgl. Abschnitt 4.2). Mit $q = 1 + i$ ermittelt man:

$$t_{k+1} = t_k \cdot q = t_1 \cdot q^k$$

Die Summe der Tilgungsleistungen nach n Jahren ist also:

$$t = t_1 + t_1 \cdot q + t_1 \cdot q^2 + \ldots + t_1 \cdot q^{n-1}$$

$$t = t_1 \cdot \frac{1-q^n}{1-q}$$

Die Restschuld beträgt dann:

$$S_0 - t = S_0 - t_1 \cdot \frac{1-q^n}{1-q}$$

Soll sie gerade gleich null sein, so muß gelten:

$$S_0 = t_1 \cdot \frac{1-q^n}{1-q}$$

Da der Barwert aller Annuitäten bei vollständiger Tilgung gerade gleich der Anfangsschuld ist, sind Annuitätenzahlungen praktisch nachschüssige Rentenzahlungen.

Beispiel: Eine Hypothek zu 6% p.a. über 200000 DM soll über 30 Jahre getilgt werden.

(i) Wie hoch sind die Annuität und die Anfangstilgung t_1?

(ii) Wie sieht der Tilgungsplan in 10 Jahren aus?

(iii) Wie hoch ist die Restschuld nach 20 Jahren?

$S_0 = 200000$ DM; $q = 1{,}06$; $n = 30$ Jahre:

(i) Der Annuitätenfaktor ist:

$$\frac{1}{a_n} = q^n \cdot \frac{1-q}{1-q^n} = 0{,}07265$$

Die Annuität beträgt also 14529,78 DM. Bei monatlicher Zahlweise (ohne unterjährige Verzinsung!) beträgt die Belastung 1210,82 DM. Wegen der ersten Zinsrate von $z_1 = 12000$ DM beträgt die Anfangstilgung $t_1 = 2529{,}78$ DM.

(ii) Die Tilgungsrate im 10. Jahr ist:

$$t_{10} = t_1 \cdot q^9 = 4274{,}01 \text{ DM}$$

Die Zinsrate beträgt:

$$z_{10} = a - t_{10} = 10255{,}77 \text{ DM}$$

Die Summe der Tilgungen ist:

$$t = t_1 + t_1 \cdot q + \ldots + t_1 \cdot q^9 = t_1 \cdot \frac{1-q^{10}}{1-q}$$

$$= 33344{,}51 \text{ DM}$$

Die Restschuld beträgt also 166655,49 DM.

(iii) Die Restschuld nach 20 Jahren ergibt sich aus:

$$S_{20} = S_0 - t_1 \cdot \frac{1-q^{20}}{1-q} = 106940{,}55 \text{ DM}$$

Durch Variation der Fragestellung kann man mit Hilfe der abgeleiteten Formeln von unterschiedlich gegebenen Größen auf gesuchte schließen.

Berechnung der Tilgungszeit

► Sind Anfangstilgung, Anfangsschuld und Zinsfaktor bekannt, so kann man die *Tilgungszeit* berechnen:

$$n = \ln(1 - S_0[1-q]/t_1)/\ln q$$

Beispiel: Eine Hypothek von 160000 DM ist bei 7%iger Verzinsung und einer Anfangstilgung von 2000 DM in $n = 27{,}9$ Jahren getilgt.

► Aus Anfangsschuld, Annuität und Zinssatz kann man wie folgt auf die *Tilgungszeit* schließen:

$$(1-q^n)/q^n = S_0 \cdot (1-q)/a$$

$$q^n = a/(S_0 \cdot [1-q]+a)$$

$$n = (\ln a - \ln[a + S_0 \cdot \{1-q\}])/\ln q$$

Beispiel: Wie lange wird eine mit 6% verzinste Hypothek über 100000 DM getilgt, wenn die Annuität 10000 DM beträgt?

$S_0 = 100000$ DM; $a = 10000$ DM; $q = 1{,}06$:

$n = 15{,}7$ Jahre.

Berechnung der Anfangsschuld

▶ Es seien Verzinsung und Tilgungszeit gegeben; wie kann man von der Annuität auf die *Anfangsschuld* schließen.?
Es gilt:

$$S_0 = \frac{a}{q^n} \cdot \frac{1-q^n}{1-q}$$

Beispiel: Ein Bauherr geht davon aus, daß er eine Annuität von 15000 DM bei einem über 20 Jahre festgelegten Zinssatz von 7% aufbringen kann. Welches Darlehen kann er dafür erhalten?

$a = 15000$ DM; $q = 1{,}07$; $n = 20$ Jahre:

$S_0 = 158910{,}21$ DM

Berechnung des Zinssatzes

▶ Aus Anfangsschuld, Annuität und Laufzeit kann man als Lösung des folgenden Polynoms die *Verzinsung* berechnen:

$$q^{n+1} - \frac{S_0 + a}{S_0} \cdot q^n + \frac{a}{S_0} = 0$$

Die Lösung dieses Polynoms $(n+1)$-ten Grades kann nur näherungsweise mit dem *Newton*-Verfahren (vgl. Abschnitt 6.5) berechnet werden.

Beispiel: Ein 24000 DM – Bauspardarlehen soll in 10 Jahren durch Annuitäten in Höhe von 2880 DM zurückgezahlt werden. Mit welchem Zinsatz wird gerechnet?

$S_0 = 24000$ DM; $a = 2880$ DM; $n = 10$ Jahre:

Die Lösung von

$$q^{11} - 1{,}12\,q^{10} + 0{,}12 = 0$$

ist $q = 1{,}03460155$, d.h. es wird mit $p = 3{,}46\%$ gerechnet.

Aufgaben zum Kapitel 4

Aufgabe 4.1

Welche der nachstehenden Folgen $[a_n]$ für $n \in \mathbb{N}$ sind beschränkt?

(a) $a_n = \frac{2n^2+3}{n^3}$

(b) $a_n = a_{n-1} - 2$ für $n \geqq 2$, $a_1 = 1$

(c) $a_n = (-1)^n \cdot \frac{n^3+2n}{3n^3+4n^2}$

(d) $a_n = 100n - n^2 + 200$

(e) $a_n = \left(1 + \frac{1}{n}\right)^{4n}$

Aufgabe 4.2

Bestimmen Sie die Häufungspunkte folgender Folgen $[a_n]$ für $n \in \mathbb{N}$.

(a) $a_n = (-1)^n \cdot \frac{2n+3}{n+1} - \frac{n}{3n+2}$

(b) $a_n = \sqrt{4n^2+2n+1} - 2n$

(c) $a_n = 3 \cdot (-1)^n + (-1)^{n+1}$

(d) $a_n = 3 - (-1)^n \cdot \frac{n^2+4}{3n^2+30n}$

Aufgabe 4.3

Die Papierformate der Reihe DIN A sind folgendermaßen definiert:

1. A0 hat eine Fläche von 1 m^2.
2. Das Seitenverhältnis der längeren zur kürzeren Seite ist immer $\sqrt{2}:1$.
3. Das Format DIN A n entsteht aus dem Format DIN A $(n-1)$ durch Halbierung der längeren Seite (vgl. *Abb. 4.8*).

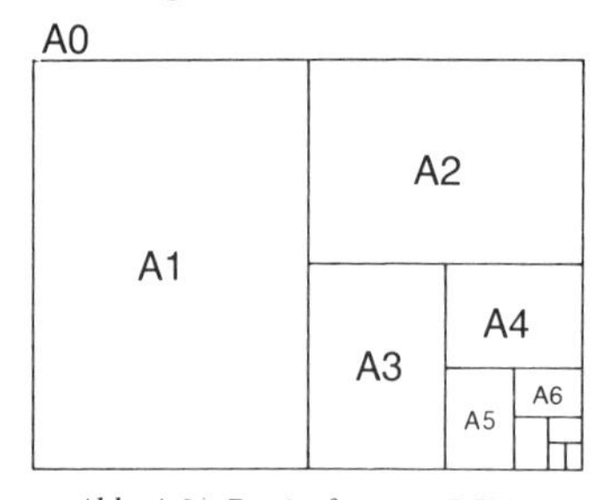

Abb. 4.8: Papierformate DIN A

(a) Berechnen Sie die Summe der Flächen aller Formate von A1 bis A10.

(b) Welche Flächensumme ergibt sich, wenn Sie die Halbierung beliebig weit fortsetzen, d.h. beim Grenzübergang $n \to \infty$?

Aufgabe 4.4

Untersuchen Sie die Folgen $[a_n]$ für $n \in \mathbb{N}$ auf Konvergenz und geben Sie ggf. ihren Grenzwert an.

(a) $a_n = \frac{1}{4} + \frac{1}{n}$

(b) $a_n = \frac{5n^2 - 2n + 1}{4n + 200}$

(c) $a_n = \frac{c^n}{n!}$ für $c \in \mathbb{R}$

(d) $a_n = \frac{n^2 + (n^{3/2} + 1)^2}{(2\sqrt{n})^6 - 32n^3 + 1}$

(e) $a_n = \sqrt{\frac{2 + 16n^4}{n^4 - 12}}$

(f) $a_n = \frac{\sqrt{3n^2 - n}}{n + 1}$

(g) $a_n = \frac{n^4}{3^n}$

(h) $a_n = \frac{(-1)^{2n}}{n}$

(i) $a_n = (1 + (-1)^n) \cdot \frac{n - 3}{3n^2}$

(j) $a_n = (-1)^n \cdot [n^2 - (n - 10/n)^2]$

Aufgabe 4.5

Untersuchen Sie die folgenden Reihen auf Konvergenz.

(a) $\sum_{i=0}^{\infty} \left(\frac{2i + 1}{i + 2}\right)^2$

(b) $\sum_{i=1}^{\infty} \frac{i + 5}{i \cdot 2^i}$

(c) $\sum_{i=0}^{\infty} \frac{i^2 - 1}{50i^2 + 200}$

(d) $\sum_{i=1}^{\infty} (-1)^i \cdot \frac{3i^2}{i!}$

(e) $\sum_{i=1}^{\infty} \frac{1}{\sqrt[3]{i}}$

(f) $\sum_{i=1}^{\infty} \frac{i^4}{3^i}$

(g) $\sum_{i=1}^{\infty} \frac{2\sqrt{i}+1}{i^2}$

(h) $\sum_{i=0}^{\infty} \frac{(-3)^i}{i!}$

(i) $\sum_{i=1}^{\infty} \sqrt{\frac{3}{i}}$

(j) $\sum_{i=1}^{\infty} \left(\frac{3i+40}{4i-12}\right)^i$

Aufgabe 4.6

Geben Sie an, ob folgende Funktionen auf ihrem gesamten Definitionsbereich stetig sind, bzw. wo Unstetigkeitsstellen bestehen und um welche Art von Unstetigkeit es sich handelt. Existieren die genannten Grenzwerte? (Exakte Nachweise sind nicht nötig; intuitive Erläuterungen genügen).

(a) $f_1(x)=\begin{cases} -1 \text{ für } x<0 \\ 0 \text{ für } x=0 \\ 1 \text{ für } x>0 \end{cases}$ $\lim_{x\to 0+} f_1(x)$, $\lim_{x\to 0-} f_1(x)$, $\lim_{x\to 0} f_1(x)$

(b) $f_2(x)=\frac{x^2-4}{(x-1)\cdot(x+3)}$, $\lim_{x\to 3} f_2(x)$, $\lim_{x\to 1-} f_2(x)$, $\lim_{x\to -3} f_2(x)$

(c) $f_3(x)=\frac{1}{\sin x}$, $\lim_{x\to \pi+} f_3(x)$, $\lim_{x\to \pi-} f_3(x)$

(d) $f_4(x)=\frac{1}{1+|x|}$, $\lim_{x\to 0+} f_4(x)$, $\lim_{x\to 0-} f_4(x)$, $\lim_{x\to 0} f_4(x)$

(e) $f_5(x)=\frac{(x-3)\cdot(x+5)}{(x+5)}$, $\lim_{x\to -5-} f_5(x)$, $\lim_{x\to -5+} f_5(x)$

(f) $f_6(x)=\lceil x \rceil$, $\lim_{x\to k+} f_6(x)$, $\lim_{x\to k-} f_6(x)$ für $k\in\mathbb{Z}$

(g) $f_7(x)=\max\left\{0; \frac{1}{x}\right\}$, $\lim_{x\to 0-} f_7(x)$, $\lim_{x\to 0+} f_7(x)$

(h) $f_8(x)=\frac{1}{\ln x}$, $\lim_{x\to 0+} f_8(x)$, $\lim_{x\to 1-} f_8(x)$, $\lim_{x\to 1+} f_8(x)$

Aufgabe 4.7

Bestimmen Sie die Konvergenzradien der beiden Potenzreihen:

(a) $\sum_{i=0}^{\infty} i\cdot x^i$

(b) $\sum_{i=0}^{\infty} \binom{k+i}{i}\cdot x^i$ für $k\in\mathbb{R}$

Aufgabe 4.8

Sie schließen mit dem Bankinstitut A einen Ratensparvertrag ab und verpflichten sich, monatlich 200 € einzubezahlen. Welches Kapital haben Sie, beginnend zum 1. 1. 03, nach einem Jahr angespart, wenn es mit 6% p.a. verzinst wird?

Das Bankinstitut B bietet Ihnen eine monatliche Verzinsung zu 0,48% p.m. Wie hoch wäre Ihr Guthaben nach einem Jahr bei B und wie groß ist dort der effektive Jahreszins?

Aufgabe 4.9

Beim Kauf eines PKW im Wert von 30 000 € müssen 20% angezahlt werden. Der Rest soll in 48 Monatsraten getilgt werden. Auf die **Restkaufsumme** werden monatliche Zinsen von 0,3% vereinbart, die zusammen mit der Tilgungsrate zu zahlen sind.

Wie hoch ist die Effektivverzinsung?

Aufgabe 4.10

Eine Spareinlage von 1 500 € ist nach 10 Jahren auf 2 802 € angewachsen. Mit welchem Zinssatz wurde das Kapital durchschnittlich verzinst?

Aufgabe 4.11

Sie zahlen zum 1. 1. 04 das Kapital K_0 ein, das mit 7% p.a. verzinst wird. Welchen Stand weist Ihr Konto am 1. 1. 2015 auf? Das Kapital soll anschließend in Form einer vorschüssig zahlbaren Rente r', beginnend am 1. 1. 2015, ausbezahlt werden. Welchen Betrag müssen Sie einzahlen, damit Sie bei einem Zinssatz von 7% 10 Jahre lang eine Rente von $r' = 4\,000$ € erhalten?

Aufgabe 4.12

Sie zahlen jeweils zum 1. Januar eines Jahres 20 Jahre lang den Betrag von 5 000 € bei einer Versicherung ein. In den folgenden 4 Jahren zahlen Sie jeweils 1 000 € weniger, d. h. im 21. Jahr 4000, im 22. Jahr 3000 € usw. Ab dem 25. Jahr erhalten Sie jeweils am 1. Januar eine Rente von 24 000 €.

Wie lange kann die Rente gezahlt werden, wenn für den gesamten Betrachtungszeitraum ein fester Zinssatz von $i = 5\%$ vereinbart ist?

Aufgabe 4.13

Eine Hypothek zu 7% über 120 000 € soll nach 30 Jahren getilgt sein. Nach 10 Jahren ist eine Sondertilgung von 20 000 € vereinbart.

(i) Wie hoch sind die Annuität und die Anfangstilgung?
(ii) Wie sieht der Tilgungsplan (Restschuld, Zinsen und Tilgung) des 11. Jahres, d.h. nach der Sondertilgung aus?

Kapitel 5 Differentialrechnung I: Die Ableitung von Funktionen mit einer Veränderlichen

Als Differential wird die unendlich kleine Differenz zweier Funktionswerte bezeichnet, mit deren Hilfe man wichtige Rückschlüsse auf den Verlauf der Funktion und auf bestimmte Eigenschaften der Funktion ziehen kann. Die Berechnung des Grenzübergangs des Quotienten zweier Differentiale bezeichnet man als Differenzieren und den Kalkül als **Differentialrechnung.** Er wird in den Wirtschaftswissenschaften hauptsächlich zur Analyse von Funktionen eingesetzt, besonders zur Berechnung von Extrema, Wendepunkten usw.

Nach der begrifflichen Einführung in einem ersten Abschnitt wird im folgenden der **Differentialquotient** der Funktion $y=f(x)$ geometrisch erklärt. Er wird als **erste Ableitung** der Funktion $f(x)$ nach x bezeichnet und ist selbst eine Funktion der unabhängigen Veränderlichen.

Will man die erste Ableitung berechnen, so muß man im Prinzip einen Grenzübergang vollziehen. Diese Technik des **Differenzierens** wäre jedoch umständlich und aufwendig. Kennt man dagegen die Ableitungen der elementaren Funktionen, so kann man mit Hilfe dreier Grundregeln, der Produkt-, der Quotienten- und der Kettenregel, die meisten aus den elementaren Funktionen zusammengesetzten Funktionen differenzieren. Der Abschnitt 5.3 stellt somit das kleine Einmaleins der Differentialrechnung dar.

Im Abschnitt 5.4 werden einige **ergänzende Techniken** beschrieben, so etwa die Differentiation einer Umkehrfunktion, einer logarithmierten Funktion, der allgemeinen Exponentialfunktion sowie die Ableitungen der Tangens- und der Cotangensfunktion.

Die erste Ableitung stellt selbst eine Funktion dar, deren Verlauf wichtige Rückschlüsse für die ökonomische Analyse der Ausgangsfunktion zuläßt. Es ist daher zweckmäßig, vom Verlauf der Funktion auf den Verlauf der ersten Ableitung zu schließen, d.h. die Funktion **graphisch** zu differenzieren. Näherungsweise wird dieses Verfahren für beliebige Funktionen im Abschnitt 5.5 durchgeführt.

Das **Differential** der Funktion $y=f(x)$ lautet dy. Es läßt sich geometrisch interpretieren und gestattet eine näherungsweise Berechnung von Funktionswerten in der Umgebung eines Punktes. Diese Zusammenhänge werden im Abschnitt 5.6 erläutert.

Den Differentialquotienten kann man als Funktion der unabhängigen Veränderlichen in der Regel noch einmal differenzieren. Man erhält so die **zweite Ableitung,** die erneut eine interessante geometrische Deutung zuläßt. Für entsprechend weiter differenzierbare Funktionen lassen sich schließlich die sog. **höheren Ableitungen** oder Differentialquotienten n-ter Ordnung berechnen. Der letzte Abschnitt dieses Kapitels behandelt dieses Thema.

5.1 Begriffliche Einführung

Eine Funktion beschreibt den Zusammenhang zweier oder mehrerer Größen. Das Abbildungsgesetz wird durch eine mathematische Gleichung beschrieben, die für Funktionen mit einer unabhängigen Veränderlichen i.d.R. die Form $y=f(x)$, seltener die Form $f(x, y)=0$ hat. Die Kurve (allg. der Graph) ist die graphische Darstellung dieses Zusammenhanges.

In den vorausgegangenen Kapiteln 3 und 4 wurden Eigenschaften von Funktionen untersucht, die für einen festen Funktionswert oder für ein Intervall galten. Typische Beispiele hierfür waren:

- Die Funktion ist gerade, wenn $f(-x)=f(x)$ für alle $x \in D(f)$ gilt.
- Ein Extremum liegt bei $x=\xi$.
- $f(x)$ ist konvex im Intervall $0 \leqq x \leqq 5$.

Man könnte derartige Eigenschaften auch als statische Eigenschaften bezeichnen. Die hierzu gegensätzliche Betrachtungsweise wäre eine dynamische, das heißt, man untersucht Eigenschaften der Funktion, die nur einen Sinn ergeben, wenn man sie an verschiedenen Stellen untersucht und miteinander vergleicht. Wir meinen Eigenschaften, die relativ zur Funktionsänderung definiert sind, d.h. Änderungsraten. Dazu gehören z.B. die Steigung oder die Krümmung einer Funktion (vgl. Abschnitt 3.5).

Für die Untersuchung von Änderungsraten hat sich die **Differentialrechnung** als wichtigstes Instrument erwiesen, anfangs überwiegend in der Physik, danach allgemein in den Naturwissenschaften und schließlich auch in der Technik. In den Wirtschaftswissenschaften wird dieses Instrumentarium ebenfalls sehr intensiv genutzt, z.B. zur Berechnung von Minima oder Maxima ökonomischer Funktionen oder zur Erklärung der Grenzänderungsrate bzw. von Elastizitäten.

Die Differentialrechnung ist ein Teilgebiet der **Infinitesimalrechnung,** das ist die Disziplin innerhalb der Analysis, die sich mit dem Grenzverhalten im unendlich Kleinen beschäftigt. Es ist sicher nicht übertrieben, wenn man feststellt, daß die Arbeiten *Newton*s und *Leibniz*s (vgl. Fußnoten Abschnitt 4.1), die unabhängig voneinander die Grundlagen der Differentialrechnung entwickelten, die rasche Entwicklung der Physik und der Technik in der Zeit der Aufklärung nicht nur ganz wesentlich beeinflußt, sondern sie z.T. überhaupt erst möglich gemacht haben. Ohne dieses Instrument wären die Untersuchungen von bewegten Systemen (Geschwindigkeit, Beschleunigung etc.) praktisch undenkbar gewesen.

In den Wirtschaftswissenschaften wird die Grenzbetrachtung (unendlich) kleiner Intervalle häufig als **Marginalanalyse** bezeichnet. Ihre Bedeutung sei an folgendem realitätsnahen Beispiel erläutert.

Beispiel: Die Monatslohnsteuer eines Arbeitnehmers (ledig, ohne Kinder → Klasse I) mit einem Monatsbruttoverdienst von 1 800,– € beträgt nach der Einkommensteuer-Grundtabelle 2002 309,42 €, d. h. durchschnittlich 17,19% seines Monatseinkommens. Zu einem bestimmten Zeitpunkt wird eine Einkommensverbesserung um linear 6% beschlossen, so daß sein Bruttoeinkommen auf 1908 € steigt. Die Einkommensteuer beträgt nun 342,08 € oder – bezogen auf das Gesamteinkommen – durchschnittlich 17,93%. Für ihn gilt nach der Erhöhung also ein höherer Steuersatz.[1] In der Regel interessiert den Arbeitnehmer jedoch weniger der durchschnittliche Steuersatz, sondern die durch das Mehreinkommen verursachte absolute und relative Steuererhöhung. Brutto erhöht sich sein Monatseinkommen um 108,– €; die Steuer erhöht sich dadurch um 32,67 €, so daß für das Mehreinkommen durchschnittlich 30,25% Steuer einbehalten werden.

Anhand der *Abb. 5.1* wird deutlich, daß der Unterschied der beiden Steuersätze in den verschiedenen Bezugsintervallen begründet liegt. Im ersten Fall bezieht man sich auf das Gesamteinkommen, d. h. das Intervall [0, 1 908], im zweiten auf das Mehreinkommen, d. h. nur auf das Intervall [1 800, 1908]. Entsprechende Sekanten sind in der *Abb. 5.1* eingezeichnet. Die relative Steuererhöhung bezogen auf das Mehreinkommen bezeichnet man, wenn man sich auf noch kleinere Intervalle stützt, als **Grenzsteuersatz**. Exakter müßte man allerdings die Steueränderungsrate auf eine unendlich kleine Einkommensänderung beziehen; dies sei jedoch im Moment zurückgestellt.

Dem folgenden Auszug aus der Monatseinkommensteuer-Grundtabelle 2002 kann man entnehmen, daß die Steueränderungsrate selbst eine Funktion des Monatslohnes ist, d. h. derselben unabhängigen Veränderlichen wie die der Ausgangsfunktion.

---

[1] Bei 12 Gehältern ergibt sich vor der Erhöhung ein Jahresbrutto von 21 600,– €. Damit liegt der Arbeitnehmer in der Progressionszone 2 (vgl. § 32 a EStG, besonders auch Beispiel 2, Abschnitt 3.3.1).

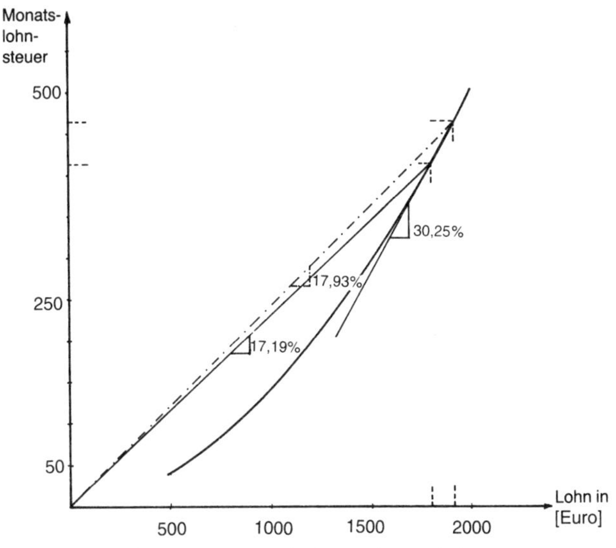

Abb. 5.1: Durchschnittliche Steuersätze und relative Steuererhöhung gemessen an der Einkommensverbesserung

Lohn in Euro	Steuer in Euro	Differenz Lohn	Differenz Steuer	Steuer-Änderungsrate
618,00	3,83			
621,00	4,50	3,00	0,67	22,22 %
792,00	41,83			
795,00	42,50	3,00	0,67	22,22 %
1 518,00	227,67			
1 521,00	228,50	3,00	0,83	27,78 %
3 000,00	716,50			
3 003,00	717,58	3,00	1,08	36,11 %
3 792,00	1 037,92			
3 795,00	1 039,17	3,00	1,25	41,67 %
4 110,00	1 178,75			
4 113,00	1 180,17	3,00	1,42	47,22 %
4 551,00	1 385,33			
4 554,00	1 386,75	3,00	1,42	47,22 %
4 875,00	1 542,42			
4 878,00	1 543,83	3,00	1,42	47,22 %

Tab. 5.1: Steueränderungsrate laut Monatseinkommensteuer-Grundtabelle

Der in der *Wertetabelle 5.1* dargestellte Zusammenhang steigender Änderungsraten ist in der nachfolgenden Kurve der *Abb. 5.2* verallgemeinert: Die Änderungsrate ist die Funktionsänderung relativ zu der (= dividiert durch die) Variablenänderung. Verhalten sich beide Werte proportio-

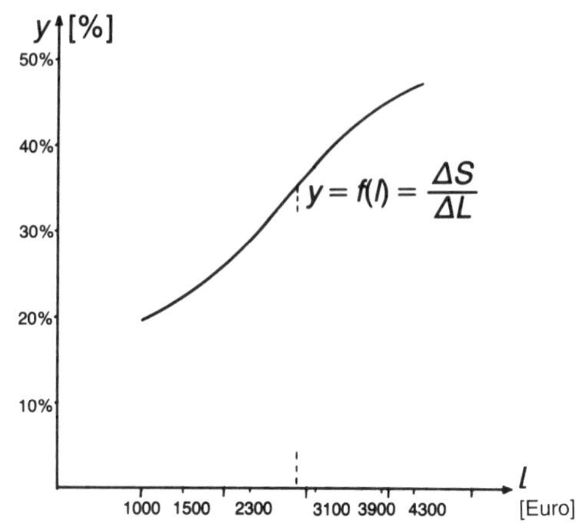

Abb. 5.2: Steueränderungsrate in Abhängigkeit des Monatslohnes l

nal, so ist die Kurve linear. Steigt der Funktionswert schneller als der Variablenwert, d.h. überproportional, so krümmt sich die Kurve konvex (in *Abb. 5.2* bis zum Wendepunkt); bei unterproportionalem Wachstum krümmt sie sich konkav. Man erhält in diesem Fall einen für viele ökonomische Funktionen durchaus typischen s-förmigen Verlauf des Graphs.

Dieses einleitende Beispiel wurde deshalb relativ ausführlich dargestellt, weil es bereits das Gewicht der zugrunde liegenden ökonomischen Fragestellung verdeutlicht und weil es den prinzipiellen Weg zu ihrer Beantwortung aufzeigt. Die Kurve in der *Abb. 5.2* stellt den sog. **Differenzenquotienten** dar, der als gute Näherung des **Differentialquotienten** angesehen werden kann. Letzterer ergibt sich, wenn man den Grenzübergang zu unendlich kleinen Differenzen vollzieht. Der Differentialquotient wird auch als erste Ableitung der Funktion bezeichnet. Er hat für die Steuerfunktion die ökonomische Bedeutung der **Grenzsteuerfunktion,** was im nächsten Kapitel 6 noch eingehender diskutiert wird (Abschnitt 6.2). Zuvor soll die erste Ableitung für allgemeine stetige Funktionen besprochen werden.

5.2 Der Differentialquotient

Die *Abb. 5.3* zeigt eine Funktion $f(x)$ im Intervall $[\xi_1, \xi_2]$. Die Differenz der Intervallgrenzen wird mit $\Delta x = \xi_2 - \xi_1$ und die Differenz der Funktionswerte mit $\Delta y = \eta_2 - \eta_1 = f(\xi_2) - f(\xi_1)$ bezeichnet.

Es soll die durchschnittliche Änderung der Funktion $f(x)$ im Intervall $[\xi_1, \xi_2]$ berechnet werden. Sie ergibt sich als

$$\frac{\Delta y}{\Delta x} = \frac{\eta_2 - \eta_1}{\xi_2 - \xi_1} = \operatorname{tg} \alpha$$

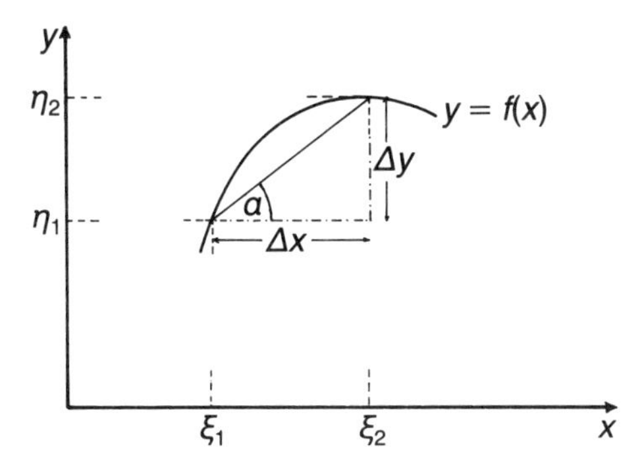

Abb. 5.3: Durchschnittliche Funktionsänderung Δy relativ zur Intervallbreite Δx

und ist gleich der Steigung der Sekante, d.h. gleich dem Tangens des Zwischenwinkels α.

Die zunächst als fest angenommenen Punkte ξ_1 und ξ_2 sollen nun veränderlich sein, ebenso ihre Differenz. Um dem auch formal Rechnung zu tragen, setzen wir $\xi_1 = x$ und $\xi_2 = x + \Delta x$.

Die Änderungsrate beträgt nun $\frac{\Delta y}{\Delta x} = \frac{f(x+\Delta x) - f(x)}{\Delta x}$, und wir halten fest:

► Der Quotient

$$\frac{\Delta y}{\Delta x} = \frac{f(x+\Delta x) - f(x)}{\Delta x}$$

wird als *Differenzenquotient* bezeichnet. Er bedeutet die Änderung des Funktionswertes relativ zur Änderung der unabhängigen Veränderlichen über dem endlichen Intervall Δx.

Läßt man den Punkt ξ_2 nun immer näher an den Punkt ξ_1 rücken, so verkürzt sich die Sekante zwischen $f(\xi_2)$ und $f(\xi_1)$ und schmiegt sich immer enger an die Kurve $y = f(x)$ (vgl. *Abb. 5.4*).

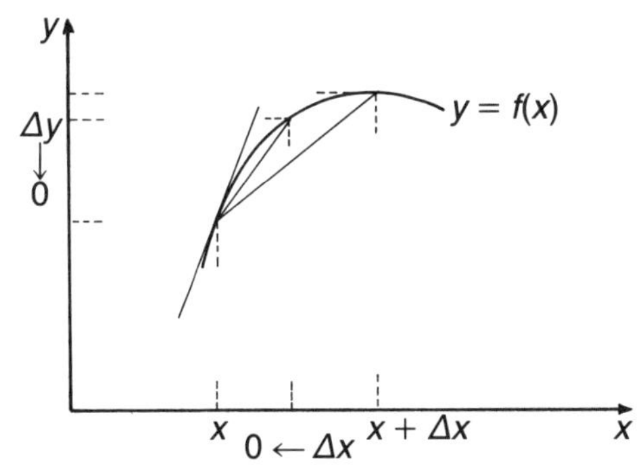

Abb. 5.4: Grenzübergang $\Delta x \to 0$

Mathematisch bedeutet die Annäherung $\xi_2 \to \xi_1$, daß der Grenzübergang $\Delta x \to 0$ vollzogen wird. Die Sekante zwischen den Punkten $f(x)$ und $f(x+\Delta x)$ wird dabei zur Tangente im Punkt $f(x)$, und die Steigung der Sekante $\Delta y/\Delta x$ wird zur **Steigung der Tangente.**

Wegen seiner großen Bedeutung hat man für die Steigung als Grenzwert des Differenzenquotient $\Delta y/\Delta x$ ein eigenes Symbol

$$\frac{dy}{dx} = \lim_{\Delta x \to 0} \frac{\Delta y}{\Delta x}$$

eingeführt und es als Differentialquotient bezeichnet.[2]

► Der Grenzwert

$$\frac{dy}{dx} = \lim_{\Delta x \to 0} \frac{f(x+\Delta x) - f(x)}{\Delta x}$$

heißt *Differentialquotient* der Funktion $y=f(x)$ an der Stelle x. Man spricht „dy nach dx".

Der Unterschied zwischen den Symbolen Δx und dx ist, daß Δx einen endlich großen Abstand **(= Differenz)** darstellt, während dx die unendlich kleine (infinitesimal kleine) Strecke **(= Differential)** bedeutet.

Geometrisch handelt es sich beim Differentialquotienten $\frac{dy}{dx}$ um die **Steigung** der Kurve (d.h. ihrer Tangente) im Punkt x.

Andere häufig benutzte synonyme Bezeichnungen für den Differentialquotient sind:

$$\frac{dy}{dx} = y' = f'(x) = \frac{df}{dx} = \frac{d}{dx} f(x)$$

(gesprochen: „y Strich", „f Strich", bzw. „d nach dx von $f(x)$"). Die gestrichene Schreibweise erklärt die für den Differentialquotienten häufig verwendete Bezeichnung „Erste Ableitung der Funktion $y=f(x)$ nach der unabhängigen Veränderlichen x".

Beispiele: 1. Die Funktion sei $y=x^2$. Der Differentialquotient lautet:

$$\frac{dy}{dx} = \lim_{\Delta x \to 0} \frac{(x+\Delta x)^2 - x^2}{\Delta x}$$

2. Für die Funktion $y = k \cdot e^{-x^2/2}$ lautet der Differentialquotient:

$$\frac{dy}{dx} = \lim_{\Delta x \to 0} \frac{k \cdot e^{-(x+\Delta x)^2/2} - k \cdot e^{-x^2/2}}{\Delta x}$$

---

[2] Die Symbolik wurde schon von *Leibniz* in dem im Abschnitt 4.1 erwähnten Aufsatz „Nova methodes ..." benutzt.

Man erkennt an diesen Beispielen, daß mit der Definition des Differentialquotienten allein noch nicht viel gewonnen ist. Tatsächlich kommt es sehr wesentlich darauf an, den Grenzwert zu berechnen. Man bezeichnet dies als **Differenzieren.**

5.3 Die Technik des Differenzierens

Beim Differenzieren kommt man im Prinzip nicht um die Berechnung des Grenzwertes $\lim\limits_{\Delta x \to 0} \frac{\Delta y}{\Delta x}$ herum. Dies sei zunächst an einem sehr einfachen Fall vorgeführt.

Beispiel: Es sei der Differentialquotient der Funktion $y = x^3$ zu berechnen:

$$\begin{aligned} y' &= \lim_{\Delta x \to 0} \frac{(x+\Delta x)^3 - x^3}{\Delta x} \\ &= \lim_{\Delta x \to 0} \frac{x^3 + 3x^2 \cdot \Delta x + 3x \cdot (\Delta x)^2 + (\Delta x)^3 - x^3}{\Delta x} \\ &= \lim_{\Delta x \to 0} \left(3x^2 + 3x \cdot \Delta x + (\Delta x)^2\right) = 3x^2 \end{aligned}$$

Das heißt, der Differentialquotient $\frac{dy}{dx}$ bzw. die erste Ableitung y' der Funktion $y = x^3$ lautet:

$$y' = \frac{dy}{dx} = 3x^2$$

Man erkennt an diesem Beispiel:

► Der Differentialquotient der Funktion $y = f(x)$ ist i. allg. selbst eine *Funktion* der unabhängigen Veränderlichen x:

$$\frac{dy}{dx} = y'(x)$$

Der Differentialquotient gibt seiner Definition nach die Steigung der Funktion f im Punkt x an. Will man diese Steigung in einem speziellen Punkt $x = \xi$ ermitteln, so muß man den Wert ξ in die Funktion $y'(x)$ einsetzen. Man schreibt hierfür auch:

$$\left.\frac{dy}{dx}\right|_{x=\xi} = y'(\xi)$$

Beispiel: Der Differentialquotient der Funktion $y=x^3$ lautet $y'=3x^2$. Daher besitzt die Funktion $y=x^3$ im Punkt $x=2$ die Steigung:

$$\left.\frac{dy}{dx}\right|_{x=2}=y'(2)=3x^2|_{x=2}=12$$

Es stellt sich nun die Frage, ob der Differentialquotient immer berechnet werden kann oder ob auch Fälle denkbar sind, in denen er nicht existiert oder nicht eindeutig ist. Falls der Grenzwert existiert und eindeutig ist, spricht man von **differenzierbaren** Funktionen.

5.3.1 Differenzierbarkeit

Da der Differentialquotient die Steigung einer Funktion angibt, ist unmittelbar einsichtig, daß eine Funktion, soll sie an der Stelle x differenzierbar sein, dort notwendigerweise stetig sein muß.

► Jede differenzierbare Funktion ist *stetig*.

Die beiden in den *Abb. 5.5* und *5.6* gezeichneten Funktionen sind im dargestellten Bereich stetig. Sind sie jedoch auch differenzierbar? Offensichtlich bereitet es Schwierigkeiten, in den Spitzen eine eindeutige Steigung zu ermitteln. Im Punkt ξ der *Abb. 5.5* gibt es keine Tangente, so daß man auch nicht mehr von einer Steigung sprechen kann. An der Stelle ξ der *Abb. 5.6* sind Tangenten zeichenbar, jedoch zwei verschiedene, je nachdem von welcher Seite aus man sich dieser Stelle nähert.

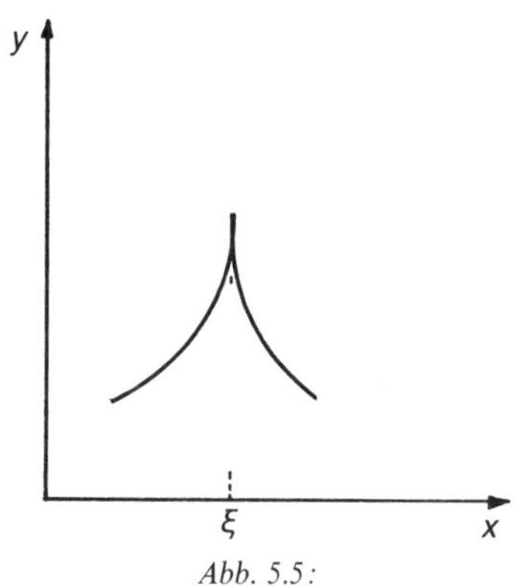

Abb. 5.5:
Kurve, für die es an der Stelle $x=\xi$ keine Tangente gibt

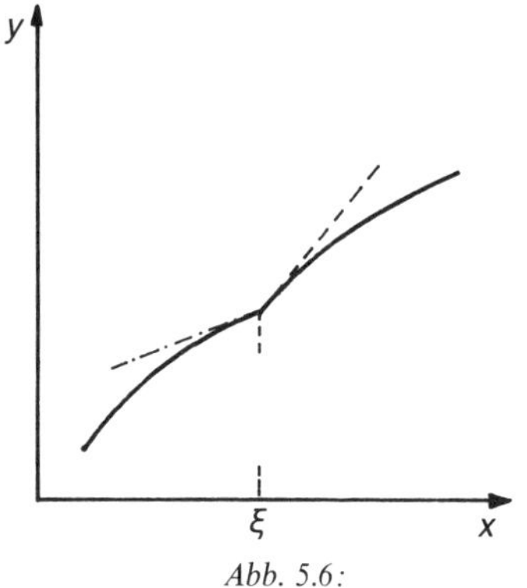

Abb. 5.6:
Kurve mit zwei Tangenten an der Stelle $x=\xi$

Wir fassen daher zusammen:

► Eine Funktion heißt an der Stelle x *differenzierbar*, wenn der Grenzwert

$$y' = \frac{dy}{dx} = \lim_{\Delta x \to 0} \frac{f(x+\Delta x)-f(x)}{\Delta x}$$

existiert und für jeden beliebigen Grenzübergang $\Delta x \to 0$ stets eindeutig ist.

Als Merkregel kann man dieses Ergebnis so ausdrücken:

► Eine stetige Funktion ohne Ecken, Spitzen o.ä. ist *differenzierbar*.

Für die Anwendungen auf wirtschaftswissenschaftlichen Gebieten ist damit eine hinreichend gute Charakterisierung differenzierbarer Funktionen gegeben. Wie aber berechnet man den Differentialquotienten? Muß man wirklich jedesmal den Grenzwert $\lim_{\Delta x \to 0}$ berechnen?

Die Antwort lautet: nein! Man braucht lediglich die Differentialquotienten einiger wichtiger elementarer Funktionen zu kennen und drei Grundregeln über das Differenzieren verknüpfter Funktionen sicher zu beherrschen, um damit die gängigen Funktionen differenzieren zu können.

5.3.2 Ableitung elementarer Funktionen

Die Differentialquotienten der folgenden Grundfunktion sind i.d.R. durchaus nicht einfach zu berechnen! Die Ergebnisse sind jedoch einprägsam, so daß es nicht schwerfallen sollte, sie sich zu merken.

- Potenzfunktion $y = x^n$ $y' = n \cdot x^{n-1}$
- Exponentialfunktion zur Basis e $y = e^x$ $y' = e^x$
- Natürlicher Logarithmus $y = \ln x$ $y' = \frac{1}{x}$
- Sinusfunktion $y = \sin x$ $y' = \cos x$
- Cosinusfunktion $y = \cos x$ $y' = -\sin x$

Die meisten anderen, in den Wirtschaftswissenschaften verwendeten Funktionen lassen sich auf diese Grundfunktionen zurückführen.

5.3.3 Differentiation verknüpfter Funktionen

Funktionen, die durch die Verknüpfungen elementarer Funktionen (Addition, Multiplikation, Division, Wurzel, Exponieren) gebildet sind, oder die in Form zusammengesetzter Funktionen vorkommen, kann man nach den folgenden Regeln differenzieren:

Konstanter Faktor – Regel

► Die Ableitung einer konstanten Funktion ist gleich 0. Ein *konstanter Faktor* kann beim Differenzieren stets vor die Ableitung gezogen werden:

$$y = c \qquad y' = 0$$

$$y = c \cdot f(x) \qquad y' = \frac{d}{dx}(c \cdot f(x)) = c \cdot \frac{df}{dx} = c \cdot f'(x)$$

Summenregel

▶ Sind $f(x)$, $g(x)$ zwei differenzierbare Funktionen und $y = f(x) \pm g(x)$ die *Summe* (*Differenz*), so gilt:

$$y' = \frac{d}{dx}(f(x) \pm g(x)) = \frac{df(x)}{dx} \pm \frac{dg(x)}{dx} = f'(x) \pm g'(x)$$

Beispiel: Die Ableitung der Funktion $y = f(x) = 2x^{-2} + \cos x$ lautet:

$$y' = f'(x) = -4x^{-3} - \sin x$$

Produktregel

Ein Produkt von zwei Funktionen $y = f(x) \cdot g(x)$ wird nach der sog. Produktregel differenziert. Beispielhaft sei ihre Herleitung vorgeführt.

Für die Funktion $y = f(x) \cdot g(x)$ soll der Differentialquotient $\frac{dy}{dx}$ berechnet werden, der sich definitionsgemäß aus dem folgenden Grenzübergang ergibt:

$$\frac{dy}{dx} = \lim_{\Delta x \to 0} \frac{f(x+\Delta x) \cdot g(x+\Delta x) - f(x) \cdot g(x)}{\Delta x}$$

Durch einfache Umformungen erhält man:

$$\frac{dy}{dx} = \lim_{\Delta x \to 0} \frac{f(x+\Delta x) \cdot g(x+\Delta x) - f(x+\Delta x) \cdot g(x) + f(x+\Delta x) \cdot g(x) - f(x) \cdot g(x)}{\Delta x}$$

$$= \lim_{\Delta x \to 0} \left\{ \frac{[f(x+\Delta x) - f(x)] \cdot g(x)}{\Delta x} + \frac{[g(x+\Delta x) - g(x)] \cdot f(x+\Delta x)}{\Delta x} \right\}$$

$$= \left\{ \lim_{\Delta x \to 0} \frac{f(x+\Delta x) - f(x)}{\Delta x} \right\} \cdot g(x)$$

$$+ \left\{ \lim_{\Delta x \to 0} \frac{g(x+\Delta x) - g(x)}{\Delta x} \right\} \cdot \lim_{\Delta x \to 0} f(x+\Delta x)$$

Die Grenzübergänge ergeben:

$$\lim_{\Delta x \to 0} \frac{f(x+\Delta x) - f(x)}{\Delta x} = \frac{df}{dx} = f'(x)$$

$$\lim_{\Delta x \to 0} \frac{g(x+\Delta x) - g(x)}{\Delta x} = \frac{dg}{dx} = g'(x)$$

$$\lim_{\Delta x \to 0} f(x+\Delta x) = f(x)$$

Insgesamt erhält man nach den Grenzübergängen also den Ausdruck:

$$\frac{dy}{dx} = f'(x) \cdot g(x) + g'(x) \cdot f(x)$$

▶ Die Ableitung eines *Produktes* $y = f(x) \cdot g(x)$ zweier differenzierbarer Funktionen lautet:

$$y' = \frac{d}{dx}(f(x) \cdot g(x)) = \frac{df(x)}{dx} \cdot g(x) + \frac{dg(x)}{dx} \cdot f(x)$$
$$= f'(x) \cdot g(x) + g'(x) \cdot f(x)$$

Wegen der Symmetrie der Formel ist es gleichgültig, welchen Faktor man als $f(x)$ und welchen man als $g(x)$ bezeichnet.

Beispiel: Wie lautet die erste Ableitung der Funktion $y = \sin x \cdot \cos x$?
Wir setzen $f(x) = \sin x$ $\quad f'(x) = \cos x$
$g(x) = \cos x$ $\quad g'(x) = -\sin x$

und erhalten:

$$y' = f'(x) \cdot g(x) + g'(x) \cdot f(x) = \cos^2 x - \sin^2 x$$

Ein Produkt aus mehr als zwei differenzierbaren Funktionen kann man durch wiederholte Anwendung der Produktregel differenzieren. Dies läßt sich durch entsprechende Klammerung leicht herleiten.

Quotientenregel

Mit etwas mehr Rechnung und einigen zusätzlichen Umformungen, im Prinzip jedoch genauso wie bei der Produktregel, läßt sich die sog. Quotientenregel aus der in der Definition verlangten Grenzwertbildung herleiten.

▶ Ist eine Funktion als *Quotient* zweier differenzierbarer Funktionen darstellbar, d.h.

$$y = \frac{f(x)}{g(x)} \quad \text{mit } g(x) \neq 0,$$

dann lautet ihr Differentialquotient:

$$y' = \frac{dy}{dx} = \frac{\frac{df(x)}{dx} \cdot g(x) - \frac{dg(x)}{dx} \cdot f(x)}{(g(x))^2} = \frac{f'(x) \cdot g(x) - g'(x) \cdot f(x)}{(g(x))^2}$$

Man beachte, daß die Formel wegen des Vorzeichens im Zähler und wegen des Nenners nicht symmetrisch ist. **Zähler** und **Nenner** der Ausgangsfunktion dürfen daher **nicht** verwechselt werden.

Beispiele: 1. Es soll die Funktion $y=\dfrac{\ln x}{x}$ differenziert werden.

Um die Quotientenregel anzuwenden, setzen wir:

$f(x)=\ln x \qquad f'(x)=1/x$
$g(x)=x \qquad g'(x)=1$

Die erste Ableitung lautet also:

$$y'=\frac{f'(x)\cdot g(x)-g'(x)\cdot f(x)}{(g(x))^2}=\frac{(1/x)\cdot x-\ln x}{x^2}=\frac{1-\ln x}{x^2}$$

2. Der Differentialquotient der Funktion $y=\dfrac{\sin x}{\cos x}$ ist zu berechnen.

Es sind:

$f(x)=\sin x \qquad f'(x)=\cos x$
$g(x)=\cos x \qquad g'(x)=-\sin x$

Daher folgt:

$$y'=\frac{\cos^2 x+\sin^2 x}{\cos^2 x}=\frac{1}{\cos^2 x}$$

(vgl. Abschnitt 3.6.4.3)

Kettenregel

Die vermutlich am häufigsten anwendbare Differentiationsregel ist diejenige für zusammengesetzte Funktionen, die als Kettenregel bekannt ist. Eine zusammengesetzte Funktion $y=f(g(x))$ kann bekanntlich durch die **Substitution** $z=g(x)$ auf ihre Grundform $y=f(z)$ zurückgeführt werden. Die Funktion $y=f(z)$ wird auch als **äußere** Funktion und die Substitution $z=g(x)$ als **innere** Funktion bezeichnet.

Beispiele: 1. In der Funktion $y=f(x)=e^{-x^2/2}$ wird substituiert $z=g(x)=-x^2/2$, und man erhält $y=f(z)=e^z$.

2. Für die Funktion $y=f(x)=\sqrt{\sin x}$ ergibt die Substitution $z=g(x)=\sin x$ die Funktion $y=f(z)=\sqrt{z}$.

3. In $y=f(x)=\ln(3x^2)$ führt die Substitution $z=g(x)=3x^2$ auf die Funktion $y=f(z)=\ln z$.

Meistens bietet sich aus der Zusammensetzung der Funktion die Substitution unmittelbar an. Es gibt jedoch auch Fälle mit mehreren Substitutionsmöglichkeiten, in denen man die Entscheidung in Abhängigkeit vom Substitutionszweck zu treffen hat.

► Für die *zusammengesetzte* Funktion $y=f(g(x))$ mit $z=g(x)$ als innerer und $y=f(z)$ als äußere Funktion lautet der Differentialquotient:

$$y' = \frac{d}{dx}\{f(g(x))\} = \frac{df(z)}{dz} \cdot \frac{dg(x)}{dx} = f'(z) \cdot g'(x)$$

Die äußere Funktion wird also nach der Substitutionsvariablen und die innere Funktion nach der unabhängigen Veränderlichen abgeleitet!

Man beachte, daß nach der Differentiation im Ergebnis die Substitution wieder rückgängig gemacht wird, d.h. in der Formel wieder z durch $g(x)$ ersetzt werden muß.

Beispiele: 1. Wie lautet die Ableitung von $y = e^{-x^2/2}$?
Die Substitution $z = g(x) = -x^2/2$ ergibt $y = f(z) = e^z$.

$g'(x) = -x$ und $f'(z) = e^z$

Daher folgt $y'(x) = f'(z) \cdot g'(x) = e^z \cdot (-x)$.

Im Ergebnis muß noch die Substitution rückgängig gemacht werden, und man erhält:

$y'(x) = -x \cdot e^{-x^2/2}$

2. Wie lautet die Ableitung von $y = \sqrt{\sin x}$?
Substitution: $z = g(x) = \sin x \rightarrow y = f(z) = \sqrt{z} = z^{1/2}$

$g'(x) = \cos x \qquad f'(z) = 1/2 z^{-1/2}$

$$y'(x) = 1/2 z^{-1/2} \cdot \cos x = \frac{\cos x}{2\sqrt{\sin x}}$$

3. Die Funktion $y = \ln(3x^2)$ ist zu differenzieren.
Substitution: $z = g(x) = 3x^2 \rightarrow y = f(z) = \ln z$

$g'(x) = 6x \qquad f'(z) = 1/z$

$y'(x) = (1/z) \cdot 6x = 6x/3x^2 = 2/x$

5.4 Ergänzende Differentiationstechniken

Manchmal können die behandelten Regeln nur indirekt, d.h. erst nach Umformung der zu differenzierenden Funktion, angewendet werden. In diesen Fällen ist es nützlich, bestimmte Standardumformungen zu kennen.

Ableitung der Umkehrfunktion

Zu einer eineindeutigen Funktion $y = f(x)$ existiert die Umkehrfunktion $x = f^{-1}(y) = g(y)$. Ihre Ableitung läßt sich leicht nach der Kettenregel bestimmen:

$y = f(x) \qquad x = g(y) = g(f(x)),$

Differenziert man beide Seiten nach x, so erhält man auf der linken Seite 1 und rechts nach der Kettenregel:

$$1 = \frac{dg}{df} \cdot \frac{df}{dx} = \frac{dg}{dy} \cdot \frac{df}{dx}$$

Daraus berechnet man die Ableitung von $g(y)$:

▶ Die Ableitung der *Umkehrfunktion* $x = g(y) = f^{-1}(y)$ der Funktion $y = f(x)$ lautet:

$$\frac{dg}{dy} = \frac{1}{\frac{df}{dx}} = \frac{1}{f'(x)} \qquad \text{an der Stelle } x = g(y)$$

Beispiel: Zur Funktion $y = f(x) = e^x$ lautet die Umkehrfunktion $x = g(y) = \ln y$.

Würde man den Differentialquotienten des natürlichen Logarithmus nicht kennen, so könnte man ihn leicht berechnen:

$$\frac{dg}{dy} = \frac{1}{df/dx} = \frac{1}{e^x} = 1/y$$

Ableitung einer logarithmierten Funktion

Es soll die erste Ableitung des Logarithmus einer allgemeinen Funktion

$$y = f(x) = \ln(g(x)) \quad \text{mit} \quad g(x) > 0$$

berechnet werden. Nach der Substitution $z = g(x)$ und der Anwendung der Kettenregel mit $y = \ln z$ und $y' = 1/z$ erhält man:

$$y' = \frac{d}{dx}\{\ln(g(x))\} = \frac{1}{z} \cdot g'(x) = \frac{g'(x)}{g(x)}$$

▶ Die Ableitung einer *logarithmierten Funktion* $y = \ln(g(x))$ mit $g(x) > 0$ lautet:

$$y' = \frac{dy}{dx} = \frac{g'(x)}{g(x)}$$

Beispiel: Der Differentialquotient der Funktion $y = \ln(\sin x)$ für $0 < x < \pi$ lautet mit $f(x) = \sin x$ und $f'(x) = \cos x$:

$$y'(x) = \frac{f'(x)}{f(x)} = \frac{\cos x}{\sin x} = \operatorname{ctg} x \quad \text{für } 0 < x < \pi$$

(vgl. Abschnitt 3.6.4.3).

Ableitung der Exponentialfunktion zur Basis *a*

Die Funktion $y=a^x$ ist zu differenzieren, die sich durch Logarithmieren folgendermaßen umformen läßt:

$$\ln(y(x))=x\cdot\ln a \quad \text{für } a>0$$

Die Ableitung beider Seiten nach der Veränderlichen x ergibt $\frac{1}{y}\cdot\frac{dy}{dx}=\ln a$, so daß man durch einfache Umformung erhält:

$$y'=\frac{dy}{dx}=y\cdot\ln a=a^x\cdot\ln a$$

▶ Die Ableitung der *Exponentialfunktion* zur Basis a, $y=a^x$, lautet:

$$y'=\frac{dy}{dx}=a^x\cdot\ln a \qquad \text{für } a>0$$

Ableitung der Logarithmusfunktion zur Basis *a*

Gesucht ist die Ableitung der Funktion $y=\log_a x$ mit $a>0$. Durch Umkehrung der Funktion erhält man $x=a^y$, und nach Differentiation beider Seiten dieser Gleichung:

$$1=a^y\cdot\ln a\cdot\frac{dy}{dx}$$

Durch Auflösen ergibt sich die gesuchte Ableitung:

$$y'=\frac{dy}{dx}=\frac{1}{a^y\cdot\ln a}=\frac{1}{x\cdot\ln a}$$

Wegen der Identität $\frac{1}{\ln a}=\log_a e$ gilt schließlich:

▶ Die Ableitung der *Logarithmusfunktion* zur Basis a, $y=\log_a x$, lautet:

$$y'=\frac{dy}{dx}=\frac{1}{x\cdot\ln a}=\frac{1}{x}\cdot\log_a e \quad \text{für } a>0$$

Ableitung der Tangens- und Cotangensfunktion

Die Tangens- und Cotangensfunktion lassen sich wegen ihres Zusammenhangs mit der Sinus- und Cosinusfunktion (vgl. Abschnitt 3.6.4.3) leicht mit Hilfe der Quotientenregel ableiten.

Aus $y=\operatorname{tg} x=\frac{\sin x}{\cos x}$ ergibt sich:

$$y'=\frac{\cos^2 x+\sin^2 x}{\cos^2 x}=\frac{1}{\cos^2 x} \quad \text{wegen } \sin^2 x+\cos^2 x=1$$

► Die Ableitung der *Tangensfunktion* $y = \operatorname{tg} x$ lautet:

$$y' = \frac{dy}{dx} = \frac{1}{\cos^2 x} \quad \text{für } \cos x \neq 0$$

Für die Cotangensfunktion $y = \operatorname{ctg} x = \frac{\cos x}{\sin x}$ erhält man analog:

$$y' = \frac{-\sin^2 x - \cos^2 x}{\sin^2 x} = -\frac{1}{\sin^2 x}.$$

► Die Ableitung der *Cotangensfunktion* $y = \operatorname{ctg} x$ lautet:

$$y' = \frac{dy}{dx} = -\frac{1}{\sin^2 x} \quad \text{für } \sin x \neq 0$$

5.5 Graphische Konstruktion der ersten Ableitung

Die Bestimmung der Ableitung einer Funktion setzt voraus, daß die Funktionsgleichung bekannt ist und sich geschlossen differenzieren läßt. Beide Voraussetzungen sind nicht immer erfüllt. Beispielsweise spielen empirisch ermittelte Funktionen in wirtschaftswissenschaftlichen Anwendungen häufig eine wichtige Rolle. Um ihre Ableitungen zu bestimmen, könnte man sie durch bekannte mathematische Funktionen approximieren, um diese dann zu differenzieren. Dies kann aufwendig sein und wegen der eventuell unzureichenden Annäherung zu Informationsverlusten führen. Daher empfiehlt es sich häufig, die Funktion entweder numerisch oder graphisch zu differenzieren.

Für die **numerische** Differentiation werden zweckmäßigerweise EDV-Anlagen eingesetzt. Die Behandlung der entsprechenden Verfahren und die Beschreibung der Software geht über die Thematik dieses Buches weit hinaus.

Die **graphische Bestimmung der ersten Ableitung,** die skizzenhafte Veranschaulichung und die Interpretation der entsprechenden Kurven werden in vielen ökonomischen Bereichen vorausgesetzt. Sie sind wegen der relativ einfachen graphischen Konstruktion der Steigung mit Hilfe des Tangens des Anstiegswinkels näherungsweise leicht durchzuführen.

Die *Abb.* 5.7 illustriert die **Konstruktion der Steigung** der Funktion $y = f(x)$ im Punkt P an der Stelle ξ_2. Die Steigung im Punkt P ist durch das Steigmaß der Tangente in dem Punkt definiert, die mit der x-Achse den Zwischenwinkel α bildet, d.h. gleich $\operatorname{tg} \alpha$. Mit Hilfe einer Ankathete der Länge 1 kann der $\operatorname{tg} \alpha$ vom Nullpunkt aus konstruiert und an der Stelle $x = \xi_2$ abgetragen werden. Der gesuchte Punkt der 1. Ableitung an der Stelle ξ_2 ist also der Punkt R. Analog lassen sich noch

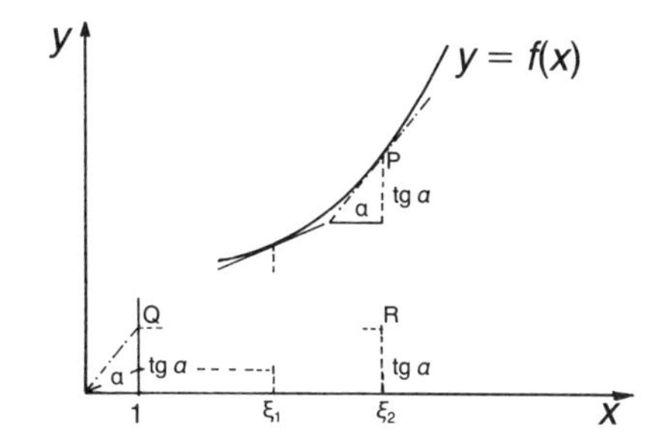

Abb. 5.7: Graphische Konstruktion der ersten Ableitung

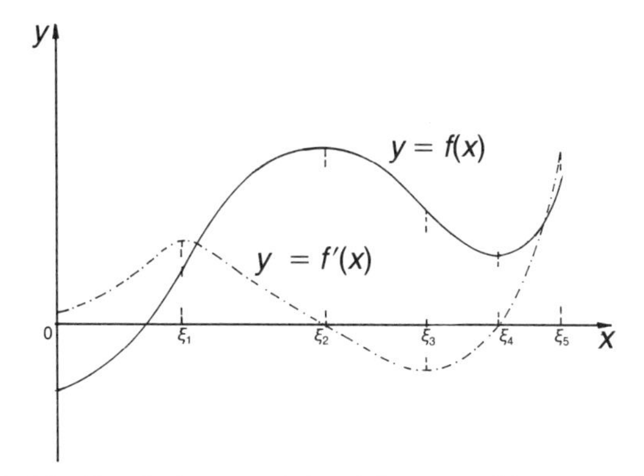

Abb. 5.8: Eine Funktion $y=f(x)$ und ihre erste Ableitung $y'=f'(x)$

andere Punkte der ersten Ableitung bestimmen, wie z.B. in *Abb. 5.7* an der Stelle $x=\xi_1$, die anschließend verbunden werden, und die dann näherungsweise[3] die Kurve der ersten Ableitung bilden.

Für die allgemeine Funktion $y=f(x)$, die in der *Abb. 5.8* als durchgezogene Kurve gezeichnet ist, wurde die erste Ableitung $y'=f'(x)$ näherungsweise konstruiert und als strichpunktierte Kurve dargestellt. Im Bereich von $[0, \xi_2]$ steigt die Funktion $f(x)$; folglich ist die Ableitung positiv. Ihre maximale Steigung hat die Funktion $f(x)$ am Wendepunkt, d.h. an der Stelle $x=\xi_1$, so daß dort die Ableitung ein Maximum erreicht. Die Steigung nimmt vom Wendepunkt an ab und ist im Maximum von $f(x)$ an der Stelle $x=\xi_2$ gleich null. Daher fällt die Ableitung von $x=\xi_1$ an. Sie besitzt an der Stelle $x=\xi_2$ eine Nullstelle, ebenso wie an der Stelle $x=\xi_4$, wo die Funktion $f(x)$ ein Minimum hat. Zwischen ξ_2 und ξ_4 fällt die Funktion $f(x)$, weshalb die Ableitung negativ ist. Das kleinste Steigmaß liegt wieder im Wendepunkt $x=\xi_3$; dort besitzt die Ableitung ein Minimum.

---

[3] Die Konstruktion der ersten Ableitung kann natürlich nur so genau sein, wie die Tangente richtig gezeichnet wird.

5.6 Das Differential

Bei der geometrischen Interpretation der Definitionsgleichung des Differentialquotienten ergab sich $y' = \frac{dy}{dx}$ als Steigung der Tangente an die Kurve im Punkt x (vgl. *Abb. 5.9*).

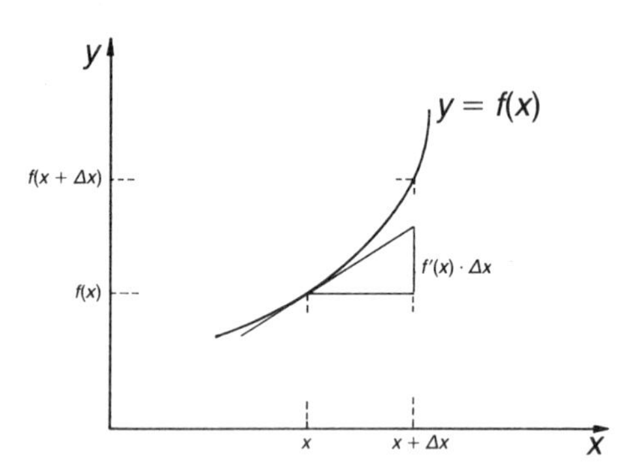

Abb. 5.9: Zum Differential der Funktion $y = f(x)$

Geht man um einen kleinen (aber endlichen) Schritt Δx vom Punkt x aus weiter, so wird der Funktionswert $f(x+\Delta x)$ sein, während auf der Tangente im Punkt $x+\Delta x$ der Wert $f(x)+f'(x)\cdot\Delta x$ ablesbar ist. Beide Werte liegen nahe beieinander; sie unterscheiden sich um so weniger, je kleiner die Auslenkung Δx ist:

$$f(x+\Delta x) \cong f(x)+f'(x)\cdot\Delta x$$

Beim Grenzübergang $\Delta x \to 0$ gilt schließlich die Gleichheit, und man erhält:

$$\begin{aligned}\lim_{\Delta x\to 0}\left(f(x+\Delta x)-f(x)\right) &= \lim_{\Delta x\to 0}\frac{f(x+\Delta x)-f(x)}{\Delta x}\cdot\Delta x\\ &= f'(x)\cdot\lim_{\Delta x\to 0}\Delta x\end{aligned}$$

Die Differenz auf der linken Seite strebt gegen df; für den Grenzübergang auf der rechten Seite gilt $\lim_{\Delta x\to 0}\Delta x = dx$, so daß $df = f'(x)\cdot dx$ entsteht.

▶ Der Ausdruck df heißt das *Differential* der Funktion $y = f(x)$:

$$df = f'(x)\cdot dx$$

Eine andere Schreibweise ist dy.

Entsprechend heißt dx das Differential der Variablen x und die erste Ableitung $\frac{dy}{dx} = y'(x)$ der Differentialquotient. Man beachte, daß df und dx **unendlich** kleine Größen sind, ihr Quotient jedoch **endlich** ist.

Mit Hilfe des Differentials lassen sich bequem angenäherte Funktionswerte in der Nähe eines Punktes berechnen.

Beispiel: Der Wert der Funktion $y = (x^2+6) \cdot e^{-(x-2)^2/2}$ und der Wert ihrer Ableitung

$$y' = 2x \cdot e^{-(x-2)^2/2} + (x^2+6) \cdot e^{-(x-2)^2/2} \cdot (-x+2)$$
$$= (-x^3 + 2x^2 - 4x + 12) \cdot e^{-(x-2)^2/2}$$

an der Stelle $x = 1$ seien bekannt:

$y(1) = 4{,}245715 \qquad y'(1) = 5{,}458776$

Um den angenäherten Wert an der Stelle $x = 1{,}1$ zu berechnen, macht man vom Differential $dy = y'(x) \cdot dx$ Gebrauch und ersetzt darin die Differentiale durch die (endlichen) Differenzen:

$$\Delta y \cong y'(x) \cdot \Delta x$$

Es ist $\Delta x = 0{,}1$, so daß man

$$\Delta y \cong 0{,}1 \cdot y'(1) = 0{,}5458776$$

und

$$y(1{,}1) \cong y(1) + \Delta y = 4{,}791593$$

erhält. Der exakte Wert wäre:

$$y(1{,}1) = 4{,}808903$$

Bei der Approximation eines Funktionswertes ist jedoch Vorsicht geboten. In ungünstigen Fällen kann die Differenz des angenäherten vom tatsächlichen Wert recht groß werden. An der letzten Abbildung erkennt man, daß diese ungünstige Situation eintritt, wenn die Kurve stark gekrümmt ist und Δx größer wird.

Beispiel: Die im vorangegangenen Beispiel diskutierte Funktion ist an der Stelle $x = 1$ stark gekrümmt. Setzt man für $\Delta x = 1$, so wird

$$\Delta y \cong y'(1) \cdot 1 = 5{,}458776,$$

das heißt, man erhielte als Approximation:

$$y(2) \cong 9{,}704491$$

Die exakte Rechnung ergibt hier $y(2) = 10$, so daß die Abweichung bereits beträchtlich ist.

5.7 Höhere Ableitungen

Durch Differentiation einer Funktion $y=f(x)$ erhält man $\frac{dy}{dx}=y'(x)$, den Differentialquotient oder die erste Ableitung nach x, die selbst eine Funktion der unabhängigen Variablen darstellt. Ist diese Funktion wieder differenzierbar, dann kann man formal

$$\frac{d}{dx}\left(\frac{dy}{dx}\right)=\frac{d}{dx}\left(y'(x)\right)$$

berechnen. Die entstehende Funktion wird als **zweite Ableitung** nach x bezeichnet.

▶ Ist die Funktion $y=f(x)$ zweimal differenzierbar, so heißt

$$\frac{d}{dx}\left(\frac{dy}{dx}\right)=\frac{d^2 y}{dx^2}=y''(x)$$

die *zweite Ableitung* nach x.

Man spricht „d zwei y nach x Quadrat" bzw. „y zwei Strich".

Setzt man die Differentiation fort, so kann man – immer unter der Voraussetzung der Differenzierbarkeit der entsprechenden Funktionen – die nächsten, sog. **höheren Ableitungen** berechnen:[4]

$$\frac{d}{dx}\left(\frac{d^2 y}{dx^2}\right)=\frac{d^3 y}{dx^3}=y'''(x)$$

$$\frac{d}{dx}\left(\frac{d^3 y}{dx^3}\right)=\frac{d^4 y}{dx^4}=y^{(4)}(x)$$

$$\vdots$$

$$\frac{d}{dx}\left(\frac{d^{n-1} y}{dx^{n-1}}\right)=\frac{d^n y}{dx^n}=y^{(n)}(x)$$

Beispiele: 1. Die Ableitungen n-ter Ordnung der Funktion $y=\sin x$ lauten

[4] Es ist üblich, die ersten Ableitungen durch Striche zu bezeichnen. Bei höheren Ableitungen (ab der vierten) benutzt man arabische Ziffern in Klammern.

$$y'(x) = \cos x$$
$$y''(x) = -\sin x$$
$$y'''(x) = -\cos x$$
$$y^{(4)}(x) = \sin x = y(x)$$
$$\vdots$$
$$y^{(n)}(x) = y^{(n-4)}(x)$$

2. Die Ableitungen m-ter Ordnung eines Polynoms n-ten Grades

$y = p_n(x) = \sum_{i=0}^{n} a_i \cdot x^i$ lauten:

$$y'(x) = \bar{p}_{n-1}(x) = \sum_{i=1}^{n} i \cdot a_i \cdot x^{i-1} = \sum_{i=0}^{n-1} (i+1) \cdot a_{i+1} \cdot x^i$$
$$y''(x) = \bar{\bar{p}}_{n-2}(x) = \sum_{i=2}^{n} i \cdot (i-1) \cdot a_i \cdot x^{i-2}$$
$$= \sum_{i=0}^{n-2} (i+1) \cdot (i+2) \cdot a_{i+2} \cdot x^i$$
$$\vdots$$
$$y^{(m)}(x) = \tilde{p}_{n-m}(x) = \sum_{i=m}^{n} i \cdot (i-1) \cdot \ldots \cdot (i-m+1) \cdot a_i \cdot x^{i-m}$$
$$= \sum_{i=0}^{n-m} (i+1) \cdot (i+2) \cdot \ldots \cdot (i+m) \cdot a_{i+m} \cdot x^i$$
$$\vdots$$
$$y^{(n)}(x) = \hat{p}_0(x) = n! \cdot a_n$$

3. Die Ableitungen n-ter Ordnung der Funktion $y = a^x$ sind:

$$y'(x) = a^x \cdot \ln a$$
$$y''(x) = a^x \cdot (\ln a)^2$$
$$\vdots$$
$$y^{(n)}(x) = a^x \cdot (\ln a)^n$$

4. Die Ableitungen des Polynoms

$y(x) = 1/5\, x^5 - 2/3\, x^3 - 8\, x + 1$ lauten:

$$y'(x) = x^4 - 2x^2 - 8$$
$$y''(x) = 4x^3 - 4x$$
$$y'''(x) = 12x^2 - 4$$
$$y^{(4)}(x) = 24x$$
$$y^{(5)}(x) = 24$$
$$y^{(6)}(x) = 0$$

Die Kurven dieser Ableitungen sind in der *Abb. 5.10* dargestellt.

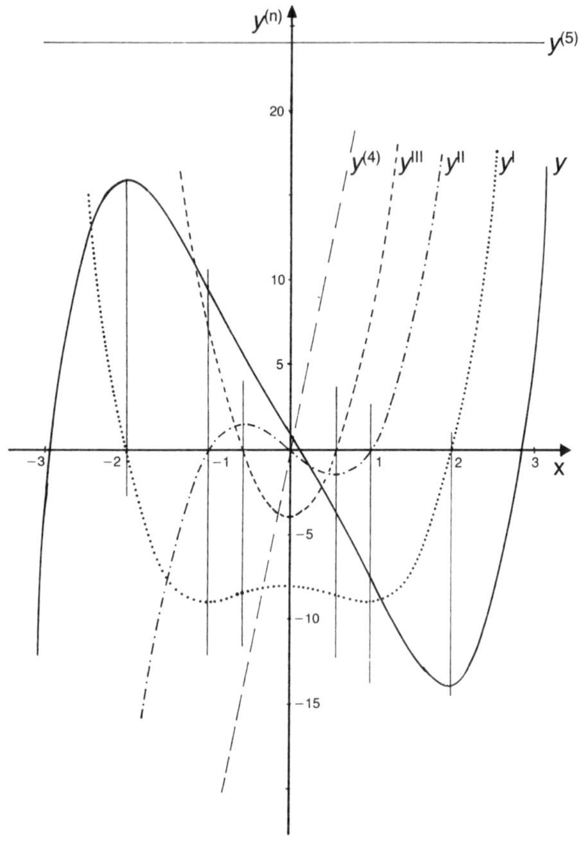

Abb. 5.10: Die Graphen der Funktion $y = 1/5x^5 - 2/3x^3 - 8x + 1$ *und ihrer n-ten Ableitungen bis zur Ordnung* $n = 5$

Bedeutung der zweiten Ableitung

Die zweite Ableitung einer Funktion $y = f(x)$ läßt ebenfalls eine geometrische Deutung zu. Die erste Ableitung konnte als Steigung einer Funktion interpretiert werden, d.h. als Änderungsrate des Funktionswertes bei Änderung des Argumentes. Die zweite Ableitung ist dann folgerichtig die Änderungsrate der Steigung bei Änderung des Argumentes und damit ein Maß für die **Krümmung** der Funktion.

Eine Funktion mit zunehmender Steigung ist in *Abb. 5.11* dargestellt. Hier ist die zweite Ableitung, d.h. die Steigungs-Änderungsrate positiv. Das gilt offensichtlich für konvex gekrümmte Funktionen. In der *Abb. 5.12* nimmt die Steigung ab, die zweite Ableitung ist negativ und die Krümmung konkav.

▶ Die zweite Ableitung einer zweimal differenzierbaren Funktion ist ein Maß für die *Krümmung:*

– $f''(\xi)>0$ bedeutet *konvexe* Krümmung im Punkt $x=\xi$
– $f''(\xi)<0$ bedeutet *konkave* Krümmung im Punkt $x=\xi$

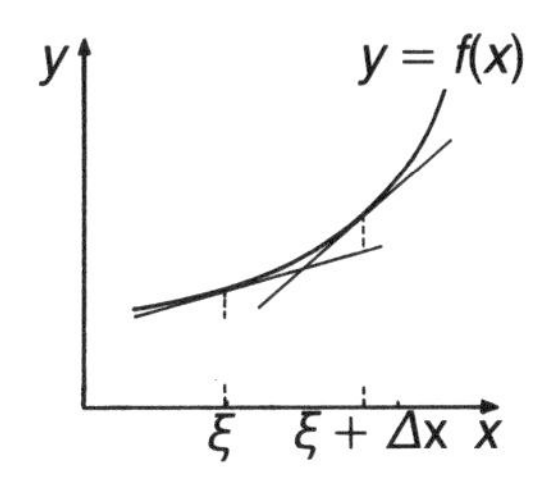

Abb. 5.11: Konvexe Funktion mit positiver zweiter Ableitung

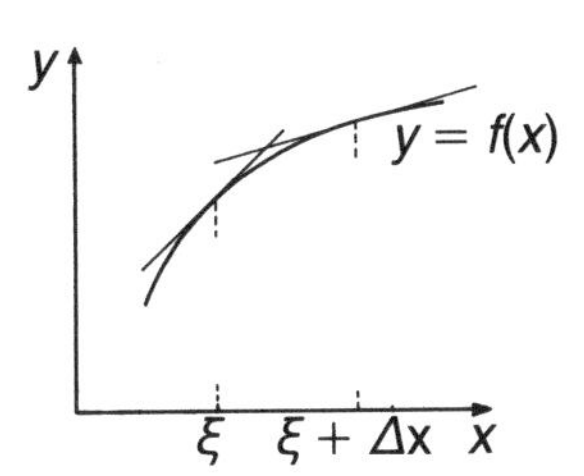

Abb. 5.12: Konkave Funktion mit negativer zweiter Ableitung

Beispiel: Man betrachte das Polynom

$y=1/5x^5-2/3x^3-8x+1$

und seine Ableitungen erster und zweiter Ordnung an der Stelle $x=-1/2$ (vgl. *Abb. 5.10*).

$y(-1/2)=5{,}077$ bedeutet, daß der Funktionswert an der Stelle $x=-1/2$ gleich 5,077 beträgt.

$y'(-1/2)=-8{,}4375$ heißt, daß die Funktion an der Stelle $x=-1/2$ fällt, und zwar mit dem Steigmaß $-8{,}4375$, d.h. sehr steil.

$y''(-1/2)=1{,}5$ zeigt an, daß die Funktion an der Stelle konvex gekrümmt ist, und zwar wegen des kleinen Wertes 1,5 relativ schwach.

Differentiale höherer Ordnung

Im Abschnitt 5.6 hatten wir das Differential dy der Funktion $y=f(x)$ an der Stelle x kennengelernt $dy=y'(x)\cdot dx$. Es handelt sich um eine infinitesimale Größe, die von der Variablen x abhängt, d.h. an jeder Stelle der Funktion $y=y(x)$ anders definiert ist.

► Ausgehend vom Zusammenhang zwischen der ersten Ableitung und dem Differential kann man von der zweiten Ableitung schließen:

$$\frac{d^2y}{(dx)^2}=f''(x)\rightarrow d^2y=f''(x)\cdot(dx)^2$$

Man bezeichnet d^2y als das *Differential zweiter Ordnung* oder kurz als das zweite Differential. Analog lassen sich Differentiale höherer Ordnung, allgemein n-ter Ordnung, bilden.

▶ Das *Differential n-ter Ordnung* der n-mal differenzierbaren Funktion $y=f(x)$ lautet:

$$d^n y = f^{(n)}(x)\cdot(dx)^n$$

Aufgaben zum Kapitel 5

Aufgabe 5.1

Bestimmen Sie die ersten Ableitungen der folgenden Funktionen.

(a) $f(x)=\sqrt[3]{x^2}$

(b) $f(x)=\sin x\cdot\cos x$

(c) $f(x)=\sqrt{x}\cdot(\frac{1}{3}x^3+x^{-1})$

(d) $f(x)=\dfrac{1}{e^{-\ln x}}$

(e) $f(x)=2x^2\cdot\ln(x^2)+e^{x^2}\cdot\sin x$

(f) $f(x)=[\log(x^3)+e^x]^{3/2}$

(g) $f(x)=\dfrac{1}{x}\cdot e^{-1/x}$

(h) $f(x)=x\cdot\sin x\cdot\cos x$

(i) $f(x)=e^{-(x-1)^2/2}$

(j) $f(x)=\dfrac{\sin(-x)\cdot(1-x^3)}{x^2+12}$

(k) $f(x)=\dfrac{n\cdot\log_5 x}{x}$

(l) $f(x)=\sqrt{\sin^2 x+\cos^2 x}$

(m) $f(x)=\dfrac{x^2\cdot\sin(x^2)}{\ln(e^{-x})}$

(n) $f(x)=\log_2(x^3+1)$

(o) $f(x)=g(x)^{\ln g(x)}$

(p) $f(x)=\sqrt{x\sqrt{x}}$

(q) $f(x)=\dfrac{\sin^2 x}{\sin^2 x-\cos^2 x}$

(r) $f(x)=a^{\ln(x^2+1)}$

(s) $f(x)=e^{2x-1}\cdot\sin(2x-1)$

(t) $f(x)=\mathrm{tg}(1+2x^2)$

(u) $f(x) = \log_{10}\left(\frac{x+1}{x-1}\right)$

(v) $f(x) = \sqrt{\frac{\ln x}{x^2}}$

(w) $f(x) = \frac{\sin x \cdot \operatorname{tg} x + \cos x}{\sin x}$

(x) $f(x) = \frac{\operatorname{tg} x}{e^x}$

(y) $f(x) = \sum_{k=1}^{3} \ln(x^k)$

(z) $f(x) = \operatorname{ctg} x$

Aufgabe 5.2

In welchen Bereichen sind die folgenden Funktionen differenzierbar? Wie lauten dort ihre ersten Ableitungen?

(a) $f(x) = \lceil x \rceil$
(b) $f(x) = \max\{-1; x; x^3\}$

(c) $f(x) = \frac{x^2}{|x|}$

(d) $f(x) = |x+1| - |2x+3|$ (vgl. *Aufgabe 3.1*)

(e) $f(x) = \begin{cases} 2x & \text{für } -\infty < x \leqq -1 \\ 2x^3 & \text{für } -1 \leqq x \leqq 1 \\ \frac{x+3}{2} & \text{für } 1 \leqq x < \infty \end{cases}$

(f) $f(x) = \frac{1}{1+|x|}$

Aufgabe 5.3

Bestimmen Sie die Steigungen der folgenden Funktionen an den Stellen $x=0$ und $x=-1$.

(a) $f(x) = \frac{x^2+1}{\sqrt{1-x}}$

(b) $f(x) = e^{-(x+2)^2/2}$
(c) $f(x) = (1-4x)^{5/2}$

(d) $f(x) = \frac{\sin(x^2-1)}{\cos x}$

(e) $f(x) = \sin^3 x \cdot \cos x$
(f) $f(x) = \log_3(x^2+1)$

Aufgabe 5.4

Berechnen Sie die ersten Ableitungen folgender Funktionen:

(a) der Umkehrfunktion $x=g(y)$ von $y=f(x)=2x^3$
(b) der Umkehrfunktion $x=g(y)$ von $y=f(x)=\ln(1+x^2)$
(c) $f(x)=\ln(\sin x)$
(d) $f(x)=\ln(h(g(x)))$
(e) $f(x)=\ln(\sqrt{2x^5+x^3})$

Aufgabe 5.5

Skizzieren Sie (qualitativ) den Verlauf der ersten Ableitungen folgender Funktionen.

(a)

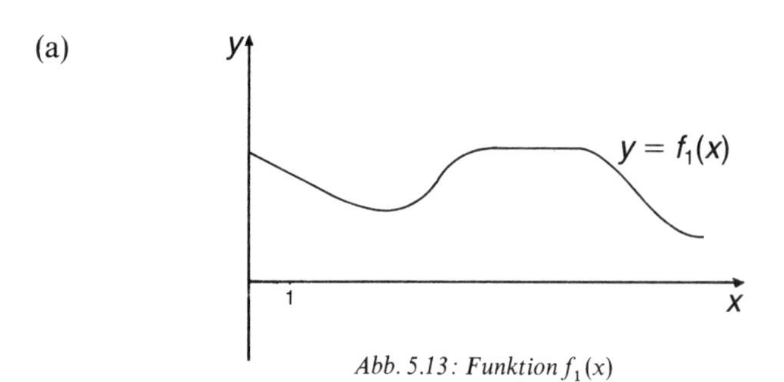

Abb. 5.13: Funktion $f_1(x)$

(b)

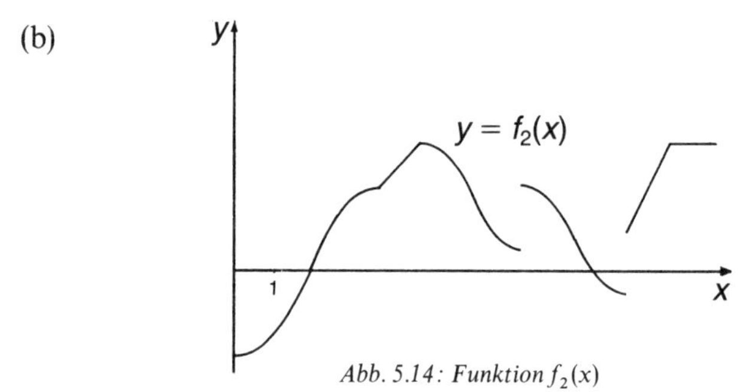

Abb. 5.14: Funktion $f_2(x)$

(c)

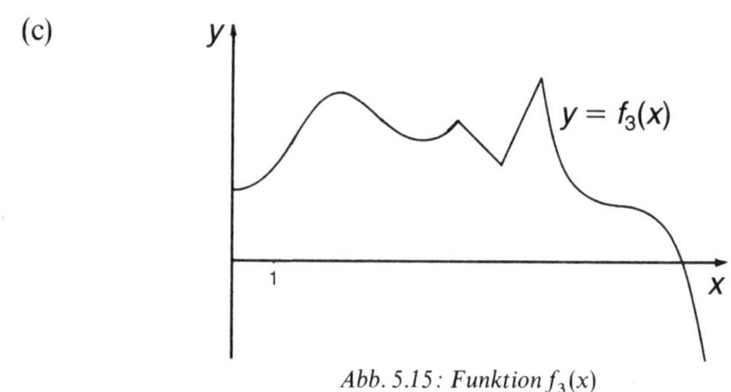

Abb. 5.15: Funktion $f_3(x)$

Aufgabe 5.6

(a) Berechnen Sie den Wert der Funktion $y=f(x)=\sqrt[3]{x^2+(\ln x)^5}$ an der Stelle $x=10$.
(b) Approximieren Sie den Funktionswert mit Hilfe des Differentials an den Stellen $x=9$, $x=11$ und $x=15$.
(c) Vergleichen Sie die angenäherten Werte mit den exakt berechneten.

Aufgabe 5.7

Berechnen Sie die erste, zweite und dritte Ableitung folgender Funktionen:

(a) $f(x)=e^{(1-x^2)}$
(b) $f(x)=\ln(2x)$
(c) $f(x)=\frac{1}{5}x^5-2x^3+x$
(d) $f(x)=\sqrt{x}$
(e) $f(x)=\sin x\cdot\cos x$

Kapitel 6 Differentialrechnung II: Anwendungen

Physikalische und technische Probleme, die sich mit Hilfe der Differentialrechnung lösen lassen, füllen mehrere Bände. Ganz so zahlreich sind die Anwendungsbeispiele im Bereich der Wirtschaftswissenschaften zwar nicht, es ist jedoch beeindruckend, in welchem Maße dieses Instrument in einigen Gebieten, z.B. der Wirtschaftstheorie, eingesetzt wird.

Nach einführenden Bemerkungen im Abschnitt 6.1 wird im nächsten Abschnitt die **Marginalanalyse** ausführlich diskutiert. Es handelt sich um eine Methode der Untersuchung des Änderungsverhaltens von Funktionen, wenn man die sie bestimmenden Faktoren um (infinitesimal) kleine Beträge ändert. Damit erhält man Aussagen über die Quote der Veränderung. Im selben Abschnitt werden auch das **Durchschnittsverhalten** und die **Elastizität** von Funktionen diskutiert. Ökonomische Aussagen werden an ausgewählten Beispielen illustriert und mit Hilfe der Differentialrechnung quantifiziert.

Im Abschnitt 6.3 werden als weiteres Anwendungsbeispiel die Schritte einer **Kurvendiskussion** dargestellt. Die notwendigen und hinreichenden Bedingungen für Extrema, Wendepunkte etc. werden kurz erläutert. Als Beispiele für die Diskussion ökonomischer Funktionen wird die Bestimmung des sog. ***Cournot*schen Punktes** und die Berechnung der **Minimalkostenkombination** im nachfolgenden Abschnitt 6.4 erläutert.

Es schließt sich die Darstellung des sog. ***Newton*-Verfahrens** im Abschnitt 6.5 an, das unter bestimmten Bedingungen, die meistens erfüllt sein dürften, ein gut konvergierendes numerisches Verfahren zur Berechnung von Nullstellen einer allgemeinen Funktion $y=f(x)$ ist. Auch wenn nur ein Taschenrechner als Hilfsmittel zur Verfügung steht, eignet sich das Verfahren gut zur Nullstellenberechnung.

Für die Grenzwertbestimmung sog. **unbestimmter** Ausdrücke der Form 0/0 bzw. ∞/∞ kann man ebenfalls die Differentialrechnung einsetzen. Diese Überlegungen sind in den sog. Regeln von *l'Hospital* zusammengefaßt und im Abschnitt 6.6 beschrieben.

6.1 Die Bedeutung der Differentialrechnung in den Wirtschaftswissenschaften

Die Wirtschaftstheorie hat als Aufgabe die „Feststellung funktionaler Größenbeziehungen sowie die Erklärung realer Zusammenhänge und Geschehnisabläufe (Ursache – Wirkungsbeziehungen) und die Feststellung kausaler Regelmäßigkeiten und Gesetzmäßigkeiten“.[1] Größen, deren gegenseitige Einflüsse untersucht werden, sind z.B. Umsätze, Erträge, Mengen, Preise, Kosten usw. Zwischen ihnen bestehen Abhängigkeiten, die ganz allgemein als Funktionen bezeichnet werden können, z.B. die Funktion zwischen den Kosten k und der Produktionsmenge x als $k=f(x)$ oder die Funktion zwischen dem Umsatz u eines Wirtschaftsgutes und seinem Preis p als $u=f(p)$.

Unbestreitbar existieren in der Realität Produktions-, Kosten-, Umsatz-, Nachfrage-, Spar-, Ertrags-, Produktionsfaktor-, Konsum-, Erlös-, Wachstums-, Gewinn- und andere Funktionen, das heißt, es existieren die entsprechenden funktionalen Zusammenhänge. Offen ist allein, ob diese Beziehungen in allen konkreten Fällen durch mathematische Funktionen beschrieben werden können. Für die Theorie ist es zumindest sinnvoll, bestimmte funktionale Zusammenhänge rein qualitativ durch Kurven und/oder durch mathematische Funktionen zu beschreiben, vorausgesetzt, die entsprechenden Eigenschaften der angenommenen Funktionen sind erklärbar und gegebenenfalls auch empirisch nachweisbar. Als Beispiel für eine ökonomisch interpretierbare Kurve sei der s-förmige Verlauf des Ertragsgesetzes angeführt (vgl. *Abb. 6.1*).

Sie beschreibt den Ertrag (output) x eines Gutes in Abhängigkeit des Einsatzes eines Produktionsfaktors r. Bei zunehmendem Einsatz des Faktors r steigt der Ertrag zunächst überproportional (bis zum Wendepunkt an der Stelle $r=\varrho_1$) und dann unterproportional. Meistens

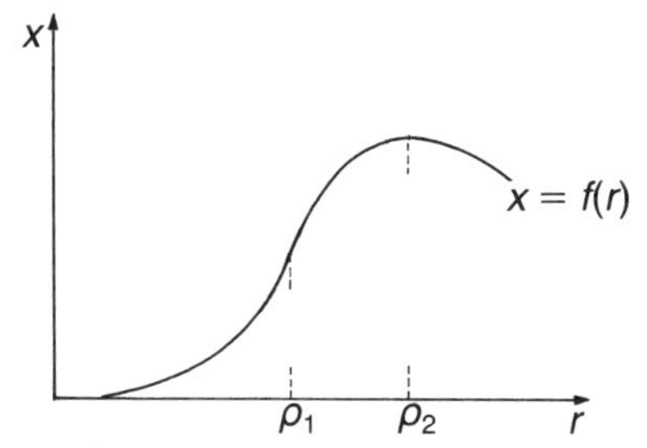

Abb. 6.1: Qualitative Beschreibung einer Ertragsfunktion

[1] *G. Wöhe*: Einführung in die Allgemeine Betriebswirtschaftslehre, 19. Aufl., Verlag Vahlen, München 1996, S. 19.

wird bei einem bestimmten Faktoreinsatz ein Maximum (an der Stelle $r=\varrho_2$) angenommen. In der Regel läßt sich beobachten, daß beim Überschreiten dieses optimalen Einsatzes der Ertrag wieder abnimmt - beim klassischen Beispiel des Düngemitteleinsatzes etwa infolge Überdüngung!

Ein Beispiel für eine in den Wirtschaftswissenschaften verwendete mathematische Funktion ist die sog. **logistische** Funktion (vgl. Abschnitt 3.6.4.1):

$$y=y(t)=\frac{k}{1+e^{a-b\cdot t}} \qquad \text{mit } a, b, k>0$$

Die Funktion beschreibt einen häufig zu beobachtenden Wachstumsprozeß, der sich zum Zeitpunkt $t=0$ im Zustand $y=y(0)$ befindet, bis zum Wendepunkt $t=\tau$ überproportional wächst und sich dann asymptotisch einer oberen Grenze nähert, die nie überschritten wird (vgl. *Abb. 6.2*).

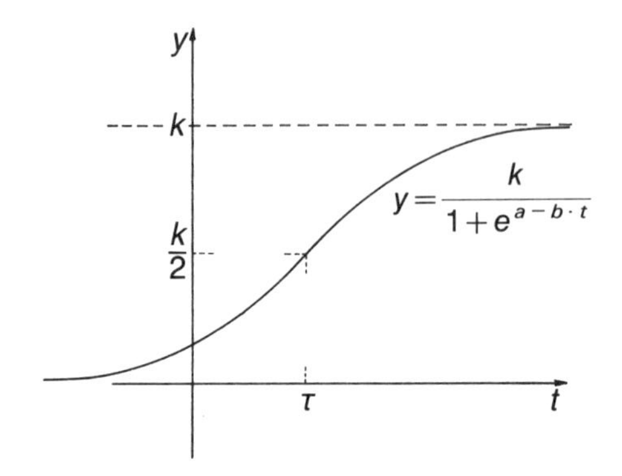

Abb. 6.2: Logistische Funktion

Beide Funktionsformen, d.h. sowohl die Kurve als auch die Funktionsgleichung, dienen in der Wirtschaftstheorie der **Analyse** und der **ökonomischen Interpretation** wirtschaftswissenschaftlicher Gesetzmäßigkeiten. Dazu zählt die Diskussion des Verlaufs der Funktion, d.h. ihr Steigmaß, ihre Krümmung, ihr durchschnittliches und ihr asymptotisches Verhalten. Ferner interessiert man sich für bestimmte Punkteigenschaften, wie z.B. Nullstellen, Extrema, Wendepunkte. Fast alle diese Fragestellungen lassen sich mit der Bestimmung und Analyse der ersten und zweiten Ableitung der entsprechenden Funktion beantworten. Dies erklärt die außerordentliche Bedeutung der Analysis, speziell der Differentialrechnung, für die ökonomische Theorie. In der Praxis spielt die Lineare Algebra wahrscheinlich die größere Rolle; sie wird im Band II: *Mathematik für Wirtschaftswissenschaftler – Lineare Wirtschaftsalgebra* behandelt.

6.2 Marginalanalyse

Im einleitenden Beispiel des Kapitels 5 war dargelegt worden, daß das Änderungsverhalten der Steuerschuld in Abhängigkeit der Lohnerhöhung eine wichtige ökonomische Kenngröße ist, die anzeigt, um wieviel sich die Steuer erhöht, wenn der Lohn um 1,– DM steigt. Die Größe wird als **Grenzsteuer** bezeichnet; sie ist – das war eine wichtige Beobachtung – für verschiedene Lohnniveaus offenbar unterschiedlich groß, d.h., sie hängt von der variierten Größe ab, und ist damit selbst eine Funktion der unabhängigen Variablen.

Die in diesem Beispiel angewendete Grenzanalyse kann entsprechend auf jede andere ökonomische Funktion übertragen werden. Man bezeichnet diese Vorgehensweise als **Marginalanalyse,** das ist die Untersuchung des Funktionsverhaltens bei sehr kleinen Änderungen der unabhängigen Veränderlichen. Am Beispiel einer Kostenfunktion soll der Schluß von der grundlegenden ökonomischen Betrachtungsweise auf den Differentialquotienten noch einmal vollzogen werden.

Die Funktion $k=k(x)$ spiegle die Abhängigkeit der Kosten k von der Fertigungsmenge x wider. Die marginalen Kosten sind als die Kostenänderung definiert, die aus der Erhöhung der Fertigungsmenge um einen kleinen Betrag – i.d.R. um eine Einheit – resultiert:

$$\Delta k=k(x+\Delta x)-k(x)$$

Der Quotient

$$\frac{\Delta k}{\Delta x}=\frac{k(x+\Delta x)-k(x)}{\Delta x}$$

gibt an, wie sich die Kosten relativ zur Mengenänderung verhalten.

Die Größe Δx ist als sehr kleine Veränderung zu verstehen, bei Produkten, deren Quantitäten kontinuierlich sind, sogar unendlich klein. Dies führt zur Bildung des Grenzüberganges

$$\frac{dk}{dx}=\lim_{\Delta x\to 0}\frac{k(x+\Delta x)-k(x)}{\Delta x},$$

d.h. zum Differentialquotienten, der geometrisch die Steigung der Kostenkurve im Punkt x bedeutet. Er ist also inhaltlich gleich der in den Wirtschaftswissenschaften so häufig verwendeten **marginalen Quote** oder der **Grenzfunktion,** im obigen Beispiel der marginalen Kostenquote oder der Grenzkostenfunktion. Ähnliche Überlegungen zum Änderungsverhalten lassen sich für alle ökonomischen Funktionen anstellen; man bezeichnet diese Untersuchungsweise als Marginalanalyse. Es soll noch einmal betont werden, daß das Grenzverhalten eine

Funktion der unabhängigen Veränderlichen ist. Darauf wurde schon mehrfach hingewiesen, weil es immer wieder übersehen wird. Erst wenn man einen festen Wert $x=\xi$ in die Funktion der ersten Ableitung einsetzt, erhält man die Grenzkosten an der entsprechenden Stelle:

$$k'(\xi)=\left.\frac{dk}{dx}\right|_{x=\xi}$$

Ferner sei nachdrücklich bemerkt, daß das Grenzverhalten nur eine **Punkteigenschaft** ist, d.h. nur an der Stelle korrekt gültig ist, an der man es bestimmt. Tatsächlich berechnet man mit dem Differentialquotienten ja auch nur die Steigung der Kurve **in einem Punkt**.

In den Wirtschaftswissenschaften wird die Grenzänderungsquote trotzdem meistens für ein endliches Intervall berechnet, wenn auch i.d.R. einschränkend „für ein kleines Intervall" hinzugefügt wird. Eine typische Argumentationskette ist z.B. die folgende:

Beispiel: Die Kostenfunktion in Abhängigkeit der Produktionsmenge sei:

$$k=x^3-4x^2+11x+173$$

Die Grenzkostenfunktion lautet:

$$k'(x)=3x^2-8x+11$$

An der Stelle $x=10$ ergibt sich als Grenzkostenquote:

$$k'(10)=231$$

Diese wird so interpretiert, daß sich die Kosten bei der Erhöhung der Fertigungsmenge um einen kleinen Betrag, z.B. von 10 auf 11 Einheiten, um $\Delta k=231$, d.h. von $k(10)=883$ auf $k(11)=1114$ erhöhen. Tatsächlich ist leicht nachrechenbar, daß die Kostenfunktion an der Stelle $x=11$ den Wert $k(11)=1141$ ergibt. Der korrekte Funktionswert an der Stelle $x=11$ unterscheidet sich also von dem über die Grenzquote angenäherten Wert beträchtlich.

Wird zur Berechnung des Funktionswertes an der Stelle des um eine Einheit veränderten Argumentes ($\Delta x=1$) die Grenzquote herangezogen, dann wird $f(x+1)=f(x)+f'(x)\cdot 1$ berechnet. Man macht somit einen Fehler, der dem der Approximation des Differentials durch die Differenz entspricht (vgl. Abschnitt 5.6).

Folgert man aus $df=f'(x)\cdot dx$ die Beziehung $\Delta f=f'(x)\cdot\Delta x$, so erhält man für $\Delta x=1$ gerade $\Delta f=f'(x)$. Im Einzelfall kann dann die Änderung der unabhängigen Variablen um eine Einheit für eine korrekte Analyse des Grenzverhaltens zu groß sein. Es ist in diesem Fall notwendig, auf kleinere Intervalle überzugehen.

Die Durchschnittsfunktion

Zur Analyse ökonomischer Funktionen wird häufig auch die Durchschnittsfunktion herangezogen. Analog zur Definition des arithmetischen Mittels ergibt sich der durchschnittliche Funktionswert $\bar{y}$ der Funktion $y=f(x)$ durch $\bar{y}(x)=\frac{f(x)}{x}$.

▶ Die *Durchschnittsfunktion* der stetigen Funktion $y=f(x)$ lautet:

$$\bar{y}=\frac{f(x)}{x} \quad \text{für } x \in D(f)$$

Als Beispiel soll der bereits erwähnte s-förmige Verlauf des Ertragsgesetzes diskutiert werden (vgl. *Abb. 6.3*).

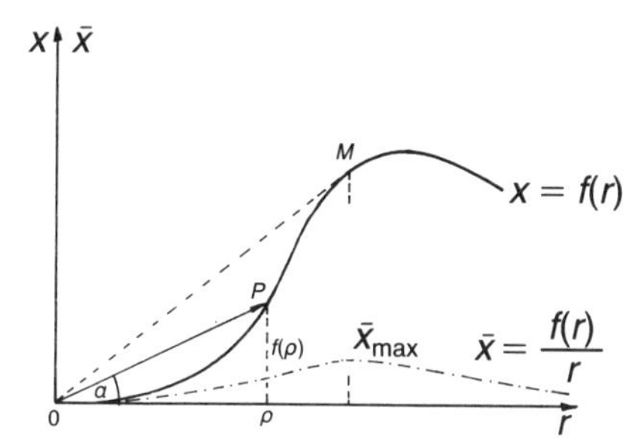

Abb. 6.3: Ertragsfunktion $x=f(r)$ und Durchschnittsertragsfunktion $\bar{x}=\frac{f(r)}{r}$

Der Wert der Durchschnittsfunktion an der Stelle $r=\varrho$ ist gleich $f(\varrho)/\varrho$ und damit gleich der Steigung des Strahles (O, P). Wandert P vom Ursprung entlang der Kurve $x=f(r)$, so steigt der Strahl langsam an; er erreicht im Punkt M sein Maximum und fällt dann wieder streng monoton. Im Punkt M berührt der Strahl die Kurve tangential.

An der Stelle $r=1$ schneiden sich die Funktion und die Durchschnittsfunktion, weil $\bar{x}(r)=x(r)$ stets für $r=1$ gilt.

Wir interessieren uns jetzt für das **Grenzverhalten** der Durchschnittsfunktion. Wegen $\bar{x}=f(r)/r$ folgt nach der Quotientenregel:

$$\frac{d\bar{x}}{dr}=\frac{f'(r)\cdot r-f(r)\cdot 1}{r^2}$$

Ökonomisch interessant ist vor allem der Punkt, von dem an die Durchschnittsfunktion nicht mehr steigt, sondern zu fallen beginnt. Der Grenzdurchschnittsertrag ist dort gleich null, d.h.:

$$f'(r) \cdot r - f(r) = 0 \rightarrow f'(r) = \frac{f(r)}{r}$$

An dem Punkt des Maximums der Durchschnittsfunktion schneiden sich also die Ableitungs- und die Durchschnittsfunktion. Dies ist die mathematische Form der Aussage, daß sich die größte Steigung des Strahls ergibt, wenn *OP* die Kurve gerade berührt, d.h. in der Lage *OM*.

Beziehung zwischen Grenzerlös und Preis

Die Marginalanalyse liefert nicht selten Ergebnisse, die über die normale Interpretation des Grenzverhaltens hinausgehen. Die folgende Betrachtung ist hierfür ein Beispiel.

Wir gehen von einer allgemeinen Durchschnittserlösfunktion $\bar{y} = f(x)$ als Funktion der Fertigungsmenge x aus und wollen den Grenzerlös berechnen. Multipliziert mit der Gesamtmenge x erhalten wir den Gesamterlös $y = f(x) \cdot x$ und durch Differentiation die **Grenzerlösfunktion:**

$$y'(x) = f'(x) \cdot x + f(x)$$

Dabei wurde die Produktregel angewendet. Die Differenz des Grenzerlöses und des Durchschnittserlöses ist also:

$$y'(x) - \bar{y}(x) = y'(x) - f(x) = f'(x) \cdot x$$

Es ergibt sich der Anstieg der Durchschnittsfunktion multipliziert mit der Menge $x > 0$.

Der Durchschnittserlös ist nun aber nichts anderes als der Preis des entsprechenden Gutes. Man kann also ersetzen

$$\bar{y}(x) = p = f(x)$$

und hat im linken Teil der Beziehung die sog. **Preis-Absatzfunktion,** die im Normalfall den in *Abb. 6.4* gezeigten Verlauf hat. Der Preis sinkt bei zunehmendem Angebot, d.h. die Funktion spiegelt den Zusam-

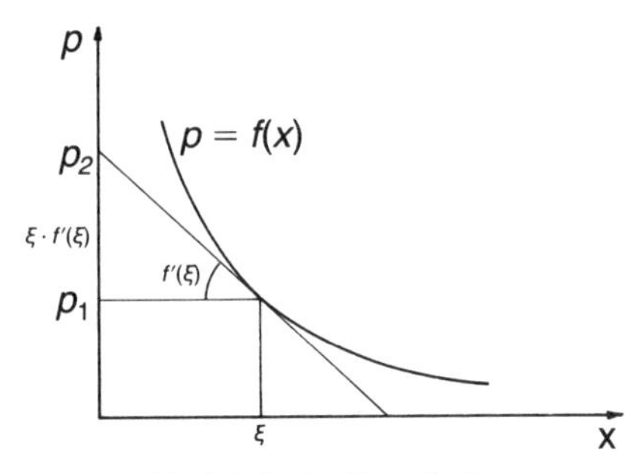

Abb. 6.4: Preis-Absatzfunktion

menhang zwischen dem Preis p und der Menge x aus der Sicht des Anbieters wider.

Die Steigung der Kurve ist negativ, d.h. es ist $f'(x)<0$. Wegen $x>0$ ist dann also:

$$y'(x)-p(x)=f'(x)\cdot x<0$$

Die Differenz zwischen dem Grenzerlös und dem Preis ist also negativ, so daß der Preis durchweg größer ist als der Grenzerlös.

Nur wenn die Preis-Absatzfunktion horizontal verläuft, d.h. der Preis $p=p_0$ unabhängig von dem Absatz ist, gilt im Definitionsbereich $f'(x)=0$, so daß dann der Preis gleich dem Grenzerlös ist. Man sagt in diesem Fall, der Preis sei vollkommen unelastisch gegenüber Absatzänderungen (→ die Elastizität einer Funktion wird im nächsten Abschnitt behandelt).

Relativ einfach läßt sich die Differenz zwischen dem Preis und dem Grenzerlös an einer bestimmten Stelle der Preis-Absatzfunktion $x=\xi$ ermitteln:

$$p(\xi)-y'(\xi)=-f'(\xi)\cdot\xi=p_2-p_1$$ [2]

$f'(\xi)$ ist die Steigung der Tangente im Punkt $x=\xi$, ξ der Abszissenwert des Punktes, so daß der in Abb. 6.4 gekennzeichnete Ordinatenabschnitt $\Delta p=p_2-p_1$ die gesuchte Differenz darstellt.

Elastizitäten

Ein in der Wirtschaftstheorie ebenfalls häufig verwendeter Begriff ist der der Elastizität. Er bezeichnet im weiteren Sinn die **Anpassungsfähigkeit** eines ökonomischen Systems an veränderte Umweltbedingungen. Im engeren Sinne wird darunter ein Maß für die relative Änderung einer ökonomischen Größe y im Verhältnis zur relativen Veränderung des sie bestimmenden Einflußfaktors x verstanden. „Relativ" bedeutet, daß die Variation der Größe auf den absoluten Wert an der betrachteten Stelle bezogen ist. „Änderung" ist im infinitesimalen Sinne zu verstehen, so daß sich für die Funktion $y=f(x)$ ergibt:

$$\frac{\text{relative Änderung der betrachteten Größe } y}{\text{relative Änderung des Einflußfaktors } x}=\frac{dy}{y}\bigg/\frac{dx}{x}$$

Diese Größe ist nach Definition die Elastizität $e_{y,x}$ der Funktion y bezüglich des Faktors x. Durch formale Umrechnung erhält man:

$$e_{y,x}=\frac{dy}{y}\bigg/\frac{dx}{x}=\frac{dy}{dx}\bigg/\frac{y}{x}=\frac{y'(x)}{\bar{y}(x)}=\frac{\text{erste Ableitung}}{\text{Durchschnittsfunktion}}$$

[2] Man beachte, daß in dieser Gleichung $f'(\xi)$ negativ ist, so daß sich als Differenz $p_2-p_1>0$ ergibt.

▶ Die *Elastizität* einer ökonomischen Größe $y=f(x)$ im Hinblick auf eine relative Veränderung des sie bestimmenden Einflußfaktors x ist definiert als:

$$e_{y,x}=\frac{dy}{dx}\bigg/\frac{y}{x}=\frac{y'(x)}{\bar{y}(x)}$$

Wir bemerken:

- Die Berechnung der Elastizität setzt formal voraus, daß die Funktion $y=f(x)$ im betrachteten Intervall bekannt und differenzierbar ist.

  Ersetzt man in der Definition die Differentiale durch die Differenzen, so läßt sich die Maßzahl näherungsweise berechnen:

$$r=\frac{\Delta y}{y}\bigg/\frac{\Delta x}{x}=\frac{\Delta y}{\Delta x}\bigg/\frac{y}{x}$$

  Diese Größe wird auch als **Reagibilität** bezeichnet.

- Die Elastizität ist – wie die sie bestimmende erste Ableitung und der Durchschnitt – eine Funktion der unabhängigen Veränderlichen. Sie bezieht sich daher immer auf einen bestimmten Punkt der betrachteten Kurve, weshalb sie häufig auch als **Punktelastizität** bezeichnet wird.

- Die Elastizität ist **dimensionsfrei,** da gleichdimensionale Größen dividiert werden.

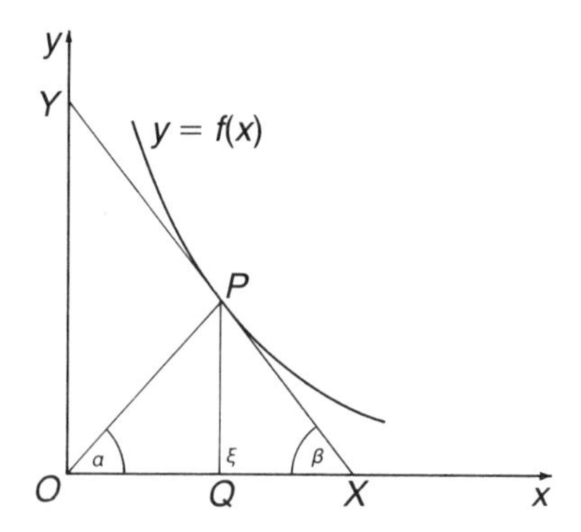

Abb. 6.5: Zur Messung der Elastizität

Die *Abb. 6.5* illustriert die Messung der Elastizität. Die Ableitung der Funktion an der Stelle $x=\xi$ ist gleich dem negativen Tangens des Winkels β:

$$y'|_{x=\xi}=-\operatorname{tg}\beta$$

Der Durchschnitt an der Stelle $x=\xi$ ist gleich dem Tangens des Winkels α:

$$\bar{y}|_{x=\xi}=\operatorname{tg}\alpha$$

Mit *YP*, *PX* etc. als den in *Abb. 6.5* bezeichneten Streckenabschnitten erhält man auf Grund elementargeometrischer Überlegungen:

$$\operatorname{tg}\alpha=\frac{PQ}{OQ}$$

$$\text{und}\quad -\operatorname{tg}\beta=\frac{YO}{OX}=\frac{PQ}{QX},$$

so daß gilt:

$$e_{y,x}=\frac{y'}{\bar{y}}=\frac{-\operatorname{tg}\beta}{\operatorname{tg}\alpha}=\frac{\frac{PQ}{QX}}{\frac{PQ}{OQ}}=\frac{OQ}{QX}=\frac{YP}{PX}$$

Die Elastizität im Punkt P ist also – abgesehen vom Vorzeichen – gleich dem Verhältnis der Streckenabschnitte $YP:PX$ der Tangente im Punkt P.

Bei fallenden Funktionen ist die Steigung negativ. Sind die Funktionswerte positiv, so gilt dies auch für die Durchschnitte, und die Elastizität ist negativ. Bei wachsenden Funktionen und positiven Funktionswerten ergibt sich entsprechend eine positive Elastizität. Da das Vorzeichen in der Ökonomie häufig vernachlässigbar ist, wird die Maßzahl meistens absolut interpretiert.

Anhand der *Abb. 6.6–6.9* wird deutlich, daß die Elastizität absolut gesehen jeden Wert zwischen 0 und ∞ annehmen kann. Die *Abb. 6.6* zeigt einen Punkt P mit einer Elastizität $|e_{y,x}|>1$. Je höher man den Punkt P verschiebt und je steiler die Kurve verläuft, desto größer wird die Elastizität.

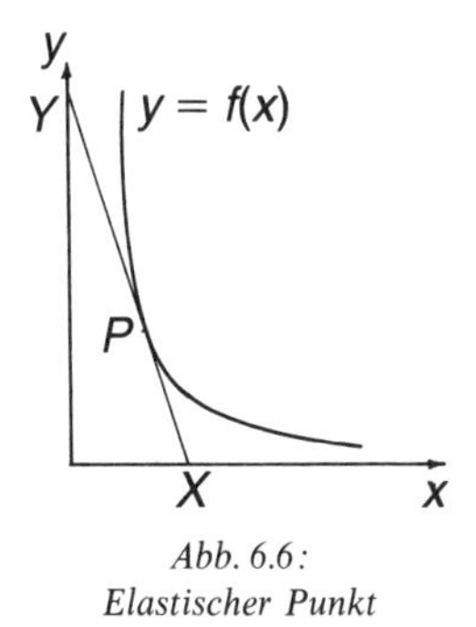

Abb. 6.6:
Elastischer Punkt

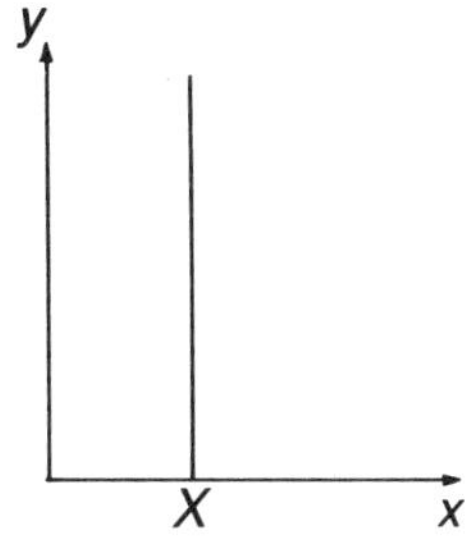

Abb. 6.7:
Vollkommene Elastizität

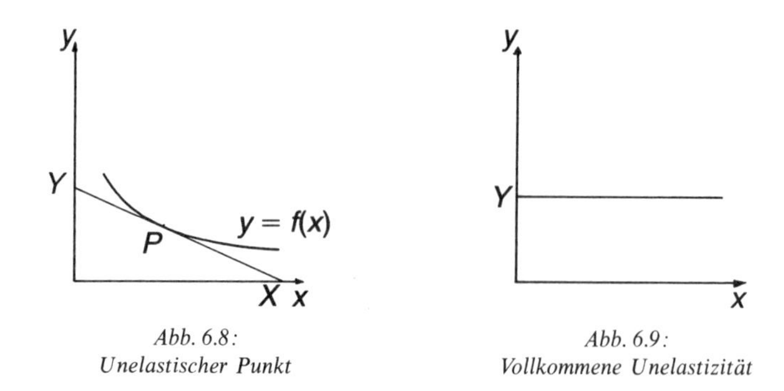

Abb. 6.8: *Unelastischer Punkt*

Abb. 6.9: *Vollkommene Unelastizität*

▶ Ist der absolute Wert der Elastizität größer als eins, $|e_{y,x}| > 1$, so heißt der Punkt *elastisch.*

In der *Abb. 6.7* ist in allen Punkten der Kurve die Elastizität gleich unendlich.

▶ Punkte mit einer Elastizität $|e_{y,x}| = \infty$ heißen *vollkommen elastisch.*

Im Beispiel der *Abb. 6.8* ist ein unelastischer Punkt $P(|e_{y,x}| < 1)$ markiert. Das Extrembeispiel der *Abb. 6.9* zeigt den vollkommen unelastischen Fall $(|e_{y,x}| = 0)$.
Wir betrachten im folgenden die Umkehrfunktion $x = f^{-1}(p)$ der in *Abb. 6.4* dargestellten Preis-Absatzfunktion. Sie wird - weil hier der Absatz (aus der Sicht des Nachfragers) in Abhängigkeit des Preises dargestellt ist - auch manchmal - in der Literatur allerdings uneinheitlich - als Nachfragefunktion bezeichnet (vgl. *Abb. 6.10*).

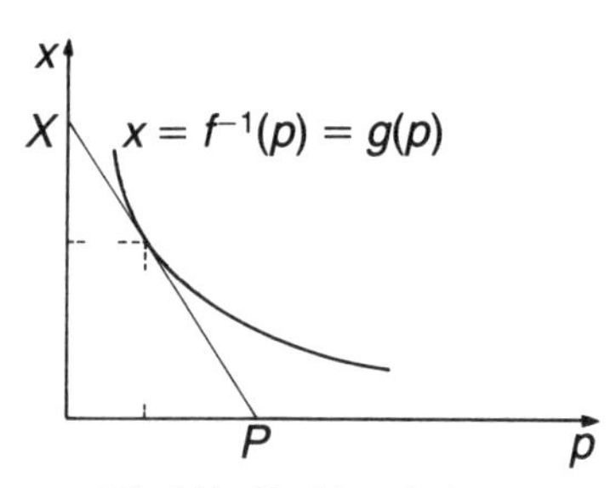

Abb. 6.10: Nachfragefunktion

Die Elastizität der Nachfrage bezüglich des Preises, d.h. die **Preiselastizität der Nachfrage,** ist:

$$e_{x,p} = \frac{x'(p)}{\bar{x}(p)}$$

Die Nachfrage reagiert elastisch, falls $|e_{x,p}| > 1$. Sie gilt als unelastisch, wenn $|e_{x,p}| < 1$ ist.

Die Elastizität des Preises bezüglich der Nachfrage (= des Absatzes) (vgl. *Abb. 6.4*), d.h. die **Nachfrageelastizität des Preises,** ist:

$$e_{p,x} = \frac{p'(x)}{\bar{p}(x)}$$

Betrachtet man einen bestimmten Punkt $(x, p(x))$ der Preis-Absatzkurve und den entsprechenden Punkt $(p, x(p))$ der inversen Nachfragekurve, dann muß gelten:

$$e_{p,x} = \frac{1}{e_{x,p}}$$

Das heißt, für eine eineindeutige Preis-Absatzfunktion, die also umkehrbar ist, gilt:

$$\text{Nachfrageelastizität des Preises} = \frac{1}{\text{Preiselastizität der Nachfrage}}$$

Beispiele: 1. Wir wählen die Kostenfunktion:

$$k(x) = x^3 - 4x^2 + 11x + 173$$

Die erste Ableitung lautet:

$$k'(x) = 3x^2 - 8x + 11$$

Die Durchschnittsfunktion ist:

$$\bar{k}(x) = \frac{x^3 - 4x^2 + 11x + 173}{x}$$

Damit ergibt sich als Elastizitätsfunktion:

$$e_{k,x} = \frac{k'(x)}{\bar{k}(x)} = \frac{3x^3 - 8x^2 + 11x}{x^3 - 4x^2 + 11x + 173}$$

An der Stelle $x = 5$ ist die Kostenfunktion wegen $|e_{k,x}|_{x=5} = 0{,}91$ unelastisch. Für $x = 10$ ergibt sich $|e_{k,x}|_{x=10} = 2{,}62$, d.h. die Kosten sind an dieser Stelle bezüglich der Menge elastisch. Im Grenzwert $x \to \infty$ geht die Elastizität dieser Funktion gegen den Wert 3, d.h. für große Mengen ist die Kostenfunktion überall elastisch.

2. Empirisch konnte man zeigen, daß die Nachfrage y nach einem Gut mit dem Einkommen x nach einer Potenzfunktion steigt. Die entsprechende Kurve wird als **Engelkurve** bezeichnet:

$$y = c \cdot x^a \qquad \text{mit } c, a = \text{konstant}$$

Die Elastizitätsfunktion lautet in diesem Fall:

$$e_{y,x} = \frac{c \cdot a \cdot x^{a-1}}{c \cdot x^{a-1}} = a,$$

d.h. sie ist konstant.

6.3 Kurvendiskussion

Kennt man die Funktionsgleichung $y = f(x)$ einer Funktion, und ist diese mindestens zweimal stetig differenzierbar, d.h. sind die erste und zweite Ableitung stetige Funktionen, so kann man sich mit Hilfe der Differentialrechnung sehr genaue Informationen über den Verlauf der Kurve verschaffen. Durch die Analyse der ersten und zweiten Ableitung läßt sich i.d.R. leicht feststellen, wie die Funktion steigt bzw. fällt, wo sie Extrema (Minima und Maxima) besitzt, wo sie konvex oder konkav gekrümmt ist und wo sie Wendepunkte besitzt. Meistens ermittelt man auch noch ihre Nullstellen und diskutiert ihr asymptotisches Verhalten (vgl. Abschnitt 3.5). Zusammen mit dem Wissen um die Stetigkeit (→ eine differenzierbare Funktion ist stetig!) kann man mit diesen Informationen den Kurvenverlauf hinreichend genau skizzieren.

Da die Kurvendiskussion auch in der Schule recht ausführlich behandelt wird, fällt ihre Darstellung in diesem Text im Vergleich zu anderen Teilgebieten relativ knapp aus. In keinem Fall sollte jedoch vom Seitenumfang auf die Wichtigkeit und noch weniger von der Knappheit der Darstellung auf die Bedeutung als Hilfsmittel der Wirtschaftswissenschaften geschlossen werden.

Wir gehen durchweg davon aus, daß die Funktionsgleichung bekannt und zweimal stetig differenzierbar ist und wiederholen dies im folgenden nicht mehr.

Als Beispiel wird die Funktion

$$y = \tfrac{1}{5}x^5 - x^3 + 1$$

diskutiert, die dem Buch von *Schwarze*[3] (Band 2, S. 35) entnommen wurde. Die Kurven der Funktion und ihrer Ableitungen sind in *Abb. 6.11* dargestellt.

Wachstum der Funktion

Die erste Ableitung der Funktion gibt die **Steigung** an, und zwar steigt sie im Bereich positiver und fällt im Bereich negativer erster Ableitung.

---

[3] *J. Schwarze:* Mathematik für Wirtschaftswissenschaftler, 1978.

▶ Für $f'(x) > 0$ *steigt* die Funktion $y = f(x)$ und für $f'(x) < 0$ *fällt* sie – in beiden Fällen streng monoton.

Beispiel: $y = \frac{1}{5}x^5 - x^3 + 1$

$y' = x^4 - 3x^2$

Die erste Ableitung ist positiv für $x^4 > 3x^2$. Wegen $x^2 > 0$ ist die Ungleichung für $x^2 > 3$ erfüllt, d.h. für $x > \sqrt{3} = 1{,}73$ und für $x < -\sqrt{3} = -1{,}73$.

→Für $x < -\sqrt{3}$ steigt die Funktion.
→Für $-\sqrt{3} < x < \sqrt{3}$ fällt die Funktion.
→Für $x > \sqrt{3}$ steigt sie wieder.

Vergleichen Sie diese Analyse mit der *Abb. 6.11*.

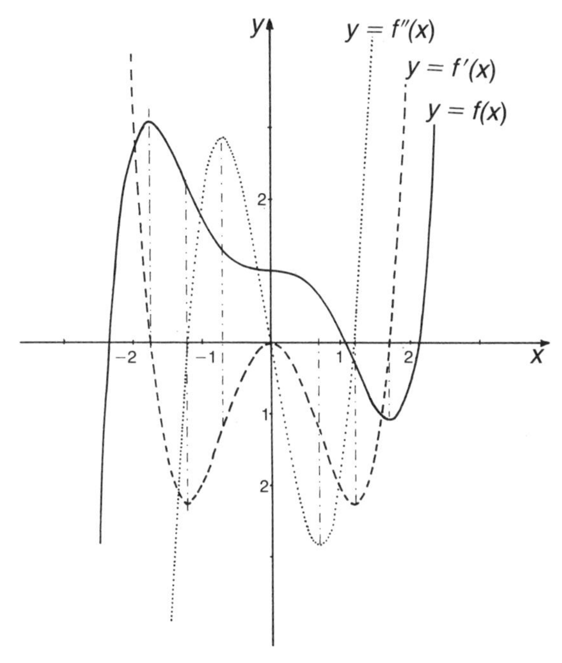

Abb. 6.11: Kurven der Funktion $f(x) = \frac{1}{5}x^5 - x^3 + 1$ und ihrer ersten beiden Ableitungen $f'(x) = x^4 - 3x^2$ bzw. $f''(x) = 4x^3 - 6x$

Extrema

Extrema ist der Oberbegriff für **Minima** und **Maxima.** Im Abschnitt 3.5 hatten wir erkannt, daß ein relatives Maximum der Funktion $y = f(x)$ an der Stelle $x = \xi$ vorliegt, wenn für alle Werte x aus einem ε-Intervall um den Punkt ξ die Funktionswerte $f(x) \leqq f(\xi)$ sind. Ist ξ ein innerer

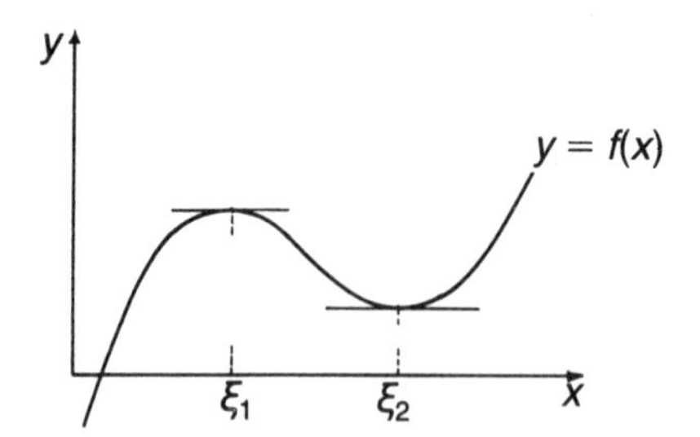

Abb. 6.12: Funktion mit relativem Maximum und relativem Minimum

Punkt des Intervalls und gilt $f(x) < f(\xi)$, so sind Randextrema ausgeschlossen.

Die Funktion $y = f(x)$ in *Abb. 6.12* hat an Stelle $x = \xi_1$ ein relatives Maximum und an Stelle $x = \xi_2$ ein relatives Minimum.

Die Funktion steigt bis zur Stelle $x = \xi_1$; sie fällt zwischen ξ_1 und ξ_2 und steigt danach wieder. An den beiden Wechselmarken ist ihre Steigung offensichtlich gleich null, weil die Tangente horizontal verläuft, d.h. dort muß die erste Ableitung gleich null sein.

▶ *Notwendig* für die Existenz eines Maximums oder eines Minimums an der Stelle $x = \xi$ ist, daß $f'(x)|_{x=\xi} = 0$ ist.

Die Bedingung ist **nicht hinreichend,** d.h. nicht an jeder Stelle mit horizontaler Tangente findet man ein Extremum. In *Abb. 6.13* liegt an der Stelle $x = \xi$ ein Wendepunkt mit horizontaler Tangente. Wir bezeichnen ihn als **Sattelpunkt.**

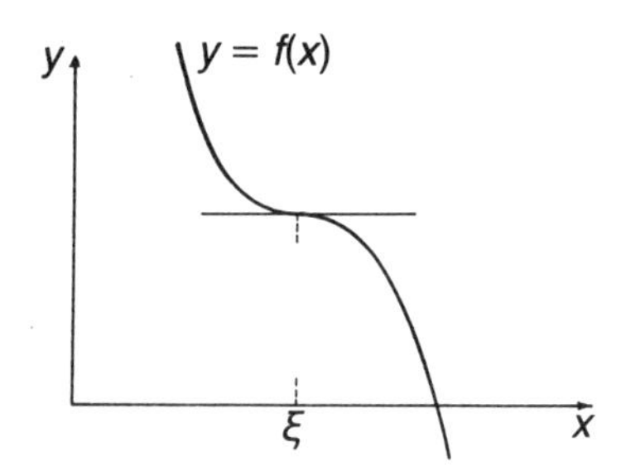

Abb. 6.13: Funktion mit Sattelpunkt

Was unterscheidet ein Extremum von einem Sattelpunkt?

Wir untersuchen, um diese Frage beantworten zu können, die **Krümmung** der Funktion, denn es hat den Anschein, als sei die Funktion an der Stelle eines Maximums durchweg konkav und an der Stelle eines Minimums konvex gekrümmt. Sicher ist, daß sie an der Stelle eines Sattelpunktes nicht gekrümmt sein kann.

Krümmung

Die Krümmung einer Funktion $y=f(x)$ an der Stelle x wird durch ihre zweite Ableitung $y''=f''(x)$ beschrieben.

▶ Für $f''(x)>0$ ist die Funktion *konvex* und für $f''(x)<0$ ist sie *konkav* gekrümmt.

Beispiel: $y=\frac{1}{5}x^5-x^3+1$

$y'=x^4-3x^2$

$y''=4x^3-6x$

Die zweite Ableitung ist positiv für $4x^3>6x$. Für $x>0$ gilt die Ungleichung $4x^2>6$, d.h.:

$x^2>\frac{3}{2}\rightarrow x>\sqrt{3/2}=1{,}225$

$\rightarrow$Die Funktion ist konvex für $x>1{,}225$.

Die zweite Ableitung ist negativ für $4x^3<6x$.

Für $x>0$ gilt die Ungleichung im Intervall $0<x<1{,}225$.

$\rightarrow$Die Funktion ist konkav für $0<x<1{,}225$.

Da die Funktion $y''=4x^3-6x$ ungerade ist, d.h. $y''(-x)=-y''(x)$ gilt, kann man folgern:

$\rightarrow$Die Funktion ist konvex für $-1{,}225<x<0$.
$\rightarrow$Sie ist konkav für $x<-1{,}225$.

Vergleichen Sie diese Aussagen mit der *Abb. 6.11*.

Festlegung der Extrema

Um die Extrema zu bestimmen, werden die Nullstellen der ersten Ableitung berechnet. Man erhält daraus die Stellen $x=\xi_1, \xi_2, \ldots$, für die $f'(\xi_i)=0$ gilt.

Ist die zweite Ableitung $f''(\xi_i)<0$, d.h. $f(x)$ konkav gekrümmt, so liegt an der Stelle $x=\xi_i$ ein Maximum vor. Falls $f''(\xi_i)>0$ gilt, d.h. $f(x)$ konvex gekrümmt ist, dann ist es ein Minimum. Im Fall $f''(\xi_i)=0$ ist keine eindeutige Aussage möglich.

▶ Die Funktion $y=f(x)$ hat an der Stelle $x=\xi$ ein *Maximum* falls $f'(\xi)=0$ und $f''(\xi)<0$ ist; sie hat ein *Minimum*, falls $f'(\xi)=0$ und $f''(\xi)>0$ gilt.

Diese Bedingungen sind **hinreichend.**

Beispiel: $y=\frac{1}{5}x^5-x^3+1$

$y'=x^4-3x^2$

$y''=4x^3-6x$

Als erstes werden die Nullstellen der ersten Ableitung berechnet:

$x^4-3x^2=x^2\cdot(x^2-3)=0$

Entweder ist also $x^2=0$, d.h. $x=0$, oder es ist $x^2-3=0$, d.h. $x=\sqrt{3}$ und $x=-\sqrt{3}$. An diesen drei Stellen verlaufen die Tangenten horizontal.

Die Zahlwerte 0, $\sqrt{3}$ und $-\sqrt{3}$ werden in die zweite Ableitung eingesetzt:

$y''(0)=0$

$y''(\sqrt{3})=6\cdot\sqrt{3}$

$y''(-\sqrt{3})=-6\cdot\sqrt{3}$

→An der Stelle $x=0$ ist wegen $y''(0)=0$ keine Aussage möglich.

→An der Stelle $x=\sqrt{3}$ liegt wegen $y''(\sqrt{3})>0$ ein Minimum.

→An der Stelle $x=-\sqrt{3}$ liegt wegen $y''(-\sqrt{3})<0$ ein Maximum.

Überprüfen Sie diese Aussage anhand von *Abb. 6.11*.

An der Stelle $x=0$ war in obigem Beispiel keine Aussage über den Verlauf der Kurve möglich, außer natürlich der, daß sie eine horizontale Tangente besitzt. Es ist zwar zu vermuten, daß hier ein Wendepunkt vorliegt, weil die Krümmung gleich null ist, jedoch zeigt das folgende Gegenbeispiel, daß diese Bedingung **nicht hinreichend** ist.

Beispiel: $y=\frac{1}{4}x^4$

Die Kurve dieser Funktion, die in der *Abb. 6.14* dargestellt ist, zeigt an der Stelle $x=0$ ein Minimum.

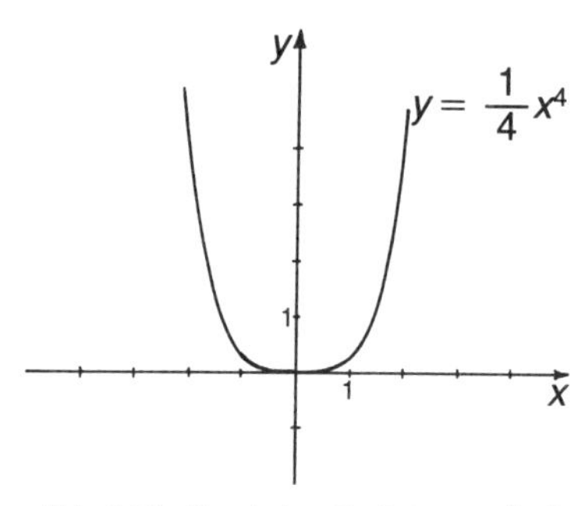

Abb. 6.14: Graph der Funktion $y=\frac{1}{4}x^4$

Es sind $y'=x^3=0$ für $x=0$, und wegen $y''=3x^2$ folgt $y''(0)=0$. Auch die dritte Ableitung $y'''=6x$ ist an der Stelle $x=0$ noch gleich null.

Erst die vierte Ableitung $y^{(4)}=6$ ist überall, d.h. auch für $x=0$ größer als null.

Da als erste die vierte Ableitung ungleich null ist, d.h. eine Ableitung von **gerader** Ordnung, kann man auf ein Minimum schließen (vgl. nachfolgende Entscheidungsregel).

Die allgemeinen Festlegungsregeln sind:

▶ Die Funktion $y=f(x)$ sei an der Stelle $x=\xi$ n-mal differenzierbar. Es sei $y^{(n)}(\xi)$ die Ableitung n-ter Ordnung, die als erste an der Stelle ξ ungleich null ist, d.h. $y'(\xi)=y''(\xi)=\ldots=y^{(n-1)}(\xi)=0$ und $y^{(n)}(\xi) \neq 0$. Ist n ungerade, so liegt an der Stelle $x=\xi$ ein *Sattelpunkt* vor.

Bei geradem n ergibt sich ein Maximum für $y^{(n)}(\xi)<0$ und ein Minimum für $y^{(n)}(\xi)>0$.

Beispiel: Die Funktion $y=\frac{1}{5}x^5-x^3+1$ verläuft an der Stelle $x=0$ horizontal, und sie ist nicht gekrümmt. Eine endgültige Aussage über ihren Verlauf war dennoch nicht möglich.

Wegen $y'''=12x^2-6$ folgt $y'''(0)=-6$. Die erste Ableitung, die an der Stelle $x=0$ ungleich 0 ist, ist also von ungerader Ordnung, so daß ein Sattelpunkt vorliegt (vgl. *Abb. 6.11*).

Wendepunkte

Ein Wendepunkt ist die Stelle einer Kurve, in der sich die Krümmung von konvex nach konkav oder umgekehrt verändert. Dort muß also die zweite Ableitung gleich null sein.

▶ Notwendige Bedingung für das Vorliegen eines *Wendepunktes* an der Stelle $x=\xi$ ist, daß die zweite Ableitung an dieser Stelle verschwindet:

$$y''(\xi)=0$$

Diese Bedingung ist – wie das Gegenbeispiel der Funktion $y=\frac{1}{4}x^4$ zeigt – nicht hinreichend. Es liegt jedoch immer ein Wendepunkt vor, wenn an der Stelle ξ mit $y''(\xi)=0$ die dritte Ableitung ungleich null ist: $y'''(\xi) \neq 0$

Beispiel: Für $y=\frac{1}{5}x^5-x^3+1$ lauten die ersten Ableitungen:

$$y'=x^4-3x^2$$
$$y''=4x^3-6x$$
$$y'''=12x^2-6$$

Um die Wendepunkte zu bestimmen, werden die Nullstellen der zweiten Ableitung berechnet, d.h. $y''=x\cdot(4x^2-6)=0$.

Es ergeben sich $x=0$ und aus der Bestimmungsgleichung $4x^2-6=0$ die Punkte $x=\sqrt{3/2}$ und $x=-\sqrt{3/2}$.

An der Stelle $x=0$ gilt auch $y'(0)=0$.

Wegen der vorausgegangenen Diskussion ist uns bekannt, daß an der Stelle $x=0$ ein Sattelpunkt, d.h. ein Wendepunkt mit horizontaler Tangente vorliegt.

In den beiden anderen Punkten $x=\sqrt{3/2}$ und $x=-\sqrt{3/2}$ ist die dritte Ableitung ungleich null, so daß an diesen Stellen zwei weitere Wendepunkte liegen.

Diese Zusammenhänge sind in *Abb. 6.11* illustriert.

Die Vorgehensweise bei einer Kurvendiskussion, die notwendigen Bedingungen und die endgültigen Festlegungsregeln sind in dem nachfolgenden Schema zusammengefaßt.

Schematische Darstellung der Kurvendiskussion

Gesucht seien die Nullstellen, Extrema und Wendepunkte (einschließlich eventueller Sattelpunkte) der Funktion $y=f(x)$. Zur Unterscheidung werden im folgenden Schrittschema die Nullstellen mit η_i, die Stellen mit horizontaler Tangente (Extrema und Sattelpunkte) mit ξ_i und die Stellen, an denen Wendepunkte liegen, mit ζ_i bezeichnet.

Schritt 1: Nullstellen der Funktion $y=f(x)$

Löse die Bestimmungsgleichung $f(x)=0$. Die Lösungen dieser Gleichung sind die Nullstellen der Funktion an den Stellen $x=\eta_1, \eta_2, \ldots$

Schritt 2: Steigung der Funktion $y=f(x)$

Berechne $y'=f'(x)$ und entscheide nach dem Vorzeichen der ersten Ableitung:

$f'(x)>0 \rightarrow y=f(x)$ steigt
$f'(x)<0 \rightarrow y=f(x)$ fällt
$f'(x)=0 \rightarrow$ Bestimmungsgleichung für die Stellen mit horizontaler Tangente mit den Lösungen $x=\xi_1, \xi_2, \ldots$

Schritt 3: Krümmung der Funktion $y=f(x)$

Berechne $y''=f''(x)$ und entscheide nach dem Vorzeichen der zweiten Ableitung:

$f''(x)>0 \rightarrow y=f(x)$ ist konvex gekrümmt
$f''(x)<0 \rightarrow y=f(x)$ ist konkav gekrümmt
$f''(x)=0 \rightarrow$ Bestimmungsgleichung für die Stellen, an denen die Krümmung gleich null ist, mit den Lösungen $x=\zeta_1, \zeta_2, \ldots$

Schritt 4: Entscheidung über Extrema

Bestimme an den Stellen ξ_i mit $f'(\xi_i)=0$ das Vorzeichen von $f''(\xi_i)$:

$f''(\xi_i)>0 \rightarrow$ Minimum an der Stelle ξ_i
$f''(\xi_i)<0 \rightarrow$ Maximum an der Stelle ξ_i
$f''(\xi_i)=0 \rightarrow$ Entscheidung über Art des Extremums oder das Vorliegen eines Sattelpunktes in Schritt 6.

Schritt 5: Entscheidung über Wendepunkte

Berechne $f'''(x)$ und setze $x=\zeta_i$ ein (an dieser Stelle ist die Krümmung gleich null). Falls gilt:

$f'''(\zeta_i)\neq 0 \rightarrow$ Wendepunkt an der Stelle ζ_i

Schritt 6: Entscheidung bei mehrfachen Extrema und Sattelpunkten

Berechne an den Stellen ξ_i, für die $f'(\xi_i)=f''(\xi_i)=0$ gilt, die nächsthöheren Ableitungen $f'''(\xi_i), \ldots, f^{(n)}(\xi_i)$, bis die folgenden Bedingungen erfüllt sind.

Es seien $f'''(\xi_i)=f^{(4)}(\xi_i)=\ldots=f^{(n-1)}(\xi_i)=0$ und $f^{(n)}(\xi_i)\neq 0$. Falls die Ordnung n der ersten höheren Ableitung ungleich null gerade ist, entscheide:

$f^{(n)}(\xi_i)>0 \rightarrow$ Minimum an der Stelle ξ_i
$f^{(n)}(\xi_i)<0 \rightarrow$ Maximum an der Stelle ξ_i

Falls die Ordnung n der ersten höheren Ableitung ungleich null ungerade ist:

$f^{(n)}(\xi_i)\neq 0 \rightarrow$ Sattelpunkt an der Stelle ξ_i

6.4 Die Diskussion ökonomischer Funktionen

Die Diskussion ökonomischer Funktionen läuft formal auf die Analyse der gleichen Zusammenhänge hinaus, die typisch für die Kurvendiskussion waren, d.h. die Ermittlung der Steigung und der Krümmung von Kurven sowie deren charakteristische Punkte wie Nullstellen, Extrema und Wendepunkte. Als gewichtiger Zusatz schließt sich allerdings noch die ökonomische Interpretation dieser Ergebnisse an. Außer dieser Interpretation gibt es noch zwei andere wesentliche Unterschiede zur mathematischen Kurvendiskussion.

- Die meisten wirtschaftswissenschaftlichen Diskussionen sind qualitativer Natur, d.h. es wird eine – empirisch festgestellte – typische Kurvencharakteristik einer ökonomischen Funktion angenommen, von der auf den Verlauf der ersten und zweiten Ableitung geschlossen wird. Letztere werden dann zur Erklärung ökonomischer Gesetzmäßigkeiten herangezogen.

- Bei der Extremwertbestimmung ökonomischer Funktionen ist fast immer der beschränkte Definitionsbereich zu beachten. Das heißt, es wird nach dem Maximum oder dem Minimum einer Funktion unter einschränkenden Bedingungen gefragt.

Beide Aspekte sollen im folgenden anhand zweier Beispiele etwas ausführlicher beleuchtet werden.

Qualitative Analyse am Beispiel des *Cournot*schen Punktes

Im Abschnitt 6.2 haben wir den Zusammenhang zwischen dem Grenzerlös und dem Preis bei einer fallenden Preis-Absatzfunktion diskutiert. Die dort benutzten Bezeichnungen wollen wir beibehalten:

$\bar{y}$ = Durchschnittserlös
y = Gesamterlös
x = Menge eines bestimmten Gutes
p = Preis des Gutes

Der Durchschnittserlös bezogen auf die Mengeneinheit des Gutes ist gleich dessen Preis, und wir erhalten als Preis-Absatzfunktion:

$$p = \bar{y} = f(x)$$

Der Gesamterlös ist gleich: $y = p \cdot x = f(x) \cdot x$

Als Ergebnis war festgestellt worden, daß die Grenzerlöskurve stets unterhalb der Preiskurve verläuft.

Wir unterstellen dabei die theoretische Situation eines Angebotsmonopolisten, der konkurrenzlos den Markt beherrscht. Seine Preis-Absatzkurve verlaufe im Gültigkeitsbereich $0 \leqq x \leqq p_0/c$ linear, woraus man schließen kann:

- Bei einem bestimmten Höchstpreis p_0 ist das entsprechende Gut nicht mehr absetzbar, d.h. $x = 0$.
- Je niedriger der Monopolist seinen Preis wählt, desto größer wird seine Absatzmenge sein, die freilich eine Sättigungsgrenze p_0/c nicht überschreiten kann, selbst wenn der Preis auf null zurückgenommen würde. Die Preis-Absatzfunktion lautet also:

  $$p = f(x) = p_0 - c \cdot x$$

Der Gesamterlös ist dann gleich $y(x) = p_0 \cdot x - c \cdot x^2$, und als Grenzerlös ergibt sich $y'(x) = p_0 - 2c \cdot x$.

Der Preis und der Grenzerlös sind Geraden, die die y-Achse im selben Punkt $y = p_0$ schneiden. Die Gesamterlösfunktion ist eine Parabel (vgl. *Abb. 6.15*).

Den Maximalerlös erzielt der Monopolist im Punkt M. Es muß aber beachtet werden, daß sein Ziel wahrscheinlich nicht die Erlösmaxi-

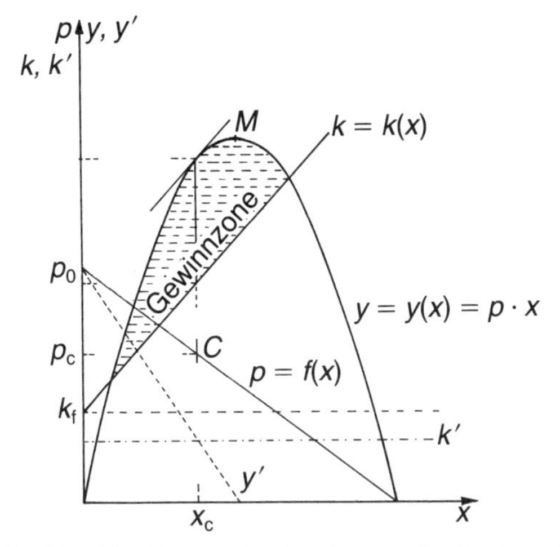

Abb. 6.15: Zur Konstruktion des Cournotschen Punktes C

mierung, sondern die Maximierung seines Gewinnes, d.h. der Differenz zwischen dem Gesamterlös und den Gesamtkosten, ist. Um den Gewinn ermitteln zu können, unterstellen wir einen linearen Kostenverlauf $k = k(x)$, beginnend vom Niveau der Fixkosten k_f.

Der Gewinn ist in der *Abb. 6.15* als Differenz zwischen der Gesamterlöskurve und der Gesamtkostenkurve ablesbar, d.h. in der schraffierten Zone. Den größten Gewinn erzielt man offenbar an der Stelle, an der die Parallele zur Kostengerade die Erlöskurve tangiert. Dort ist die Steigung der Erlöskurve gleich der Steigung der Kostengerade, d.h. der Grenzerlös ist gleich den Grenzkosten. Diese Aussage, nach der der maximale Gewinn dann erzielt wird, wenn der Grenzerlös gleich den Grenzkosten ist, ist ökonomisch bedeutsam. Die entsprechende Stelle auf der Preis-Absatzkurve wird als ***Cournot*scher Punkt** bezeichnet.

Wenn wir nun einen s-förmigen Kostenverlauf unterstellen, was in vielen Fällen realistischer ist als die Gerade, dann kann man die zuvor angestellten Überlegungen leicht übertragen. Der s-förmige Kurvenverlauf heißt, daß die Gesamtkosten $k = k(x)$ zunächst unterproportional wachsen, d.h. die Stückkosten oder Grenzkosten k' fallen. Von einer bestimmten Menge $x = \xi$ an wendet sich der Kostenverlauf und die Gesamtkosten steigen überproportional, d.h. die Grenzkosten steigen nach dem Durchlaufen eines Minimums. Eine derartige Kostenkurve $k = k(x)$ und ihre Grenzkostenkurve k' sind in der *Abb. 6.16* dargestellt, wobei die Gewinnzone schraffiert wurde. Der größte Gewinn ergibt sich wieder an der Stelle, an der die Steigung y' der Erlösfunktion $y = y(x)$ gleich der Steigung k' der Kostenfunktion $k = k(x)$ ist.

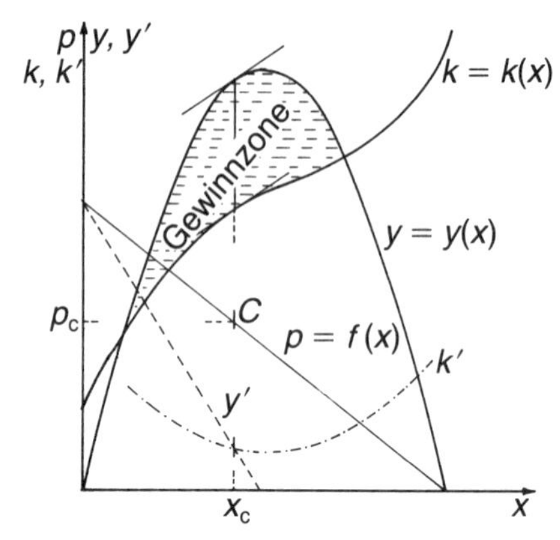

Abb. 6.16: Cournotscher Punkt bei nichtlinearem Kostenverlauf $k=k(x)$

Die Steigungen sind jeweils durch die Grenzerlöskurve, d.h. die Gerade y', und die Grenzkostenkurve k' beschrieben. Sie sind in ihrem Schnittpunkt gleich, über dem dann auf der Preis-Absatzkurve der *Cournot*sche Punkt liegt.

Extremwertbestimmung unter Nebenbedingungen am Beispiel der Berechnung der Minimalkostenkombination

Die Formulierung des ökonomischen Prinzips führt meistens auf eine Minimierungs- oder Maximierungsaufgabe. In der zu optimierenden Funktion (= **Zielfunktion**) legt der Unternehmer sein Ziel fest, z.B. die Maximierung des Outputs bei fest vorgegebenem Input oder Minimierung des Inputs, um einen vorgegebenen Output zu erreichen. Die Zielfunktion hängt dabei von den Größen ab, für die eine gewisse Wahlfreiheit besteht, und die durch die unabhängigen Variablen (= **Entscheidungsvariablen**) repräsentiert werden. In den Nebenbedingungen drücken sich i.d.R. die festen Vorgaben aus, die den Entscheidungsbereich entsprechend einschränken.

Ein Beispiel möge dies wieder illustrieren. Wir nehmen an, die Höhe des Ertrages x hänge von dem Einsatz r_1 und r_2 zweier Produktionsfaktoren ab, die substituierbar sind:

$$x=f(r_1,r_2)$$

Ein Mindereinsatz eines Faktors kann durch den Mehreinsatz eines anderen Faktors ausgeglichen werden, so daß der Ertrag gleich bleibt.

Die (implizite) Funktion $f(r_1,r_2)=\xi$ beschreibt alle Faktorkombinationen, die den gleichen Ertrag $x=\xi$ erbringen; sie wird als **Indifferenzkurve** bezeichnet.

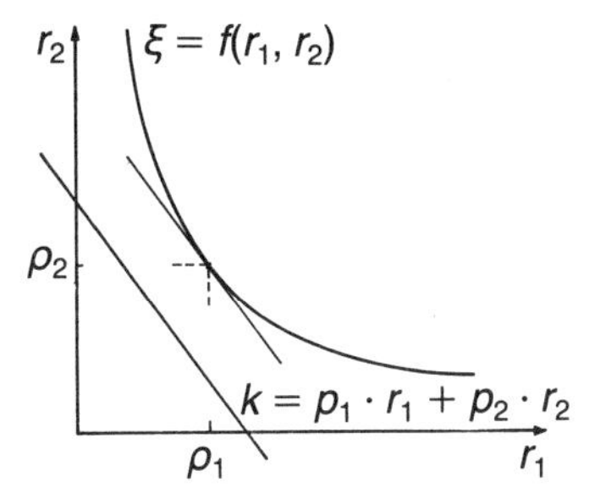

Abb. 6.17: Indifferenzkurve bei fest vorgegebenem Ertrag ξ

Wir nehmen nun an, daß die Kosten p_1 und p_2 der beiden Faktoren bekannt seien. Dann stellt sich die Frage, welche Kombination der beiden Faktoren bei vorgegebenem Ertrag zu den geringsten Gesamtkosten führt. Die gesuchte Kombination der beiden Produktionsfaktoren wird als **Minimalkostenkombination** bezeichnet. Die mathematische Aufgabe lautet somit, das Minimum der Funktion

$$k = p_1 \cdot r_1 + p_2 \cdot r_2$$

unter der Nebenbedingung

$$f(r_1, r_2) = \xi$$

zu berechnen. Sinnvoll sind nur solche Lösungen, für die sich nichtnegative Faktormengen ergeben:

$$r_1, r_2 \geqq 0$$

In dieser allgemeinen Formulierung können wir diese Aufgabe nun noch nicht lösen; es fehlen noch nähere Angaben über die Indifferenzkurve. Man kann sich jedoch mit dem Problemtyp graphisch vertraut machen, wenn man als Ertragsfunktion eine Kurvenschar in Abhängigkeit des Ertrages x vorgibt und wie in *Abb. 6.17* eine Kurve für $x = \xi$ auswählt. Sie beschreibt im r_1, r_2-System alle Punkte gleichen Ertrages.

Die Kostenfunktion mit den Gesamtkosten k als Parameter beschreibt im r_1, r_2-System eine Schar paralleler Geraden, wobei auf einer Geraden mit $k = \kappa$ alle Kombinationen liegen, die die gleichen Kosten κ verursachen.

Um den Ertrag ξ zu erzielen, muß eine Faktorkombination auf der Ertragskurve ausgewählt werden. Die zugehörigen Kosten ergeben sich, indem man eine Kostenparallele durch diesen Punkt legt. Somit ist klar, daß die Faktorkombination, die die geringsten Kosten verursacht, gerade in dem Punkt liegt, in dem die Kostengerade die Ertragskurve tangiert.

Natürlich ist die graphische Lösung dieses Problems nur möglich, wenn der Ertrag nur von zwei Faktoren bestimmt wird und die Funktionen bekannt sind. Im allgemeinen Fall mit mehr als zwei Faktoren wird man nach analytischen oder numerischen Wegen suchen, um die Aufgabe folgenden Typs zu lösen.

Gesucht ist das Extremum einer Funktion mit zwei (mehreren) Variablen:

$$k = k(r_1, r_2)$$

unter Einhaltung einer (mehrerer) Nebenbedingung(en):

$$f(r_1, r_2) = \xi$$

und den Nichtnegativitätsbedingungen:

$$r_1, r_2 \geqq 0$$

Mit Aufgaben dieses Typs werden wir uns noch ausführlich im Kapitel 8 und später im zweiten Band beschäftigen. Hier soll vorerst eine Möglichkeit zur Lösung skizziert werden, die auf die Extremwertbestimmung für Funktionen mit einer Veränderlichen ohne Nebenbedingung hinausläuft. Wir erläutern die Vorgehensweise anhand eines numerischen Beispiels.

Beispiel: Für das Ertragsgesetz $x = r_1 \cdot r_2$ soll die Minimalkostenkombination bestimmt werden, wobei ein Ertrag von $x = 100$ St. erzielt werden soll. Die Faktorkosten betragen $p_1 = 8$ DM/St. und $p_2 = 5$ DM/St. Es stellt sich die Aufgabe:

Minimiere $k = 8r_1 + 5r_2$
unter den Nebenbedingungen (u.d.N.):

$$r_1 \cdot r_2 = 100$$
$$r_1, r_2 \geqq 0$$

Zur Lösung substituieren wir einen Faktor in der Kostenfunktion mit Hilfe der Nebenbedingung, z. B. $r_2 = 100/r_1$, und vernachlässigen zunächst die Nichtnegativitätsbedingung. Wir erhalten auf diese Weise eine Funktion $k = f(r_1) = 8r_1 + 500/r_1$ mit einer Veränderlichen, für die die Extrema wie gewohnt bestimmt werden können:

$$k' = f'(r_1) = 8 - 500/r_1^2 = 0$$

Nur die positive Wurzel dieser quadratischen Gleichung kommt als Lösung in Betracht, wodurch wir implizit die Bedingung $r_1 \geqq 0$ erfüllen:

$$r_1 = \sqrt{500/8} = 7{,}91$$

Die zweite Ableitung $k''=f''(r_1)=1000/r_1^3$ ist für $r_1=7{,}91$ positiv, so daß ein Minimum vorliegt. Die Substitution wird nun rückgängig gemacht:

$$r_2=100/r_1=\sqrt{160}=12{,}65 \text{ St.}$$

Die minimalen Kosten dieser Kombination $(r_1, r_2)=(7{,}91, 12{,}65)$ betragen:

$$k_{\min}=8\cdot\sqrt{500/8}+5\cdot\sqrt{160}=126{,}49 \text{ DM}$$

Die Berechnung der Minimalkostenkombination kann also als Extremwertaufgabe mit Hilfe der Differentialrechnung gelöst werden.

6.5 Das *Newton*-Verfahren

Die Aufgabe, eine Gleichung aufzulösen, ist uns aus zahlreichen Problemstellungen her bekannt. In allgemeiner Form ist der Wert der unabhängigen Veränderlichen x gesucht, der der Gleichung $y=f(x)=0$ genügt. Es wird also nach den Nullstellen ξ_i der Funktion $y=f(x)$ gefragt.

▶ Die Zahlenwerte ξ_i heißen auch die *Wurzeln* der Gleichung $f(x)=0$.

Es ist von der Schule her bekannt, daß nicht jede Gleichung geschlossen auflösbar ist. Man wird sogar in den meisten Fällen davon ausgehen müssen, daß die Nullstelle nicht in Form eines mathematischen Ausdruckes darstellbar ist.

In diesen Fällen muß die Nullstelle **numerisch** bestimmt werden, wobei der im folgenden beschriebene Weg, das sog. *Newton*-Verfahren, eingeschlagen werden kann.

Wir gehen davon aus, daß die Funktionsgleichung $y=f(x)$ bekannt und differenzierbar ist. Ferner sollte man die ungefähre Lage der Nullstelle kennen. In der *Abb. 6.18* sind die Nullstelle ξ und ein Teil des Funktionsverlaufes in der Umgebung von ξ dargestellt.

Man wählt nun einen Punkt ξ_1 in der Nähe der vermuteten Nullstelle. Der Funktionswert $\eta_1=f(\xi_1)$ ist, wenn er nicht zufällig mit der gesuchten Nullstelle übereinstimmt, ungleich null. Zeichnet man die Tangente im Punkt $(\xi_1, f(\xi_1))$, und bestimmt man deren Schnittpunkt ξ_2 mit der x-Achse, so kann man sich dank des monotonen Verhaltens der Funktion in der Nähe der Nullstelle leicht überlegen, daß der Schnittpunkt ξ_2 näher an die Nullstelle gerückt ist. Es gilt:

$$\operatorname{tg}\alpha=\frac{\eta_1}{\xi_1-\xi_2}=\frac{f(\xi_1)}{\xi_1-\xi_2}$$

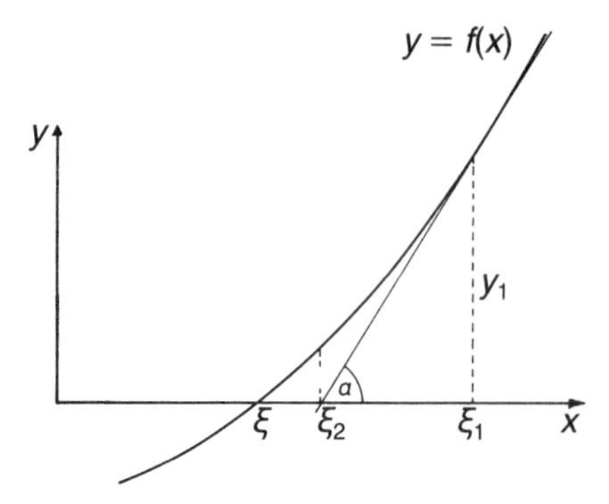

Abb. 6.18: Funktionsverlauf in der Nähe der Nullstelle ξ

Die Steigung der Tangente, d.h. $\operatorname{tg}\alpha$, ist natürlich wieder gleich der ersten Ableitung der Funktion $y=f(x)$ an der Stelle $x=\xi_1$:

$$\operatorname{tg}\alpha=f'(x)|_{x=\xi_1}=f'(\xi_1)$$

D.h. es gilt:

$$\xi_1-\xi_2=\frac{f(\xi_1)}{f'(\xi_1)}$$

Der gesuchte Schnittpunkt ist:

$$\xi_2=\xi_1-\frac{f(\xi_1)}{f'(\xi_1)}$$

Mit Hilfe dieses der Nullstelle näher gerückten Punktes wiederholt man die Rechnung, d.h. man bestimmt den Funktionswert $f(\xi_2)$. Ist dieser noch nicht nahe genug an null herangerückt, berechnet man den Wert der ersten Ableitung an dieser Stelle, $f'(\xi_2)$, und den neuen Schnittpunkt der Tangente mit der x-Achse:

$$\xi_3=\xi_2-\frac{f(\xi_2)}{f'(\xi_2)} \quad \text{usw.}$$

Für die praktische Durchführung der Rechnung empfiehlt sich folgendes Schema, wobei $\delta_i=\xi_i-\xi_{i+1}$ gesetzt ist. δ_i ist als Differenz aufeinanderfolgender Näherungswerte ein Maß für die Genauigkeit des

x	Zwischen-rechnung	$y(x)$	Zwischen-rechnung	$y'(x)$	$\delta=\frac{y(x)}{y'(x)}$
ξ_1	…	η_1	…	ζ_1	δ_1
ξ_2		⋮		⋮	⋮
⋮					

Tab. 6.1: Rechenschema zum Newton-Verfahren

bereits erzielten Ergebnisses. Ist also $\delta_i < 10^{-3}$, dann ist die Nullstelle bereits auf 3 Stellen genau bestimmt.

Beispiel: $y = x^2 - \ln x - 2$

Es ist bekannt, daß die Funktion Nullstellen in der Nähe der Werte $x \cong 0{,}2$ und $x \cong 2$ besitzt.

Die exakten Werte sind bis auf drei Stellen hinter dem Komma zu berechnen.

Die erste Ableitung der Funktion ist $y' = 2x - \frac{1}{x}$.

x	x^2-2	$\ln x$	$f(x)$	$2x$	$1/x$	$f'(x)$	$\delta = \frac{f(x)}{f'(x)}$
0,2	−1,96	−1,6094	−0,3506	0,4	5	−4,6	0,0762
0,1238	−1,9847	−2,0892	0,1045	0,2476	8,0781	−7,8306	−0,0133
0,1371	−1,9812	−1,9867	0,0055	0,2743	7,2915	−7,0173	−0,0008
0,1379	−1,9810	−1,9813	0	-	-	-	-
2	2	0,6931	1,3069	4	0,5	3,5	0,3734
1,6266	0,6459	0,4865	0,1594	3,2532	0,6148	2,6385	0,0604
1,5662	0,4529	0,4486	0,0043	3,1324	0,6385	2,4939	0,0017
1,5645	0,4476	0,4476	0	-	-	-	-

Tab. 6.2: Berechnung der Nullstellen der Funktion $y = x^2 - \ln x - 2$

Beide Nullstellen waren nach jeweils drei Rechenschritten bis auf drei Stellen hinter dem Komma genau bestimmt.

Bei numerischen Verfahren, wie dem *Newton*-Verfahren, interessiert vor allem die Frage, **ob** man sich der Nullstelle tatsächlich annähert, d.h. ob das Verfahren **konvergiert,** und – wenn dies bejaht werden kann – **wie schnell** man den gesuchten Wert erreicht, d.h. wie **gut** das Verfahren konvergiert.

Es läßt sich durch entsprechende Fehlerabschätzungen nachweisen, daß die Konvergenz des Verfahrens von einem genügend guten Näherungswert aus gesichert ist, sofern zwischen dem Anfangswert ξ_1 und der tatsächlichen Nullstelle ξ die Ableitung nirgends verschwindet.

Eine genauere Untersuchung zeigt, daß das *Newton*-Verfahren unter den genannten Bedingungen außerordentlich schnell konvergiert. Man findet i.d.R. bereits nach wenigen Durchgängen eine gut angenäherte Wurzel.

6.6 Die Regel von *l'Hospital*

Im Abschnitt 4.5 war uns im Zusammenhang mit der Diskussion hebbarer Unstetigkeiten bereits der Fall begegnet, daß bei der Grenzwertbildung sowohl der Zähler als auch der Nenner eines Quotienten gegen null strebten. Wäre bei diesem Grenzübergang der Zähler (bzw. der Nenner) ungleich null, während der Nenner (bzw. der Zähler) gegen null geht, so könnte man auf einen Grenzwert des Quotienten von unendlich (bzw. von null) schließen. Das gleichzeitige Verschwinden von Zähler und Nenner läßt einen derartigen Schluß jedoch nicht zu. Man bezeichnet einen Ausdruck, der keine eindeutige Aussage bezüglich des Grenzwertes zuläßt, als **unbestimmten Ausdruck,** wobei nicht nur der Grenzwert null, sondern auch der Grenzwert unendlich vorkommen kann.

▶ Unter einem *unbestimmten Ausdruck* versteht man Funktionsverknüpfungen der Form:

$$f(x) = \frac{g(x)}{h(x)}$$

$$f(x) = g(x) \cdot h(x)$$

$$f(x) = g(x) \pm h(x)$$

$$f(x) = g(x)^{h(x)}$$

die beim Grenzwert $\lim\limits_{x \to \xi} f(x)$ Ausdrücke $\frac{0}{0}, \frac{\infty}{\infty}, 0 \cdot \infty, \infty - \infty, 1^{\infty}, 0^0$ oder ∞^0 ergeben.

Der französische Mathematiker *Marquis Guillaume Francois Antoine de l'Hospital* (1661–1704) hat als erster erkannt, daß man das Grenzverhalten dieser Ausdrücke leicht mit Hilfe der Differentialrechnung untersuchen kann. Die nach ihm benannte Regel geht von dem Quotienten zweier Funktionen aus:

$$f(x) = \frac{g(x)}{h(x)}$$

Beide Funktionen mögen beim Grenzübergang gegen null streben, d.h.:

$$\lim_{x \to \xi} g(x) = 0 \quad \text{und} \quad \lim_{x \to \xi} h(x) = 0$$

Man kann sich nun überlegen, daß beide Funktionen etwa gleich schnell gegen ihren Grenzwert konvergieren oder zumindest in einem konstanten Verhältnis. Das hieße, die Funktionen hätten in etwa die gleichen Steigungen bzw. deren Verhältnis wäre konstant, so daß der Quotient der Funktionen möglicherweise gegen einen endlichen

Grenzwert strebt. Tatsächlich ist dies im wesentlichen die Aussage der Regel von *l'Hospital.*

▶ Sind $g(x)$ und $h(x)$ n-mal differenzierbar, so gilt:

$$\lim_{x \to \xi} \frac{g(x)}{h(x)} = \lim_{x \to \xi} \frac{g'(x)}{h'(x)} = \ldots = \lim_{x \to \xi} \frac{g^{(n)}(x)}{h^{(n)}(x)}$$

Ergibt sich als Quotient zweier Funktionen ein unbestimmter Ausdruck, $\frac{0}{0}$ oder $\frac{\infty}{\infty}$, so kann man an seiner Stelle den Quotienten der Ableitungen beider Funktionen auf seinen Grenzwert hin untersuchen. Ergibt sich wieder ein unbestimmter Ausdruck, so analysiert man den Quotienten der zweiten Ableitungen usw. Die Regel läßt sich wiederholen, solange die Funktionen noch differenzierbar sind und unbestimmte Ausdrücke vorliegen.

Beispiele: 1. $\lim\limits_{x \to -5} \dfrac{x^2+3x-10}{x+5} = \lim\limits_{x \to -5} \dfrac{2x+3}{1} = -7$

2. $\lim\limits_{x \to 1} \dfrac{x^6-1}{x^5-1} = \lim\limits_{x \to 1} \dfrac{6x^5}{5x^4} = \dfrac{6}{5}$

Alle anderen unbestimmten Ausdrücke lassen sich durch einfache arithmetische Umformungen oder durch Logarithmieren auf die Standardquotientenform überführen.

Fall (i): $f(x) = g(x) \cdot h(x)$ mit $\lim\limits_{x \to \xi} g(x) = 0$ und $\lim\limits_{x \to \xi} h(x) = \infty$

Die einfache Umformung

$$f(x) = g(x) \cdot h(x) = \frac{g(x)}{1/h(x)} = \frac{h(x)}{1/g(x)}$$

ergibt einen der beiden unbestimmten Ausdrücke $0/0$ oder ∞/∞.

Beispiel: $f(x) = x \cdot \ln x$

Der Grenzübergang $\lim\limits_{x \to 0+} x \cdot \ln x$ führt auf den unbestimmten Ausdruck $0 \cdot \infty$.

Die folgende Umformung und Differentiation von Zähler und Nenner führt auf die Grenzwerte:

$$\lim_{x \to 0+} \frac{\ln x}{1/x} = \lim_{x \to 0+} \frac{1/x}{-1/x^2} = \lim_{x \to 0+} (-x) = 0$$

Fall (ii): $f(x)=g(x)\pm h(x)$ mit $\lim\limits_{x\to\xi} g(x)=\lim\limits_{x\to\xi} h(x)=\infty$

Die Umformung

$$f(x)=g(x)\pm h(x)=\frac{[g(x)\pm h(x)]\cdot g(x)\cdot h(x)}{g(x)\cdot h(x)}$$

$$=\frac{1/h(x)\pm 1/g(x)}{1/[g(x)\cdot h(x)]}$$

ergibt einen unbestimmten Ausdruck der Form 0/0.

Fall (iii): $f(x)=g(x)^{h(x)}$, wobei sich beim Grenzübergang $\lim\limits_{x\to\xi} f(x)$ die unbestimmte Ausdrücke 0^0, ∞^0 oder 1^∞ ergeben.

Die Funktion läßt sich umformen $f(x)=e^{h(x)\cdot\ln(g(x))}$, so daß

$$\lim_{x\to\xi} f(x)=e^{\lim\limits_{x\to\xi} h(x)\cdot\ln(g(x))}=e^{\lim\limits_{x\to\xi}\frac{\ln(g(x))}{1/h(x)}}$$

gilt.

Im einzelnen sind damit die Fälle:

- 0^0 auf den Ausdruck $e^{\infty/\infty}$
- ∞^0 auf den Ausdruck $e^{\infty/\infty}$
- 1^∞ auf den Ausdruck $e^{0/0}$

zurückgeführt.

Beispiel: $f(x)=x^x$

Der Grenzübergang $\lim\limits_{x\to 0+} x^x$ ergibt den unbestimmten Ausdruck 0^0.

Die Umformung ergibt:

$$\lim_{x\to 0+} x^x=\lim_{x\to 0+} e^{(x\cdot\ln x)}=e^{\lim\limits_{x\to 0+}(x\cdot\ln x)}=e^0=1$$

(vgl. Fall (i))

Aufgaben zum Kapitel 6

Aufgabe 6.1

Skizzieren Sie rein qualitativ den Verlauf der ersten Ableitung und der Durchschnittsfunktion der in den *Abb. 6.19* und *6.20* dargestellten Funktionen $f_1(x)$ und $f_2(x)$.

(a)

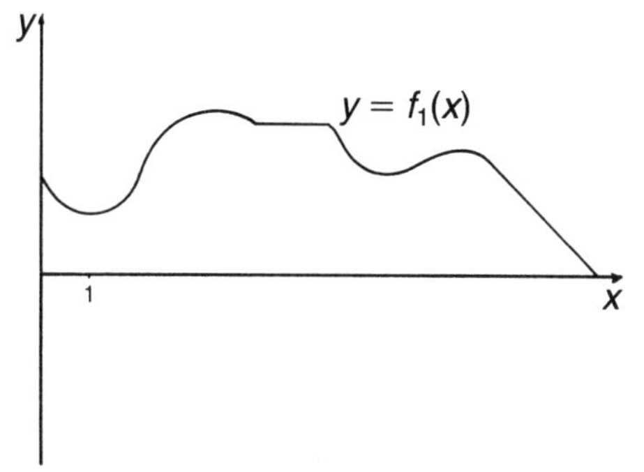

Abb. 6.19: Funktion $f_1(x)$

(b)

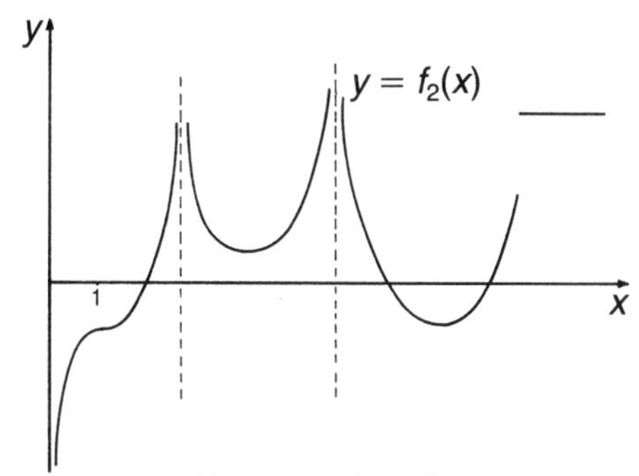

Abb. 6.20: Funktion $f_2(x)$

Aufgabe 6.2

Skizzieren Sie jeweils den Verlauf der folgenden Funktionen $f(x)$ bzw. $g(x)$, die in den genannten Punkten bzw. Bereichen die nachstehenden Eigenschaften besitzen.

(a) Die Funktion $f(x)$ sei außer an den Stellen $x=5$ und 8 im Intervall $[0,9]$ dreimal differenzierbar und an den Stützstellen $x=0,1,2,\ldots,9$ charakterisiert durch:

$f(0)=2$
$f'(x)=1$ für $x\in(0,1)$
$f'(2)=0$ und $f''(2)<0$
$f''(3)=0$ und $f'''(3)\neq 0$
$f'(x)=0$ für $x\in(4{,}5)$
$\lim\limits_{x\to 5-} f(x)=2{,}5$
$f(5)=4$
$f''(x)>0$ für $x\in(5,7)$
$f(6)=f(4)$
$f''(7)=0$ und $f'''(7)\neq 0$

$\lim_{x \to 8-} f'(x) = 0$
$f'(x) = -2 \quad \text{für } x \in (8, 9)$
$f(9) = f(0)$

Außer an den Stützstellen gibt es keine weiteren Extremwerte oder Wendepunkte.

(b) Die Funktion $g(x)$ sei außer an der Stelle $x = \xi_5$ im Intervall $[0, \xi_{11}]$ dreimal differenzierbar. An den Stützstellen $0 < \xi_1 < \xi_2 < \ldots < \xi_{11}$ sei sie durch folgende Merkmale charakterisiert:

$g(0) = -1$
$g(\xi_1) = 0$ und $g'(\xi_1) = 0$ und $g''(\xi_1) < 0$
$g''(\xi_2) = 0$ und $g'''(\xi_2) \neq 0$
$g'(\xi_3) = 0$ und $g''(\xi_3) > 0$
$g(\xi_4) = 0$
$\lim_{x \to \xi_5^-} g(x) = \infty$
$\lim_{x \to \xi_5^+} g(x) = -\infty$
$g(\xi_6) = 0$ und $g'(\xi_6) > 0$
$g'(\xi_7) = 0$ und $g''(\xi_7) = 0$ und $g'''(\xi_7) \neq 0$
$g''(\xi_8) = 0$ und $g'''(\xi_8) \neq 0$
$g'(\xi_9) = 0$ und $g''(\xi_9) < 0$
$g''(\xi_{10}) = 0$ und $g'''(\xi_{10}) \neq 0$
$g(\xi_{11}) = 0$ und $\lim_{x \to \xi_{11}^-} g'(x) < 0$ und $\lim_{x \to \xi_{11}^+} g''(x) = 0$

Aufgabe 6.3

Bestimmen Sie die Elastizitätsfunktionen der Funktionen:

(a) $f(x) = x \cdot e^{1/x^2 + c}$ für $c \in \mathbb{R}$, $x \in \mathbb{R}$
(b) $f(x) = x^2 - 8x + 12$ für $x \in \mathbb{R}$
(c) $f(x) = \sqrt{\sin^2 x + 1}$ für $x \in \mathbb{R}$

Aufgabe 6.4

Die Kostenfunktion $k(x) = \sqrt{50x^2 + 3\,750}$ beschreibe für $x > 0$ den Zusammenhang zwischen der Fertigungsmenge x und den Gesamtkosten $k(x)$.

(a) Bestimmen Sie die Kostenelastizität als Funktion der Menge x.
(b) Wie groß ist die Punktelastizität an der Stelle $x = 5$?
(c) Wo ist die Funktion $e_{k,x}$ elastisch oder unelastisch?
(d) Gegen welchen Wert strebt $e_{k,x}$ für $x \to \infty$?

Aufgabe 6.5

Gegeben sei die Funktion $f(x)=\frac{1}{8}x^2+\frac{1}{x}$.

Untersuchen Sie die Funktion auf:

(a) Nullstellen
(b) Extrema und deren Typ
(c) Wendepunkte
(d) Polstellen

Skizzieren Sie anhand dieser Ergebnisse den Funktionsverlauf.

Aufgabe 6.6

Führen Sie im Sinne der *Aufgabe 6.5* Kurvendiskussionen für die folgenden Funktionen durch:

(a) $f(x)=e^{-(x+3)^2/2}$

(b) $f(x)=\frac{1}{12+x^2}-\frac{1}{13}$

(c) $f(x)=\frac{1}{9}x^4-\frac{1}{2}x^2+\frac{2}{9}$

(d) $f(x)=\frac{4x}{x^2+1}$

(e) $f(x)=\frac{1}{3}x^3-\frac{1}{2}\ln(x^2)$ (ohne Bestimmung der Nullstellen)

Für die Bestimmung der Wendepunkte braucht die dritte Ableitung nicht gebildet zu werden.

Aufgabe 6.7

Es soll noch einmal der Mann im Ruderboot aus *Aufgabe 1.4* betrachtet werden. Es waren folgende Daten gegeben:

Abstand des Ruderers vom nächsten Küstenpunkt K: 8 km
Abstand des Küstenpunktes vom Zielpunkt Z: 10 km
Rudergeschwindigkeit: 3 km/h
Laufgeschwindigkeit: 5 km/h

Welchen Punkt zwischen K und Z soll der Ruderer ansteuern, damit er den Zielpunkt Z in kürzester Zeit erreicht?

Aufgabe 6.8

Wir betrachten noch einmal das Lagerhaltungsmodell aus *Aufgabe 1.6*.

Bei einem Gesamtbedarf von m ME pro Jahr werden in regelmäßigen Abständen x ME bestellt, die ohne Verzögerung geliefert und sofort gleichmäßig verbraucht werden sollen (vgl. das Sägezahnmodell in *Abb. 1.9*). Die Kosten jedes Bestellvorganges mögen E DM, der Stückpreis des Gutes s DM und der Zins für das im Lager gebundene Kapital $p\%$ betragen.

(a) Wie lauten die Gesamtkosten in Abhängigkeit der Bestellmenge x?
(b) Wie lautet die optimale Bestellmenge, die zu minimalen Gesamtkosten führt?
(c) Wie groß ist die optimale Bestellmenge für $m = 800$ ME, $E = 5$ DM, $s = 160$ DM und $p = 10\%$?

Aufgabe 6.9

Berechnen Sie mit dem *Newton*-Verfahren die Nullstellen der folgenden Funktionen mit den angegebenen Anfangswerten bis auf 4 Stellen hinter dem Komma genau.

(a) $f(x) = \frac{1}{3}x^3 - \frac{1}{2}\ln(x^2)$ (vgl. *Aufgabe 6.6 e*) mit $x_0 = -0,5$
(b) $f(x) = 2x^3 - 3x^2 - 6x + 9$ mit $x_0 = -2, 1$ bzw. 2

Aufgabe 6.10

Wie lauten die Lösungen der transzendenten Gleichung $e^{-x/2} = 2\cos x$ im Intervall $[-\pi/2, \pi/2]$?

(a) Skizzieren Sie den Verlauf der linken und der rechten Funktion.
(b) Legen Sie auf Grund der Skizze die Anfangswerte für das *Newton*-Verfahren fest, mit dessen Hilfe die Lösungen berechnet werden können.

Kapitel 7 Funktionen mit mehreren Veränderlichen

In vielen Fällen hängt der Wert einer physikalischen, technischen oder eben ökonomischen Größe nicht mehr nur von einer unabhängigen Veränderlichen ab, sondern von mehreren oder gar vielen. Beispielsweise gilt für die Mehrzahl der Produktionsfunktionen, daß der Output (Ertrag) x in der Regel vom Einsatz mehrerer Produktionsfaktoren beeinflußt wird. Wir schreiben für diesen funktionalen Zusammenhang $x=f(r_1, r_2, \ldots, r_n)$ und sprechen von x als einer **Funktion mit mehreren Veränderlichen.** Sie beschreibt im $(n+1)$-dimensionalen Vektorraum $\mathbb{R}^{n+1}$ eine Fläche.

Mit Funktionen mehrerer Veränderlicher werden wir uns in diesem Kapitel kurz auseinandersetzen. Nach der Einführung beschäftigt sich der zweite Abschnitt mit den verschiedenen **Darstellungsformen.** Vor allem die graphische Darstellung von Funktionen mit zwei Veränderlichen wird etwas ausführlicher diskutiert, weil auf diese Ergebnisse im folgenden Kapitel zurückgegriffen werden soll.

Danach werden im Abschnitt 7.3 verschiedene **Funktionseigenschaften** besprochen, wobei die Definitionen meist Verallgemeinerungen der entsprechenden Formulierungen für Funktionen mit einer Veränderlichen sind. Lediglich bei dem Begriff der „Steigung einer Fläche" ist Vorsicht geboten, da die Steigung einer Fläche abhängig ist von der Richtung, in der man sie mißt.

7.1 Begriffliche Einführung

Eine Funktion, deren Wert von mehr als einer Veränderlichen beeinflußt wird, kann durch eine Gleichung mit nur einer unabhängigen Variablen nicht mehr beschrieben werden. Man braucht für jede Einflußgröße eine neue unabhängige Variable, die in der Funktionsgleichung verknüpft wird. Es entsteht eine Funktion mit mehreren Veränderlichen.

Beispiel: Die Oberfläche f einer zylindrischen Konservendose hängt von der Höhe und dem Radius r der Dose ab; die Fläche des Deckels beträgt $\pi \cdot r^2$ und die des Mantels $2\pi \cdot r \cdot h$, so daß gilt:

$$f=f(r, h)=2\pi \cdot r^2+2\pi \cdot r \cdot h$$

Es entsteht eine Funktion mit den beiden Veränderlichen r und h.

Funktionen mit zwei oder allgemein mehreren Veränderlichen sollen in diesem Kapitel diskutiert werden, wobei sich die meisten Eigenschaften von Funktionen mit einer Veränderlichen relativ einfach verallgemeinern lassen. Diese Verallgemeinerungsmöglichkeit macht nicht zuletzt die Mächtigkeit des Instrumentes Mathematik aus. Auf eine nicht unwesentliche Einschränkung sei jedoch aufmerksam gemacht. Funktionen mit einer Veränderlichen lassen sich in der Zeichenebene verzerrungsfrei darstellen, so daß fast alle Eigenschaften mit Hilfe einer graphischen Abbildung illustriert werden konnten. Funktionen mit zwei Veränderlichen kann man nicht mehr verzerrungsfrei zeichnen; für ihre exakte Darstellung brauchte man den dreidimensionalen Raum. Funktionen mit mehr als zwei Veränderlichen lassen sich schließlich überhaupt nicht mehr darstellen. Daher ist ein gewisses Maß an Verallgemeinerungserfahrung und Abstraktionsvermögen nötig, um von Funktionen mit einer oder zwei Veränderlichen auf solche mit mehreren Variablen zu schließen.

Als Schreibweise empfiehlt sich die allgemeinste Form:

► $y=f(x_1, x_2, \ldots, x_n)$ ist eine *Funktion der n unabhängigen Veränderlichen* (Variablen) $x_1, x_2, \ldots, x_n$.

y ist die abhängige Veränderliche (Funktionswert).

Allerdings spricht vieles dafür, diese Schreibweise nur in den Fällen zu verwenden, in denen tatsächlich mehr als zwei unabhängige Variablen auftreten. In den meisten Fällen werden wir Funktionen mit zwei Veränderlichen diskutieren. Der besseren Übersichtlichkeit wegen wird dann auf die Indizierung der Variablen verzichtet und die allgemeine Funktionsgleichung als $z=f(x, y)$ geschrieben. Der Funktionswert ist jetzt also z, und x bzw. y sind die Variablen. Die Beschränkung auf Funktionen mit zwei Veränderlichen bedeutet keinerlei Einschränkung der Allgemeinheit. War früher eine Funktion eine **eindeutige Abbildung** von (aus) X in (auf) Y (vgl. Abschnitt 3.2), so liegt mit $y=f(x_1, x_2, \ldots, x_n)$ eine ebenfalls eindeutige Abbildung von (aus) dem Produktraum $X \times X \times \ldots \times X$ in (auf) Y vor. Wir werden als Urbildmenge ausschließlich den ***n*-dimensionalen Produktraum** $\mathbb{R}^n = \mathbb{R} \times \mathbb{R} \times \ldots \times \mathbb{R}$ betrachten. Das bedeutet, daß etwa eine Funktion mit zwei Veränderlichen eine Abbildung des $\mathbb{R}^2$ (= zweidimensionaler Vektorraum = z.B. die Zeichenebene) in (auf) $\mathbb{R}$ (= Zahlengerade) darstellt.

7.2 Darstellungsformen

Von den drei bekannten Darstellungsformen sind ohne wesentliche Einschränkungen übertragbar:

- die Funktionsgleichung
- die Wertetabelle

Für die graphische Abbildung gilt die eingangs gemachte Einschränkung auf Funktionen mit zwei Veränderlichen.

Die Funktionsgleichung

Die Funktion kann unter Angabe des Definitionsbereiches in expliziter oder impliziter Form als Gleichung geschrieben sein.

- Explizite Form

  $z=f(x,y)$ bzw. $z=z(x,y)$ für $(x,y)\in D(f)$

  $y=f(x_1,x_2,\dots,x_n)$ für $(x_1,x_2,\dots,x_n)\in D(f)$

- Implizite Form

  $g(x,y,z)=0$ für $(x,y,z)\in D(g)$

  $g(x_1,\dots,x_n,y)=0$ für $(x_1,x_2,\dots,x_n,y)\in D(g)$

Beispiele: 1. $z=x^2+\sqrt{y}$ für $(x,y)\in\mathbb{R}\times[0,4]$

2. $x^2+y^2+z^2=1$ für $(x,y,z)\in\mathbb{R}^3$

In der Praxis ist es nicht immer einfach, ökonomische Zusammenhänge, die nachweislich zwischen mehreren Variablen bestehen, in Form geschlossener Formeln zu beschreiben. Mit Hilfe ökonometrischer und varianzanalytischer – sog. multivariater – Verfahren, werden gute Approximationen angestrebt.

Die Wertetabelle

Die Wertetabelle kann uneingeschränkt verallgemeinert werden. Für jede Variable ist eine eigene Wertemenge, die sich aus dem Definitionsbereich ergibt, einzuführen. Die Gesamtzahl der möglichen Wertekombinationen aller unabhängigen Variablen erhält man durch Multiplikation der Zahlen der Einzelwerte. Deshalb ist Vorsicht geboten: Wertetabellen mehrdimensionaler Funktionen werden sehr lang!

Im folgenden Beispiel ist für eine Funktion mit zwei Veränderlichen und den angegebenen Definitionsbereichen $D_x(f)$ für die Variable x und $D_y(f)$ für die Variable y eine Wertetabelle angelegt. Obwohl nur die ganzzahligen Werte der Variablen berücksichtigt wurden, hat die Tabelle bereits neun Eintragungszeilen.

Beispiel: Für die Funktion $z=f(x, y)=x^2-2x\cdot y+4y-1$ mit den Definitionsbereichen $D_x(f)$: $0\leqq x\leqq 2$ und $D_y(f)$: $1\leqq y\leqq 3$ könnte eine Wertetabelle folgendes Aussehen besitzen.

$x\in D_x(f)$	$y\in D_y(f)$	$z=f(x,y)$	$x\in D_x(f)$	$y\in D_y(f)$	$z=f(x,y)$
0	1	3	1	3	6
0	2	7	2	1	3
0	3	11	2	2	3
1	1	2	2	3	3
1	2	4			

Tab. 7.1: Wertetabelle einer Funktion mit zwei Veränderlichen

Die graphische Darstellung

Bei der graphischen Darstellung einer Funktion wird in der Regel für jede Variable, d.h. für jede unabhängige Veränderliche und für den Funktionswert, je eine Dimension benötigt. Eine Funktion $y=f(x)$ mit einer Veränderlichen ist daher im $\mathbb{R}^2$ darstellbar, und somit als Kurve in der Ebene verzerrungsfrei zu zeichnen. Eine Funktion $z=f(x, y)$ benötigt bereits drei Dimensionen. Der Definitionsbereich wird i.allg. eine Ebene sein, z.B. die x, y-Ebene oder ein Gebiet daraus. Senkrecht dazu kann man die Funktionswerte z auftragen, so daß sich eine Fläche im $\mathbb{R}^3$ ergibt. Sie sind in der Zeichenebene i.allg. nicht mehr verzerrungsfrei zu zeichnen, obwohl sich bei geschickter Darstellung noch immer sehr anschauliche Graphen ergeben (vgl. *Abb. 7.1* bis *7.3*).

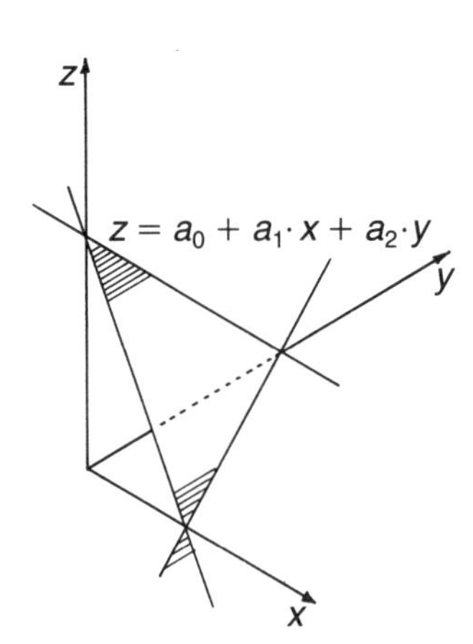

Abb. 7.1: Ebene im $\mathbb{R}^3$, dargestellt mit Hilfe ihrer Schnittgeraden mit den Koordinatenebenen

Lineare Funktionen

Unter den Funktionen mit mehreren Veränderlichen stellen die linearen Funktionen die wichtigste Klasse dar, weil sehr viele ökonomische Zusammenhänge entweder tatsächlich linear sind oder in guter Näherung als solche angesehen werden können. In linearen Funktionen sind die Variablen, die nur in erster Potenz vorkommen dürfen, ausschließlich durch Addition und Subtraktion verknüpft, d.h. man erhält in allgemeiner Schreibweise:

- Lineare Funktion mit zwei Veränderlichen:

$$z = f(x, y) = a_0 + a_1 \cdot x + a_2 \cdot y$$

- Lineare Funktion mit n Veränderlichen:

$$y = f(x_1, x_2, \ldots, x_n) = a_0 + \sum_{i=1}^{n} a_i \cdot x_i$$

Eine lineare Funktion mit zwei unabhängigen Veränderlichen stellt im $\mathbb{R}^3$ eine **Ebene** dar. Hängt die Funktion von mehr als zwei Variablen ab, so wird die Fläche als **Hyperebene** bezeichnet. Unser Vorstellungsvermögen versagt allerdings, wenn man versucht, eine Hyperebene geometrisch zu interpretieren.

In der *Abb. 7.1* ist eine Ebene im $\mathbb{R}^3$ gezeichnet, indem die **Schnittkanten** der Ebene mit den drei Koordinatenebenen eines rechtwinkligen Systems konstruiert wurden. Die Kanten ergeben sich, wenn man in der Funktionsgleichung jeweils eine der Variablen gleich null setzt:

- $x=0$ ergibt die y, z-Ebene
- $y=0$ ergibt die x, z-Ebene
- $z=0$ ergibt die x, y-Ebene

Beispiel: Die Schnittkanten der linearen Funktionen $z = 9 - 2x - y$ lauten:

$x=0 \rightarrow y$, z-Ebene: $z = 9 - y$

$y=0 \rightarrow x$, z-Ebene: $z = 9 - 2x$

$z=0 \rightarrow x$, y-Ebene: $0 = 9 - 2x - y$

Nichtlineare Funktionen

In nichtlinearen Funktionen treten einzelne unabhängige Variablen mit Exponenten ungleich eins auf, oder sie sind aus elementaren nichtlinearen Funktionen zusammengesetzt.

Beispiele: 1. $z = 9 - 3x^3 + x \cdot y + 4y^2$

2. $z = x \cdot \sin y + y \cdot \cos x$

3. $z = y + \ln x + e^{x \cdot y}$ für $x > 0$

4. $y = \sum_{i=1}^{5} x_i^2$

Funktionen mit zwei unabhängigen Veränderlichen sind Flächen im $\mathbb{R}^3$ und somit in der Zeichenebene nur noch schwer darstellbar. Am plastischsten wirkt die Darstellung meist dann, wenn die Fläche aus mehreren parallelen **Schnittkurven** aufgebaut wird, wie es z.B. in den *Abb. 7.2* und *7.3* der Fall ist.

Die Schnittkurven entstehen durch gedachte Schnitte, die im Prinzip in jeder beliebigen Schnittrichtung ausgeführt werden können. Am einfachsten sind jedoch Schnitte parallel zu den Koordinatenebenen. Die dabei entstehenden Kurven sind für nachfolgende Überlegungen von Bedeutung.

Wie zuvor bei den linearen Funktionen erhält man die Schnittkurve mit einer Koordinatenebene durch Nullsetzen jeweils einer Variablen. Die Schnittkurven mit hierzu parallelen Ebenen ergeben sich, indem man der entsprechenden Variablen einen konstanten Wert (Parameter) zuordnet:

- Schnitt parallel zur y, z-Ebene: $x = \xi$
  als Schnittkurve erhält man: $z = f(\xi, y)$
- Schnitt parallel zur x, z-Ebene: $y = \eta$
  mit der Schnittkurve: $z = f(x, \eta)$

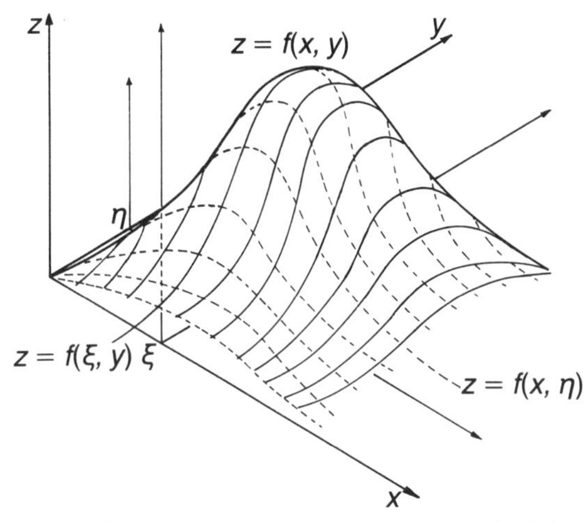

Abb. 7.2: Fläche im $\mathbb{R}^3$, dargestellt durch ihre Schnittkurven in den Schnittflächen $y = \eta$ und $x = \xi$

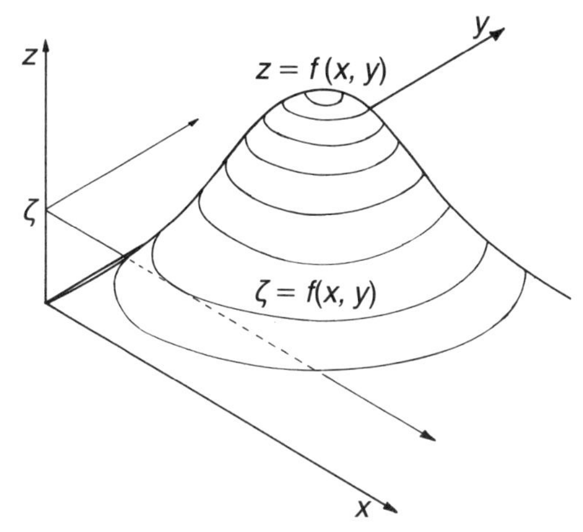

Abb. 7.3: Fläche im $\mathbb{R}^3$*, dargestellt durch ihre Schnittkurven in den Schnittflächen* $z=\zeta$

– Schnitt parallel zur x, y-Ebene: $z=\zeta$
  mit der Schnittkurve: $\zeta=f(x, y)$

Die Kurvenschar entsteht durch schrittweise Variation des Parameters.

Man beachte, daß es sich um Kurven im $\mathbb{R}^3$ handelt, es sei denn, man beschränkt sich auf eine einzige Schnittkurve, die dann natürlich im $\mathbb{R}^2$, d.h. in der Zeichenebene, exakt darstellbar ist.

▶ Die Kurven gleichen Funktionswertes bezeichnet man als *Isolinien* oder *Isoquanten.*

Sie sind von großem praktischen Nutzen, weil mit ihrer Hilfe bestimmte Eigenschaften von Flächen leichter analysiert werden können. Zwei Beispiele mögen dies belegen.

Beispiele: 1. Die Fläche in *Abb. 7.2* kann als Ertragsgebirge interpretiert werden, wenn man die unabhängigen Variablen x, y als Produktionsfaktormengen und z als Ertrag deutet. Unterstellt man, daß alle Faktorkombinationen des Definitionsbereiches möglich sind, so liegen die Kombinationen gleichen Ertrages auf den in der *Abb. 7.3* gezeichneten Kurven. Es handelt sich dann um **Isoertragslinien** oder **Ertragsisoquanten,** die auch als **Indifferenzkurven** bezeichnet werden, da sich alle x, y-Kombinationen dieser Kurve hinsichtlich des Ertrages indifferent verhalten.

2. Die *Abb. 7.4* zeigt die Isohöhenlinien einer topographischen Landkarte. Sie sind stets in äquidistanten Höhendifferenzen aufgezeichnet.

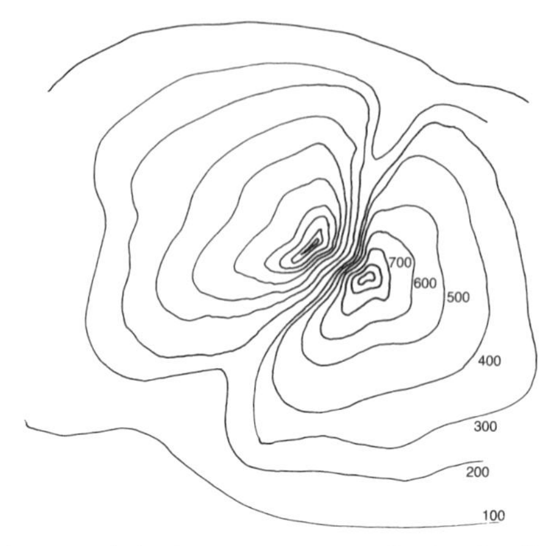

Abb. 7.4: Isohöhenlinien einer topographischen Landkarte

Der Wanderer, der eine solche Karte zu lesen versteht, erkennt am Verlauf eines eingezeichneten Weges in Relation zu den Höhenlinien, ob dieser steil oder flach ansteigt bzw. abfällt.

Im Beispiel der *Abb. 7.4* sind zwei Gipfel mit einer dazwischenliegenden Schlucht dargestellt. Der linke Gipfel ist mit über 1000 m höher als der rechte (über 900 m). Die Talsohle der Schlucht liegt zwischen 200 und 300 m, so daß die Steilabhänge ca. 600–700 m tief abfallen.

7.3 Funktionseigenschaften

In diesem Abschnitt sollen bestimmte Eigenschaften, die für Funktionen mit einer Veränderlichen galten, auf Funktionen mit mehreren Veränderlichen übertragen werden. Dies ist in den meisten Fällen problemlos möglich. Besondere Aufmerksamkeit ist angezeigt, wenn die Steigung einer Fläche zur Diskussion steht.

Nullstellen

Bei einer Fläche kann man von einer Nullstelle im engeren Sinne, d.h. von einem Punkt, nicht mehr sprechen. Jedoch läßt sich das Prinzip der Berechnung übertragen, das ein sinnvolles Ergebnis auch für Funktionen mit mehreren Veränderlichen liefert.

Um eine Nullstelle der Funktion $y=f(x)$ zu berechnen, setzt man den Funktionswert gleich null. Die Lösung $x=\xi$ der Bestimmungsgleichung $f(x)=0$ wurde als Nullstelle bezeichnet.

Auch in der Funktion $z=f(x, y)$ erhält man durch Nullsetzen des Funktionswertes eine Bestimmungsgleichung $f(x, y)=0$, nur daß diese als geometrischen Ort keinen Punkt, sondern eine Kurve beschreibt. Es handelt sich um die Schnittkurve der Fläche mit der x, y-Koordinatenebene.

Beispiel: Die Funktion $z=\sqrt{1-x^2-y^2}$ beschreibt eine Halbkugel um den Nullpunkt mit dem Radius $r=1$. Sie schneidet die x, y-Ebene in der Kurve $0=\sqrt{1-x^2-y^2}$, d.h. auf dem Kreis $x^2-y^2=1$.

Extrema

Höchste und tiefste Punkte einer Fläche kann man sich leicht als Bergspitzen und Talsohlen vorstellen. Die im Abschnitt 3.5 verwendeten Definitionen für Extrema können direkt übertragen werden, wobei lediglich der Begriff des Intervalls durch das Gebiet oder noch allgemeiner durch die ε-Umgebung ersetzt wird.

▶ Eine Funktion $z=f(x, y)$ besitzt im Punkt $(\xi, \eta)\in D(f)$ ein *Maximum* (bzw. ein *Minimum*), wenn für alle Punkte (x, y) einer ε-Umgebung $U_\varepsilon(\xi, \eta)$ des Punktes (ξ, η) gilt:

Maximum: $f(x, y)\leqq f(\xi, \eta)$ für alle $(x, y)\in U_\varepsilon(\xi, \eta)$
Minimum: $f(x, y)\geqq f(\xi, \eta)$ für alle $(x, y)\in U_\varepsilon(\xi, \eta)$

Die *Abb. 7.5* zeigt eine Funktion mit einem Maximum an der Stelle (ξ, η). Eine ε-Umgebung ist durch die Ellipse angedeutet. Die in *Abb. 7.6* dargestellte Funktion nimmt im Punkt (ξ, η) ein Minimum an.

Die Extremaleigenschaft ist nach obiger Definition eine **relative (lokale)** Punkteigenschaft. Gelten die Ungleichungen für alle Punkte $(x, y)\in D(f)$ des Definitionsbereiches, so liegt an der Stelle (ξ, η) ein **absolutes (globales)** Extremum.

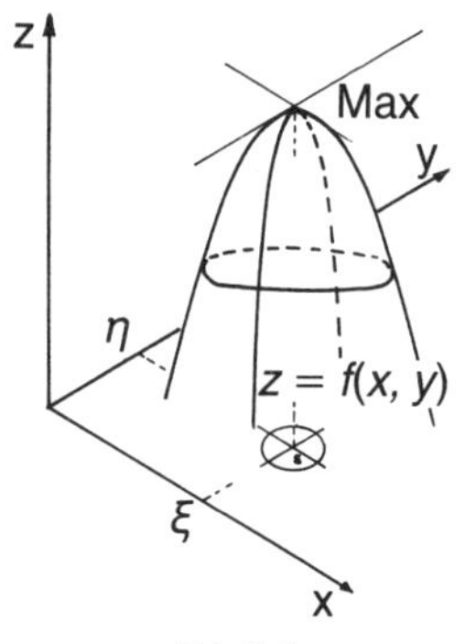

Abb. 7.5:
Maximum an der Stelle (ξ, η)

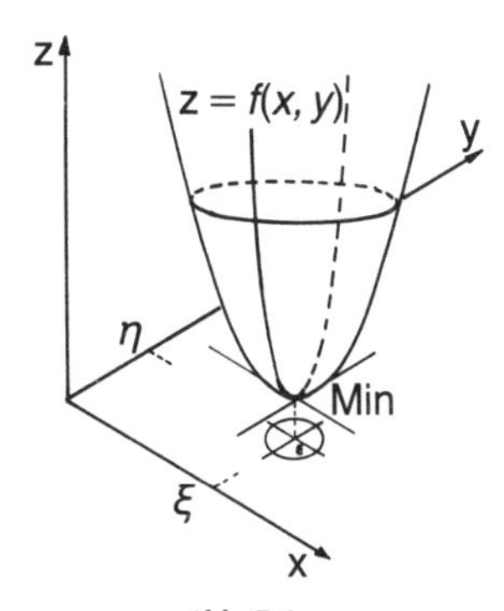

Abb. 7.6:
Minimum an der Stelle (ξ, η)

Steigung

Funktionen mit einer Veränderlichen lassen über ihre Steigung keinen Zweifel aufkommen, wenn man sich darüber verständigt, was Steigung (i.e.S.) und was Gefälle ist. Auch ihre Messung ist problemlos: als Maß gilt die Steigung der Tangente. Anders verhält es sich bei Funktionen mit mehreren Veränderlichen. Schauen Sie sich z.B. die in *Abb. 7.7* dargestellte Ebene im $\mathbb{R}^3$ an: Welche Steigung besitzt sie im Punkt P?

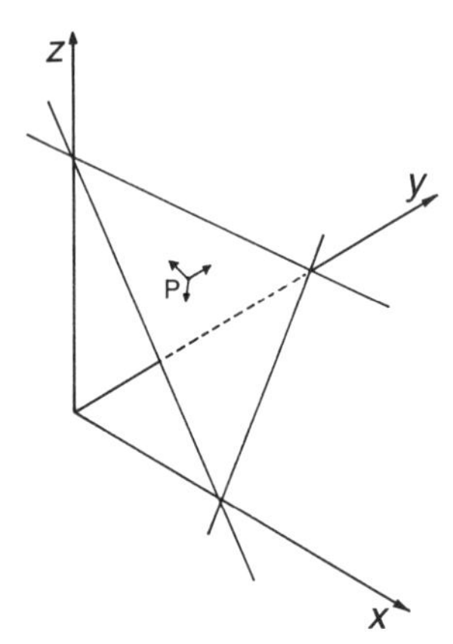

Abb. 7.7: Zur Problematik der Steigung einer Fläche

Die Situation, in der man sich im Punkt P der Ebene befindet, gleicht der eines Wanderers am Berghang. Je nachdem in welche Richtung er sieht, registriert er eine andere Steigung. Daher ist es nicht mehr ohne weiteres möglich, von der Steigung in einem Punkt zu sprechen, sondern man muß angeben, in welcher **Richtung** man die Steigung mißt.

Die Richtung wird i.allg. durch einen Pfeil (→Vektor, vgl. Teil 2: *Lineare Wirtschaftsalgebra*) festgelegt, bzw. mittels eines Schnittes durch den Punkt P. Es entsteht eine Schnittkurve, deren Steigung im Punkt P (= Steigung der Tangente) die Steigung der Fläche in der gewählten Schnittrichtung bedeutet.

▶ Die *Steigung einer Fläche* in einer definierten Richtung ist gleich der Steigung der Schnittkurve, die bei einem Schnitt in der betreffenden Richtung entsteht.

Bei der Ebene in *Abb. 7.7* ergeben sich als Schnittkurven Geraden. Ihre Steigung ist gleich dem Anstieg des Richtungspfeiles.

Die *Abb. 7.8* zeigt eine Fläche mit dem Schnitt $x=\xi$ und der Schnittkurve $z=f(\xi, y)$ bzw. dem Schnitt $y=\eta$ und der Kurve $z=f(x, \eta)$. Im Punkt (ξ, η) fällt die Fläche sowohl in Richtung der x-Achse als auch in Richtung der y-Achse. Beide Tangenten sind eingezeichnet.

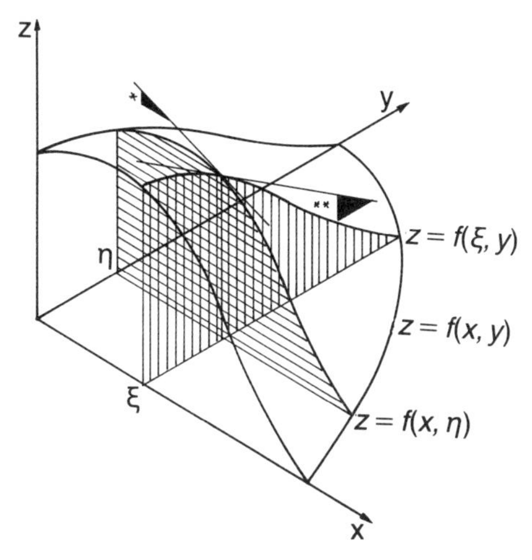

Abb. 7.8: Steigung der Fläche $z=f(x, y)$ im Punkt (ξ, η) in Richtung der x-Achse (*) und in Richtung der y-Achse (**)

Krümmung

Wir hatten im Abschnitt 3.5 im Zusammenhang mit der Krümmung die Begriffe „konvex" und „konkav" eingeführt. Es handelte sich um eine Intervalleigenschaft. Wenn wir uns nun als Definitionsbereich ein Gebiet vorstellen, so können wir die früher formulierte Definition praktisch unverändert übernehmen.

► Eine Funktion $z=f(x, y)$ heißt im Definitionsbereich $D(f)$ *konvex*, wenn für alle (ξ_1, η_1), $(\xi_2, \eta_2) \in D(f)$ gilt:

$$\begin{aligned} f(\xi, \eta) &= f(\lambda \cdot \xi_1 + (1-\lambda) \cdot \xi_2, \lambda \cdot \eta_1 + (1-\lambda) \cdot \eta_2) \\ &\leqq \lambda \cdot f(\xi_1, \eta_1) + (1-\lambda) \cdot f(\xi_2, \eta_2) \quad \text{mit } 0 \leqq \lambda \leqq 1 \end{aligned}$$

Sie heißt *streng konvex*, wenn stets das Ungleichheitszeichen gilt.

Die Definition besagt, daß bei einer konvex gekrümmten Funktion $z=f(x, y)$ die Verbindungslinie zweier beliebiger Funktionswerte $f(\xi_1, \eta_1)$ und $f(\xi_2, \eta_2)$ immer vollständig über der Funktion verläuft. In *Abb. 7.9* wurde versucht, dies graphisch zu veranschaulichen.

Die Definition der Konkavität lautet analog, wobei sich nur das Ungleichheitszeichen umkehrt. Bei einer konkav gekrümmten Funktion liegt die Verbindungslinie zweier beliebiger Funktionswerte $f(\xi_1, \eta_1)$ und $f(\xi_2, \eta_2)$ immer unterhalb der Funktionswerte. Die *Abb. 7.10* zeigt eine konkav gekrümmte Funktion.

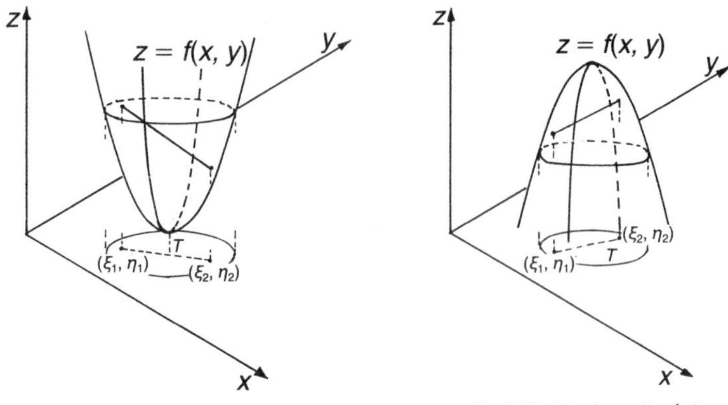

Abb. 7.9: Konvexe Funktion *Abb. 7.10: Konkave Funktion*

Grenzwert und Stetigkeit

Auch die Begriffe Grenzwert und Stetigkeit sind von den Funktionen mit einer Veränderlichen entsprechend auf Funktionen mit mehreren Veränderlichen zu übertragen (vgl. Abschnitt 4.6).

► Strebt eine Funktion $z=f(x, y)$ für $x \to \xi$ und $y \to \eta$ gegen den Wert ζ, so heißt ζ der *Grenzwert* der Funktion z an der Stelle (ξ, η) und man schreibt:

$$\zeta = \lim_{(x, y) \to (\xi, \eta)} f(x, y)$$

Der Grenzwert ist nur dann definiert, wenn der Wert ζ von der Richtung der Annäherung **unabhängig** ist, d.h. der Wert ζ immer erreicht wird, gleichgültig wie man sich der Stelle (ξ, η) nähert.

► Ergibt sich als Grenzwert der Funktionswert an der Stelle (ξ, η), d.h. ist $\zeta = f(\xi, \eta)$, so heißt die Funktion $z=f(x, y)$ an der Stelle (ξ, η) *stetig*.

Aufgaben zum Kapitel 7

Aufgabe 7.1

Gegeben sei die Funktion $z=f(x, y)$ mit zwei Variablen:

$f(x, y) = \sqrt{x^2 + y^2}$

(a) Welche geometrische Darstellung haben ihre Isoquanten (= Linien gleichen Funktionswertes)?

(b) Welche geometrische Darstellung haben die Schnittlinien senkrecht zur x- bzw. y-Achse?

(c) Skizzieren Sie die Funktionen.
(d) Besitzt die Funktion Extrema?
(e) Ist die Funktion konvex?

Beantworten Sie die Fragen (d) und (e) von der Anschauung her.

Aufgabe 7.2

Gegeben sei die Funktion $z = f(x, y)$ mit zwei Variablen:

$$f(x, y) = x^2 - y^2$$

Diskutieren Sie die Funktion analog zur *Aufgabe 7.1.*

Aufgabe 7.3

Gegeben sei die Funktion $z = f(x, y)$ mit zwei Variablen:

$$f(x, y) = \frac{1}{\sqrt{x^2 + y^2}}$$

Diskutieren Sie die Funktion analog zur *Aufgabe 7.1.*

Kapitel 8
Differentialrechnung III: Die Ableitung von Funktionen mit mehreren Veränderlichen

In den vorausgegangenen Kapiteln haben wir uns sehr intensiv mit den Kurveneigenschaften Steigung und Krümmung beschäftigt. Versucht man solche Eigenschaften auch für Flächen zu erklären, so erkennt man rasch, daß dies eindeutig nicht möglich ist, denn in jedem Punkt einer Fläche ergeben sich in der Regel verschiedene Steigungen und Krümmungen, je nachdem, für welche Flächenkurve durch den entsprechenden Punkt man sie mißt. Diese Problematik, die im ersten Abschnitt kurz erläutert wird, führt zur Berechnung einer richtungsabhängigen Steigung bzw. Krümmung und läuft formal auf die Bestimmung der **partiellen Ableitung** erster Ordnung einer Funktion mit mehreren Veränderlichen hinaus. Dies ist das Thema des Abschnitts 8.2. Entsprechend lassen sich auch partielle Ableitungen **höherer Ordnung** (Abschnitt 8.3) bestimmen, mit der Besonderheit, daß dort sogenannte gemischte partielle Ableitungen auftreten.

Im vierten Abschnitt werden das **partielle** und das **totale Differential** eingeführt. Beide sind infinitesimale Größen, wobei das totale Differential als Summe der partiellen Differentiale die Überlagerung der infinitesimalen Änderungen aller Variablen bedeutet.

Im fünften Abschnitt werden die partiellen und totalen Ableitungen an **ökonomischen Beispielen** interpretiert. Sowohl in der Volkswirtschaftslehre als auch in der Betriebswirtschaftslehre tauchen immer wieder Fragestellungen auf, die auf Funktionen mit mehreren Veränderlichen führen. Ihr Änderungsverhalten im Hinblick auf eine Veränderliche wird eben durch die partiellen Ableitungen beschrieben.

Die **Extremwertbestimmung** von Funktionen mit zwei Veränderlichen ist das Thema des sechsten Abschnitts. Ohne Schwierigkeiten erkennt man, daß in den Extrema die ersten partiellen Ableitungen notwendigerweise gleich null werden müssen. Damit kann man die Lage möglicher Extremalpunkte sehr einfach berechnen. Schwieriger ist es, allgemeingültige hinreichende Bedingungen zu formulieren. In unserem Fall, d.h. für Funktionen mit zwei Veränderlichen, lassen sie sich noch in übersichtlicher Form angeben.

Die **lineare Regression** ist eine wichtige Auswertungsmethode in der Statistik und Ökonometrie. Sie basiert auf der Minimierung der Abstandsquadrate und wird im siebten Abschnitt als Beispiel für die Extremwertbestimmung einer Funktion mit zwei Veränderlichen behandelt.

Die Praxis zeigt, daß bei der Extremwertbestimmung ökonomischer Funktionen in der Regel Beschränkungen einzuhalten sind. Sie können in Form von Nebenbedingungen formuliert und unter anderem durch Substitution oder mit Hilfe des **Multiplikatorenansatzes von *Lagrange*** berücksichtigt werden. Beide Methoden werden in Abschnitt 8.8 erläutert. Die Interpretation der *Lagrange*-Multiplikatoren ist erneut ein interessantes Beispiel für die ökonomische Marginalanalyse.

8.1 Einführung

Im Kapitel 5 war ausführlich diskutiert worden, daß die Steigung einer Funktion mit einer Veränderlichen durch deren erste Ableitung beschrieben wird. Es stellt sich nun die Frage, ob eine entsprechende erste Ableitung auch für Funktionen mit mehreren Veränderlichen existiert, und ob sie ähnlich anschaulich interpretiert werden kann.

Den Erkenntnissen des vorausgegangenen Kapitels nach kann man von der Steigung einer Fläche in einem Punkt ohne weiteres nicht mehr sprechen, weil sie nicht eindeutig ist. Es muß eine Richtung festgelegt sein, in der man die Steigung mißt. Definitionsgemäß ist dann die Steigung der Fläche gleich der Steigung der Schnittkurve in der betreffenden Richtung.

Schnitte parallel zu den Koordinatenebenen sind dadurch gekennzeichnet, daß alle bis auf eine unabhängige Veränderliche konstant sind. Die entstehende Schnittkurve ist in diesem Fall eine Funktion der einen noch übrig gebliebenen Veränderlichen, und die Steigung dieser Kurve läßt sich durch Differentiation nach der einzigen Variablen berechnen. Auf diese Weise gelangt man offenbar zu einer sinnvollen Deutung der Ableitung einer Funktion mit mehreren Veränderlichen nach einer Veränderlichen unter **Konstanthaltung** der übrigen. Man bezeichnet diese Ableitung als **partiellen Differentialquotienten.**

8.2 Partielle Ableitung erster Ordnung

Es soll nun die Steigung der Schnittkurven in einer Achsenrichtung berechnet werden. Die *Abb. 8.1* zeigt eine Funktion $z=f(x,y)$, die jeweils in x- und y-Achsenrichtung aufgeschnitten ist.

Wir betrachten die Kurve $z=f(x,\eta)$ in der Schnittebene $y=\eta$, d.h. in Richtung der x-Achse. Die Steigung dieser Kurve ist durch den Differentialquotienten

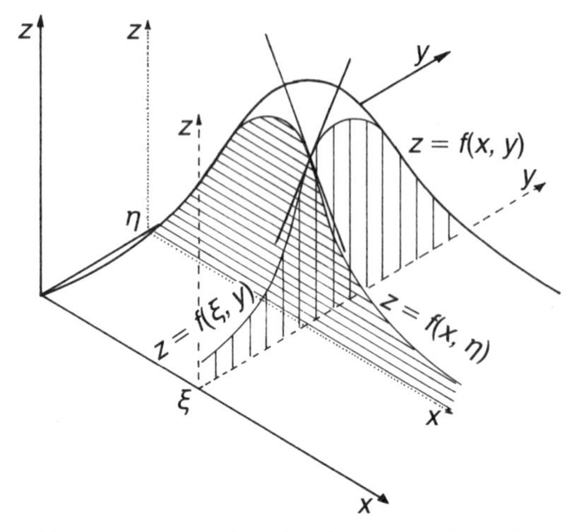

Abb. 8.1: Steigungen der Schnittkurven in Achsenrichtung

$$\frac{dz}{dx} = \frac{df(x, \eta)}{dx} = \lim_{\Delta x \to 0} \frac{f(x + \Delta x, \eta) - f(x, \eta)}{\Delta x}$$

beschrieben, d.h. Ableitung nach x unter der Bedingung $y = \eta$ konstant. Dieser Ausdruck wird als **die partielle Ableitung erster Ordnung nach der Variablen *x*** oder als **erste partielle Ableitung nach *x*** bezeichnet. Um zu kennzeichnen, daß nur nach der einen Variablen differenziert wird, während alle übrigen Variablen wie Konstante zu behandeln sind, schreibt man die Differentiale mit dem runden deutschen ∂, d.h. mit $\partial/\partial x$, und spricht ebenfalls „*d* nach dx".

▶ Die *erste partielle Ableitung* der Funktion $z = f(x, y)$ nach x lautet:

$$\frac{\partial z}{\partial x} = \frac{\partial f(x, y)}{\partial x} = \lim_{\Delta x \to 0} \frac{f(x + \Delta x, y) - f(x, y)}{\Delta x}$$

Analog kann man die erste partielle Ableitung auch nach der Variablen y bilden:

$$\frac{\partial z}{\partial y} = \frac{\partial f(x, y)}{\partial y} = \lim_{\Delta y \to 0} \frac{f(x, y + \Delta y) - f(x, y)}{\Delta y}$$

Eine der gestrichenen Kurzform angepaßte Schreibweise für die partielle Ableitung ist

$$\frac{\partial z}{\partial x} = z'_x \quad \text{bzw.} \quad \frac{\partial z}{\partial y} = z'_y,$$

wobei die Variable, nach der differenziert wird, als Index tiefgestellt wird.

▶ Hat eine Funktion $y=f(x_1, x_2, \ldots, x_n)$ n unabhängige Variablen, so wird nach der i-ten Variablen x_i *partiell differenziert,* indem nach x_i unter Konstanthaltung *aller* anderen Variablen differenziert wird:

$$\frac{\partial y}{\partial x_i}=f'_{x_i}=\lim_{\Delta x_i \to 0} \frac{f(x_1, \ldots, x_i+\Delta x_i, \ldots, x_n)-f(x_1, \ldots, x_i, \ldots, x_n)}{\Delta x_i}$$

Man beachte, daß bei n unabhängigen Variablen insgesamt n partielle Ableitungen erster Ordnung existieren.

Die partielle Differentiation einer Funktion mit mehreren Veränderlichen ist also genauso definiert, wie die bislang vertraute Differentiation. Tatsächlich gibt es auch keine Besonderheit in der Technik des Differenzierens, außer der Einschränkung, daß alle Variablen, nach denen nicht differenziert wird, als Konstante anzusehen sind. Am Beispiel einiger elementarer Funktionen sei dies verdeutlicht.

Beispiele:

1. $z=x^n \cdot y^m$ $\qquad z'_x=n \cdot x^{n-1} \cdot y^m$ $\qquad z'_y=x^n \cdot m \cdot y^{m-1}$
2. $z=e^{x \cdot y}$ $\qquad z'_x=y \cdot e^{x \cdot y}$ $\qquad z'_y=x \cdot e^{x \cdot y}$
3. $z=x \cdot \ln y$ $\qquad z'_x=\ln y$ $\qquad z'_y=\frac{x}{y}$
4. $z=\sin x \cdot \cos y$ $\qquad z'_x=\cos x \cdot \cos y$ $\qquad z'_y=-\sin x \cdot \sin y$

Wir wollen jedoch einem häufig auftretenden Mißverständnis vorbeugen, das immer wieder zu Fehlern bzw. Fehlinterpretationen führt. Wenn man die Funktion $z=f(x, y)$ partiell nach x differenziert, so wird die Variable y (allgemein: alle übrigen unabhängigen Variablen) **wie** eine Konstante behandelt; sie ist jedoch **keine** Konstante, sondern nach wie vor eine veränderliche Größe!

Das macht man sich am besten noch einmal anhand der *Abb. 8.1* klar. Die Steigung einer Kurve $z=f(x, \eta)$ kann zwar nur in einem Punkt $x=\xi$ gemessen werden, wandert man mit dem Punkt jedoch entlang der Kurve, so beschreibt die erste Ableitung die Steigung in jedem Punkt x. Das heißt, die Ableitung ist eine Funktion der Variablen x. Ebenso kann man im Hinblick auf die Variable y argumentieren. Variiert man y, so erhält man parallele Schnitte mit jeweils neuen Schnittkurven, so daß die Variable y angibt, auf welcher Kurve aus einer Kurvenschar man sich befindet. Das heißt, $\frac{\partial z}{\partial x}=\frac{\partial f(x, y)}{\partial x}$ beschreibt die Steigung der Schnittkurve im Punkt (x, y) in Richtung der x-Achse. Die partielle Ableitung ist also in jedem Punkt (x, y), in dem die Funktion differenzierbar ist, erklärt und damit i.d.R. selbst eine Funktion der beiden unabhängigen Veränderlichen x und y.

Die gleichen Argumente treffen natürlich auch für die partielle Ableitung nach y zu. An einem einfachen Beispiel sei die Bedeutung der ersten partiellen Ableitung veranschaulicht.

Beispiel: Welche Steigungen besitzt die Funktion $z = f(x, y) = 2x \cdot y - 3x^2 + 1/y$ in Richtung der x-Achse bzw. in Richtung der y-Achse?

Die erste partielle Ableitung nach x lautet:

$$\frac{\partial z}{\partial x} = f_x' = 2y - 6x$$

Man beachte, daß der Faktor $2y$ im Ausdruck $2x \cdot y$ als konstant anzusehen ist, ebenso wie $1/y$, der beim Differenzieren gleich null wird. Das Ergebnis

$$f_x' = 2y - 6x = g(x, y)$$

ist eine Funktion beider Variablen x und y.
Die erste partielle Ableitung nach y lautet:

$$\frac{\partial z}{\partial y} = f_y' = 2x - \frac{1}{y^2} = h(x, y)$$

Es ergibt sich wieder eine Funktion in x und y.

Um die Steigung der Funktion im Punkt $(x, y) = (2,1)$ zu berechnen, setzt man diese Koordinaten in die Gleichungen ein:

- Steigung in Richtung der x-Achse:

  $f_x'(2,1) = g(2,1) = -10$

- Steigung in Richtung der y-Achse:

  $f_y'(2,1) = h(2,1) = 3$

Differentiationsregeln

Aus der Definition der partiellen Ableitung kann sofort gefolgert werden, daß sämtliche Differentiationsregeln, die für Funktionen mit einer Veränderlichen gelten, uneingeschränkt übertragbar sind. Es sei jedoch noch einmal nachdrücklich wiederholt, daß die Produkt-, Quotienten- und Kettenregel nur dann angewendet zu werden brauchen, wenn die Variable, nach der differenziert wird, in beiden Faktoren eines Produktes, im Zähler und Nenner eines Quotienten oder in der inneren Funktion einer zusammengesetzten Funktion auftritt. Die Regeln werden insbesondere nicht benötigt, wenn verschiedene Variablen entsprechend verknüpft sind!

Beispiele: 1. Es sei $z = x^2 \cdot y$.
Zur partiellen Differentiation braucht die Produktregel **nicht** angewendet zu werden. Die ersten partiellen Ableitungen lauten:

$$\frac{\partial z}{\partial x} = 2x \cdot y \quad \text{und} \quad \frac{\partial z}{\partial y} = x^2$$

2. Für die partielle Differentiation der Funktion $z = y \cdot e^{x^2 + y^2}$ nach x muß die Kettenregel angewendet werden. Um die Ableitung nach y zu berechnen, muß man sowohl die Produkt- als auch die Kettenregel benutzen:

$$\frac{\partial z}{\partial x} = 2x \cdot y \cdot e^{x^2 + y^2}$$

$$\frac{\partial z}{\partial y} = e^{x^2 + y^2} + 2y^2 \cdot e^{x^2 + y^2}$$

3. Die partielle Differentiation der Funktion $z = \dfrac{e^x \cdot \sin y}{e^y \cdot \cos x}$ erfordert nur die Anwendung der Quotientenregel:

$$\frac{\partial z}{\partial x} = \frac{e^x \cdot \sin y \cdot e^y \cdot \cos x + e^y \cdot \sin x \cdot e^x \cdot \sin y}{(e^y \cdot \cos x)^2}$$

$$\frac{\partial z}{\partial y} = \frac{e^x \cdot \cos y \cdot e^y \cdot \cos x - e^y \cdot \cos x \cdot e^x \cdot \sin y}{(e^y \cdot \cos x)^2}$$

4. Die Funktion $z = \sin(x \cdot y) + y \cdot e^{-x^2}$ wird mit Hilfe der Kettenregel partiell differenziert:

$$\frac{\partial z}{\partial x} = y \cdot \cos(x \cdot y) - 2x \cdot y \cdot e^{-x^2}$$

$$\frac{\partial z}{\partial y} = x \cdot \cos(x \cdot y) + e^{-x^2}$$

Weitere Beispiele kann man sich leicht selbst konstruieren.

8.3 Partielle Ableitungen höherer Ordnung

Wie bei Funktionen mit einer Veränderlichen kann man die partielle Ableitung als Funktion noch einmal partiell differenzieren. Dies schauen wir uns zunächst an einem Beispiel an.

Beispiel: $z = f(x, y) = x^3 - 4x^2 \cdot y + 2x \cdot y^2 + \ln(x \cdot y)$

$$\frac{\partial z}{\partial x} = z'_x = 3x^2 - 8x \cdot y + 2y^2 + \frac{1}{x} = g(x, y)$$

$$\frac{\partial z}{\partial y} = z'_y = -4x^2 + 4x \cdot y + \frac{1}{y} = h(x, y)$$

Sowohl die partielle Ableitung nach x als auch die nach y kann man weiter partiell differenzieren:

$$\frac{\partial}{\partial x}\left(\frac{\partial z}{\partial x}\right) = (z'_x)'_x = \frac{\partial}{\partial x}\, g(x, y) = 6x - 8y - 1/x^2$$

$$\frac{\partial}{\partial y}\left(\frac{\partial z}{\partial y}\right) = (z'_y)'_y = \frac{\partial}{\partial y}\, h(x, y) = 4x - 1/y^2$$

Partielle Ableitungen zweiter Ordnung

Mit der Bezeichnungsweise, die von den Funktionen mit einer Veränderlichen her bekannt ist, lauten die partiellen Ableitungen zweiter Ordnung:

▶ Ist die Funktion $z = f(x, y)$ sowohl nach x als auch nach y zweimal differenzierbar, so heißen

$$\frac{\partial^2 z}{\partial x^2} = z''_{xx} \quad \text{bzw.} \quad \frac{\partial^2 z}{\partial y^2} = z''_{yy}$$

die *partiellen Ableitungen zweiter Ordnung* nach x bzw. nach y.

Als Besonderheit besteht bei Funktionen mit mehreren Veränderlichen freilich noch die Möglichkeit, die erste partielle Ableitung nach x anschließend partiell nach y zu differenzieren, bzw. umgekehrt, zuerst nach y und dann nach x abzuleiten. Für das zuletzt behandelte Beispiel gilt:

Beispiel: $z = f(x, y) = x^3 - 4x^2 \cdot y + 2x \cdot y^2 + \ln(x \cdot y)$

$$\frac{\partial}{\partial y}\left(\frac{\partial z}{\partial x}\right) = (z'_x)'_y = \frac{\partial}{\partial y}\, g(x, y) = -8x + 4y$$

$$\frac{\partial}{\partial x}\left(\frac{\partial z}{\partial y}\right) = (z'_y)'_x = \frac{\partial}{\partial x}\, h(x, y) = -8x + 4y$$

▶ Ist eine Funktion z zweimal partiell differenzierbar, so heißen die Ableitungen

$$\frac{\partial^2 z}{\partial x \partial y} = z''_{xy} \quad \text{bzw.} \quad \frac{\partial^2 z}{\partial y \partial x} = z''_{yx}$$

die *gemischten partiellen Ableitungen zweiter Ordnung.*

Die Reihenfolge, in der die unabhängigen Veränderlichen genannt werden, zeigt die Differentiationsreihenfolge an.

Am Beispiel fiel auf, daß die gemischten partiellen Ableitungen gleich waren, d.h.:

$$\frac{\partial^2 z}{\partial x \partial y} = -8x + 4y = \frac{\partial^2 z}{\partial y \partial x}$$

Das könnte zufällig sein, tatsächlich ist es jedoch für bestimmte Funktionen die Regel.

► Ist $z = f(x, y)$ zweimal partiell differenzierbar, und sind die *gemischten partiellen Ableitungen* stetig, so sind diese gleich:

$$\frac{\partial^2 z}{\partial x \partial y} = \frac{\partial^2 z}{\partial y \partial x}, \quad \text{d.h. } z''_{xy} = z''_{yx}$$

Die Reihenfolge der Differentiation ist unter den genannten Voraussetzungen bei den gemischten partiellen Ableitungen also **beliebig.**

Beispiel: $z = \sin(x \cdot y) + y \cdot e^{-x^2}$

$$\frac{\partial z}{\partial x} = z'_x = y \cdot \cos(x \cdot y) - 2x \cdot y \cdot e^{-x^2}$$

$$\frac{\partial z}{\partial y} = z'_y = x \cdot \cos(x \cdot y) + e^{-x^2}$$

$$\frac{\partial^2 z}{\partial x \partial y} = z''_{xy} = \cos(x \cdot y) - y \cdot x \cdot \sin(x \cdot y) - 2x \cdot e^{-x^2}$$

Es wurde die Produkt- und die Kettenregel angewandt.

$$\frac{\partial^2 z}{\partial y \partial x} = z''_{yx} = \cos(x \cdot y) - x \cdot y \cdot \sin(x \cdot y) - 2x \cdot e^{-x^2}$$

Auch hier wurde nach der Produkt- und nach der Kettenregel differenziert.

Es gilt also: $z''_{xy} = z''_{yx}$

Durch fortgesetztes partielles Differenzieren der Funktion $z = f(x, y)$ gelangt man zu den **Ableitungen höherer Ordnung,** unter denen dann entsprechend viele gemischte Ableitungen auftreten. Die Ableitungen dritter Ordnung sind z.B.:

$$\frac{\partial^3 z}{\partial x^3}, \quad \frac{\partial^3 z}{\partial x^2 \partial y}, \quad \frac{\partial^3 z}{\partial x \partial y^2} \quad \text{und} \quad \frac{\partial^3 z}{\partial y^3}$$

Stetigkeit vorausgesetzt, ist die Reihenfolge der Differentiation jeweils unerheblich, d.h. es gilt:

$$\frac{\partial^3 z}{\partial x^2 \partial y} = \frac{\partial^3 z}{\partial x \partial y \partial x} = \frac{\partial^3 z}{\partial y \partial x^2}$$

Interpretation der zweiten partiellen Ableitung

Konnte die erste partielle Ableitung $z'_x = \frac{\partial f(x, y)}{\partial x}$ als Steigung der Schnittkurve $y = \text{konst.}$ in Richtung der x-Achse interpretiert werden, so ist es konsequent, die zweite partielle Ableitung $z''_{xx} = \frac{\partial f(x, y)}{\partial x^2}$ als Krümmung derselben Schnittkurve zu deuten.

Da die Schnittkurve eine Funktion der einen Veränderlichen x ist, können alle bekannten Ergebnisse sinngemäß übertragen werden.

Wir können entsprechend schließen:

► Gilt $z''_{xx}(\xi, \eta) \geqq 0$, so ist die Schnittkurve in x-Richtung in dem Punkt (ξ, η) *konvex* gekrümmt.
Gilt $z''_{xx}(\xi, \eta) \leqq 0$, so ist sie *konkav*.

Diese Überlegungen werden uns helfen, im Abschnitt 8.6 Extrema von Funktionen zu identifizieren.

8.4 Partielles und totales Differential

Im Abschnitt 5.6 war der Begriff des Differentials dy einer Funktion $y = f(x)$ mit einer Veränderlichen diskutiert worden. Es bedeutet die (infinitesimal kleine) Wirkung dy der (infinitesimal kleinen) Änderung der Variable x. Der Zusammenhang zwischen Ableitung $y' = f'(x)$ und dem Differential dy ist in *Abb. 8.2* dargestellt.

Partielles Differential

Die nächste *Abb. 8.3* überträgt diese Situation auf die Schnittkurven einer Funktion $z = f(x, y)$ mit zwei Veränderlichen. Die Schnittkurve in x-Richtung besitzt die Steigung $\frac{\partial z}{\partial x} = f'_x$. Eine Auslenkung der Variablen x um den Betrag dx hat auf der Schnittkurve in x-Richtung die Funktionsänderung $dz_x = f'_x \cdot dx$ zur Folge.

Dem Prinzip der partiellen Betrachtung folgend, bezeichnet man diese infinitesimale Größe als das **partielle Differential** nach der Variablen x.

Es gibt ein entsprechendes partielles Differential nach der Variablen y $dz_y = f'_y \cdot dy$.

► Für die allgemeine Funktion $y = f(x_1, \ldots, x_i, \ldots, x_n)$ lautet das *partielle Differential* nach der Variablen x_i:

$$dy_{x_i} = \frac{\partial f}{\partial x_i} \cdot dx_i$$

Totales Differential

Die letzte *Abb. 8.4* verdeutlicht schließlich die Wirkung der **gleichzeitigen Änderung** beider Variablen x und y um die Beträge dx und dy. Man erkennt, daß sich die partiellen Differentiale gerade addieren, so daß die Gesamtänderung

$$dz = dz_x + dz_y = f_x' \cdot dx + f_y' \cdot dy = \frac{\partial f}{\partial x} \cdot dx + \frac{\partial f}{\partial y} \cdot dy$$

beträgt. Man bezeichnet diese infinitesimale Größe als das **totale Differential** der Funktion $z = f(x, y)$.

▶ Das *totale Differential* der Funktion $y = f(x_1, x_2, \ldots, x_n)$ lautet:

$$dy = \frac{\partial f}{\partial x_1} \cdot dx_1 + \frac{\partial f}{\partial x_2} \cdot dx_2 + \ldots + \frac{\partial f}{\partial x_n} \cdot dx_n = \sum_{i=1}^{n} \frac{\partial f}{\partial x_i} \cdot dx_i$$

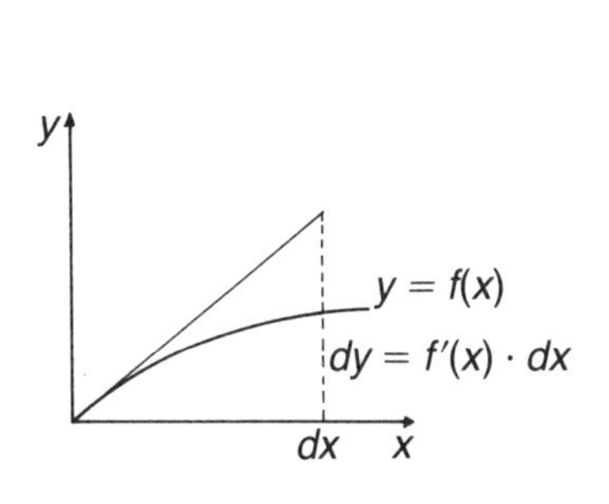

Abb. 8.2:
Differential dy der Funktion $y = f(x)$ mit einer Veränderlichen x

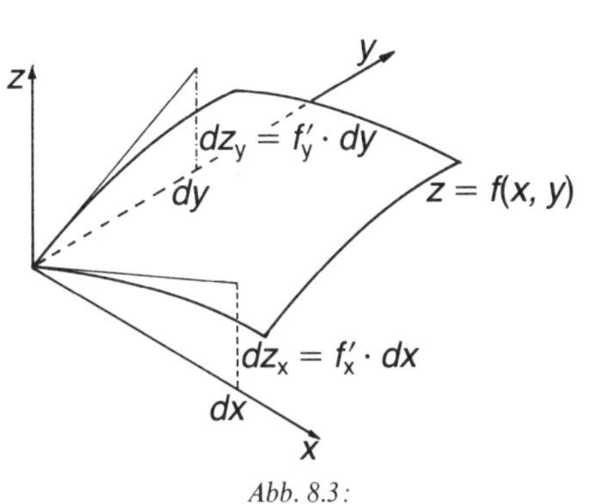

Abb. 8.3:
Partielle Differentiale dz_x und dz_y der Funktion $z = f(x, y)$ mit zwei Veränderlichen in Richtung der x-Achse bzw. in Richtung der y-Achse

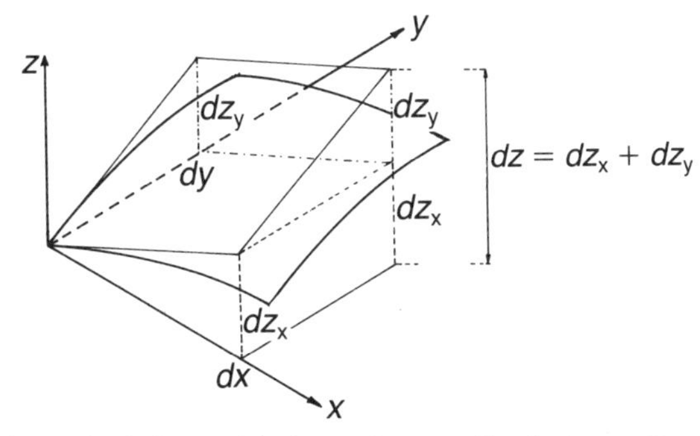

Abb. 8.4: Totales Differential dz der Funktion $z = f(x, y)$ mit zwei Veränderlichen

Differentiation impliziter Funktionen

Will man die erste Ableitung einer impliziten Funktion $f(x, y)=0$ an einer bestimmten Stelle $x=\xi$ berechnen, so bietet sich als ein Weg die Auflösung der Gleichung nach y und die anschließende Differentiation nach x an. Schließlich wird $x=\xi$ in die erste Ableitung eingesetzt.

Dieser Weg ist allerdings nicht immer beschreitbar, z.B. dann nicht, wenn sich die Gleichung nicht nach der abhängigen Veränderlichen auflösen läßt, wie etwa die Gleichung $x^3+y^3+x^2 \cdot y+y^2 \cdot x+x^2+y=0$. Wie aber läßt sich die Steigung dieser Funktion ermitteln?

Alternativ kann man in der impliziten Funktion $f(x, y)=0$ fiktiv $z=f(x, y)=0$ setzen und das totale Differential bestimmen:

$$dz=\frac{\partial f}{\partial x} \cdot dx+\frac{\partial f}{\partial y} \cdot dy$$

Als Ableitung $\frac{dz}{dx}$ erhält man folglich:

$$\frac{dz}{dx}=\frac{\partial f}{\partial x}+\frac{\partial f}{\partial y} \cdot \frac{dy}{dx}=0,$$

weil z konstant ist. Aufgelöst nach $\frac{dy}{dx}$ ergibt sich der Differentialquotient.

Wir fassen dieses Ergebnis zusammen:

► Sei $f(x, y)=0$ eine implizite Funktion und $f_y' \neq 0$. Dann gilt:

$$\frac{dy}{dx}=-\frac{\partial f / \partial x}{\partial f / \partial y}=-\frac{f_x'}{f_y'}$$

Es ist allerdings anzumerken, daß sich der Differentialquotient zwar in dieser Art berechnen läßt, daß das Ergebnis aber auch wieder in impliziter Form $y'=y'(x, y)$ vorliegt und nicht etwa in der gewohnten Form $y'=g(x)$.

Beispiel: Man bestimme die Steigung der Funktion y an der Stelle $x=1$. Die Funktion liege in impliziter Form

$$f(x, y)=x^3+y^3+x^2 \cdot y+y^2 \cdot x+x^2+y=0$$

vor.

Setzt man $x=1$ in die Gleichung ein, so ergibt sich als Funktionsgleichung:

$$y^3+y^2+2y+2=0$$

Die Lösung $y = -1$ ist leicht zu erraten, und man erkennt nach dem Ausklammern:

$$(y^2+2) \cdot (y+1) = 0,$$

daß die anderen beiden Wurzeln imaginär sind. Der einzige reelle Funktionswert an der Stelle $x=1$ ist also $y=-1$. Die partiellen Ableitungen lauten:

$$\frac{\partial f}{\partial x} = 3x^2 + 2x \cdot y + y^2 + 2x \quad \text{und} \quad \frac{\partial f}{\partial y} = 3y^2 + x^2 + 2x \cdot y + 1$$

Als Differentialquotienten erhält man:

$$\frac{dy}{dx} = -\frac{3x^2 + 2x \cdot y + y^2 + 2x}{3y^2 + x^2 + 2x \cdot y + 1}$$

An der Stelle $(x, y) = (1, -1)$ ergibt sich so die gesuchte Lösung:

$$\left.\frac{dy}{dx}\right|_{x=1} = -4/3$$

Differentiation parameterabhängiger Funktionen

Es kommt recht häufig vor, daß die unabhängigen Variablen selbst Funktionen bestimmter Parameter sind, z.B. Funktionen der Zeit t. Das bedeutet, daß neben der Relation $z = f(x, y)$ noch die Zeitabhängigkeiten $x = x(t)$ und $y = y(t)$ zu berücksichtigen sind. Bewegungsgleichungen werden beispielsweise häufig in dieser Form angegeben.

Setzt man die Parameterdarstellung in die Funktion $z = f(x, y)$ ein, so erkennt man, daß damit natürlich auch $z = f(x(t), y(t))$ eine Funktion des Parameters t ist. Interessiert man sich nun für die **Änderungsrate** der Größe z in Abhängigkeit des Parameters t, so läßt sich diese mit Hilfe des totalen Differentials berechnen. Es ist:

$$dz = \frac{\partial f}{\partial x} \cdot dx + \frac{\partial f}{\partial y} \cdot dy$$

Dividiert man durch die kleine Größe dt, die ungleich null ist, so folgt:

$$\frac{dz}{dt} = \frac{\partial f}{\partial x} \cdot \frac{dx}{dt} + \frac{\partial f}{\partial y} \cdot \frac{dy}{dt}$$

Dies ist, wie man unschwer erkennt, nichts anderes als die Kettenregel.

▶ Sind in der Funktion $z = f(x, y)$ die Variablen selbst Funktionen eines Parameters t, $x = x(t)$ und $y = y(t)$, dann lautet die erste Ableitung der Funktion z nach dem Parameter t:

$$\frac{dz}{dt}=\frac{\partial f}{\partial x}\cdot\frac{dx}{dt}+\frac{\partial f}{\partial y}\cdot\frac{dy}{dt}$$

Beispiel: Berechne für die Funktion $z=f(x,y)=x\cdot y+x^2+y$ mit $x=\sin t$ und $y=\cos t$ die erste Ableitung dz/dt.

Es sind:

$$\frac{\partial f}{\partial x}=y+2x \qquad \frac{dx}{dt}=\cos t$$

$$\frac{\partial f}{\partial y}=x+1 \qquad \frac{dy}{dt}=-\sin t$$

Folglich gilt:

$$\begin{aligned}\frac{dz}{dt}&=(y+2x)\cdot\cos t-(x+1)\cdot\sin t\\&=\cos^2 t-\sin^2 t+2\sin t\cdot\cos t-\sin t\end{aligned}$$

Zu dem gleichen Ergebnis gelangt man durch Einsetzen der Parameterdarstellung und Differentiation nach t.

8.5 Ökonomische Anwendungen

Über die Relevanz von Funktionen mit mehreren Veränderlichen im Bereich der Wirtschaftswissenschaften (sowohl der Theorie als auch der Praxis!) braucht man nicht zu diskutieren. Der univariable Fall stellt sicher eher die Ausnahme dar; in der Regel muß man davon ausgehen, daß die entsprechenden Funktionen von mehreren Veränderlichen abhängen. Daher soll in diesem Abschnitt nicht über die Funktionen selbst diskutiert werden, sondern über die Interpretationsmöglichkeiten, die die partielle Ableitung, das partielle und das totale Differential bieten. Als Beispiel wählen wir eine Produktionsfunktion mit zwei sich substitutional verhaltenden Faktoren, die bereits im Abschnitt 6.4 diskutiert wurde.

Partielle Grenzerträge

Die *Abb. 8.5* zeigt ein Ertragsgebirge. Der Ertrag (Produkt, Output) ist eine Funktion der beiden Faktoren r_1 und r_2, d.h. eine Produktionsfunktion $x=f(r_1,r_2)$. Um die Frage zu beantworten, welcher Ertragsanteil jedem der beiden beteiligten Faktoren in einem bestimmten Punkt zuzurechnen ist, bietet es sich an, den einen Faktor konstant zu halten und den Einfluß des anderen durch Variation zu messen.

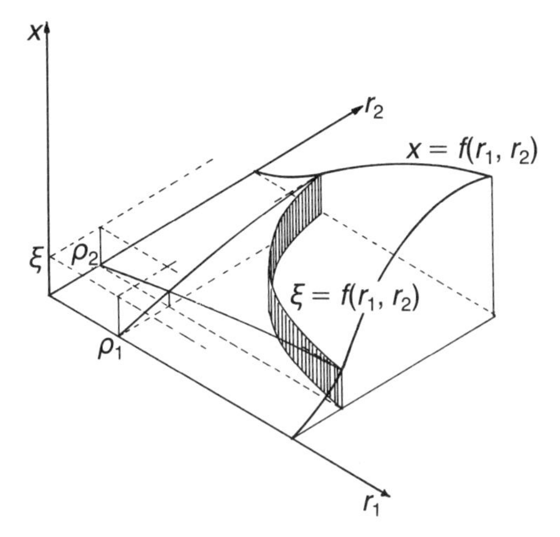

Abb. 8.5: Ertragsgebirge mit Kurve gleichen Ertrags $\xi = f(r_1, r_2)$ (Indifferenzkurve)

Setzt man beispielsweise $r_2 = \varrho_2$ (konstant), so ergibt sich aus der Produktionsfunktion $x = f(r_1, \varrho_2)$.

Die Veränderung des Ertrages bei Variation des Faktors r_1 und Konstanz des Faktors r_2 ist dann natürlich gleich der partiellen Ableitung der Produktionsfunktion:

$$\frac{\partial x}{\partial r_1} = \left.\frac{dx}{dr_1}\right|_{r_2 = \text{konstant}}$$

Die Größen werden als die **partiellen Grenzerträge** bezeichnet.

Totale Ertragsänderung

Bei gleichzeitiger Variation beider Faktoren um infinitesimale Beträge dr_1 und dr_2 wird sich der Ertrag gemäß dem totalen Differential ändern, d.h.:

$$dx = \frac{\partial x}{\partial r_1} \cdot dr_1 + \frac{\partial x}{\partial r_2} \cdot dr_2$$

In der *Abb. 8.5* ist ein Schnitt in Höhe des Ertrages $x = \xi$ eingezeichnet. Die Schnittkurve $\xi = f(r_1, r_2)$ ist als Kurve konstanten Ertrages (Indifferenzkurve, vgl. *Abb. 6.17*) eine Ertragsisoquante. Entlang dieser Kurve ändert sich trotz Faktorvariation der Ertrag nicht, d.h. es ist $dx = 0$, und man erhält:

$$\frac{\partial x}{\partial r_1} \cdot dr_1 + \frac{\partial x}{\partial r_2} \cdot dr_2 = 0$$

bzw.:

$$\frac{dr_2}{dr_1} = -\frac{\partial x}{\partial r_1} \bigg/ \frac{\partial x}{\partial r_2}$$

Die Projektion der Indifferenzkurve in die r_1, r_2-Ebene ergibt dort die Abhängigkeit des Faktors r_2 vom Faktor r_1 bei festem Ertrag, d.h. die Funktionsgleichung $r_2 = f(r_1, \xi)$. ξ ist hier als Parameter zu sehen. Eine dieser Kurven ist in *Abb. 6.17* dargestellt.

Eine naheliegende Fragestellung ist nun die folgende: Um wieviel muß man den einen Faktor (z.B. r_2) ändern, um bei Variation des anderen Faktors (hier r_1) wieder den gleichen Ertrag (ξ) zu erzielen? Man bezeichnet die Größe als **Grenzrate der Substitution** bzw. als **Substitutionsrate.**[1]

Will man die Änderung von r_2 in Abhängigkeit von r_1 messen, so bestimmt man den Differentialquotienten $\frac{dr_2}{dr_1}$. Im Beispiel wird die Funktion $r_2 = f(r_1, \xi)$ fallen, so daß die Ableitung negativ ist. Man definiert daher

$$r_{21} = -\frac{dr_2}{dr_1}$$

als Substitutionsrate und erhält mit

$$r_{21} = \frac{\partial x}{\partial r_1} \bigg/ \frac{\partial x}{\partial r_2}$$

das bekannte Ergebnis der Produktionstheorie, daß die Grenzrate der Substitution des Faktors r_2 durch den Faktor r_1 gleich dem umgekehrten Verhältnis ihrer Grenzerträge ist.

Minimalkostenkombination

Wir wenden uns noch einmal dem Problem zu, auf der Ertragsisoquanten diejenige Faktorkombination zu bestimmen, die bei konstanten Faktorpreisen p_1 und p_2 zum Gesamtkostenminimum führt.

Die Gesamtkosten $k = p_1 \cdot r_1 + p_2 \cdot r_2$ sind für einen bestimmten Ertrag minimal, wenn die Kostengerade die zugehörige Ertragsisoquante gerade tangiert (vgl. *Abb. 6.17*). Die Geradengleichung lautet dann (vgl. *Abb. 8.6*):

$$k_{\min} = p_1 \cdot r_1 + p_2 \cdot r_2 \quad \text{bzw.} \quad r_2 = \frac{k_{\min}}{p_2} - \frac{p_1}{p_2} \cdot r_1$$

---

[1] Man vergleiche hierzu die Ausführungen zur Marginalanalyse im Abschnitt 6.2.

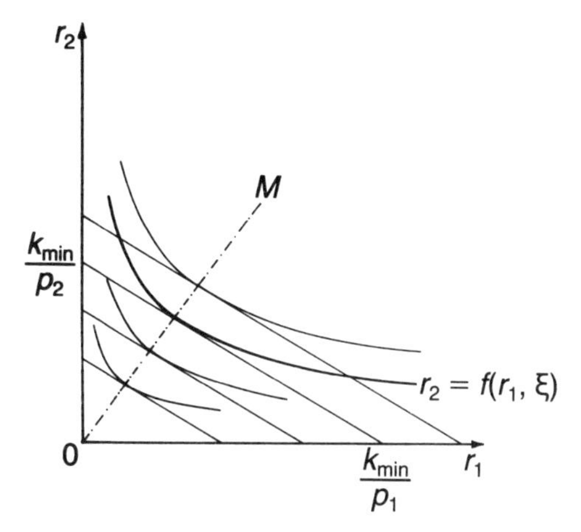

Abb. 8.6: Isoertragslinien mit Tangentialpunkten der Minimalkostenkombination und Minimalkostenlinie

Die Steigung einer bestimmten Tangente (z.B. an die gezeichnete Isoquante) ist:

$$\frac{dr_2}{dr_1} = -\frac{p_1}{p_2}$$

In dem Berührungspunkt **(=Minimalkostenkombination)** ist sie gleich der Steigung der Kurve, d.h. ihrer Substitutionsrate. Zusammen mit den Ergebnissen des vorangegangenen Abschnittes erhält man:

$$r_{21} = -\frac{dr_2}{dr_1} = \frac{p_1}{p_2} = \frac{\partial x}{\partial r_1} \Big/ \frac{\partial x}{\partial r_2}$$

Die Minimalkostenkombination ist also dann erreicht, wenn sich die Grenzerträge der beteiligten Faktoren verhalten wie ihre Preise.

Auch dieses Ergebnis ist aus der Produktionstheorie wohlbekannt.

8.6 Extremwertbestimmung bei Funktionen mit zwei Veränderlichen

Im Abschnitt 7.3 haben wir als definierende Eigenschaft von Extrema erkannt, daß in der Umgebung der Funktionswert entweder kleiner (→ Maximum) oder größer (→ Minimum) ist als an der betrachteten Stelle. Diese Definition ist eindeutig und verallgemeinerbar, und sie ist vom theoretischen Standpunkt her zweckmäßig. Jedoch ist sie nicht sehr hilfreich, um die Extremwerte zu berechnen. Erst die Differentialrechnung stellt, ähnlich wie bei den Funktionen mit einer Veränderlichen, **notwendige und hinreichende Bedingungen** zur Verfügung, mit deren Hilfe Extrema identifiziert werden können.

Notwendige Bedingungen

Die *Abb. 8.7* zeigt eine Fläche $z = f(x, y)$ mit einem Maximum.

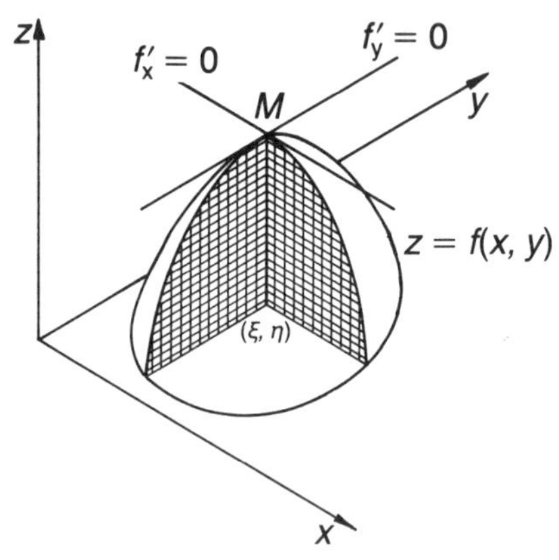

Abb. 8.7: Extremwert M mit horizontalen Tangenten

Ohne Schwierigkeiten kann man sich nun vorstellen, daß eine Tangentialebene, die die Fläche im Maximalpunkt M berührt, parallel zur x, y-Ebene liegen muß. Das heißt, jede Gerade in dieser Tangentialebene verläuft horizontal mit dem Steigmaß gleich null. Da je zwei sich schneidende Geraden die Ebene eindeutig bestimmen, genügt es, als aufspannende Geraden die beiden Tangenten an die Schnittkurven in x- und in y-Richtung zu betrachten. Sie haben ebenfalls das Steigmaß null, so daß im Maximum die **partiellen Ableitungen** in Richtung der x-Achse und der y-Achse gleich null sein müssen. Wäre das nicht der Fall, d.h. hätten die Tangenten eine Steigung ungleich null, so könnte in dem Punkt kein Maximum vorliegen. Die Bedingung ist also notwendig.

Für ein Minimum gelten im Prinzip die gleichen Überlegungen.

▶ In einem Extrempunkt (ξ, η) der Funktion $z = f(x, y)$ sind *notwendigerweise* die ersten partiellen Ableitungen gleich null:

$$\left.\frac{\partial f}{\partial x}\right|_{\xi,\eta} = f_x'(\xi, \eta) = 0 \quad \text{und} \quad \left.\frac{\partial f}{\partial y}\right|_{\xi,\eta} = f_y'(\xi, \eta) = 0$$

Um also umgekehrt die Extremwerte zu bestimmen, berechnet man für die Funktion $f(x, y)$ mit zwei Veränderlichen die Lösungen des Gleichungssystems:

$f'_x(x, y) = 0$

$f'_y(x, y) = 0$

Die Lösungen seien die Punkte (ξ_i, η_i), die als **kritische Punkte** bezeichnet werden.

Im Falle einer Funktion $f(x_1, x_2, \ldots, x_n)$ mit n Veränderlichen ergeben sich durch die ersten partiellen Ableitungen genau n notwendige Bedingungen:

$$f'_{x_i} = 0 \qquad \text{für } i = 1, 2, \ldots, n$$

Jede Lösung $(\xi_1, \xi_2, \ldots, \xi_n)$ dieses Gleichungssystems stellt wieder einen kritischen Punkt dar.

Hat man die kritischen Punkte bestimmt, so stellt sich die Frage, ob an diesen Stellen auch tatsächlich Extrema vorliegen, d.h. ob die obigen Bedingungen auch hinreichend sind. An zwei Gegenbeispielen läßt sich zeigen, daß durchaus Flächenpunkte existieren können, in denen die partiellen Ableitungen gleich null sind, ohne daß Extrema vorliegen.

Die beiden Flächen in *Abb. 8.8* und *Abb. 8.9* sind Gegenbeispiele dafür, weshalb das Verschwinden der partiellen Ableitungen (→horizontale Tangenten an die Schnittkurven) keine **hinreichende**, sondern nur eine **notwendige** Bedingung für Extrema ist. Im sog. Sattelpunkt der *Abb. 8.8* hat die Schnittkurve in x-Achsenrichtung ein Minimum, während sich beim Schnitt in y-Achsenrichtung ein Maximum ergibt. Der „Bergrücken“ in *Abb. 8.9* hat in x-Achsenrichtung einen Wendepunkt mit horizontaler Tangente und in y-Achsenrichtung ein Maximum.

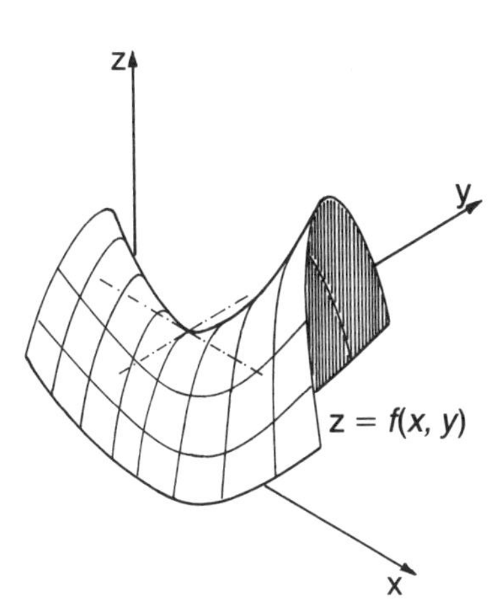

Abb. 8.8:
Sattelfläche mit horizontalen Tangenten im Sattelpunkt

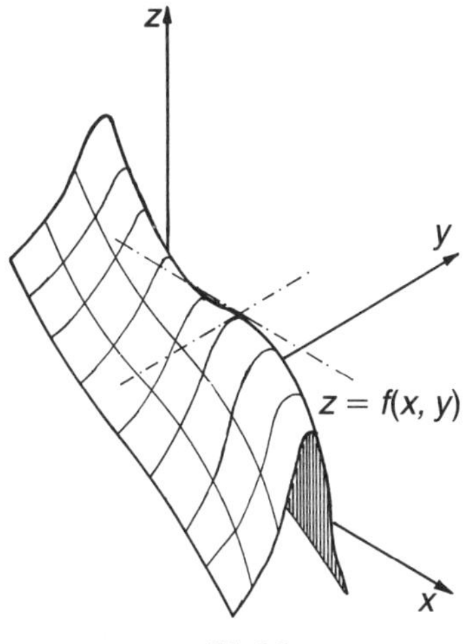

Abb. 8.9:
Waagrechter Bergrücken mit horizontalen Tangenten in beiden Achsenrichtungen

Hinreichende Bedingungen

Für Funktionen mit einer Variablen entscheidet das Vorzeichen der 2. Ableitung über die Krümmung im kritischen Punkt und damit den Typ des Extremums. Aus ähnlichem Grund gibt für Funktionen mit mehreren Variablen das Vorzeichen des **2. totalen Differentials** (totales Differential 2. Ordnung) Auskunft über die Krümmung. Man erhält es, indem man das totale Differential 1. Ordnung noch einmal total differenziert. Für die Funktion mit zwei Variablen $z=f(x,y)$ ergibt sich z.B. mit $dz=f_x' \cdot dx+f_y' \cdot dy$:

$$d(dz)=\frac{\partial}{\partial x}(f_x' \cdot dx+f_y' \cdot dy) \cdot dx+\frac{\partial}{\partial x}(f_x' \cdot dx+f_y' \cdot dy) \cdot dy$$

$$d^2z=f_{xx}'' \cdot (dx)^2+2f_{xy}'' \cdot dx \cdot dy+f_{yy}'' \cdot (dx)^2.$$

In Abhängigkeit der Differentiale dx und dy stellt das 2. totale Differential eine **quadratische Form** dar. Falls sie unabhängig von dx und dy stets dasselbe Vorzeichen hat, nennt man sie **definit**. Insbesondere heißt sie **positiv definit**, wenn

$$D(x,y)=\frac{\partial^2 f}{\partial x^2} \cdot \frac{\partial^2 f}{\partial y^2}-\left(\frac{\partial^2 f}{\partial x\, \partial y}\right)^2=f_{xx}'' \cdot f_{yy}''-(f_{xy}'')^2>0 \quad \text{und} \quad f_{xx}''>0,$$

und **negativ definit**, wenn

$$D(x,y)=\frac{\partial^2 f}{\partial x^2} \cdot \frac{\partial^2 f}{\partial y^2}-\left(\frac{\partial^2 f}{\partial x\, \partial y}\right)^2=f_{xx}'' \cdot f_{yy}''-(f_{xy}'')^2>0 \quad \text{und} \quad f_{xx}''<0 \text{ gilt.}$$

Der Ausdruck $D(x,y)=f_{xx}'' \cdot f_{yy}''-(f_{xy}'')^2$ wird als ***Hesse*sche Determinante**[2] bezeichnet.

Wir setzen voraus, daß im Punkt $D(\xi,\eta)$ die ersten partiellen Ableitungen gleich null sind. Die Determinante $D(\xi,\eta)$ wird an dieser Stelle bestimmt, und auf der Basis ihres Vorzeichens kann wie folgt entschieden werden:

▶ Im Punkt (ξ,η) liegt ein
- *Maximum*, falls $D(\xi,\eta)>0$ und $f_{xx}''|_{\xi,\eta}<0$ ist, ein
- *Minimum*, falls $D(\xi,\eta)>0$ und $f_{xx}''|_{\xi,\eta}>0$ ist und ein
- *Sattelpunkt*, falls $D(\xi,\eta)<0$ gilt.

Für $D(\xi,\eta)=0$ ist eine Entscheidung ohne weitere Rechnung nicht möglich.

Ähnlich wie die schematische Darstellung der Kurvendiskussion im Abschnitt 6.3 sind die einzelnen Schritte zur Berechnung von Extrema und Sattelpunkten bei Funktionen mit zwei Veränderlichen in nachstehendem Berechnungsschema zusammengefaßt.

---

[2] Quadratische Formen, Definitheit und Determinanten werden im Band 2, Lineare Wirtschaftsalgebra, behandelt.

Berechnungsschema für Extrema und Sattelpunkte

Gesucht sind die Extrema und Sattelpunkte der Funktion $z=f(x, y)$.

Schritt 1: Nullstellen der ersten partiellen Ableitungen

Berechne f'_x und f'_y und löse das Gleichungssystem der notwendigen Bedingungen:

$f'_x=0$

$f'_y=0$

Die kritischen Punkte seien (ξ_i, η_i) für $i=1,2,\ldots$

Schritt 2: Zweite partielle Ableitungen und *Hesse*sche Determinante

Berechne f''_{xx}, f''_{yy} und f''_{xy} sowie $D(x, y)=f''_{xx}\cdot f''_{yy}-(f''_{xy})^2$.

Setze in die Determinante $D(x, y)$ alle Lösungen des Gleichungssystems aus Schritt 1 ein:

$D(\xi_i, \eta_i)=f''_{xx}\cdot f''_{yy}-(f''_{xy})^2|_{\xi_i, \eta_i}$

Entscheide nach dem Vorzeichen von $D(\xi_i, \eta_i)$:

$D(\xi_i, \eta_i)>0 \rightarrow$ Entscheidung unter Schritt 3

$D(\xi_i, \eta_i)<0 \rightarrow$ Sattelpunkt an der Stelle (ξ_i, η_i)

$D(\xi_i, \eta_i)=0 \rightarrow$ keine Entscheidung möglich

Schritt 3: Entscheidung über Art des Extremums

Bestimme an den Stellen mit $D(\xi_i, \eta_i)>0$ das Vorzeichen von $f''_{xx}|_{\xi_i, \eta_i}$:

$f''_{xx}(\xi_i, \eta_i)>0 \rightarrow$ Minimum an der Stelle (ξ_i, η_i)

$f''_{xx}(\xi_i, \eta_i)<0 \rightarrow$ Maximum an der Stelle (ξ_i, η_i)

Beispiel: Gesucht sind die Extrema und Sattelpunkte der Funktion:

$z=f(x, y)=x^3-12x\cdot y+6y^2$

Folgt man dem vorstehenden Berechnungsschema, so erhält man:

Schritt 1: Nullstellen der ersten partiellen Ableitungen

$f'_x=3x^2-12y=0$

$f'_y=-12x+12y=0$

Die zweite Bedingung ergibt $y=x$, so daß aus der ersten Gleichung $3x^2-12x=0$ folgt, deren Lösungen $x=0$ und $x=4$ lauten.

An den Stellen $(x, y)=(0,0)$ und $(x, y)=(4,4)$ sind also die notwendigen Bedingungen erfüllt.

Schritt 2: Zweite partielle Ableitungen und *Hesse*sche Determinante

Es sind $f''_{xx}=6x$, $f''_{yy}=12$ und $f''_{xy}=-12$, das heißt

$D(x, y)=f''_{xx}\cdot f''_{yy}-(f''_{xy})^2=72x-144.$

An der Stelle (0,0) liegt wegen $D(0,0)=-144<0$ ein Sattelpunkt.

Da $D(4,4)=144>0$ ist, muß man für $(x,y)=(4,4)$ die Entscheidung in Schritt 3 suchen.

Schritt 3: Entscheidung über Art des Extremums

An der Stelle (4, 4) gilt

$f''_{xx}|_{4,4}=6x|_{4,4}=24>0,$

so daß die Funktion an der Stelle $(x,y)=(4,4)$ ein Minimum besitzt.

8.7 Lineare Regression

Im Abschnitt 3.6.1 hatten wir als eine wichtige Auswertungsmethode die Anpassung mathematischer Funktionen, insbesondere Polynome, an empirisch gewonnene Daten erwähnt. Große praktische Bedeutung besitzt dabei die Anpassung durch eine Gerade, d.h. eine lineare Gleichung, eine Methode, die allgemein als **lineare Regression** bezeichnet wird. Als Anpassungsprinzip wird dabei die **Methode der kleinsten Quadrate** benutzt, das ist eine von *C.F. Gauß*[3] entwickelte Form der Fehlerquadratminimierung, die die beste Anpassung in dem Sinne darstellt, daß ihre statistische Varianz kleiner ist als die jeder anderen linearen Anpassung. Die Anwendung des Prinzips der kleinsten Quadrate ist eine Minimierungsaufgabe, die wir als Beispiel für die Anwendung der Differentialrechnung heranziehen und ihrer großen Bedeutung wegen ausführlich darstellen.

Lineare Anpassung

Wir nehmen an, der Einfluß der Größe x auf eine Zielgröße y wurde experimentell ermittelt. Die Beobachtungswerte von zwölf verschiedenen Messungen wurden registriert, z.B. in Form einer Wertetabelle wie in *Tab. 8.1*.

Anpassung bedeutet, die Abhängigkeit der Zielgröße y von dem Merkmal x in Form einer Funktion auszudrücken, die den Zusam-

[3] Vergleiche die Fußnote im Abschnitt 3.6.1.

Perioden i	1	2	3	4	5	6	7	8	9	10	11	12
Merkmal x	48	56	69	64	60	42	40	54	65	72	83	51
Zielgröße y	74	86	96	90	93	68	58	75	103	110	106	80

Tab. 8.1: Meßwerte des Einflusses des Merkmals x auf die Zielgröße y

menhang beider Größen möglichst genau wiedergibt. Falls die Approximation durch eine lineare Funktion vorgenommen werden kann, im Falle zweier Merkmale also durch eine Gerade, dann spricht man von linearer Anpassung. Wird die Anpassung mit Hilfe des Prinzips der kleinsten Quadrate vorgenommen, so heißt das Verfahren lineare Regression.

Um sich zunächst Klarheit über den Zusammenhang zweier Größen zu verschaffen, kann man die Wertepaare als Punkte der Zahlenebene darstellen, wodurch sich ein der *Abb. 8.10* entsprechendes **Streuungsdiagramm** ergibt.

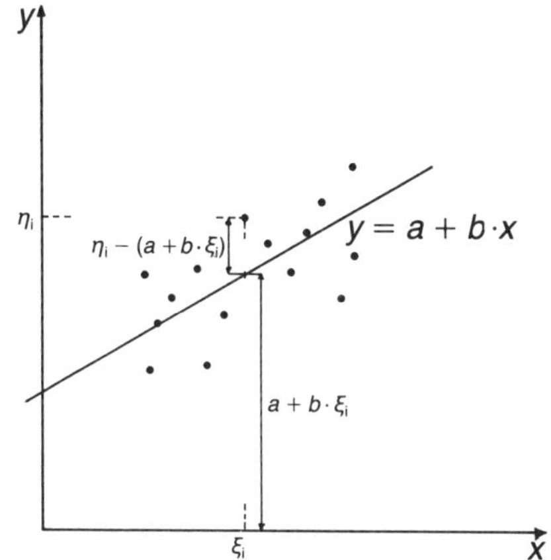

Abb. 8.10: Streuungsdiagramm von Beobachtungspunkten

Nach der Lage der Punkte ist zu vermuten, daß zwischen den beiden beobachteten Merkmalen x und y ein linearer Zusammenhang besteht, der durch eine Gerade der Form $y = a + b \cdot x$ beschrieben werden kann.

Es stellt sich nun die Frage, welche Gerade die Meßpunkte am besten approximiert, d.h. für welche Lageparameter a und b die Gerade möglichst wenig von den Meßpunkten abweicht.

Minimierung der Abstandsquadrate

Gauß schlug vor, die Summe der Abstandsquadrate zu minimieren, damit sich Unter- und Überschreitungen nicht gegenseitig aufheben. Der Abstand zwischen dem Meßpunkt η_i und dem Punkt auf der Geraden $a + b \cdot \xi_i$ beträgt laut *Abb. 8.10* $\eta_i - (a + b \cdot \xi_i)$.

Die Summe der Abstandsquadrate lautet somit:

$$Q=\sum_{i=1}^{n}[\eta_i-(a+b\cdot\xi_i)]^2=f(a,b)$$

Der Wert Q ist abhängig von den beiden Lageparametern a und b, die als unabhängige Veränderliche angesehen werden können. Ihr Wert soll so bestimmt werden, daß Q ein Minimum annimmt. Damit stellt sich die Aufgabe, für eine Funktion mit zwei Veränderlichen die Extrema zu bestimmen.

Als notwendige Bedingung sind die ersten partiellen Ableitungen von Q gleich null zu setzen:

$$\frac{\partial Q}{\partial a}=-\sum_{i=1}^{n}2[\eta_i-(a+b\cdot\xi_i)]=0$$

$$\frac{\partial Q}{\partial b}=-\sum_{i=1}^{n}2\xi_i\cdot[\eta_i-(a+b\cdot\xi_i)]=0$$

Durch Auflösen ergeben sich die sogenannten **Normalgleichungen:**

$$\sum_{i=1}^{n}\eta_i=n\cdot a+b\cdot\sum_{i=1}^{n}\xi_i$$

$$\sum_{i=1}^{n}\xi_i\cdot\eta_i=a\cdot\sum_{i=1}^{n}\xi_i+b\cdot\sum_{i=1}^{n}\xi_i^2$$

Wir bezeichnen mit $\bar{x}=\frac{1}{n}\cdot\sum_{i=1}^{n}\xi_i$ und $\bar{y}=\frac{1}{n}\cdot\sum_{i=1}^{n}\eta_i$ die arithmetischen Mittelwerte der beiden Beobachtungsreihen und erhalten nach einigen Umformungen[4] als Lösungen der beiden Normalgleichungen:

$$b=\frac{\sum_{i=1}^{n}\xi_i\cdot\eta_i-n\cdot\bar{x}\cdot\bar{y}}{\sum_{i=1}^{n}\xi_i^2-n\cdot\bar{x}^2}$$

$$a=\bar{y}-b\cdot\bar{x}$$

Nachweis des Minimums

Um entscheiden zu können, um welches Extremum es sich im Punkt (a,b) handelt, bilden wir die zweiten partiellen Ableitungen:

$$\frac{\partial^2 Q}{\partial a^2}=\sum_{i=1}^{n}2=2n>0$$

[4] Vergleiche Aufgabe 2.18 in Kapitel 2.

$$\frac{\partial^2 Q}{\partial b^2} = 2 \sum_{i=1}^{n} \xi_i^2 > 0$$

$$\frac{\partial^2 Q}{\partial a\, \partial b} = 2 \sum_{i=1}^{n} \xi_i$$

Damit erhält man die *Hesse*sche Determinante:

$$D(a,b) = \frac{\partial^2 Q}{\partial a^2} \cdot \frac{\partial^2 Q}{\partial b^2} - \left(\frac{\partial^2 Q}{\partial a \partial b}\right)^2 = 4n \cdot \sum_{i=1}^{n} \xi_i^2 - \left(2 \sum_{i=1}^{n} \xi_i\right)^2$$

$$= 4n \cdot \left(\sum_{i=1}^{n} \xi_i^2 - n\,\bar{x}^2\right) = 4n \cdot \sum_{i=1}^{n} (\xi_i - \bar{x})^2 > 0$$

Wegen $\frac{\partial^2 Q}{\partial a^2} > 0$ liegt somit ein Minimum vor.

Beispiel: Für die in der *Tab. 8.1* aufgeführten Beobachtungswerte erhält man das in *Abb. 8.11* dargestellte Streuungsdiagramm. Die Lage der Punkte deutet auf einen linearen Zusammenhang hin.

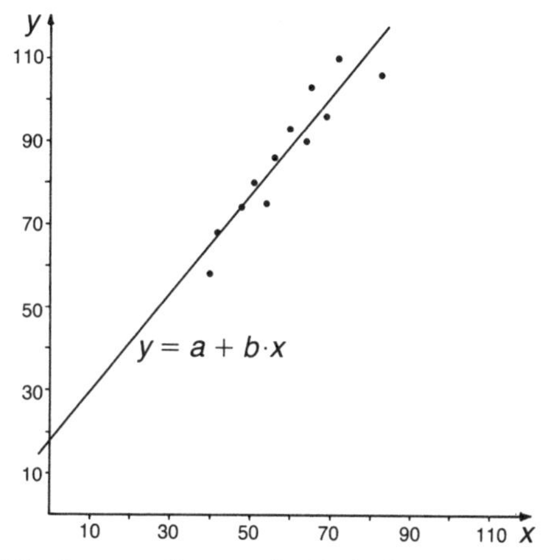

Abb. 8.11: Streuungsdiagramm der Beobachtungswerte der Tab. 8.1

Die lineare Regression führt auf die folgenden Zwischenergebnisse:

$$\bar{x} = \tfrac{704}{12} = 58{,}667 \quad \text{und} \quad \bar{y} = \tfrac{1039}{12} = 86{,}583$$

Damit erhält man die Lageparameter:

$$b = \frac{2096{,}333}{1774{,}667} = 1{,}1813 \quad \text{und} \quad a = 17{,}2831$$

Die Regressionsgerade

$y = 17{,}2831 + 1{,}1813\,x$

ist in der *Abb. 8.11* als Anpassungsgerade eingezeichnet.

Die meisten Taschenrechner bieten heute Programme für die lineare Regression. Überprüfen Sie die errechneten Zahlenwerte!

8.8 Extremwertbestimmung unter Nebenbedingungen

Die meisten Optimierungsprobleme der Praxis sind durch Restriktionen eingeschränkt. Ein Unternehmer, der seine Kosten uneingeschränkt minimiert, wird sein Unternehmen schließen, weil die Kosten gleich null sind, wenn er nichts mehr produziert und seine Mitarbeiter entläßt. Eine Kostenminimierung kann nur unter der Beschränkung sinnvoll sein, daß z.B. ein bestimmtes Programm unter Ausnutzung vorgegebener Kapazitäten usw. gefertigt wird. Ebenso führt die Gewinnmaximierung zur trivialen Lösung unendlich, wenn man von Produkten mit positivem Deckungsbeitrag unendlich viel verkauft. In diesem Fall führen erst technische, finanzielle und absatzbeschränkende Nebenbedingungen zu einem sinnvollen Optimierungsproblem.

Wir sind schon im Abschnitt 6.4 kurz auf die **Extremwertbestimmung unter Nebenbedingungen** eingegangen. Allgemein stellt sich die Aufgabe, für eine Funktion

$z = f(x, y)$

ein Extremum zu finden, wobei die Nebenbedingung

$g(x, y) = 0$

einzuhalten ist. Die zu optimierende Funktion wird in diesem Zusammenhang i.allg. als **Zielfunktion** bezeichnet; die unabhängigen Variablen sind die **Entscheidungsvariablen.** Es können eine oder mehrere Nebenbedingungen, die auch als **Restriktionen** bezeichnet werden, in Gleichungs- aber auch in Ungleichungsform berücksichtigt werden. Im ökonomischen Problem sind i.d.R. nur nicht-negative Werte der Entscheidungsvariablen sinnvoll, weshalb sehr häufig **Nichtnegativitätsbedingungen** der Form $x \geqq 0$ und $y \geqq 0$ beachtet werden müssen.

Beispiel: Optimale Konservendose

Ein häufig zitiertes Beispiel für die Extremwertbestimmung unter Nebenbedingungen ist die Berechnung einer zylindrischen Konservendose gegebenen Inhalts (z.B. $1000\,cm^3$) mit minimaler Oberfläche, zu deren Herstellung also möglichst wenig Weißblech verwendet werden soll. Dieses Problem lautet mit r als dem Radius des Deckels und h als der Höhe des Mantels in mathematischer Formulierung:

Minimiere $f(r, h) = 2\pi \cdot r^2 + 2\pi \cdot r \cdot h$

unter den Nebenbedingungen (u.d.N.):

$g(r, h) = \pi \cdot r^2 \cdot h - 1000 = 0$

$r, h \geqq 0$

Es handelt sich also um die Bestimmung des Minimums der Zielfunktion $f(r, h)$ mit den beiden Entscheidungsvariablen r und h unter Einhaltung der Nebenbedingung $g(r, h) = 0$ und der Nichtnegativitätsbedingungen $r \geqq 0$ und $h \geqq 0$.

Als zweites Beispiel sei auf die Berechnung der Minimalkostenkombination im Abschnitt 6.4 verwiesen.

Die Menge aller Funktionswerte, unter denen der Extremwert zu suchen ist, soll als **Entscheidungsraum** bezeichnet werden. Die folgende *Abb. 8.12* verdeutlicht, in welcher Weise jede Nebenbedingung den Entscheidungsraum einschränkt.

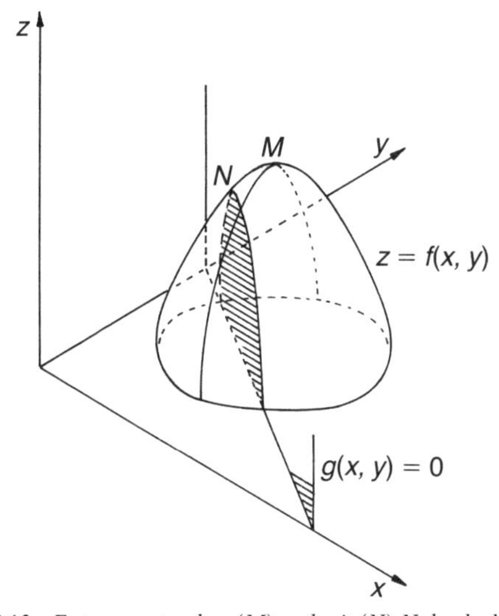

Abb. 8.12: Extremwerte ohne (M) und mit (N) Nebenbedingung

Ohne Nebenbedingung besteht der Entscheidungsraum aus der Menge aller Flächenpunkte $z = f(x, y)$ mit $(x, y) \in D(f)$. Das Maximum aller Flächenpunkte liegt in M.

Mit der Nebenbedingung wird das Maximum unter den Punkten gesucht, die sowohl auf der Fläche als auch auf der Schnittebene liegen. Der Entscheidungsraum besteht aus der Menge aller Punkte der

Schnittkurve, die das schraffierte Gebiet begrenzt. Das Maximum dieser Punkte liegt jetzt in N.

Eine zweite Nebenbedingung, die beispielsweise die Kurve schnitte, würde den Entscheidungsraum noch weiter einschränken, und zwar auf einen oder zwei Punkte.

Man erkennt, daß jede Nebenbedingung die **Freiheitsgrade** des Entscheidungsproblems um eins verringert (Fläche → Kurve → Punkte), eine Beobachtung, auf der als Lösungsmethode die **Variablensubstitution** aufbaut, die nur kurz erwähnt wird. Die Methode der ***Lagrange*-Multiplikatoren** soll dagegen anschließend ausführlicher dargestellt werden.

Variablensubstitution

Die bereits im Abschnitt 6.4 verwendete Variablensubstitution kann man anwenden, wenn die Nebenbedingungen nach einzelnen Entscheidungsvariablen aufgelöst werden können.

Lautet das Problem

Max. $z=f(x,y)$
u.d.N. $g(x,y)=0$,

und kann man die Nebenbedingung z.B. nach y auflösen, $y=h(x)$, so erreicht man durch Einsetzen in die Zielfunktion:

Max. $z=f(x,h(x))=\bar{f}(x)$

Das heißt, man hat das Problem auf die Maximierung einer Funktion mit einer Veränderlichen zurückgeführt.

Es wird deutlich, daß jede Nebenbedingung, die man in die Zielfunktion einsetzt, gerade eine Entscheidungsvariable eliminiert, d.h. einen Freiheitsgrad des Entscheidungsproblems verbraucht.

Lagrange-Multiplikatoren

Joseph Louis de Lagrange (1736–1813) wurde schon im Alter von 15 Jahren als Professor für Mathematik an die Königliche Artillerieschule seiner Geburtsstadt Turin berufen. Er leistete wichtige Beiträge zur Infinitesimalrechnung und entwickelte u.a. die für die Physik bedeutsame **Variationsrechnung,** auf deren Grundprinzip die nach ihm benannte **Multiplikatoren-Methode** beruht. Dieses Prinzip besagt:

► Die *Extrema* der Funktion $z=f(x,y)$ unter der Nebenbedingung $g(x,y)=0$ liegen an den Stellen, an denen die Funktion

$$v(\lambda;x,y)=f(x,y)-\lambda\cdot g(x,y)$$

ihre Extremwerte annimmt.

Voraussetzung für diesen Ansatz ist, daß die Nebenbedingung in Gleichungsform mit rechter Seite gleich null, d.h. $g(x, y)=0$, vorliegt. Berücksichtigt man dies, dann müssen die Zielfunktionswerte von v und f im extremalen Punkt (ξ, η) gleich sein: $v(\lambda; \xi, \eta)=f(\xi, \eta)$

Der Ansatz von *Lagrange* gestattet es, die Optimierung unter der Einschränkung durch eine Nebenbedingung auf die uneingeschränkte Optimierung einer Funktion, die allerdings die Veränderliche λ mehr besitzt, zurückzuführen.

Somit stellt sich nun die Aufgabe, die Extremwerte der Funktion $v(x, y, \lambda)$ mit jetzt drei unabhängigen Veränderlichen zu finden. Die notwendigen Bedingungen für Extrema, d.h. das Verschwinden der ersten partiellen Ableitungen, führt in diesem Fall auf das Gleichungssystem:

$$\frac{\partial v}{\partial \lambda} = -g(x, y)=0$$

$$\frac{\partial v}{\partial x}=f_x'(x, y)-\lambda \cdot g_x'(x, y)=0$$

$$\frac{\partial v}{\partial y}=f_y'(x, y)-\lambda \cdot g_y'(x, y)=0$$

Man beachte, daß die erste Bedingung gerade die ursprüngliche Nebenbedingung ist.

Aus den letzten beiden Gleichungen erhält man

$$\lambda=\frac{f_x'}{g_x'} \quad \text{und} \quad \lambda=\frac{f_y'}{g_y'},$$

so daß für einen Extrempunkt immer die Beziehung gilt:

$$\frac{f_x'}{g_x'}=\frac{f_y'}{g_y'} \rightarrow f_x' \cdot g_y' - f_y' \cdot g_x' = 0$$

Wie schon zuvor erhält man durch das Nullsetzen der ersten partiellen Ableitungen nur **notwendige** Bedingungen. Es lassen sich jedoch auch hinreichende Bedingungen formulieren, die analog zu den Bedingungen des Abschnitts 8.6 aus der Forderung $d^2 v<0$ für ein Maximum bzw. $d^2 v>0$ für ein Minimum folgen. Im Fall der drei Unbekannten erhält man eine *Hesse*sche Determinante dritter Ordnung, auf deren Angabe verzichtet wird, weil zu ihrem Verständnis die Grundlagen der *Linearen Algebra* bekannt sein müßten. Im Zweifelsfall kann man sich durch Einsetzen einiger Umgebungspunkte über den Typ des Extremums informieren.

Beispiel: Als Rechenbeispiel soll das Konservendosenproblem gelöst werden:

Min. $f(r, h) = 2\pi \cdot r^2 + 2\pi \cdot r \cdot h$

u.d.N. $g(r, h) = \pi \cdot r^2 \cdot h - 1000 = 0$

$r, h \geqq 0$

Die variierte Funktion lautet:

$$v(\lambda; r, h) = 2\pi \cdot r^2 + 2\pi \cdot r \cdot h - \lambda \cdot (\pi \cdot r^2 \cdot h - 1000)$$

Notwendige Bedingungen für die Existenz eines Minimums sind:

$$\frac{\partial v}{\partial \lambda} = -(\pi \cdot r^2 \cdot h - 1000) = 0 \qquad (1)$$

$$\frac{\partial v}{\partial r} = 4\pi \cdot r + 2\pi \cdot h - 2\lambda \cdot \pi \cdot r \cdot h = 0 \qquad (2)$$

$$\frac{\partial v}{\partial h} = 2\pi \cdot r - \lambda \cdot \pi \cdot r^2 = 0 \qquad (3)$$

Als Lösung dieses Gleichungssystems erhält man:

$\lambda = \frac{2}{r}$ aus (3)

$h = 2r$ aus (2)

$r = \sqrt[3]{\frac{1000}{2\pi}}$ aus (1)

Damit lauten die Maße der optimalen Dose:

$r = 5{,}4193$ cm und $h = 10{,}8385$ cm

Der Multiplikator hat den Wert:

$\lambda = 0{,}3691$.

Es ist leicht einzusehen, daß dieses Ergebnis nur ein Minimum sein kann. Die minimale Oberfläche der Dose beträgt:

$f_{\min} = 553{,}5810 \text{ cm}^2$

Ihr Inhalt ist selbstverständlich gleich 1000 cm^3, d.h.

$g(r, h) = 0$.

Interpretation des *Lagrange*-Multiplikators

Im letzten Beispiel ergab sich als Multiplikator im Optimum der Wert $\lambda = 0{,}3691$. Läßt sich dieser Wert ökonomisch oder physikalisch sinnvoll interpretieren?

Als Antwort kann man rein formal aus der Gleichung

$$v(\lambda; r, h) = f(r, h) - \lambda \cdot g(r, h)$$

mit Hilfe der Differentialrechnung

$$\lambda = -\frac{\partial v(\lambda; r, h)}{\partial g}$$

schließen, und den Wert damit als **infinitesimale Änderungsrate** der Funktion v bei Variation der Nebenbedingung g interpretieren. Da die Werte von v und f auf der Nebenbedingung gleich sind, hat λ dort für die Funktion f die gleiche Bedeutung wie für die Funktion v.

► Der Multiplikator λ ist die *marginale Änderungsrate* der Funktion f relativ zur Nebenbedingung g bzw. der Grenznutzenfaktor der Nebenbedingung g im Hinblick auf f.

Am konkreten Beispiel wird diese Bedeutung verständlicher. Ist eine Nebenbedingung als Gleichung einzuhalten – bei der Methode der *Lagrange*-Multiplikatoren ist vorausgesetzt, daß die Nebenbedingungen Gleichungsform haben! – dann beeinflußt jede Lageänderung der Nebenbedingung, z.B. durch Parallelverschiebung, die Lage des Optimums der Zielfunktion. In der *Abb. 8.13* ist das verdeutlicht. Die Änderung der Nebenbedingung von g nach $\tilde{g}$ bewirkt eine Verschiebung des Maximums der Funktion f von N nach $\tilde{N}$.

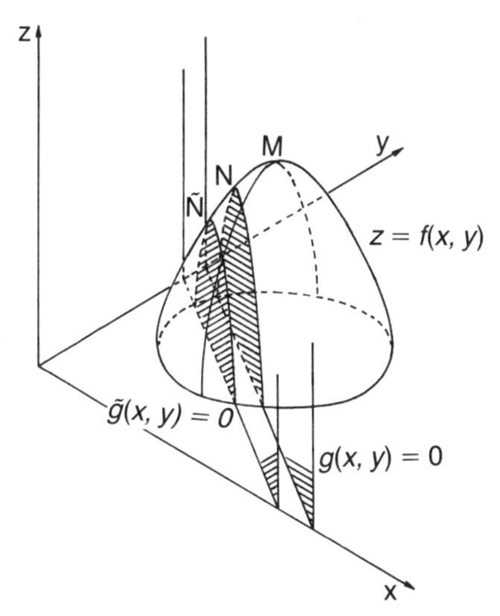

Abb. 8.13: Relative Änderung des Zielfunktionswertes in Abhängigkeit der Änderung der Nebenbedingung

Formal kann man dieses Ergebnis wie folgt herleiten. Es gilt

$v(\lambda; r, h) = f(r, h) - \lambda \cdot g(r, h)$

und, wegen der Voraussetzung $g(r, h) = 0$, auch $dg = 0$, so daß das totale Differential der variierten Funktion dv gleich dem der ursprünglichen Funktion ist:

$dv = df$

Eine Änderung des absoluten Gliedes der Nebenbedingung ergibt sich durch

$\tilde{g}(r, h) = g(r, h) + a$

mit $a > 0$, wenn eine Verkleinerung, und $a < 0$, wenn eine Erhöhung gemeint ist. Die Auslenkung

$\tilde{g}(r, h) = \pi \cdot r^2 \cdot h - 1000 + 1$

bedeutet eine Verkleinerung des Doseninhaltes um $a = 1\,\text{cm}^3$!

Die Änderung wirkt sich auf die variierte Funktion wie folgt aus:

$v(\lambda; r, h) = f(r, h) - \lambda \cdot \tilde{g}(r, h) = f(r, h) - \lambda \cdot (g(r, h) + a)$

Die infinitesimale Änderung von v in Abhängigkeit von a ergibt sich wegen des Differentialquotienten $\frac{dv}{da} = -\lambda$ zu:

$dv = -\lambda \cdot da = df$

▶ Die infinitesimale Änderung des Absolutgliedes der Nebenbedingung hat die $-\lambda$-fache Wirkung auf die Zielfunktion.

Da eine Parallelverschiebung der Nebenbedingung durch die Änderung des Absolutgliedes bewirkt wird, kann man folgern:

▶ Der Wert λ gibt an, um wieviel sich der Zielfunktionswert näherungsweise ändert, wenn man das absolute Glied der Nebenbedingung um eine Einheit variiert.

Die Einschränkung „näherungsweise“ ist hier notwendig, weil die exakte Rate nur bei infinitesimaler Auslenkung gelten würde. In diesem Zusammenhang ist darüber hinaus zu beachten, daß die Annäherung auch nur in der **Nähe** des optimalen Punktes hinreichend genau ist. Wie wir schon bei der Interpretation des Differentials (vgl. Abschnitt 5.6) gesehen haben, wird der Fehler um so größer, je weiter man sich vom Optimum entfernt – außer natürlich bei linearen Funktionen!

Beispiel: Wie groß sind die minimalen Oberflächen der zylindrischen Konservendose mit den Inhalten $999\,\text{cm}^3$, $990\,\text{cm}^3$ und $1050\,\text{cm}^3$?

Eingesetzt in die exakten Formeln des vorausgegangenen Beispiels erhält man die Abmessungen der *Tab. 8.2*.

Inhalt	999 cm³	990 cm³	1050 cm³
r	5,4175 cm	5,4011 cm	5,5081 cm
h	10,8349 cm	10,8023 cm	11,0162 cm
f	553,2119 cm²	549,8843 cm²	571,8833 cm²

Tab. 8.2: Optimale Abmessungen von Dosen verschiedenen Inhalts

Näherungsweise hätte man die Oberflächen auch mit Hilfe des Multiplikators λ berechnen können.

Wir ersetzen die Differentiale in $df = -\lambda \cdot da$ durch die Differenzen und erhalten:

$$\Delta f \cong -\lambda \cdot \Delta a$$

Die *Tab. 8.3* enthält die entsprechenden Näherungswerte.

Inhalt	999 cm³	990 cm³	1050 cm³
Δa	1 cm³	10 cm³	−50 cm³
Δf	−0,3691 cm²	−3,6910 cm²	18,4550 cm²
$\tilde{f}$	553,2119 cm²	549,8900 cm²	572,0360 cm²

Tab. 8.3: Näherungsweise Berechnung der optimalen Oberflächen

Der Vergleich der Ergebnisse von *Tab. 8.2* und *Tab. 8.3* zeigt, daß bei einer Änderung des Doseninhaltes von $\Delta a = 1\ \text{cm}^3$ sich der im Rahmen der vier angezeigten Stellen exakte Wert ergibt, während bei $\Delta a = 10\ \text{cm}^3$ weniger Inhalt nur noch die erste Stelle hinter dem Komma genau ist, und bei $\Delta a = -50\ \text{cm}^3$ mehr Inhalt schon eine Differenz vor dem Komma auftritt.

Wir kommen noch einmal auf das Beispiel der Berechnung der **Minimalkostenkombination** (vgl. Abschnitt 8.5) zurück, um hieran eine weitere wichtige ökonomische Interpretationsmöglichkeit des Multiplikators λ zu illustrieren.

Es seien r_1 und r_2 die Mengen zweier substituierbarer Produktionsfaktoren, die zu den Preisen p_1 und p_2 beschafft werden können. Der Output x, der zunächst unbekannt (aber fest!) ist, folge dem Ertragsgesetz $x = r_1 \cdot r_2$. Gesucht ist diejenige Kombination der Produktionsfaktoren, die bei einem vorgegebenen Ertrag die geringsten Kosten verursacht.

Die mathematische Formulierung dieses Problems lautet:

Minimiere $k = p_1 \cdot r_1 + p_2 \cdot r_2$

u.d.N. $r_1 \cdot r_2 = x$

$r_1, r_2 \geqq 0$

Die Lösung dieses Problems mit dem *Lagrange*-Ansatz:

Minimiere $v(\lambda; r_1, r_2) = p_1 \cdot r_1 + p_2 \cdot r_2 - \lambda \cdot (r_1 \cdot r_2 - x)$

führt auf die notwendigen Bedingungen für Extrema:

$$\frac{\partial v}{\partial \lambda} = -(r_1 \cdot r_2 - x) = 0$$

$$\frac{\partial v}{\partial r_1} = p_1 - \lambda \cdot r_2 = 0$$

$$\frac{\partial v}{\partial r_2} = p_2 - \lambda \cdot r_1 = 0$$

Aus den letzten beiden Gleichungen erhält man:

$$\lambda = p_1 / r_2 = p_2 / r_1$$

und damit (in etwas abgeänderter Schreibweise):

$$r_1 : r_2 = p_2 : p_1,$$

d.h. das bekannte Gesetz, nach dem sich die Faktormengen für die minimale Kombination umgekehrt proportional zu den Faktorpreisen verhalten.

Durch Einsetzen dieser Ergebnisse in die erste Bedingung, d.h. in die Nebenbedingung, ergeben sich am Minimum[5] die folgenden Werte der Veränderlichen:

$$r_1 = \sqrt{x \cdot (p_2/p_1)}, \quad r_2 = \sqrt{x \cdot (p_1/p_2)}, \quad \text{und} \quad \lambda = \sqrt{(p_1 \cdot p_2)/x}$$

Andererseits ist $dk = p_1 \cdot dr_1 + p_2 \cdot dr_2$ und daher:

$$\frac{dk}{dx} = p_1 \cdot \frac{dr_1}{dx} + p_2 \cdot \frac{dr_2}{dx}$$

Wegen

$$\frac{dr_1}{dx} = 1/2 \sqrt{p_2/(p_1 \cdot x)} \quad \text{und} \quad \frac{dr_2}{dx} = 1/2 \sqrt{p_1/(p_2 \cdot x)}$$

---

[5] Zwar wird nicht explizit nachgewiesen, daß tatsächlich ein Minimum vorliegt, jedoch ist das Minimum die einzige ökonomisch sinnvolle Alternative.

folgt:

$$\frac{dk}{dx}=1/2\,p_1\cdot\sqrt{p_2/(p_1\cdot x)}+1/2\,p_2\cdot\sqrt{p_1/(p_2\cdot x)}=\sqrt{(p_1\cdot p_2)/x}=\lambda$$

Das heißt, es ist $dk=\lambda\cdot dx$, so daß in diesem Fall der Faktor λ gerade die **Grenzkosten des Ertrages** bedeutet.

Beispiel: Setzt man die folgenden Zahlenwerte $p_1=200$, $p_2=500$ und $x=1000$ in die Formeln ein, so ergeben sich die Faktormengen:

$$r_1=50 \quad \text{und} \quad r_2=20$$

Der *Lagrange*-Multiplikator hat am Minimum den Wert $\lambda=10$.

Je Einheit höheren Ertrages $\Delta x=1$ erhöhen sich also die minimalen Kosten um $\Delta k=\lambda=10$.

Extremwertbestimmung mit mehreren Nebenbedingungen

Der Ansatz von *Lagrange* ist auf Probleme ausdehnbar, bei denen die Extrema einer Funktion

$$y=f(x_1,x_2,\ldots,x_n)$$

unter den Nebenbedingungen

$$\begin{aligned} g_1(x_1,x_2,\ldots,x_n)&=0\\ g_2(x_1,x_2,\ldots,x_n)&=0\\ \vdots\qquad\qquad&\vdots\\ g_m(x_1,x_2,\ldots,x_n)&=0 \end{aligned}$$

gesucht sind. Voraussetzung ist wieder, daß die Nebenbedingungen in Form von Gleichungen mit rechter Seite gleich null vorliegen. Für jede Nebenbedingung wird **ein eigener *Lagrange*-Multiplikator** $\lambda_1, \lambda_2, \ldots, \lambda_m$ definiert und die variierte Zielfunktion

$$\begin{aligned} &v(\lambda_1,\lambda_2,\ldots,\lambda_m;x_1,x_2,\ldots,x_n)\\ &\quad=f(x_1,x_2,\ldots,x_n)-\sum_{i=1}^{m}\lambda_i\cdot g_i(x_1,x_2,\ldots,x_n) \end{aligned}$$

gebildet. Man erhält auf diese Weise eine Funktion mit den insgesamt $n+m$ Variablen $x_1, x_2, \ldots, x_n$ plus $\lambda_1, \lambda_2, \ldots, \lambda_m$.

Notwendig für die Existenz eines Extremums ist wieder das Verschwinden aller ersten partiellen Ableitungen, woraus sich folgendes Gleichungssystem ergibt:

$$\frac{\partial v}{\partial \lambda_i} = -g_i(x_1, x_2, \dots, x_n) = 0 \qquad \text{für } i = 1, 2, \dots, m$$

$$\frac{\partial v}{\partial x_j} = \frac{\partial f}{\partial x_j} - \sum_{i=1}^{m} \lambda_i \cdot \frac{\partial g_i}{\partial x_j} = 0 \qquad \text{für } j = 1, 2, \dots, n$$

Die ersten m Gleichungen sind wieder identisch mit den Nebenbedingungen. Zusammen erhalten wir also $m+n$ Gleichungen mit den $m+n$ Unbekannten. In der Regel hat das Gleichungssystem eine oder mehrere Lösungen, die Minima oder Maxima der Zielfunktion sein können. Im konkreten Fall kann es schwierig sein, die Lösungen des Gleichungssystems zu berechnen. Komplizierte, nichtlineare Gleichungssysteme müssen u.U. mit Hilfe numerischer Methoden unter Einsatz von EDV-Anlagen gelöst werden. Die Festlegung des Extremwerttyps, d.h. Minimum oder Maximum, erfolgt in diesen Fällen am sinnvollsten durch Ausprobieren.

Der einzelne Multiplikator λ_i bedeutet wieder den **partiellen Grenznutzen der *i*-ten Nebenbedingung.**

Aufgaben zum Kapitel 8

Aufgabe 8.1

Bestimmen Sie alle partiellen Ableitungen erster Ordnung zu folgenden Funktionen.

(a) $f(x, y) = 3x^2 \cdot y + \frac{x}{y}$

(b) $f(x, y) = \sin x \cdot \cos y + \sin y \cdot \cos x$

(c) $f(x, y) = \sqrt[y]{3x} + e^{x \cdot y}$

(d) $f(x, y) = x \cdot y \cdot e^{x+y^2}$

(e) $f(x, y) = \frac{\sqrt{x^2 - y^2}}{y \cdot \sqrt{x}}$

(f) $f(x, y) = x \cdot \ln y \cdot e^{x/y}$

(g) $f(x, y) = x \cdot e^{\sin^2 y}$

(h) $f(x, y) = g(x^2 \cdot y) \cdot h\left(\frac{y}{x}\right)$

(i) $f(x, y) = e^{g(\ln x^2)}$

(j) $f(x, y) = \sqrt{\frac{\ln x}{y^2 + 1}}$

(k) $f(x, y) = \frac{\operatorname{tg}(x+y)}{e^{\sin(x \cdot y)}}$

(l) $f(x, y, z) = x^4 \cdot y + y^3 \cdot z^2 + z \cdot x^4$

(m) $f(x_1, x_2, x_3, x_4) = x_1^\alpha \cdot x_2^\beta \cdot x_3^\gamma \cdot x_4^\delta \cdot e^{x_1 + x_2 + x_3 + x_4}$

(n) $f(x_1, x_2, \ldots, x_i, \ldots, x_n) = \sum_{i=1}^{n-1} a_i \cdot x_i^2 \cdot x_{i+1}^3$

Aufgabe 8.2

Berechnen Sie alle partiellen Ableitungen erster und zweiter Ordnung folgender Funktionen.

(a) $f(x, y) = e^{x \cdot y^2}$

(b) $f(x, y) = x \cdot e^y + \dfrac{\sin x}{y^2 + 1}$

(c) $f(x, y) = x \cdot y \cdot e^{x/y}$

(d) $f(x, y, z) = x^2 \cdot y \cdot z + \dfrac{x + z}{y} + \ln(x \cdot y \cdot z)$

Aufgabe 8.3

Bestimmen Sie die partiellen Elastizitäten $\varepsilon_{f, x_i} = \dfrac{\partial f}{\partial x_i} \cdot \dfrac{x_i}{f}$ folgender Funktionen.

(a) $f(x_1, x_2) = \dfrac{x_1 \cdot x_2}{x_1 + x_2}$

(b) $f(x_1, x_2, x_3) = \dfrac{x_1^2 \cdot x_2^2}{x_3^2}$

(c) $f(x_1, x_2, x_3) = x_1 \cdot x_2 \cdot x_3 \cdot e^{x_1 + x_2 + x_3}$

Aufgabe 8.4

Funktionen vom Typ $f(x_1, \ldots, x_n) = c \cdot x_1^{r_1} \cdot x_2^{r_2} \cdot \ldots \cdot x_n^{r_n}$ mit $c, r_i \in \mathbb{R}$ heißen *Cobb-Douglas*-Funktionen.

Eine spezielle *Cobb-Douglas*-Funktion beschreibt z.B. den Bierverbrauch c in Großbritannien zwischen 1920 und 1938:

$$c(I, P, Q) = 177{,}6 \cdot I^{0{,}023} \cdot P^{-1{,}040} \cdot Q^{0{,}939}$$

mit I = gesamtes Realeinkommen
P = durchschnittlicher Einzelhandelspreis des Bieres
Q = durchschnittlicher Einzelhandelspreis aller anderer Konsumgüter.

(a) Wie lauten die partiellen Elastizitäten $\varepsilon_{f, x_i} = \dfrac{\partial f}{\partial x_i} \cdot \dfrac{x_i}{f}$ der allgemeinen *Cobb-Douglas*-Funktion?

(b) Um wieviel Prozent ändert sich auf Grund der speziellen *Cobb-Douglas*-Funktion der Bierverbrauch, wenn das Realeinkommen um 2,5 % steigt (und alle anderen Größen konstant bleiben)?

(c) Drücken Sie für die allgemeine *Cobb-Douglas*-Funktion das totale Differential mit Hilfe der partiellen Elastizitäten aus.

(d) Stellen Sie mit Hilfe des totalen Differentials die prozentuale Änderung $\frac{\Delta f}{f} \cdot 100$ des Funktionswertes näherungsweise mit Hilfe der partiellen Elastizitäten und der prozentualen Änderung $\frac{\Delta x_i}{x_i} \cdot 100$ der Variablen dar.

(e) Um wieviel Prozent ändert sich angenähert der Bierverbrauch c, wenn I um 3 % steigt, P um 1 % steigt und Q um 3 % fällt?

Aufgabe 8.5

Untersuchen Sie folgende Funktionen auf Extremwerte (auch deren Typ) und Sattelpunkte.

(a) $f(x, y) = 2x^2 - 3x^2 \cdot y + y^3$

(b) $f(x, y) = x^3 + 2y^3 - 2x^2 - 2y^2$

(c) $f(x, y) = x^2 + 2y^2/x - 12x$

(d) $f(x, y) = e^{x^2 - 4x} + 1/3\,y^2 - 2y$

(e) $f(x, y) = x \cdot \ln(x + y) - y$

Aufgabe 8.6

Es soll ein zylindrisches Bierglas (für Alt-Bier) produziert werden, das bis zur Oberkante genau 240 cm^3 Inhalt (bis zum Eichstrich 200 cm^3) hat.

Welche Abmessungen muß das Glas besitzen, wenn seine Höhe genau das Doppelte des Durchmessers und bei definierter Wandstärke die Glasmenge (= Oberfläche) minimal sein soll?

(a) Lösen Sie die Aufgabe mit Hilfe des *Lagrange*-Ansatzes.

(b) Um wieviel würde die Oberfläche zunehmen, wenn bei ebenfalls optimalen Abmessungen der Glasinhalt um 1 cm^3 vergrößert würde?
Bestimmen Sie Oberflächenabnahme angenähert mit Hilfe des entsprechenden *Lagrange*-Multiplikators.

(c) Um wieviel würde sich die optimale Oberfläche annähernd ändern, wenn das Verhältnis $h:d = 2{,}1$ betrüge? Bestimmen Sie auch diese Änderung mit Hilfe des entsprechenden *Lagrange*-Multiplikators.

Aufgabe 8.7

Berechnen Sie die Extrema (d.h. alle Variablenwerte und *Lagrange*-Multiplikatoren) folgender Funktionen unter den angegebenen Nebenbedingungen mit Hilfe des *Lagrange*-Ansatzes.

(a) Min. $f(x, y, z) = 8x + 2x \cdot y + 1/4z^2$
u.d.N. $-2x + 3y + z = 4$

(b) Min. $f(x, y) = 15x + 25y$
u.d.N. $x \cdot e^y = 3840$

(c) Max. $f(x, y) = 15x + 10y - 2x^2 - y^2$
u.d.N. $3x + 2y = 4$

(d) Max. $f(x, y) = 4x + 12y$
u.d.N. $x^2 + 2y^2 = 22$

(e) Min. $f(x, y, z) = x^2 + y^2 + z^2$
u.d.N. $x + y + z = 1$

(f) Min. $f(x, y, z) = x^2 + 3y^2 + 2z^2$
u.d.N. $4x + 12y = 120$
$6y + 12z = 120$

Kapitel 9 Integralrechnung

Auf relativ engem Raum werden die Grundzüge der Integralrechnung erläutert. Das Kapitel beginnt mit der Einführung der Integration als **Umkehroperation zur Differentiation.** Das führt auf das im zweiten Abschnitt diskutierte **unbestimmte Integral,** das bis auf die Integrationskonstante gleich der Stammfunktion des Integranden ist. Die **Stammfunktion** ist dabei die Funktion, die differenziert gerade die zu integrierende Funktion ergibt.

Für einige elementare Funktionen kennt man die Stammfunktion; für alle anderen muß man sie durch Integrieren bestimmen. Hierbei helfen verschiedene **Integrationsregeln,** die freilich nicht so schematisch angewendet werden können, wie z.B. die Differentiationsregeln. Die **Kunst des Integrierens** besteht darin, eine Funktion so geschickt umzuformen, daß ihr Integral auf bekannte Integrale zurückgeführt werden kann (Abschnitt 9.3).

Eine zweite, diesmal anschaulichere Definition führt auf das sog. **bestimmte Integral,** das die Fläche zwischen der Kurve $y=f(x)$ und der x-Achse im Intervall $[a, b]$ bedeutet. Der **Hauptsatz der Integralrechnung** stellt die Verbindung zwischen der Stammfunktion und dem bestimmten Integral her (Abschnitt 9.4).

Im Abschnitt 9.5 wird als ein wichtiges Anwendungsgebiet das **Wahrscheinlichkeitsintegral** behandelt, das vor allem in der Statistik eine bedeutende Rolle spielt. Zufallsbedingte Fehler unterliegen i.d.R. der sog. Normalverteilung, die durch eine nicht geschlossen integrierbare Verteilungsfunktion beschrieben ist. Um sie dennoch auswerten zu können, kann die Dichtefunktion **numerisch integriert** werden. Von den zahlreichen hierfür entwickelten Verfahren werden die Rechtecksregel und die Trapezregel im Abschnitt 9.6 erläutert.

Den Schluß des Kapitels bildet ein Abschnitt über sog. **uneigentliche Integrale,** d.h. bestimmte Integrale, bei denen eine oder beide Grenzen $\pm\infty$ sind. Auch diesen Integralen begegnet man in der Statistik.

9.1 Begriffliche Einführung

In drei der vier vorausgegangenen Kapiteln wurden die Differentialrechnung und ihre Anwendungsmöglichkeiten ausführlich dargestellt und intensiv diskutiert. Es sollte klar geworden sein, daß die Differentiationsvorschrift eine Operation ist, die, auf eine (differenzierbare) Funktion angewendet, deren erste Ableitung erzeugt. Der Ausdruck $\frac{d}{dx}$, der die Differentiation vorschreibt, wird daher häufig als **Differentialoperator** bezeichnet. Eine naheliegende Frage wurde in der bisherigen Diskussion nicht gestellt.

- Gibt es eine Umkehroperation, die die Wirkung des Differentialoperators wieder aufhebt, d.h. aus der ersten Ableitung die ursprüngliche differenzierte Funktion erzeugt?

Wir kennen eine derartige Umkehroperation fast zu jeder mathematischen Operation, wie z.B.:

Operation/Umkehroperation	Umkehroperation/Operation
Addition	Subtraktion
Multiplikation	Division
Potenzieren	Radizieren (Wurzelbilden)
Exponieren	Logarithmieren

Tab. 9.1: Umkehroperationen

Es ist daher logisch, auch nach einer Umkehroperation zur Differentiation zu fragen und zu erforschen, welche Eigenschaften sie besitzen muß.

Eine derartige Umkehroperation wurde tatsächlich gleichzeitig mit der Differentialrechnung entwickelt. Sie wird als **Integration** bezeichnet. Als Operator hat man das **Integralzeichen** $\int$ eingeführt,[1] das vom stilisierten S (für Summe) abgeleitet ist. Es wird jedoch nie ohne die Variable geschrieben, nach der integriert wird. Um anzudeuten, daß analog zur Differentiation $\frac{d}{dx}$ ein **Grenzübergang auf infinitesimale Größen** dx vollzogen sind, schreibt man die Integrationsvorschrift durch $\int \ldots dx$ und an die Stelle der Punkte die zu integrierende Funktion.

9.2 Das unbestimmte Integral

Wir nehmen an, die erste Ableitung einer Funktion sei $y' = f(x)$. Gesucht wird dann diejenige Funktion $F(x)$, die differenziert $f(x)$ ergibt. Das heißt, es soll gelten:

$$\frac{d}{dx}(F(x)) = f(x)$$

[1] Das Integralzeichen taucht erstmals im Druck im Jahre 1686 in einer Buchrezension von *Leibniz* auf, die den Titel trägt: „De geometrica recondita et analysi indivisibilium atque infinitorum“. In: Acta eruditorium, Jahrgang 5 (1686), S. 292–300.

Zunächst fällt auf, daß die gesuchte Funktion **nicht eindeutig** ist, denn man kann zu $F(x)$ jede beliebige Konstante c addieren, die dann beim Differenzieren wegfällt. Gilt also $\frac{d}{dx}(F(x))=f(x)$, so gilt auch:

$$\frac{d}{dx}(F(x)+c)=f(x) \quad \text{für } c=\text{konstant}$$

Die gesuchte Funktion ist daher **unbestimmt**, weil die Konstante c frei wählbar ist.

▶ Die Funktion $F(x)+c$ heißt das *unbestimmte Integral* der stetigen Funktion $f(x)$, falls $F'(x)=f(x)$ gilt. Man schreibt:

$$\int f(x)\,dx=F(x)+c$$

Die Funktion $f(x)$ heißt *Integrand*, und die Funktion $F(x)$ wird als *Stammfunktion* des Integranden bezeichnet.

Die Berechnung der Stammfunktion aus einer gegebenen Funktion ist der **Vorgang des Integrierens.** Am Beispiel elementarer Funktionen, deren Ableitungen man kennt, kann man das Integral auf der Basis der Definition ohne Schwierigkeit bestimmen, indem man die folgende Frage beantwortet:

- Welche Stammfunktion $F(x)$ ergibt differenziert den vorgegebenen Integranden $f(x)$?

Beispiele: 1. $f(x)=x^3$

$$\int x^3\,dx=\tfrac{1}{4}x^4+c, \quad \text{da } \frac{d}{dx}(\tfrac{1}{4}x^4+c)=x^3 \text{ ist.}$$

2. $f(x)=e^x$

$$\int e^x\,dx=e^x+c, \quad \text{da } \frac{d}{dx}(e^x+c)=e^x \text{ gilt.}$$

3. $f(x)=\sin x$

$$\int \sin x\,dx=-\cos x+c, \quad \text{da } \frac{d}{dx}(-\cos x+c)=\sin x \text{ ergibt.}$$

Das Ergebnis der Integration ist in diesem Fall immer das unbestimmte Integral.

▶ Das *unbestimmte Integral* setzt sich zusammen aus der Stammfunktion $F(x)$ plus der Integrationskonstanten c:

$$\int f(x)\,dx=F(x)+c$$

Die Stammfunktion muß definitionsgemäß eine **differenzierbare** Funktion sein.

9.3 Die Technik des Integrierens

Der Differentialquotient einer Funktion konnte sehr anschaulich als Steigung der betreffenden Funktionskurve interpretiert werden. Leider gibt es für das unbestimmte Integral einer Funktion keine ähnlich anschauliche geometrische Deutung. Wir sind daher darauf angewiesen, den Vorgang des Integrierens immer als Umkehroperation zum Differenzieren zu interpretieren und daraus auf die Stammfunktion zu schließen. Das erschwert das Integrieren insofern, als es nicht so schematisch wie z. B. das Differenzieren abläuft. Die Technik des Integrierens erfordert eine gute Kenntnis der elementaren Funktionen und ihrer Ableitungen, sowie sehr viel **Übung** und **Erfahrung.** Als erstes muß man sich einige wichtige Grundintegrale einprägen, die in der folgenden *Tab. 9.2* genannt sind.

In Lehrbüchern und Nachschlagewerken sind darüber hinaus weitere Integrale tabelliert,[2] die man im Einzelfall dort nachschlagen sollte. Es ist darüber hinaus aber wichtig, einige Integrationsregeln kennenzulernen, um die Integrale zusammengesetzter Funktionen auf die **Grundintegrale** zurückführen zu können.

9.3.1 Grundintegrale

Im folgenden sind einige sog. Grundintegrale für elementare Funktionen angegeben. Den Beweis für die Richtigkeit der Integrale kann man leicht durch Differenzieren der Stammfunktion führen. Ihre Kenntnis und der entsprechend sichere Umgang mit ihnen werden beim Integrieren unbedingt vorausgesetzt.

$\int x^n\,dx = \frac{1}{n+1}\cdot x^{n+1} + c \qquad n \neq -1$	$\int e^x\,dx = e^x + c$
$\int \frac{1}{x}\,dx = \ln\lvert x\rvert + c$	$\int \sin x\,dx = -\cos x + c$
	$\int \cos x\,dx = \sin x + c$

Tab. 9.2: Grundintegrale

Darüber hinaus werden in diesem Abschnitt eine große Zahl einfacher Integrale berechnet, und schließlich sind in der *Tab. 9.4* weitere unbestimmte Integrale angegeben, die im Bereich der Wirtschaftswissenschaften eine Rolle spielen.

[2] Zum Beispiel sind in dem Buch von *Bronstein/Semendjajew*: Taschenbuch der Mathematik, 1997, in einer Tabelle 515 verschiedene unbestimmte Integrale zusammengestellt.

9.3.2 Integrationsregeln

Es werden nun verschiedene Regeln diskutiert, mit deren Hilfe man ein gegebenes Integral auf Grundintegrale zurückführen kann. Dies ist die eigentliche Kunst. Es kommt darauf an, die Funktion möglichst geschickt umzuformen, damit letztlich nur noch bekannte und einfache Integrale zu lösen sind.

Freilich ist das keineswegs immer möglich. Es gibt zahlreiche Funktionen, deren Integrale nicht mehr durch elementare Funktionen darstellbar sind, und es gibt Funktionen, deren unbestimmte Integrale überhaupt nicht in geschlossener Form, d.h. als Formel, existieren. Dies tritt z.B. schon bei so einfachen Funktionen wie e^{-x^2}, $\frac{1}{\ln x}$, $\frac{\sin x}{x}$ ein, die nur näherungsweise integrierbar sind.

Konstanter Faktor-Regel

▶ Ein konstanter Faktor kann vor das Integral gezogen werden:

$$\int a \cdot f(x)\,dx = a \cdot \int f(x)\,dx$$

Beispiele: 1. $\int 4x^3\,dx = 4 \cdot \int x^3\,dx = 4 \cdot \frac{1}{4} x^4 + c = x^4 + c$

2. $\int 2\,dx = 2 \cdot \int dx = 2x + c$

Summenregel

▶ Das Integral einer *Summe von Funktionen* ist gleich der Summe der Einzelintegrale:

$$\int (f(x) + g(x))\,dx = \int f(x)\,dx + \int g(x)\,dx$$

Bei einer Summe von Integralen werden die Integrationskonstanten meist zu einer Konstanten zusammengefaßt.

Beispiel:
$$\int \left(2x^2 - 1 + \frac{4}{x}\right) dx = 2\int x^2\,dx - \int dx + 4\int \frac{1}{x}\,dx$$
$$= \tfrac{2}{3} x^3 - x + 4 \ln|x| + c$$

Konstante Faktoren und Summen bzw. Differenzen von Funktionen werden wie beim Differenzieren ganz schematisch berücksichtigt. Auch für die Produktregel der Differentiation bzw. für die Kettenregel existieren äquivalente Regeln der Integration, die jedoch eher Umformungen als Rechenvorschriften darstellen. Man bezeichnet sie als **partielle Integration** bzw. als **Integration durch Substitution.** Ein Äquivalent für die Quotientenregel gibt es nicht.

Partielle Integration [3]

Partielle Integration kann angewendet werden, wenn ein Produkt zweier Funktionen zu integrieren ist. Die anschließenden Überlegungen zeigen, warum man dabei nicht von dem Produkt $f(x)\cdot g(x)$ ausgeht, sondern die Form $f(x)\cdot g'(x)$ wählt.

Die Produktregel der Differentiation lautet (vgl. Abschnitt 5.3):

$$\frac{d}{dx}(f(x)\cdot g(x))=\frac{df(x)}{dx}\cdot g(x)+f(x)\cdot\frac{dg(x)}{dx}$$

Wir wählen nun die Kurzschreibweise $g'(x)=\frac{dg(x)}{dx}$ und erhalten:

$$f(x)\cdot g'(x)=\frac{d(f(x)\cdot g(x))}{dx}-f'(x)\cdot g(x)$$

Integriert man beide Seiten der Gleichung, so erhält man:

$$\int f(x)\cdot g'(x)\,dx=\int\frac{d(f(x)\cdot g(x))}{dx}dx-\int f'(x)\cdot g(x)\,dx$$

Bei dem mittleren Integral besteht der Integrand gerade aus einem Differentialquotienten. Hier hebt also die Integration die Differentiation auf, so daß gilt:

$$\int\frac{d(f(x)\cdot g(x))}{dx}dx=f(x)\cdot g(x)+c$$

Die Integrationskonstante wird zusammen mit dem zweiten Integral auf der rechten Seite berücksichtigt, und wir erhalten als partielle Integrationsregel:

► Haben die Funktion $f(x)$ und $g(x)$ stetige Ableitungen, so erhält man durch *partielle Integration*:

$$\int f(x)\cdot g'(x)\,dx=f(x)\cdot g(x)-\int f'(x)\cdot g(x)\,dx$$

Diese Vorgehensweise sieht auf den ersten Blick recht kompliziert aus und scheint sinnlos zu sein, weil das Integral auf der linken Seite ja nur durch ein anderes, ähnlich strukturiertes Integral rechts ersetzt wird. Das erklärt auch die Bezeichnung „partiell". Tatsächlich ist aber das Integral auf der rechten Seite manchmal einfacher zu lösen als das Integral links, so daß man durch die partielle Integration der Lösung näherkommt. Einige Beispiele mögen dies belegen.

Beispiele: 1. $\int 4x^3\cdot\ln x\,dx$

Wir wählen:

$$f(x)=\ln x\rightarrow f'(x)=\frac{1}{x}$$

---

[3] Trotz des gleichen Namens hat die partielle Integration nichts mit der partiellen Differentiation zu tun!

$g'(x)=4x^3 \rightarrow g(x)=x^4$

Die partielle Integration ergibt:

$$\int 4x^3 \cdot \ln x \, dx = \int g'(x) \cdot f(x) \, dx$$
$$= f(x) \cdot g(x) - \int g(x) \cdot f'(x) \, dx$$
$$= x^4 \cdot \ln x - \int x^4 \cdot \frac{1}{x} \, dx$$
$$= x^4 \cdot \ln x - \int x^3 \, dx = x^4 \cdot \ln x - \frac{x^4}{4} + c$$

Als Ergebnis erhalten wir:

$$\int 4x^3 \cdot \ln x \, dx = x^4 \cdot \ln x - \frac{x^4}{4} + c$$

2. $\int x^2 \cdot e^x \, dx$

$f(x)=x^2 \rightarrow f'(x)=2x$

$g'(x)=e^x \rightarrow g(x)=e^x$

$\int x^2 \cdot e^x \, dx = x^2 \cdot e^x - 2\int x \cdot e^x \, dx$

Das Integral $\int x \cdot e^x \, dx$ wird wieder partiell integriert:

$f(x)=x \rightarrow f'(x)=1$

$g'(x)=e^x \rightarrow g(x)=e^x$

$\int x^2 \cdot e^x \, dx = x^2 \cdot e^x - 2(x \cdot e^x - \int e^x \, dx)$

Es folgt:

$\int x^2 \cdot e^x \, dx = x^2 \cdot e^x - 2x \cdot e^x + 2e^x + c$

3. $\int x \cdot \sin x \, dx$

$f(x)=x \rightarrow f'(x)=1$

$g'(x)=\sin x \rightarrow g(x)=-\cos x$

$$\int x \cdot \sin x \, dx = -x \cdot \cos x - \int (-\cos x) \, dx$$
$$\int x \cdot \sin x \, dx = -x \cdot \cos x + \int \cos x \, dx$$
$$= -x \cdot \cos x + \sin x + c$$

4. $\int \sin x \cdot \cos x \, dx$

$f(x)=\sin x \rightarrow f'(x)=\cos x$

$g'(x)=\cos x \rightarrow g(x)=\sin x$

$$\int \sin x \cdot \cos x \, dx = \sin^2 x - \int \sin x \cdot \cos x \, dx$$
$$2\int \sin x \cdot \cos x \, dx = \sin^2 x + c$$
$$\int \sin x \cdot \cos x \, dx = \tfrac{1}{2}\sin^2 x + c$$

5. $\int \ln x\, dx = \int 1 \cdot \ln x\, dx$

$$f(x) = \ln x \rightarrow f'(x) = \frac{1}{x}$$

$$g'(x) = 1 \quad \rightarrow \quad g(x) = x$$

$$\int \ln x\, dx = x \cdot \ln x - \int \frac{1}{x} \cdot x\, dx = x \cdot \ln x - x + c$$

$$\int \ln x dx = x \cdot \ln x - x + c \quad \text{für } x > 0$$

Einige Kommentare zu den Beispielen sind an dieser Stelle angebracht.

- Partielle Integration setzt formal voraus, daß ein Produkt der Form $f(x) \cdot g'(x)$ zu integrieren ist. Welcher Faktor aber als $f(x)$ und welcher als $g'(x)$ gewählt wird, ist nicht festgelegt. Als Faustregel könnte man vielleicht sagen: **wähle die Funktion als $g'(x)$, die einfacher zu integrieren ist!**

  Aber auch hierzu gibt es Ausnahmen, wie etwa das 3. Beispiel! In der möglichst geschickten Wahl zeigt sich gerade die **Kunst,** mindestens aber die **Erfahrung** des Integrierers!
- Manchmal gibt es keinerlei Hinweis für eine bestimmte Wahl. Dann sollte man es mit einer Variante versuchen und sich für die Alternative entscheiden, wenn man nicht weiterkommt.
- Manchmal ergibt sich auf der rechten Seite das gleiche Integral mit umgekehrten Vorzeichen, das links zu lösen ist. Man kann dann beide Integrale auf der linken Seite zusammenfassen und erhält nach Division durch den Faktor 2 direkt die Lösung (vgl. Beispiel 4).
- Wie das 5. Beispiel zeigt, kann es auch dann geschickt sein, partiell zu integrieren, wenn ursprünglich kein Produkt zweier Funktionen vorliegt. Als zweiter Faktor kommt immer die leicht zu integrierende Funktion 1 in Frage.
- Partielle Integration kann auch mehrfach hintereinander durchgeführt werden, d.h. auf das Integral der rechten Seite wiederholt angewendet werden, bis sich ein einfach zu integrierender Ausdruck ergibt (vgl. Beispiel 2).

Ansonsten sei betont, daß vor allem Übung notwendig ist, um erfolgreich partiell integrieren zu können.

Integration durch Substitution

Zusammengesetzte Funktionen werden mit Hilfe der Kettenregel (vgl. Abschnitt 5.3) differenziert. Im Prinzip wird dabei die innere Funktion substituiert, und man erhält aus $y = f(g(x))$ mit $z = g(x)$ eine von der

Struktur her u.U. vereinfachte Funktion mit der neuen Veränderlichen z. Genau das gleiche Prinzip kann man auch beim Integrieren anwenden. Durch **Variablensubstitution** wird versucht, eine zusammengesetzte Funktion soweit zu vereinfachen, daß sie auf bekannte Integrale zurückgeführt ist.

Es soll das Integral $\int f(g(x)) \cdot g'(x)\,dx$ gelöst werden, wobei die innere Funktion durch $z = g(x)$ substituiert wird.

Das Differential dieser neuen Variable lautet dann (vgl. Abschnitt 5.6) $dz = g'(x) \cdot dx$, so daß sich das u.U. einfachere Integral $\int f(z)\,dz$ ergibt.

▶ Das Integral der Form

$$\int f(g(x)) \cdot g'(x)\,dx$$

läßt sich durch die *Substitution* $z = g(x)$ auf das Integral

$$\int f(z)\,dz$$

zurückführen.

Auch diese Vorgehensweise soll zunächst an mehreren Beispielen illustriert werden.

Beispiele: 1. $\int \sqrt{x^2+2} \cdot 2x\,dx$

Substitution: $z = x^2 + 2 \rightarrow dz = 2x \cdot dx$

$$\int \sqrt{x^2+2} \cdot 2x\,dx = \int \sqrt{z}\,dz = \int z^{1/2}\,dz = 2/3 \cdot z^{3/2} + c$$
$$= 2/3 \cdot \sqrt{(x^2+2)^3} + c$$

2. $\int x \cdot e^{-x^2}\,dx$

Substitution: $z = -x^2 \rightarrow dz = -2x \cdot dx$

$$\int x \cdot e^{-x^2}\,dx = -\tfrac{1}{2} \cdot \int -2x \cdot e^{-x^2}\,dx = -\tfrac{1}{2} \cdot \int e^z\,dz$$
$$= -\tfrac{1}{2} \cdot e^z + c = -\tfrac{1}{2} \cdot e^{-x^2} + c$$

3. $\int \frac{dx}{2x+3}$

Substitution: $z = 2x + 3 \rightarrow dz = 2dx$

$$\int \frac{dx}{2x+3} = \tfrac{1}{2} \cdot \int \frac{2dx}{2x+3} = \tfrac{1}{2} \cdot \int \frac{dz}{z} = \tfrac{1}{2} \ln|z| + c$$
$$= \tfrac{1}{2} \ln|2x+3| + c \qquad \text{für } x \neq -\tfrac{3}{2}$$

4. $\int \operatorname{tg} x\,dx = \int \frac{\sin x}{\cos x}\,dx$

Substitution: $z = \cos x \rightarrow dz = -\sin x \cdot dx$

$$\int \operatorname{tg} x\,dx = -\int -\frac{\sin x\,dx}{\cos x} = -\int \frac{dz}{z} = -\ln|z| + c$$

$$= -\ln|\cos x| + c \qquad \text{für } x \neq \pi/2 + k\pi, \qquad k \in \mathbb{Z}$$

5. $\int \frac{\ln x}{x}\,dx$

Substitution: $z = \ln x \rightarrow dz = \frac{1}{x} \cdot dx$

$$\int \frac{\ln x}{x}\,dx = \int z\,dz = \tfrac{1}{2} z^2 + c = \tfrac{1}{2}(\ln x)^2 + c \qquad \text{für } x > 0$$

6. $\int a^x dx = \int e^{x \ln a}\,dx$

Substitution: $z = x \cdot \ln a \rightarrow dz = \ln a \cdot dx$

$$\int a^x\,dx = \frac{1}{\ln a} \int \ln a \cdot e^{x \cdot \ln a}\,dx = \frac{1}{\ln a} \int e^z\,dz$$

$$= \frac{1}{\ln a} \cdot e^z + c = \frac{1}{\ln a} \cdot e^{x \cdot \ln a} + c = \frac{1}{\ln a} \cdot a^x + c$$

7. $\int \frac{\sin x \cdot \cos x}{1 + \sin^2 x}\,dx$

Substitution: $z = 1 + \sin^2 x \rightarrow dz = 2 \sin x \cdot \cos x \cdot dx$

$$\int \frac{\sin x \cdot \cos x}{1 + \sin^2 x}\,dx = \frac{1}{2} \int \frac{2 \sin x \cdot \cos x\,dx}{1 + \sin^2 x}$$

$$= \frac{1}{2} \int \frac{dz}{z} = \frac{1}{2} \ln|z| + c$$

$$= \tfrac{1}{2} \ln(1 + \sin^2 x) + c$$

Noch einmal wurden relativ viele Beispiele ausgewählt, um aufzuzeigen, wie die Substitution angewendet wird und welche verschiedenen Integrale damit gelöst werden können. Dazu sei angemerkt:

- Die Integration durch Substitution ist wohl die am häufigsten verwendete Methode. Liegt eine zusammengesetzte Funktion vor, so sollte man mit einem **Substitutionsversuch** beginnen.
- Die erfolgreiche Anwendung der Substitutionsmethode erfordert ebenfalls viel Übung und Geschick bei der Auswahl der neuen Integrationsvariablen, die darüber entscheidet, ob durch die Substitution die Integration erleichtert wird. Häufig benutzte Substitutionen sind in der *Tab. 9.3* zusammengestellt.
- Manchmal ist es notwendig, vor einer Variablensubstitution die Funktion geschickt umzuformen. Dies setzt besonders viel Erfahrung voraus. Das vierte und sechste Integral sind hierfür gute Beispiele.

Substitution	Differential
$z=a\cdot x+b$	$dz=a\cdot dx$
$z=a\cdot x^2+b$	$dz=2a\cdot x\cdot dx$
$z=\sqrt{a\cdot x+b}$	$dz=\frac{a}{2\sqrt{a\cdot x+b}}\cdot dx$
$z=c^x$	$dz=c^x\cdot\ln c\cdot dx$
$z=\ln x$	$dz=\frac{dx}{x}$
$z=\sin x$	$dz=\cos x\cdot dx$

Tab. 9.3: Bei der Integration häufig benutzte Substitutionen

- Die Variablensubstitution muß nicht immer direkt zum Ziel führen. Es kann durchaus sein, daß nach einer Substitution die Funktion partiell integriert werden muß.
- Bei bestimmten Funktionstypen drängt sich die Substitution geradezu auf.
  (i) Im Standardfall $\int f(g(x))\cdot g'(x)\,dx$ führt die Substitution $z=g(x)$ mit $dz=g'(x)\cdot dx$ auf:

  $$\int f(g(x))\cdot g'(x)=\int f(z)\,dz$$

  (ii) Beim Integral $\int\frac{f'(x)}{f(x)}dx$ erhält man mit $z=f(x)$ und $dz=f'(x)\cdot dx$:

  $$\int\frac{f'(x)}{f(x)}dx=\int\frac{dz}{z}=\ln|z|+c=\ln|f(x)|+c$$

  (vgl. das 3. und 4. Beispiel).

  (iii) Ist $F(z)$ die Stammfunktion von $f(z)$, dann gilt für beliebige Konstanten a, b:

  $$\int f(a\cdot x+b)\,dx=\frac{1}{a}\cdot F(a\cdot x+b)+c,$$

  vorausgesetzt, die Funktion $F(z)$ ist im entsprechenden Bereich differenzierbar.
- Man sollte in keinem Fall vergessen, die **Substitution** nach der Integration wieder **rückgängig** zu machen, d.h. im Ergebnis die Variable z durch die substituierte Funktion $g(x)$ zu ersetzen.

9.3.3 Tabelle unbestimmter Integrale

In *Tab. 9.2* waren die Integrale angegeben, die man in jedem Fall auswendig kennen sollte. Aus diesen können nach den oben behandelten Integrationsregeln weitere Integrale von Standardfunktionen abgeleitet werden, von denen eine Auswahl in der folgenden *Tab. 9.4* zusammengestellt wird.

$\int \frac{x}{a\cdot x+b}\,dx = \frac{x}{a} - \frac{b}{a^2}\cdot \ln\lvert a\cdot x+b\rvert + c$	$a\cdot x+b \neq 0$
$\int a^x\,dx = \frac{1}{\ln a}\cdot a^x + c$	
$\int \operatorname{tg}(a\cdot x)\,dx = -\frac{1}{a}\cdot \ln\lvert\cos(a\cdot x)\rvert + c$	$\cos(a\cdot x) \neq 0$
$\int \operatorname{ctg}(a\cdot x)\,dx = \frac{1}{a}\cdot \ln\lvert\sin(a\cdot x)\rvert + c$	$\sin(a\cdot x) \neq 0$
$\int \frac{dx}{\cos^2(a\cdot x)} = \frac{1}{a}\cdot \operatorname{tg}(a\cdot x) + c$	
$\int \frac{dx}{\sin^2(a\cdot x)} = -\frac{1}{a}\cdot \operatorname{ctg}(a\cdot x) + c$	
$\int \sin(a\cdot x)\cdot\cos(a\cdot x)\cdot dx = \frac{1}{2a}\cdot \sin^2(a\cdot x) + c$	
$\int \frac{dx}{\sin(a\cdot x)\cdot\cos(a\cdot x)} = \frac{1}{a}\cdot \ln\lvert\operatorname{tg}(a\cdot x)\rvert + c$	$\operatorname{tg}(a\cdot x) \neq 0$

Tab. 9.4: Auswahl unbestimmter Integrale

9.4 Das bestimmte Integral

Die Integration war bislang als Umkehroperation zur Differentiation verstanden worden. Für eine differenzierbare Funktion $y=f(x)$ gilt $dy=f'(x)\cdot dx$ und daher die Umkehrung:

$$y=\int dy=\int f'(x)\,dx=f(x)+c$$

Neben dieser Definition gibt es eine zweite, diesmal wesentlich anschaulichere Erklärung für das Integral. Zu diesem Zweck betrachten wir die folgende Aufgabe.

Für eine im Intervall $a \leqq x \leqq b$ stetige Funktion $f(x)$ sei der Inhalt der Fläche zwischen der Kurve und der x-Achse über dem Intervall $[a, b]$ zu berechnen. Die Fläche soll mit F_{ab} bezeichnet werden (vgl. *Abb. 9.1*).

Die Fläche F_{ab} läßt sich näherungsweise berechnen, indem man das Intervall in Teilintervalle

$$[a, b]=[a=x_0, x_1]\cup[x_1, x_2]\cup\ldots\cup[x_{n-1}, x_n=b]$$

aufteilt und die Fläche über dem i-ten Intervall $[x_{i-1}, x_i]$ durch ein Rechteck der Höhe $f(\xi_i)$ approximiert, wobei ξ_i ein willkürlicher Wert im Intervall $x_{i-1} \leqq \xi_i \leqq x_i$ ist (vgl. *Abb. 9.2*).

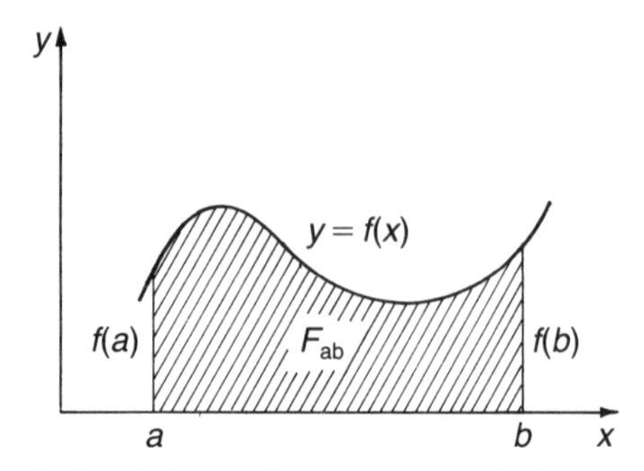

Abb. 9.1: Flächeninhalt unter der Kurve $y=f(x)$ im Intervall $a \leqq x \leqq b$

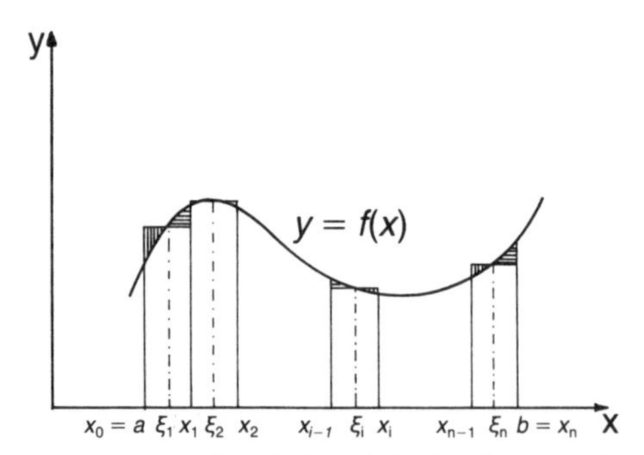

Abb. 9.2: Approximation des Flächeninhalts durch eine Rechtecksumme

Es sei Δx_i die Länge des i-ten Teilintervalls $\Delta x_i = x_i - x_{i-1}$. Dann gilt:

$$F_{ab} \cong \sum_{i=1}^{n} f(\xi_i) \cdot \Delta x_i$$

Offenbar wird die Näherung um so genauer, je besser die durch die Treppenfunktion gemachten Fehler (schraffierte Flächen über und unter der Kurve) sich gerade aufheben oder je kleiner diese Fehlerflächen sind. Letzteres wird durch schmalere Rechtecke, d.h. durch kleinere Teilintervalle, und damit durch eine Erhöhung ihrer Anzahl erreicht. Läßt man die Intervallbreite Δx_i gegen null und damit die Zahl n der Rechtecke gegen unendlich streben, so wird der Grenzwert der Rechtecksumme gleich der gesuchten Fläche werden:

$$F_{ab} = \lim_{\substack{n \to \infty \\ \Delta x_i \to 0}} \sum_{i=1}^{n} f(\xi_i) \cdot \Delta x_i$$

▶ Der Grenzwert F_{ab} wird *bestimmtes* (*Riemann*sches) *Integral*[4] der Funktion $f(x)$ über dem Intervall $[a, b]$ genannt.

---

[4] *Bernhard Riemann* (1826–1866)

$$\lim_{\substack{n \to \infty \\ \Delta x_i \to 0}} \sum_{i=1}^{n} f(\xi_i)\,\Delta x_i = \int_a^b f(x)\,dx$$

Die Variable x ist die Integrationsvariable und a bzw. b ist die untere bzw. obere Integrationsgrenze.

Diese Definition des Integrals als Grenzwert einer Summe erklärt die Wahl des stilisierten Buchstabens S als Integralzeichen.

Ähnlich wie schon bei dem Differentialquotienten (vgl. Abschnitt 5.2) ist also auch das bestimmte Integral durch einen Grenzwert definiert, den man im konkreten Fall natürlich nicht jedesmal ausrechnen möchte. Der sog. **Hauptsatz der Integralrechnung** stellt den Zusammenhang zwischen dem bestimmten und dem unbestimmten Integral her und zeigt damit einen Weg auf, das bestimmte Integral mit Hilfe der Stammfunktion zu berechnen. Dazu wird die Umkehreigenschaft der Rechenoperationen Differentiation und Integration genutzt.

Der Hauptsatz der Integralrechnung

Wir betrachten eine auf dem Intervall $[a, b]$ integrierbare Funktion $f(z)$, für die also der obige Grenzwert bei jeder Wahl der Zwischenwerte ξ_i existiert. Das Integral

$$\int_a^x f(z)\,dz = F_{ax}$$

bedeutet dann ganz offensichtlich den Flächeninhalt unter der Kurve $f(z)$ im Intervall $[a, x]$ (vgl. *Abb. 9.3*). Die Wahl der neuen Integrationsvariablen z hat allein didaktische Gründe; am Wert des bestimmten Integrals ändert sich dadurch nichts. Der Flächeninhalt ist nun von der hier als variabel anzusehenden oberen Integrationsgrenze abhängig und daher eine Funktion von x.

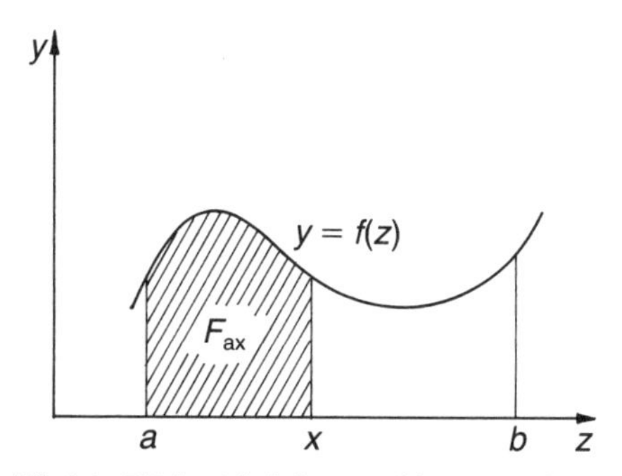

Abb. 9.3: Flächeninhalt bei variabler Intervallgrenze

Differenziert man die Funktion $F_{ax}(x)$ nach x, so bedeutet das formal, ein Integral nach seiner oberen Grenze zu differenzieren. Dazu besagt der Hauptsatz der Integralrechnung:

▶ Ist $f(x)$ im Intervall $[a, b]$ integrierbar, so gilt:

$$F'_{ax}(x) = \frac{d}{dx} \int_a^x f(z)\,dz = f(x)$$

Folglich ist $F_{ax}(x)$ das bestimmte Integral und bis auf die Integrationskonstante c gleich der Stammfunktion $F(x)$ der Funktion $f(x)$:

$$F_{ax}(x) = \int_a^x f(z)\,dz = F(x) + c$$

Setzt man speziell $x = a$, so muß die Fläche unter der Kurve im Intervall $[a, a]$ offenbar gleich null sein, so daß gilt:

$$\int_a^a f(z)\,dz = 0 = F(a) + c$$

Daraus bestimmt sich die Integrationskonstante $c = -F(a)$, und man erhält:

$$\int_a^x f(z)\,dz = F(x) - F(a)$$

Diese wichtige Beziehung zwischen dem bestimmten und dem unbestimmten Integral wird zusammengefaßt:

▶ Der Wert des *bestimmten Integrals* ist gleich dem Wert der Stammfunktion des Integranden an der oberen minus dem Wert der Stammfunktion an der unteren Integrationsgrenze:

$$\int_a^b f(x)\,dx = F(x)\Big|_a^b = F(b) - F(a)$$

Die Funktion $F(x)$ ist die Stammfunktion des Integranden $f(x)$. Die Schreibweise $F(x)\Big|_a^b$ bedeutet die Differenz der Funktionswerte an der oberen und der unteren Grenze.

Beispiele: 1. $\int_1^2 x^2\,dx = \frac{1}{3}x^3\Big|_1^2 = \frac{8}{3} - \frac{1}{3} = \frac{7}{3}$

2. $\int_0^1 e^x\,dx = e^x\Big|_0^1 = e - 1$

3. $\int_0^\pi \sin x\,dx = -\cos x\Big|_0^\pi = -\cos\pi + \cos 0 = 1 + 1 = 2$

Eigenschaften bestimmter Integrale

Nachstehend sind einige Eigenschaften bestimmter Integrale zusammengestellt, die leicht ohne Begründung als richtig zu erkennen sind. Alle Regeln gelten stets unter der Voraussetzung, daß die genannten Integrale auf den bezeichneten Intervallen existieren, die Integranden also dort integrierbar sind.

- Definitionsgemäß gilt:

$$\int_a^a f(x)\,dx = 0$$

- Vertauscht man die Integrationsgrenzen, so ändert sich das Vorzeichen des Integrals:

$$\int_a^b f(x)\,dx = -\int_b^a f(x)\,dx$$

- Für jede Lage der Punkte a, b, c auf der Zahlengeraden gilt:

$$\int_a^b f(x)\,dx + \int_b^c f(x)\,dx = \int_a^c f(x)\,dx$$

- Für jede Konstante k gilt:

$$\int_a^b k \cdot f(x)\,dx = k \cdot \int_a^b f(x)\,dx$$

- Die Summenregel gilt ebenfalls entsprechend:

$$\int_a^b [f(x) + g(x)]\,dx = \int_a^b f(x)\,dx + \int_a^b g(x)\,dx$$

Verläuft eine Funktion $f(x)$ auf dem Intervall $[a, b]$ stets unterhalb der Funktion $g(x)$, so gilt die Aussage:

- Für $f(x) \leqq g(x)$ auf $[a, b]$ ist:

$$\int_a^b f(x)\,dx \leqq \int_a^b g(x)\,dx$$

Eine unmittelbare Folgerung dieser Eigenschaft ist, daß das bestimmte Integral einer Funktion, die auf dem gesamten Intervall negativ ist, einen negativen Wert hat. Es ergibt sich die Fläche der Kurve unter der x-Achse jedoch mit negativem Vorzeichen.

- Für $f(x) \leqq 0$ auf $[a, b]$ ist:

$$\int_a^b f(x)\,dx \leqq 0$$

Man sollte dies besonders beachten, wenn der Integrand im Integrationsintervall eine oder mehrere Nullstellen besitzt. Die entsprechenden positiven Flächen (über der x-Achse) und negativen Flächen (unterhalb der x-Achse) **heben sich gegenseitig auf,** wenn man über die Nullstellen hinweg integriert. Will man die in der *Abb. 9.4* schraffierte Fläche bestimmen, so hat man wie folgt vorzugehen:

$$F = F_1 - F_2 + F_3 = \int_a^{\xi_1} f(x)\,dx - \int_{\xi_1}^{\xi_2} f(x)\,dx + \int_{\xi_2}^{b} f(x)\,dx$$

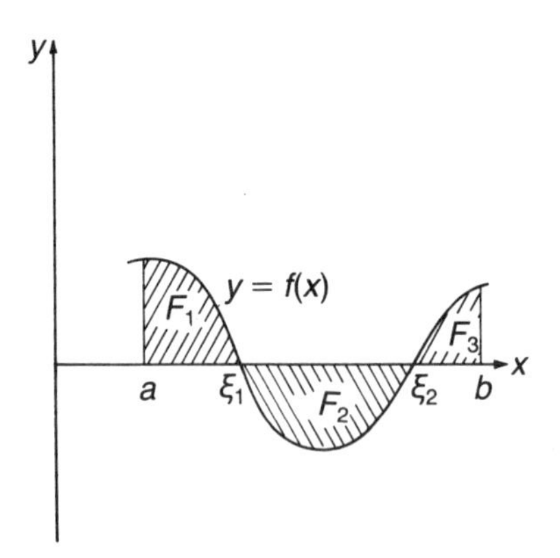

Abb. 9.4: Vorzeichen bestimmter Integrale

Beispiele: 1. $\int_0^{\pi} \cos x\,dx = \sin x \Big|_0^{\pi} = 0$

2. $\int_{-2}^{1} x^3\,dx = \frac{1}{4}x^4 \Big|_{-2}^{1} = \frac{1}{4} - \frac{16}{4} = -\frac{15}{4}$

- Die partielle Integrationsregel bleibt uneingeschränkt gültig:

$$\int_a^b f(x)\cdot g'(x)\,dx = f(x)\cdot g(x)\Big|_a^b - \int_a^b f'(x)\cdot g(x)\,dx$$

Man beachte, daß in das Produkt $f(x)\cdot g(x)$ ebenfalls die Integrationsgrenzen eingesetzt und entsprechende Differenzen gebildet werden.

Wird zum Zwecke der Integration eine **Variablensubstitution** vorgenommen, so ist unbedingt darauf zu achten, daß entweder die Integrationsgrenzen mittransformiert werden oder die Substitution in der Stammfunktion rückgängig gemacht wird, bevor die Integrationsgrenzen eingesetzt werden. Die Integrationsgrenzen sind immer spezielle Werte der Integrationsvariablen! Änderte sich die Integrationsvariable durch Substitution, so müssen die Grenzen ebenfalls substituiert werden:

- Es sei das Integral $\int_a^b f(g(x)) \cdot g'(x)\,dx$ zu lösen. Die Substitution

  $z = g(x) \rightarrow dz = g'(x) \cdot dx$

  transformiert die Grenzen $x = a$ und $x = b$ auf die Grenzen $z = g(a)$ und $z = g(b)$:

  $$\int_a^b f(g(x)) \cdot g'(x)\,dx = \int_{g(a)}^{g(b)} f(z)\,dz$$

Es ist meist geschickt, die Grenzen direkt bei der Substitution zu übertragen:

$$z \Big|_{g(a)}^{g(b)} = g(x) \Big|_a^b$$

Beispiele: 1. $\int_0^2 \frac{dx}{2x+3}$

Substitution: $z \Big|_3^7 = 2x+3 \Big|_0^2 \rightarrow dz = 2dx$

$$\int_0^2 \frac{dx}{2x+3} = \frac{1}{2}\int_3^7 \frac{dz}{z} = \frac{1}{2}\ln z \Big|_3^7 = \frac{1}{2}(\ln 7 - \ln 3)$$

$$= \frac{1}{2}\ln\frac{7}{3} = 0{,}4236$$

2. $\int_1^e \frac{\ln x}{x}\,dx$

Substitution: $z \Big|_0^1 = \ln x \Big|_1^e \rightarrow dz = \frac{1}{x} \cdot dx$

$$\int_1^e \frac{\ln x}{x}\,dx = \int_0^1 z\,dz = \frac{1}{2}z^2 \Big|_0^1 = \frac{1}{2}$$

9.5 Wirtschaftswissenschaftliche Anwendungen

Die Integration wird in den Wirtschaftswissenschaften angewendet, wenn man von dem Grenzverhalten einer ökonomischen Größe auf die Funktion selbst schließen möchte. Beispielsweise läßt sich von dem zeitabhängigen Änderungsverhalten des Umsatzes eines Produktes durch Integration auf den Umsatz eines Zeitraumes, z.B. eines Jahres, schließen, oder man kann zu einer bekannten Grenzkostenfunktion die Gesamtkostenfunktion mit Hilfe der Integration bestimmen. Diese unmittelbar aus der Definition der Integration als Umkehroperation zur Differentiation ableitbaren Anwendungen sind offensichtlich und sollen hier nicht vertieft werden.

Dagegen wollen wir uns mit einem Problem etwas näher befassen, das dem Studenten der Wirtschaftswissenschaften in seinem Studium relativ frühzeitig begegnet. Es handelt sich um den Einsatz der Integralrechnung in der Statistik, hier speziell um den Zusammenhang zwischen Dichte- und Verteilungsfunktion. Am Beispiel der Normalverteilung und des Wahrscheinlichkeitsintegrals soll diese Beziehung kurz erläutert werden. Eine ausführliche Behandlung muß allerdings der Statistik vorbehalten bleiben.

Zufallsfehler

In vielen Bereichen der Wirtschaftswissenschaften werden Daten durch Messung und Beobachtung gewonnen. Derartige Ergebnisse sind nie ganz fehlerfrei, sondern immer mit **systematischen** und **zufälligen** Abweichungen behaftet. Systematische Fehler sind auf Ursachen zurückzuführen, die bei sorgfältiger Untersuchung hinreichend genau bestimmt werden können, z.B. mangelhafte Eichung, Abweichung in Temperatur oder Luftfeuchtigkeit, ungünstige Tageszeit usw. Hat man diese Ursachen erkannt, so kann man sie entweder abstellen oder die aus ihnen resultierenden Abweichungen entsprechend berücksichtigen.

Anders verhält es sich bei zufälligen Fehlern. Sie sind i.d.R. weder von ihrer Ursache her noch in ihrer Wirkung bestimmbar. Es gibt meist sehr viele Einflußfaktoren, die bei jeder Messung unterschiedlich zusammenwirken, so daß zufällige Fehler nie völlig auszuschalten sind.

Der Fehler, der bei der Messung oder Beobachtung einer bestimmten physikalischen oder ökonomischen Größe auftritt (z.B. Länge, Temperatur, DM, Stück usw.), hat die gleiche Dimension wie die Meßgröße selbst. Der Wert jedoch ist zufällig, weshalb man die entsprechende beschreibende Größe als Zufallsvariable bezeichnet.

▶ Unter einer *Zufallsvariablen* X versteht man eine Größe, deren Wert vom Zufall abhängt.

Zufallsvariablen werden i.d.R. mit großen Buchstaben bezeichnet. Man beachte, daß die Zufallsvariable X verschiedene Werte annehmen kann, die dann als Skalare mit kleinen Buchstaben geschrieben sind.

Um Zufallsvariablen umfassend zu beschreiben, muß man bedenken, daß der einzelne Wert nur mit einer bestimmten Wahrscheinlichkeit angenommen wird. Zu ihrer vollständigen Charakterisierung gehört daher das Verteilungsgesetz dieser Wahrscheinlichkeit.

Dichte- und Verteilungsfunktion eines Wahrscheinlichkeitsgesetzes

Ein Verteilungsgesetz wird i.allg. durch die sog. **Dichtefunktion** beschrieben, mit der für bestimmte Werte einer Zufallsgröße angegeben werden kann, mit welcher Wahrscheinlichkeit sie auftreten. Die Dichtefunktion $\phi(x)$ besagt, daß die Zufallsvariable X einen Wert aus dem Intervall $[x, x+dx]$ mit der Wahrscheinlichkeit $\phi(x)\cdot dx$ annimmt, wobei dx wieder die bekannte infinitesimale Größe ist.

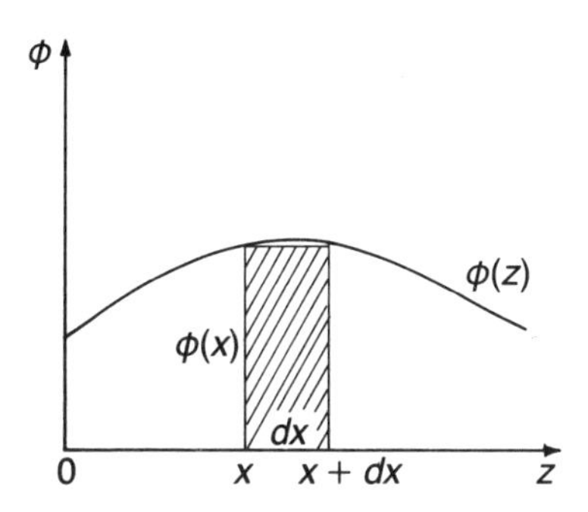

Abb. 9.5: Dichtefunktion einer Zufallsgröße

Die Wahrscheinlichkeit ist innerhalb der vorgegebenen Grenzen also gleich der Fläche unter der Dichtefunktion. Entsprechendes gilt auch für endliche Intervalle. Die Wahrscheinlichkeit, mit der der Wert einer Zufallsgröße im Intervall $[0, x]$ liegt, ist gleich der Fläche unter der Dichtefunktion im entsprechenden Abschnitt $[0, x]$. Um diese Fläche zu berechnen, kann man also das bestimmte Integral der Dichtefunktion bestimmen.

▶ Es sei $\phi(z)$ die Dichtefunktion einer Verteilung. Dann bedeutet das Integral

$$\Phi(x)=\int_0^x \phi(z)\,dz$$

die *Wahrscheinlichkeit*, mit der eine Zufallsvariable mit der entsprechenden Dichtefunktion $\phi(z)$ einen Wert aus dem Intervall $[0, x]$ annimmt.

Da in der Regel Dichtefunktionen statistischer Verteilungen für alle reellen Zahlen definiert sind, d.h. $D(\phi)=\mathbb{R}$, wird die Verteilungsfunktion i.allg. als bestimmtes Integral mit $-\infty$ als unterer Integrationsgrenze auftreten.

▶ Mit $\phi(z)$ als Dichtefunktion bedeutet[5]

$$\Phi(x)=\int_{-\infty}^x \phi(z)\,dz$$

[5] Wegen der Integrationsgrenze $-\infty$ handelt es sich hierbei um ein uneigentliches Integral, zu dem im Abschnitt 9.7 noch kurz Stellung bezogen wird.

die Wahrscheinlichkeit, mit der die Zufallsvariable einen Wert kleiner oder gleich x annimmt. $\Phi(x)$ heißt dann die *Verteilungsfunktion* des entsprechenden Wahrscheinlichkeitsgesetzes.

Die Verteilungsfunktion ist also immer das **bestimmte Integral** der Dichtefunktion von $-\infty$ bis zu der variablen oberen Grenze x.

Wahrscheinlichkeitsintegral

Für die Fehlermessung hat sich das von *Carl Friedrich Gauß*[6] entwickelte Fehlergesetz in vielen Fällen als hinreichend genau erwiesen. In der Wahrscheinlichkeitstheorie und Statistik wird es als **Normalverteilung $N(\mu, \sigma)$** bezeichnet, wobei μ der **Mittelwert** und σ die **Standardabweichung** bedeuten. Bei einem Mittelwert von $\mu=0$ und der Standardabweichung $\sigma=1$ wird von der standardisierten Normalverteilung $N(0, 1)$ gesprochen. Ihre Dichtefunktion lautet:

$$\phi(z)=\frac{1}{\sqrt{2\pi}}\cdot e^{-z^2/2}$$

Diese Funktion ist in *Abb. 9.6* dargestellt.

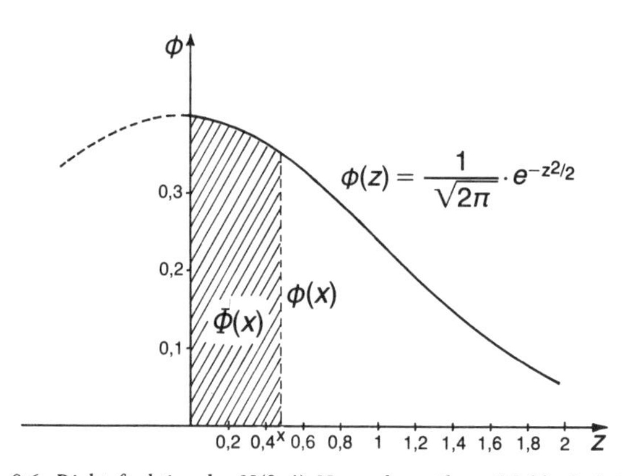

Abb. 9.6: Dichtefunktion der N(0, 1)-Normalverteilung (Fehlerfunktion)

Um nun die Wahrscheinlichkeit zu bestimmen, mit der ein Beobachtungsfehler im Intervall $[0, x]$ liegt, muß man das Integral

$$\Phi(x)=\frac{1}{\sqrt{2\pi}}\cdot\int_0^x e^{-z^2/2}\,dz$$

---

[6] Vergleiche die Fußnote [11] im Kapitel 3.

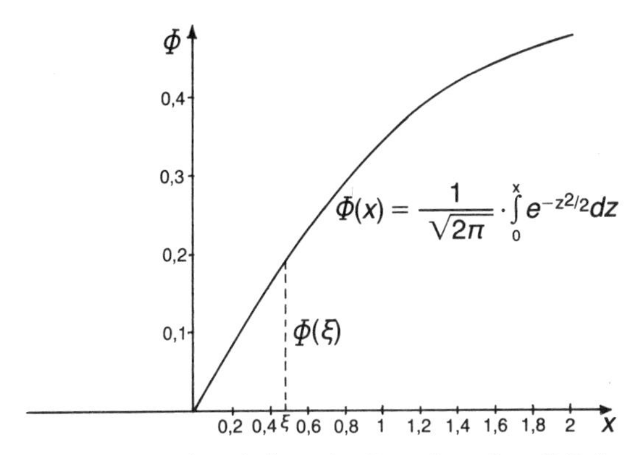

Abb. 9.7: Verteilungsfunktion der Normalverteilung $N(0, 1)$

berechnen. Dies ist der ‚rechte Teil' der Verteilungsfunktion der Normalverteilung $N(0, 1)$,[7] die in der *Abb. 9.7* dargestellt ist.

▶ Die Funktion

$$\Phi(x) = \frac{1}{\sqrt{2\pi}} \cdot \int_0^x e^{-z^2/2} \, dz$$

heißt *Wahrscheinlichkeitsintegral.*

Im Abschnitt 9.3 war bereits darauf hingewiesen worden, daß nicht alle Funktionen in geschlossener Form integriert werden können. Das Wahrscheinlichkeitsintegral gehört zu dieser Klasse von Funktionen. Seiner großen Bedeutung wegen wurde es mit Hilfe **numerischer Methoden** gelöst und in entsprechenden Tabellen vertafelt, die man praktisch in jedem Statistikbuch findet.

9.6 Näherungsweise Integration

Mit dem Wahrscheinlichkeitsintegral haben wir ein in geschlossener Form nicht lösbares Integral kennengelernt. Das theoretische Interesse und – in diesem Fall noch mehr – die praktische Anwendung erfordern jedoch, daß die Werte des Integrals für verschiedene Werte von x

---

[7] Tatsächlich lautet die Verteilungsfunktion der Normalverteilung:

$$\Phi(x) = \frac{1}{\sqrt{2\pi}} \cdot \int_{-\infty}^{x} e^{-z^2/2} \, dz$$

Damit wird die gesamte Fläche unter der Kurve von $-\infty$ bis x erfaßt. Wegen der Symmetrie zur y-Achse genügt es jedoch, das Integral nur von 0 bis x zu berechnen und, um den Wert der Verteilungsfunktion zu erhalten, 0,5 zu addieren.

bekannt sind. Daher sind Methoden entwickelt worden, derartige Integrale numerisch zu berechnen, um die entsprechenden Werte in Form einer Wertetabelle zu vertafeln.

Außer dem Wahrscheinlichkeitsintegral sind andere bekannte, nicht geschlossen lösbare Integrale:

- Integralsinus $\mathrm{Si}(x)=\int\limits_0^x \frac{\sin z}{z}\,dz$
- Integralcosinus $\mathrm{Ci}(x)=-\int\limits_x^\infty \frac{\cos z}{z}\,dz$
- Integrallogarithmus $\mathrm{Li}(x)=\int\limits_0^x \frac{dz}{\ln z}$
- Integralexponentielle $\mathrm{Ei}(x)=-\int\limits_x^\infty \frac{e^z}{z}\,dz$

Damit stellt sich die Frage, wie man derartige Integrale numerisch behandelt.

Es gibt im Prinzip zwei Möglichkeiten der Berechnung. Erstens kann man den Integranden in Form einer **Potenzreihe** entwickeln (vgl. Abschnitt 4.7), die unendliche Reihe gliedweise integrieren und sie auswerten, bis die geforderte Genauigkeit erreicht ist. Diese Methode ist ohne Schwierigkeiten vollziehbar.

Als zweite Möglichkeit bietet sich die näherungsweise **numerische Integration** an, die im Prinzip immer anwendbar ist, z.B. auch für Funktionen, deren Potenzreihenentwicklung man nicht kennt. Man versteht unter numerischer Integration die Berechnung des bestimmten Integrals

$$\int\limits_a^b f(x)\,dx$$

mit Hilfe der näherungsweisen Bestimmung des Flächeninhaltes unter der Kurve der Funktion $f(x)$ durch Summen von Rechtecken oder Trapezen.

Rechtecksapproximation

Die Annäherung der Fläche durch eine **Rechtecksumme** läuft auf die bei der Ableitung des bestimmten Integrals geschilderte Methode hinaus (vgl. Abschnitt 9.4). Das Integrationsintervall $[a, b]$ wird in n gleich große Teilintervalle aufgeteilt, wodurch $n+1$ sog. **äquidistante** Stützstellen mit der Schrittweite Δx entstehen.

Δx Δx Δx

$a=x_0$ x_1 x_2 x_{n-1} $x_n=b$

Es sind:

$$x_1 = x_0 + \Delta x$$
$$x_2 = x_1 + \Delta x = x_0 + 2 \cdot \Delta x$$
$$\vdots$$
$$x_n = x_{n-1} + \Delta x = x_0 + n \cdot \Delta x$$

In der Mitte des i-ten Teilintervalls $[x_{i-1}, x_i]$, d.h. an der Stelle $\xi_i = x_{i-1} + \frac{\Delta x}{2}$, wird der Funktionswert $f(\xi_i)$ berechnet.

▶ Das bestimmte Integral, d.h. die Fläche unter der Kurve, wird angenähert durch die *Rechtecksumme:*

$$\int_a^b f(x)\,dx \cong \sum_{i=1}^{n} f(\xi_i) \cdot \Delta x = \Delta x \cdot \sum_{i=1}^{n} f(\xi_i)$$

Diese Berechnung läßt sich sehr gut mit Hilfe eines Taschenrechners durchführen.

Beispiel: Als Beispiel soll das Wahrscheinlichkeitsintegral

$$\Phi(x) = \frac{1}{\sqrt{2\pi}} \cdot \int_0^x e^{-z^2/2}\,dz$$

über dem Intervall [0,1] berechnet werden. Der vertafelte Wert beträgt $\Phi(1) = 0{,}3413$.

Die Schrittweite sei $\Delta x = 0{,}2$. Der Wert des Integranden wird an den Stellen 0,1, 0,3, ..., 0,9 berechnet.

i	ξ_i	$f(\xi_i)$	$\sum f(\xi_i)$
1	0,1	0,9950	0,9950
2	0,3	0,9560	1,9510
3	0,5	0,8825	2,8335
4	0,7	0,7827	3,6162
5	0,9	0,6670	4,2832

Tab. 9.4: Rechtecksapproximation mit 5 Stützstellen

Der angenäherte Wert beträgt also:

$$\Phi(1) \cong \frac{1}{\sqrt{2\pi}} \cdot 0{,}2 \cdot 4{,}2832 = 0{,}3417$$

Das heißt, er ist mit dem sehr genau berechneten vertafelten Wert annähernd identisch.

Die Approximation wird offensichtlich um so besser, je mehr Stützstellen man für die Rechtecksannäherung wählt. Für das Wahrscheinlichkeitsintegral ergibt sich bei 10 Stützstellen die nachstehende Lösung.

Beispiel: $\Phi(1)=\frac{1}{\sqrt{2\pi}}\cdot\int_0^1 e^{-z^2/2}\,dz$

i	ξ_i	$f(\xi_i)$	$\sum f(\xi_i)$
1	0,05	0,9988	0,9988
2	0,15	0,9888	1,9876
3	0,25	0,9692	2,9568
4	0,35	0.9406	3,8974
5	0,45	0,9037	4,8011
6	0,55	0,8596	5,6607
7	0,65	0,8096	6,4703
8	0,75	0,7548	7,2251
9	0,85	0,6968	7,9219
10	0,95	0,6368	8,5588

Tab. 9.5: Rechtecksapproximation mit 10 Stützstellen

$$\Phi(1)\cong\frac{1}{\sqrt{2\pi}}\cdot 0{,}1\cdot 8{,}5588=0{,}3414$$

Die Annäherung an den vertafelten Wert ist jetzt also noch besser.

Trapezapproximation

Eine methodisch bedingte Verbesserung der Näherung läßt sich erreichen, wenn man die Fläche durch eine **Summe von Trapezen** anstelle von Rechtecken darstellt (vgl. *Abb. 9.8*).

Die Fläche des Trapezes über dem Intervall $[x_0, x_1]$ ist:

$$\frac{f(x_0)+f(x_1)}{2}\cdot\Delta x$$

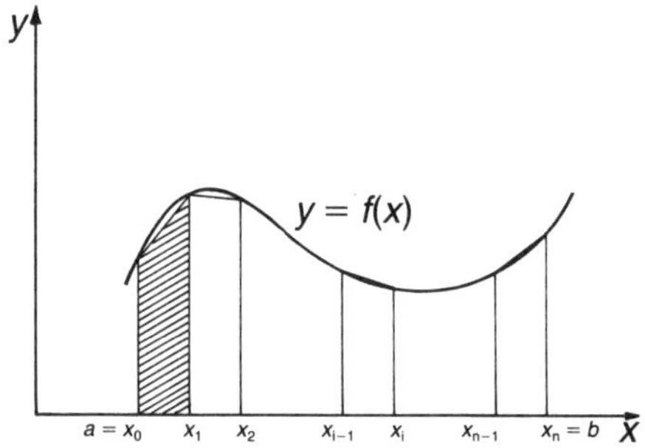

Abb. 9.8: Approximation des Flächeninhalts durch eine Trapezsumme

Als Summe der Trapeze ergibt sich:

$$\int_{x_0}^{x_n} f(x)\,dx \cong \frac{f(x_0)+f(x_1)}{2}\cdot \Delta x + \frac{f(x_1)+f(x_2)}{2}\cdot \Delta x + \dots$$

$$+\frac{f(x_{n-1})+f(x_n)}{2}\cdot \Delta x$$

$$=\left\{\tfrac{1}{2} f(x_0) + \sum_{i=1}^{n-1} f(x_i) + \tfrac{1}{2} f(x_n)\right\}\cdot \Delta x$$

▶ Man erhält als Annäherung durch eine *Trapezsumme:*

$$\int_{x_0}^{x_n} f(x)\,dx \cong \Delta x \cdot \sum_{i=0}^{n} \lambda_i \cdot f(x_i)$$

mit $\lambda_0 = \lambda_n = 0{,}5$ und $\lambda_i = 1$ für $i = 1, \dots, n-1$.

Am Beispiel des Wahrscheinlichkeitsintegrals wird wieder gezeigt, daß die Approximationsgenauigkeit mit der Zahl der Stützstellen zunimmt.

Beispiele: $\Phi(x) = \frac{1}{\sqrt{2\pi}} \cdot \int_0^x e^{-z^2/2}\,dz$

1. Es werden 6 Stützstellen gewählt:

$x_0 = 0,\ x_1 = 0{,}2, \dots, x_4 = 0{,}8,\ x_5 = 1$

i	x_i	$f(x_i)$	λ_i	$\sum_i \lambda_i \cdot f(x_i)$
0	0	1	0,5	0,5
1	0,2	0,9802	1	1,4802
2	0,4	0,9231	1	2,4033
3	0,6	0,8353	1	3,2386
4	0,8	0,7261	1	3,9647
5	1,0	0,6065	0,5	4,2680

Tab. 9.6: Trapezapproximation mit 6 Stützstellen

$$\Phi(x) \cong \frac{1}{\sqrt{2\pi}} \cdot \Delta x \cdot \sum_i \lambda_i f(x_i)$$

$$\Phi(1) \cong \frac{1}{\sqrt{2\pi}} \cdot 0{,}2 \cdot 4{,}2680 = 0{,}3405$$

2. Bei 11 Stützstellen erhält man:

i	x_i	$f(x_i)$	λ_i	$\sum_i \lambda_i \cdot f(x_i)$
0	0	1	0,5	0,5
1	0,1	0,9950	1	1,4950
2	0,2	0,9802	1	2,4752
3	0,3	0,9560	1	3,4312
4	0,4	0,9231	1	4,3543
5	0,5	0,8825	1	5,2368
6	0,6	0,8353	1	6,0721
7	0,7	0,7827	1	6,8548
8	0,8	0,7261	1	7,5809
9	0,9	0,6670	1	8,2479
10	1	0,6065	0,5	8,5512

Tab. 9.7: Trapezapproximation mit 11 Stützstellen

$$\Phi(1) \cong \frac{1}{\sqrt{2\pi}} \cdot 0{,}1 \cdot 8{,}5512 = 0{,}3411$$

Die Trapezregel führt i.allg. zu besseren Näherungswerten als die Rechteckregel, es sei denn, die Kurve der zu integrierenden Funktion verläuft im gesamten Integrationsintervall konvex oder konkav. An der *Abb. 9.8* wird deutlich, daß die Trapezregel in Bereichen konvexen Verlaufes die Fläche überschätzt, während sie bei konkaver Krümmung immer unterschätzt. Bei einer überall konvexen bzw. konkaven Funktion fehlt dann ein Ausgleich, so daß die Fehler kumulieren.

Die Dichtefunktion der Normalverteilung, deren Integral in den letzten Beispielen berechnet wurde, ist im Intervall [0,1] überwiegend konkav gekrümmt. Die Trapezregel unterschätzt hier also beständig und führt auf einen ungenaueren Näherungswert als die Rechteckregel. Dies gilt jedoch nicht allgemein. Im Gegenteil zeigen Fehlerabschätzungen, daß die Trapezregel i.d.R. genauere Ergebnisse liefert.

9.7 Uneigentliche Integrale

Zum Abschluß dieses Kapitels soll eine bestimmte Klasse von Integralen behandelt werden, die man **uneigentlich** nennt. Sie sollen hier nur kurz erwähnt und in sehr vereinfachender Weise eigentlich nur deshalb behandelt werden, weil sie z.T. im Rahmen der Statistik vorkommen.

▶ *Uneigentlich* nennt man Integrale, bei denen eine (oder beide) Integrationsgrenzen unendlich wird (werden), oder bei denen der Integrand im Integrationsbereich unendlich wird.

Wir wollen uns hier kurz mit den uneigentlichen Integralen befassen, deren Grenzen gegen unendlich streben.

Beispiel: Die Dichtefunktion der $N(0,1)$-Normalverteilung lautet:

$$\phi(z)=\frac{1}{\sqrt{2\pi}}\cdot e^{-z^2/2}$$

Die Dichtefunktion ist auf der gesamten Zahlengeraden definiert, d.h. jeder Wert $z\in\mathbb{R}$ kann mit einer ihm zugehörigen Wahrscheinlichkeit auftreten. Häufig interessiert man sich nun dafür, wie groß die Wahrscheinlichkeit dafür ist, daß ein Fehler kleiner oder gleich einer bestimmten Marke m ist.

Offenbar gilt

$$\Phi(-\infty<x\leqq m)=\frac{1}{\sqrt{2\pi}}\cdot\int_{-\infty}^{m} e^{-z^2/2}\,dz,$$

und im Prinzip müßte das bestimmte Integral in den Grenzen $[-\infty, m]$ berechnet werden.

Im Rahmen dieser Einführung soll das uneigentliche Integral mit gegen Unendlich strebenden Grenzen als einfache Verallgemeinerung des im Abschnitt 9.4 behandelten *Riemann*schen Integrals aufgefaßt werden.

▶ Für eine im gesamten Integrationsintervall stetige Funktion $f(x)$ gilt:

$$\int_{a}^{\infty} f(x)\,dx=\lim_{b\to\infty}\int_{a}^{b} f(x)\,dx,$$

vorausgesetzt, der Grenzwert existiert.

Unter den gleichen Voraussetzungen gelten:

▶ $$\int_{-\infty}^{b} f(x)\,dx=\lim_{a\to-\infty}\int_{a}^{b} f(x)\,dx$$

▶ $$\int_{-\infty}^{+\infty} f(x)\,dx=\lim_{a\to-\infty}\int_{a}^{c} f(x)\,dx+\lim_{b\to\infty}\int_{c}^{b} f(x)\,dx$$

mit $c\in\mathbb{R}$ beliebig.

Beispiel: $\int_{0}^{\infty} e^{-x}\,dx$

$$\lim_{b\to\infty}\int_{0}^{b} e^{-x}\,dx=\lim_{b\to\infty}[-e^{-x}]\Big|_{0}^{b}$$

$$=\lim_{b\to\infty}[-e^{-b}+e^{0}]=0+1=1,$$

da $\lim_{b\to\infty} e^{-b}=0$ ist. Folglich ist:

$$\int_{0}^{\infty} e^{-x}\,dx=1$$

Aufgaben zum Kapitel 9

Aufgabe 9.1

Berechnen Sie die folgenden unbestimmten Integrale.

(a) $\int \sin(a \cdot x)\,dx$

(b) $\int \left(x^2 - 4x + \frac{1}{(x-2)^2}\right) dx$

(c) $\int \frac{x}{\sqrt{x-2}}\,dx$

(d) $\int \frac{(\ln x)^5}{x}\,dx$

(e) $\int x \cdot e^{-2x^2}\,dx$

(f) $\int \cos^3 x\,dx$

(g) $\int \sqrt{x} \cdot \ln x\,dx$

(h) $\int \frac{x-1}{\sqrt[3]{x}}\,dx$

(i) $\int \frac{x^2+1}{x^3+3x}\,dx$

(j) $\int \frac{x^3-4x}{2} \cdot \ln x\,dx$

(k) $\int \sqrt{x\sqrt{x}}\,dx$

Aufgabe 9.2

Bestimmen Sie die Stammfunktionen zu folgenden Funktionen.

(a) $f(x) = a^x \qquad a \in \mathbb{R},\ a > 0$

(b) $f(x) = x \cdot \sin(x/2)$

(c) $f(x) = x^2 \cdot \sqrt{x}$

(d) $f(x) = \frac{x^2}{\sqrt{x+5}}$

(e) $f(x) = x \cdot \sin 2x$

(f) $f(x) = (\sin x + \cos x)^2$

(g) $f(x) = \frac{x^2 + 2x - 4}{\sqrt{x}}$

(h) $f(x) = x^2 \cdot e^x$

(i) $f(x)=\frac{1}{x \cdot \ln x}$

(j) $f(x)=(6x^2+9)\cdot(x^3+\frac{9}{2}x+4)^3$

(k) $f(x)=x^3 \cdot \ln x^2$

Aufgabe 9.3

Berechnen Sie die folgenden bestimmten Integrale.

(a) $\int\limits_0^{2\pi} \sin\frac{x}{4}\,dx$

(b) $\int\limits_{-1}^{+1} |x|\,dx$

(c) $\int\limits_0^{\sqrt{\pi/2}} 2x \cdot \sin(x^2)\,dx$

(d) $\int\limits_{-2}^{+2} \min\{x; x^2\}\,dx$

(e) $\int\limits_1^e \ln x\,dx$

(f) $\int\limits_0^4 f(x)\,dx$ mit $f(x)=\begin{cases} x^2 & \text{für } 0 \leqq x < 1 \\ \sqrt{x} & \text{für } 1 \leqq x \leqq 4 \end{cases}$

(g) $\int\limits_0^1 \frac{4x+6}{x^2+3x+2}\,dx$

(h) $\int\limits_3^1 x^2 \cdot \ln x\,dx$

Aufgabe 9.4

Berechnen Sie das bestimmte Integral

$$\int\limits_0^2 \sqrt{4-x^2}\,dx$$

mittels numerischer Integration.

(a) Wählen Sie die Rechtecksapproximation mit 5 bzw. 10 äquidistanten Stützstellen.
(b) Wählen Sie die Trapezapproximation mit 6 bzw. 11 Stützstellen.
(c) Vergleichen Sie Ihre Lösungen mit dem exakten Ergenis, das durch Überlegung zu ermitteln ist.

Aufgabe 9.5

Gegeben sei die Funktion:

$$f(x)=\frac{(1+\sin 4x)^2}{\sqrt{x+1}}$$

(a) Berechnen Sie numerisch das bestimmte Integral $\int_0^4 f(x)\,dx$ unter Verwendung der Rechtecksapproximation mit 10 Stützstellen.

(b) Benutzen Sie die Trapezapproximation mit 11 Stützstellen zur Lösung des gleichen Integrals.

Lösungen der Aufgaben

Die Lösungen der Aufgaben umfassen neben dem Ergebnis auch Hinweise über den Lösungsweg oder wichtige Zwischenergebnisse, so daß es anhand der Angaben möglich sein sollte, die Lösung nachzuvollziehen.

Lösungen der Aufgaben zum Kapitel 1

Aufgabe 1.1

(a) Das Volumen beträgt $V=(x-2z)\cdot(y-2z)\cdot z$.
(b) Für das Zahlenbeispiel erhält man $V=324\,\text{cm}^3$.

Aufgabe 1.2

(a) Sei $x=\overline{AS}_1$, dann ist $\overline{BS}_2=3/2\,x$ und $F=5/4\cdot x\cdot b$.
(b) Für die gegebenen Zahlen lautet $F=7{,}5\,\text{cm}^2$.

Aufgabe 1.3

(a) Die Deckelfläche besteht aus einem Rechteck der Fläche $(l-b)\cdot b$ und einem Kreis mit dem Radius $b/2$.

Deckelfläche: $D=(l-b)\cdot b+\frac{\pi}{4}\cdot b^2$

Mantelfläche: $M=\{2(l-b)+\pi\cdot b\}\cdot h$

Gesamtfläche: $F=2D+M=2(l-b)\cdot(b+h)+\pi\cdot b\cdot(b/2+h)$

Volumen: $V=Dh=(l-b)\cdot b\cdot h+\frac{\pi}{4}\cdot b^2\cdot h$

(b) Aus $h:b:l=1:3:6$ folgt $h=b/3$ und $l=2b$.
Gesamtfläche: $F(b)=(8/3+5/6\pi)\cdot b^2$
Volumen: $V(b)=(1/3+\pi/12)\cdot b^3$

Aufgabe 1.4

(a) Bezeichnet man den Abstand des Punktes X von K mit x, so legt der Mann folgende Wegstrecken zurück:

- rudernd zu Wasser: $\sqrt{8^2+x^2}=w_W$
- laufend auf Land: $10-x=w_L$

Die Geschwindigkeiten $v_W=3\,\text{km/h}$ und $v_L=5\,\text{km/h}$ sind bekannt, so daß die Zeit lautet:

$$t(x)=\frac{1}{v_W}\cdot w_W+\frac{1}{v_L}\cdot w_L=\tfrac{1}{3}\sqrt{64+x^2}+\tfrac{1}{5}(10-x)$$

(b) Für $x=2$ ergibt sich die Zeit $t(2)=4{,}3487$ h.

Aufgabe 1.5

(a) Mit x als Abstand $\overline{KX}$ ergibt sich:

$w_W=\sqrt{a^2+x^2},\ w_L=\sqrt{c^2+(b-x)^2}$

Die Gesamtzeit beträgt also:

$$t(x)=\frac{w_W}{v_W}+\frac{w_L}{v_L}=\frac{\sqrt{a^2+x^2}}{v_W}+\frac{\sqrt{c^2+(b-x)^2}}{v_L}$$

(b) Mit den Zahlenwerten erhält man $t(2)=6{,}3542$ h.

Aufgabe 1.6

(a) Jährlich sind m/x Bestellungen nötig, deren Kosten $k_B=(m/x)\cdot E$ betragen.

Der Lagerbestand ist durchschnittlich $x/2$; im Jahr fallen somit folgende Lagerhaltungskosten durch Kapitalbindung an: $k_L=(x/2)\cdot s\cdot(p/100)$

Die Gesamtkosten (ohne Beschaffungskosten) sind also:

$$k(x)=\frac{m\cdot E}{x}+\frac{p\cdot s}{200}\cdot x$$

(b) Mit den Zahlenwerten erhält man $k(80)=205,-$ DM bzw. $k(200)=250,-$ DM.

Aufgabe 1.7

(a) Der Abstand des Verteilers V von A sei x.

Die Rohrlängen betragen:

$r_{AV}=x$ und $r_{VB}=r_{VC}=\sqrt{b^2/4+(a-x)^2}$

Die Kosten sind $k=p_{AV}\cdot r_{AV}+p_{VB}\cdot r_{VB}+p_{VC}r_{VC}$, d.h.:

$k(x)=p_{AV}\cdot x+(p_{VB}+p_{VC})\cdot\sqrt{b^2/4+(a-x)^2}$

(b) Mit den Zahlen des Beispiels erhält man $k(4)=281{,}25$ DM.

Aufgabe 1.8

(i) $K_1:\ x_{11}+x_{21}=\ 71$
$K_2:\ x_{12}+x_{22}=133$
$K_3:\ x_{13}+x_{23}=\ 96$

(ii) $L_1:\ x_{11}+x_{12}+x_{13}\leqq 103$
$L_2:\ x_{21}+x_{22}+x_{23}\leqq 197$

(iii) $k=45\cdot x_{11}+80\cdot x_{12}+140\cdot x_{13}+70\cdot x_{21}+145\cdot x_{22}+95\cdot x_{23}$

Lösungen der Aufgaben zum Kapitel 2

Aussagenlogik

Aufgabe 2.1

(a) Aussage (A.) (b) A. (c) keine Aussage (k.A.) (d) k.A.
(e) A. (f) k.A. (g) k.A. (h) A. (i) A. (j) k.A. (k) k.A.

Aufgabe 2.2

(a)

A	B	C	$(A$	$\rightarrow$	$B)$	$\leftrightarrow$	$((A$	$\wedge$	$\neg B)$	$\rightarrow$	$(C$	$\wedge$	$\neg C))$
w	w	w	w	w	w	w	w	f	f	w	w	f	f
w	w	f	w	w	w	w	w	f	f	w	f	f	w
w	f	w	w	f	f	w	w	w	w	f	w	f	f
w	f	f	w	f	f	w	w	w	w	f	f	f	w
f	w	w	f	w	w	w	f	f	f	w	w	f	f
f	w	f	f	w	w	w	f	f	f	w	f	f	w
f	f	w	f	w	f	w	f	f	w	w	w	f	f
f	f	f	f	w	f	w	f	f	w	w	f	f	w
Auswertungs-reihenfolge			0.	2.	0.	4.	0.	2.	1.	3.	0.	2.	1.

Tab. 2.13: Wahrheitstafel zu $(A \rightarrow B) \leftrightarrow ((A \wedge \neg B) \rightarrow (C \wedge \neg C))$

In der Spalte unter dem Äquivalenzzeichen ergeben sich zuletzt nur Werte wahr, weshalb die Aussagen äquivalent sind.

(b)

A	B	$((A$	$\wedge$	$\neg B)$	$\rightarrow$	$\neg B)$	$\leftrightarrow$	$(\neg A$	$\rightarrow$	$\neg B)$
w	w	w	f	f	w	f	w	f	w	f
w	f	w	w	w	w	w	w	f	w	w
f	w	f	f	f	w	f	f	w	f	f
f	f	f	f	w	w	w	w	w	w	w
		0.	2.	1.	3.	1.	4.	1.	2.	1.

Tab. 2.14: Wahrheitstafel zu $((A \wedge \neg B) \rightarrow \neg B) \leftrightarrow (\neg A \rightarrow \neg B)$

In der Spalte ($\leftrightarrow$) ergeben sich die Werte wahr und falsch, so daß die Aussagen nicht äquivalent sind.

(c)

A	B	$(A$	$\rightarrow$	$B)$	$\leftrightarrow$	$(\neg A$	$\vee$	$B)$
w	w	w	w	w	w	f	w	w
w	f	w	f	f	w	f	f	f
f	w	f	w	w	w	w	w	w
f	f	f	w	f	w	w	w	f
		0.	2.	0.	3.	1.	2.	0.

Tab. 2.15: Wahrheitstafel zu $(A \rightarrow B) \leftrightarrow (\neg A \vee B)$

Die Aussagen sind äquivalent.

Aufgabe 2.3

(a) Es existiert ein $x \in \{1, 2, 3, 4\}$, für das $x^2 - 9 > 0$ gilt oder:
$\exists x \in \{1, 2, 3, 4\}: x^2 - 9 > 0$

(b) Es existiert ein $x \in \mathbb{N}$, so daß für alle $y \in \mathbb{N}$ $y < x$ gilt oder:
$\exists x \in \mathbb{N}: \forall y \in \mathbb{N}$ mit $y < x$

Aufgabe 2.4

Es seien folgende Aussagen definiert:

O: „Die OR-Prüfung ist bestanden"
M: „Die Mathematik-Prüfung ist bestanden"
I: „Die Informatik-Prüfung ist bestanden"
B: „Die BWL-Prüfung ist bestanden"

Die Gesamtaussage des Studenten lautet:

$$(O \to \neg M \vee I) \wedge (I \to B) \wedge ((\neg I \vee O) \to \neg M) \wedge (\neg O \to \neg B) \wedge (\neg M \to (\neg O \wedge \neg B))$$

Sie wird mit Hilfe der nachstehenden Wahrheitstafel für alle möglichen Wertekombinationen überprüft.

O	M	I	B	$(O \to \neg M \vee I)$	$\wedge$	$(I \to B)$	$\wedge$	$((\neg I \vee O) \to \neg M)$	$\wedge$	$(\neg O \to \neg B)$	$\wedge$	$(\neg M \to (\neg O \wedge \neg B))$
w	w	w	w	w w f w w	*w*	w w w	*f*	f w w f f	*f*	f w f	*w*	f w f f f
w	w	w	f	w w f w w	*f*	w f f	*f*	f w w f f	*f*	f w w	*w*	f w f f w
w	w	f	w	w f f f f	*f*	f w w	*f*	w w w f f	*f*	f w f	*w*	f w f f f
w	w	f	f	w f f f f	*f*	f w f	*f*	w w w f f	*f*	f w w	*w*	f w f f w
w	f	w	w	w w w w w	*w*	w w w	*w*	f w w w w	*f*	f w f	*f*	w f f f f
w	f	w	f	w w w w w	*f*	w f f	*f*	f w w w w	*f*	f w w	*f*	w f f f w
w	f	f	w	w w w w f	*w*	f w w	*w*	w w w w w	*f*	f w f	*f*	w f f f f
w	f	f	f	w w w w f	*w*	f w f	*w*	w w w w w	*f*	f w w	*f*	w f f f w
f	w	w	w	f w f w w	*w*	w w w	*w*	f f f w f	*f*	w f f	*f*	f w w f f
f	w	w	f	f w f w w	*f*	w f f	*f*	f f f w f	*f*	w w w	*w*	f w w w w
f	w	f	w	f w f f f	*w*	f w w	*f*	w w f f f	*f*	w f f	*f*	f w w f f
f	w	f	f	f w f f f	*w*	f w f	*f*	w w f f f	*f*	w w w	*w*	f w w w w
f	f	w	w	f w w w w	*w*	w w w	*w*	f f f w w	*f*	w f f	*f*	w f w f f
f	f	w	f	f w w w w	*f*	w f f	*f*	f f f w w	*f*	w w w	*w*	w w w w w
f	f	f	w	f w w w f	*w*	f w w	*w*	w w f w w	*f*	w f f	*f*	w f w f f
f	f	f	f	f w w w f	ⓦ	f w f	ⓦ	w w f w w	ⓦ	w w w	ⓦ	w w w w w
Auswertungs-reihenfolge				0. 3. 1. 2. 0.	4.	0. 2. 0.	4.	1. 2. 0. 3. 1.	4.	1. 2. 1.	4.	1. 3. 1. 2. 1.

Tab. 2.16: Wahrheitstafel der Logelei

Nur in den letzten Zeilen ergeben sich bei allen Konjunktionen w = wahr, so daß alle Aussagen nur dann wahr sind, wenn der Student keine Prüfung bestanden hat. Der Ärmste!

Mengenlehre

Aufgabe 2.5

(a) $X \cap Y = \{2\}$, $\quad X \cup Z = \{1, 2, 3, 4, 5\} = X \cup \{5\}$
D.h. die Aussage ist wahr.
(b) $X \cap Y = \{2\}$, $\quad X \cap Z = \{1, 2\}$
D.h. die Aussage ist wahr.
(c) $Y \cup Z = \{1, 2, 5, \{1\}, \{3, 4\}\}$
D.h. die Aussage ist falsch.
(d) $Y \cap Z = \{2\}$
D.h. die Aussage ist falsch.
(e) $X \cup Y = \{1, 2, 3, 4, \{1\}, \{3, 4\}\}$
D.h. die Aussage ist falsch.

Aufgabe 2.6

Aus $\sqrt{7-x} + x = 1 \rightarrow \sqrt{7-x} = 1 - x$
und $(7-x) = (1-x)^2 \rightarrow x^2 - x - 6 = 0$
mit den Lösungen $x_1 = 3$ und $x_2 = -2$.

Jedoch löst nur $x_2 = -2$ die obige Ausgangsgleichung: $X = \{-2\}$.

Dagegen besitzt $x^2 - x - 6 = 0$ die beiden Lösungen $x_1 = 3$ und $x_2 = -2$, so daß $Y = \{-2, 3\}$.

Es ist also $X \subset Y$.

Aufgabe 2.7

(a)

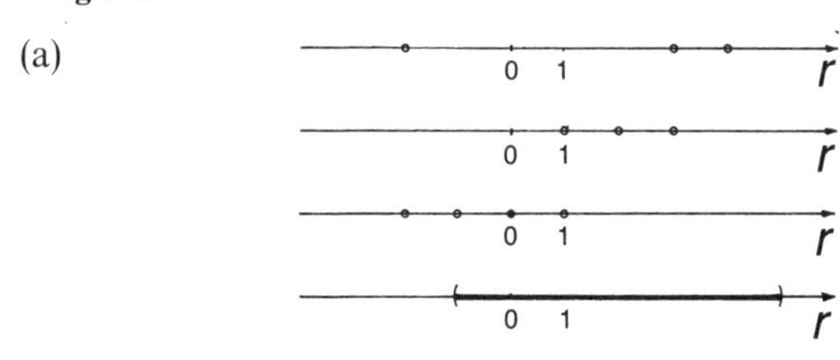

Abb. 2.20: Abbildungen der Mengen A, B, C und D auf der Zahlengeraden

(b)

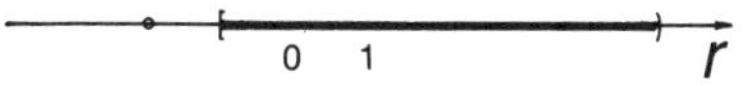

Abb. 2.21: Abbildung der Menge V auf der Zahlengeraden

$V = \{x \mid x = -2 \vee -1 \leqq x < 5\}$

(c) $A \cap C = \{-2\}$
$B \cap D = \{1, 2, 3\}$
$D \setminus A = \{x \mid -1 < x < 3 \vee 3 < x < 4 \vee 4 < x < 5\}$

Aufgabe 2.8

A_1: falsch, denn $\{2, 3\} \in A$
A_2: wahr
A_3: wahr
A_4: wahr, denn $\emptyset$ ist Teilmenge jeder Menge

Aufgabe 2.9

(a) $R \times M = \{(x, y), (x, z), (x, u)\} \rightarrow (R \times M) \setminus N = \{(x, z), (x, u)\}$
(b) $N \times M = \{((x, y), y), ((x, y), z), ((x, y), u)\}$
(c) $\mathfrak{P}(M) = \{M, \{y, z\}, \{y, u\}, \{z, u\}, \{y\}, \{z\}, \{u\}, \emptyset\}$

Aufgabe 2.10

(a) $\bar{A} \cap B = \{7, 8\}$, $A \cup \bar{B} = \{1, 2, 3, 4, 5, 6\}$, $\bar{A} \cap \bar{B} = \{6\}$
$\overline{\overline{A \cap B} \cap A} \cap \bar{B} = \{6\}$
(b) $A \triangle A = \emptyset$, $A \triangle \bar{A} = E$, $A \triangle B = \{1, 4, 7, 8\}$
(c) $\overline{A \triangle B} \cap A = \overline{A \triangle B} \cap A = A \cap B = \{2, 3, 5\}$

Arithmetik

Aufgabe 2.11

$$(x-1) \cdot \sum_{k=0}^{n} x^k = (x + x^2 + \ldots + x^{n+1}) - (1 + x + \ldots + x^n) = x^{n+1} - 1$$

Es bleiben das letzte Glied der ersten Summe und das erste Glied der zweiten Summe; alle übrigen heben sich genau auf.

Aufgabe 2.12

Induktionsanfang:
Die Gleichung stimmt für $n=1$, da $1 \cdot 2^0 = 0 \cdot 2^1 + 1$ ist.

Induktionsvoraussetzung:
Die Gleichung sei für ein allgemeines n richtig, d.h. es gilt:

$$\sum_{k=0}^{n} k \cdot 2^{k-1} = (n-1) \cdot 2^n + 1$$

Induktionsschluß:

$$\sum_{k=0}^{n+1} k \cdot 2^{k-1} = \sum_{k=0}^{n} k \cdot 2^{k-1} + (n+1) \cdot 2^n$$
$$= (n-1) \cdot 2^n + 1 + (n+1) \cdot 2^n$$
$$= 2 \cdot n \cdot 2^n + 1 = n \cdot 2^{n+1} + 1$$

Das heißt, die Aussage gilt auch für $n+1$ und damit für alle $n \in \mathbb{N}$.

Aufgabe 2.13

(a) $-\frac{4}{3}+\frac{5}{6}-\frac{10}{9}+\frac{11}{12}-\frac{16}{15}$
(b) $\frac{11}{16}+\frac{7}{25}+\frac{15}{36}+\frac{11}{49}+\frac{19}{64}$
(c) $32+2+0-\frac{1}{2}-2-\frac{27}{8}-4$

Aufgabe 2.14

(a) 467/60
(b) $-(133/9)\cdot 2^7=-17024/9$
(c) 12/5

Aufgabe 2.15

$$c=\frac{m}{2}+\frac{n}{2}$$

Aufgabe 2.16

(a) $m_{jt}=\sum_{i=1}^{m} x_{ijt}$

(b) $e=\sum_{i=1}^{m}\sum_{j=1}^{n}\sum_{t=1}^{12} x_{ijt}\cdot p_j$

(c) $s_i=\sum_{j=1}^{n}\sum_{t=1}^{6} a_{ij}\cdot x_{ijt}$

(d) $g_t=\sum_{i=1}^{m}\sum_{j=1}^{n}(p_j-k_{ij})\cdot x_{ijt}$

Aufgabe 2.17

(a) $w_t=\sum_{j=1}^{n} p_j\cdot x_{jt}$

(b) $\sum_{j=1}^{n} x_{jt+1}=\sum_{j=1}^{n} x_{jt}+\sum_{j=1}^{n} z_{jt}-\sum_{j=1}^{n}\sum_{k=1}^{q} y_{jkt}$

(c) $u_k=\sum_{j=1}^{n}\sum_{t=1}^{12} p_j\cdot y_{jkt}$

Aufgabe 2.18

(a) $\sum_{i=1}^{n} (\xi_i - \bar{x}) \cdot (\eta_i - \bar{y}) = \sum_{i=1}^{n} \xi_i \cdot \eta_i - \bar{x} \cdot \sum_{i=1}^{n} \eta_i - \bar{y} \cdot \sum_{i=1}^{n} \xi_i + n \cdot \bar{x} \cdot \bar{y}$

$= \sum_{i=1}^{n} \xi_i \cdot \eta_i - n \cdot \bar{x} \cdot \left(\frac{1}{n} \cdot \sum_{i=1}^{n} \eta_i\right) - n \cdot \bar{y} \cdot \left(\frac{1}{n} \cdot \sum_{i=1}^{n} \xi_i\right) + n \cdot \bar{x} \cdot \bar{y}$

$= \sum_{i=1}^{n} \xi_i \cdot \eta_i - n \cdot \bar{x} \cdot y - n \cdot \bar{y} \cdot \bar{x} + n \cdot \bar{x} \cdot \bar{y} = \sum_{i=1}^{n} \xi_i \cdot \eta_i - n \cdot \bar{x} \cdot \bar{y}$

(b) $\sum_{i=1}^{n} (\xi_i - \bar{x})^2 = \sum_{i=1}^{n} \xi_i^2 - 2\bar{x} \cdot \sum_{i=1}^{n} \xi_i + n \cdot \bar{x}^2$

$= \sum_{i=1}^{n} \xi_i^2 - 2n \cdot \bar{x} \cdot \left(\frac{1}{n} \cdot \sum_{i=1}^{n} \xi_i\right) + n \cdot \bar{x}^2$

$= \sum_{i=1}^{n} \xi_i^2 - 2n \cdot \bar{x}^2 + n \cdot \bar{x}^2 = \sum_{i=1}^{n} \xi_i^2 - n \cdot \bar{x}^2$

Aufgabe 2.19

Aus (1): $a = \frac{1}{n} \cdot \sum_{i=1}^{n} \eta_i - b \cdot \frac{1}{n} \cdot \sum_{i=1}^{n} \xi_i = \bar{y} - b\bar{x}$

Eingesetzt in (2) ergibt:

$$\sum_{i=1}^{n} \xi_i \cdot \eta_i = \frac{1}{n} \cdot \sum_{i=1}^{n} \xi_i \cdot \sum_{i=1}^{n} \eta_i - b \cdot \frac{1}{n} \cdot \sum_{i=1}^{n} \xi_i \cdot \sum_{i=1}^{n} \xi_i + b \cdot \sum_{i=1}^{n} \xi_i^2$$

$$\sum_{i=1}^{n} \xi_i \cdot \eta_i - n \cdot \left(\frac{1}{n} \cdot \sum_{i=1}^{n} \xi_i\right) \cdot \left(\frac{1}{n} \cdot \sum_{i=1}^{n} \eta_i\right) = b \cdot \left[\sum_{i=1}^{n} \xi_i^2 - n \cdot \left(\frac{1}{n} \cdot \sum_{i=1}^{n} \xi_i\right)^2\right]$$

$$\sum_{i=1}^{n} \xi_i \cdot \eta_i - n \cdot \bar{x} \cdot \bar{y} = b \cdot \left[\sum_{i=1}^{n} \xi_i^2 - n \cdot \bar{x}^2\right]$$

Das heißt:

$$b = \frac{\sum_{i=1}^{n} (\xi_i - \bar{x}) \cdot (\eta_i - \bar{y})}{\sum_{i=1}^{n} \xi_i^2 - n \cdot \bar{x}^2}$$

$$a = \bar{y} - \frac{\bar{x} \cdot \sum_{i=1}^{n} (\xi_i - \bar{x}) \cdot (\eta_i - \bar{y})}{\sum_{i=1}^{n} \xi_i^2 - n \cdot \bar{x}^2}$$

Aufgabe 2.20

(a) $[-1, \infty) = \{x \mid x \geqq -1\}$
(b) $(-\infty, -1) = \{x \mid x < -1\}$
(c) $(42/11, \infty) = \{x \mid x > 42/11\}$
(d) $(-\infty, 0) \cup (12, \infty) = \{x \mid x < 0$ oder $x > 12\}$
(e) $(-1{,}5, 0) = \{x \mid -1{,}5 < x < 0\}$
(f) $[4, 9) = \{x \mid 4 \leqq x < 9\}$

Aufgabe 2.21

$70 + 8x < 50 + 10x \leftrightarrow x > 10$

Kombinatorik

Aufgabe 2.22

Eine Farbe aus fünf: $\binom{5}{1}$ Möglichkeiten

Zwei Farben aus fünf: $\binom{5}{2}$ Möglichkeiten

Drei Farben aus fünf: $\binom{5}{3}$ Möglichkeiten

Gesamtanschlüsse: $\binom{5}{1} + \binom{5}{2} + \binom{5}{3} = 5 + 10 + 10 = 25$

Aufgabe 2.23

(a) 6 Wege $A \to B$ **und** 4 Wege $B \to C = 6 \cdot 4 = 24$ Wege
(b) 24 Wege hin **und** 24 Wege zurück $= 24 \cdot 24 = 576$ Wege
(c) 6 Wege $A \to B$ **und** 4 Wege $B \to C$ **und** 3 Wege $C \to B$ **und** 5 Wege $B \to A = 6 \cdot 4 \cdot 3 \cdot 5 = 360$ Wege

Aufgabe 2.24

(a) Der 1. Spieler erhält 10 aus 32 Karten: $\binom{32}{10}$

Der 2. Spieler erhält 10 aus 22 Karten: $\binom{22}{10}$

Der 3. Spieler erhält 10 aus 12 Karten: $\binom{12}{10}$

Insgesamt: $\binom{32}{10} \cdot \binom{22}{10} \cdot \binom{12}{10} = 2{,}753294 \cdot 10^{15}$

(b) 1. Lösungsmöglichkeit:

Der 1. Spieler erhält 12 aus 48 Karten: $\binom{48}{12}$

Der 2. Spieler erhält 12 aus 36 Karten: $\binom{36}{12}$

Der 3. Spieler erhält 12 aus 24 Karten: $\binom{24}{12}$

Der 4. Spieler erhält den Rest.

Die 24 Paare sind untereinander nicht unterscheidbar, so daß sich insgesamt ergibt:

$$\frac{\binom{48}{12}\cdot\binom{36}{12}\cdot\binom{24}{12}}{2^{24}} = 1{,}405533\cdot 10^{19}$$

2. Lösungsmöglichkeit:

2mal 24 Karten lassen sich in $\frac{48!}{2^{24}}$ verschiedenen Folgen hintereinander legen.

Der erste Spieler bekommt die ersten 12, jedoch sind alle Permutationen dieser 12 Karten gleichwertig, ebenso beim 2. Spieler, beim dritten und beim vierten Spieler.

Es ergeben sich mithin:

$$\frac{48!}{2^{24}\cdot(12!)^4} = 1{,}405533\cdot 10^{19}$$

Aufgabe 2.25

(a) 1. Stelle: 6 Ziffern
2. Stelle: 5 Ziffern
3. Stelle: 4 Ziffern

Gesamt: 120 Ziffern

(b) Die erste Stelle muß 2 oder 3 sein, so daß sich $2\cdot 5\cdot 4 = 40$ Zahlen ergeben.

(c) Die letzte Stelle muß 2 oder 6 sein, so daß wiederum $2\cdot 5\cdot 4 = 40$ Zahlen gerade sind.

(d) Für die letzte Stelle kommen nur die Ziffern 2 und 6 in Frage.
Für die erste Stelle stehen entweder nur die 3 (falls 2 für die letzte vergeben ist) oder 2 und 3, falls die Zahl mit 6 endet.
Für die mittlere Stelle stehen in jedem Fall nur 4 Stellen zur Auswahl:
$1\cdot 1\cdot 4 + 1\cdot 2\cdot 4 = 12$ Zahlen

(e) Entweder kleiner als 400 (vgl. (b)) **oder** gerade (vgl. (c)) abzüglich einmal diejenigen, die sowohl kleiner als 400 als auch gerade sind (vgl. (d)), d.h. $40+40-12=68$ Zahlen.

Aufgabe 2.26

Es seien $A=\{1., 2., \ldots, 5.\}$ und $B=\{6., \ldots, 12.\}$ die Mengen der ersten 5 bzw. letzten 7 Aufgaben. Mindestens drei aus den ersten 5 Aufgaben bedeutet:

- entweder 3 aus A **und** 5 aus B
- **oder** 4 aus A **und** 4 aus B
- **oder** 5 aus A **und** 3 aus B

Insgesamt ergeben sich $\binom{5}{3}\cdot\binom{7}{5}+\binom{5}{4}\cdot\binom{7}{4}+\binom{5}{5}\cdot\binom{7}{3}=420$ Möglichkeiten.

Aufgabe 2.27

(a) $\binom{11}{5}=462$

(b) Entweder beide und 3 der übrigen 9 **oder** 5 der übrigen 9, d.h. $\binom{9}{3}+\binom{9}{5}=210.$

(c) Entweder kommt einer der beiden Streithähne **oder** der andere **oder** keiner, d.h.: $\binom{9}{4}+\binom{9}{4}+\binom{9}{5}=378$

Aufgabe 2.28

(a) $\binom{49}{6}=13983816$

(b) Bei „n Richtigen“ müssen n aus den 6 gezogenen Zahlen und $6-n$ aus den 43 nicht gezogenen angekreuzt sein. Es gibt also $\binom{6}{n}\cdot\binom{43}{6-n}$ verschiedene Gewinnmöglichkeiten:

„6 Richtige“: $\binom{6}{6}\cdot\binom{43}{0}=1$

„5 Richtige“: $\binom{6}{5}\cdot\binom{43}{1}=6\cdot 43=258$

„4 Richtige“: $\binom{6}{4}\cdot\binom{43}{2}=13545$

„3 Richtige“: $\binom{6}{3}\cdot\binom{43}{3}=246820$

(c) Die Anteile sind Zahl der günstigen zur Zahl der möglichen Ziehungen:

„6 Richtige“: $p_6 = \frac{1}{13983816} = 0{,}000000072$

„5 Richtige“: $p_5 = \frac{258}{13983816} = 0{,}000018450$

„4 Richtige“: $p_4 = \frac{13545}{13983816} = 0{,}000968620$

„3 Richtige“: $p_3 = \frac{246820}{13983816} = 0{,}017650404$

(d) $E_G = \sum_{i=3}^{6} p_i \cdot G_i = 0{,}4130$ DM je Feld

Bei 10 Feldern pro Woche und 52 Ausspielungen ergibt sich eine Gewinnerwartung von 214,79 DM im Jahr.

Aufgabe 2.29

Es sind $26 + 10 + 8 = 44$ Zeichen darzustellen. Im Dualsystem können in jeder Stelle nur zwei Zeichen verwendet werden, bei n Stellen ergeben sich mithin 2^n verschiedene Zeichen.

Für welches kleinste ganzzahlige n ist $2^{n-1} \leqq 44 \leqq 2^n$? Es sind $2^5 = 32$ und $2^6 = 64$, d.h. es sind $n = 6$ Stellen notwendig.

Aufgabe 2.30

Für die ersten drei Buchstaben gibt es 3! Permutationen.
Die letzten fünf Buchstaben können in 5!-facher Weise umgestellt werden; wegen des doppelten Auftretens des Buchstabens A ergeben sich jedoch nur 5!/2! unterscheidbare Buchstabenfolgen. Insgesamt gibt es also:

$\frac{3! \cdot 5!}{2!} = 360$ Wörter

Aufgabe 2.31

Es gibt 24^2 verschiedene Buchstabengruppen und 10^2 verschiedene Zifferngruppen.

(a) Es gibt zwei Gruppenkombinationen $BB - ZZ - BB$ oder $ZZ - BB - ZZ$, d.h.:
$24^2 \cdot 10^2 \cdot 24^2 + 10^2 \cdot 24^2 \cdot 10^2 = 38937600$ Nummernschilder

(b) Entweder eine Gruppe aus drei muß eine Zifferngruppe sein oder zwei Gruppen aus drei müssen Zifferngruppen sein:

$$\binom{3}{1} \cdot 10^2 \cdot 24^2 \cdot 24^2 + \binom{3}{2} 10^2 \cdot 10^2 \cdot 24^2 = 116812800$$

Nummernschilder

Es ergibt sich genau die dreifache Anzahl.

Zahlensysteme

Aufgabe 2.32

(a) $12{,}372_{10} = 1100{,}0101111 \cdots_2$
(b) $6FA_{16} = 11011111010_2$
(c) $101011100010 = AE2$
(d) $110110011{,}0101_2 = 435{,}3125_{10}$

Aufgabe 2.33

(a)
$$\begin{array}{r} 100110101 \\ -\quad 1001110 \\ \hline 11100111 \end{array}$$

(b)
$$\begin{array}{r} 10111 \cdot 10011 \\ \hline 10111 \\ 10111\cdot \\ 10111\cdot\cdot\cdot\cdot \\ \hline 110110101 \end{array}$$

(c)
$$\begin{array}{r} A37 \;\cdot\; BF \\ \hline 9939 \\ 705D\cdot \\ \hline 79F09 \end{array}$$

(d)
$$\begin{array}{r} AFC \\ -86F \\ \hline 28D \end{array}$$

Lösungen der Aufgaben zum Kapitel 3

Aufgabe 3.1

(a)

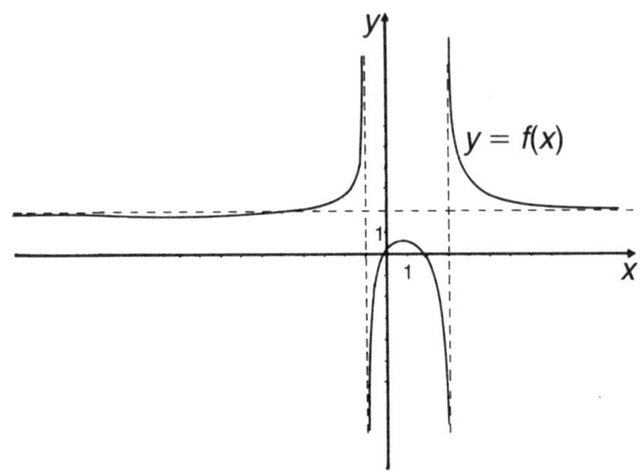

Abb. 3.74: Graph der Funktion $f(x) = \dfrac{2x^2 - 3x - 1}{x^2 - 2x - 3}$

- $D(f) = (-\infty, -1) \cup (-1, 3) \cup (3, \infty)$
- $W(f) = (-\infty, 0{,}5429] \cup [1{,}9571, \infty)$
- Die Funktion ist nach oben und unten unbeschränkt.
- Die Funktion fällt streng monoton in den Intervallen $(-\infty, -10{,}6569]$, $[+0{,}6569, 3)$ und $(3, \infty)$. Sie steigt streng monoton in den Intervallen $[-10{,}6569, -1]$ und $(-1, 0{,}6569]$.
- Die Funktion ist nicht eineindeutig, so daß keine Umkehrfunktion existiert.
- Die Funktion ist konvex gekrümmt in den Intervallen $[-16{,}38, -1]$ und $(3, \infty)$; sie ist konkav gekrümmt in den Intervallen $(-\infty, -16{,}38]$ und $(-1, 3)$.
- Die Funktion besitzt zwei Nullstellen bei:

  $x = 1{,}7808 \quad \text{und} \quad x = -0{,}2808$

- Die Funktion besitzt ein Maximum an der Stelle $x = 0{,}6569$ und ein Minimum an der Stelle $x = -10{,}6569$.
- Die Funktion besitzt einen Wendepunkt an der Stelle $x = -16{,}386$.
- Die Funktion besitzt zwei Polstellen bei $x = -1$ und $x = 3$.
- Die Funktion nähert sich asymptotisch der Gerade $y = 2$.

(b) $f(x) = |x+1| - |2x+3| = \begin{cases} x+2 & -\infty < x \leqq -3/2 \\ -3x-4 & -3/2 \leqq x \leqq -1 \\ -x-2 & -1 \leqq x < \infty \end{cases}$

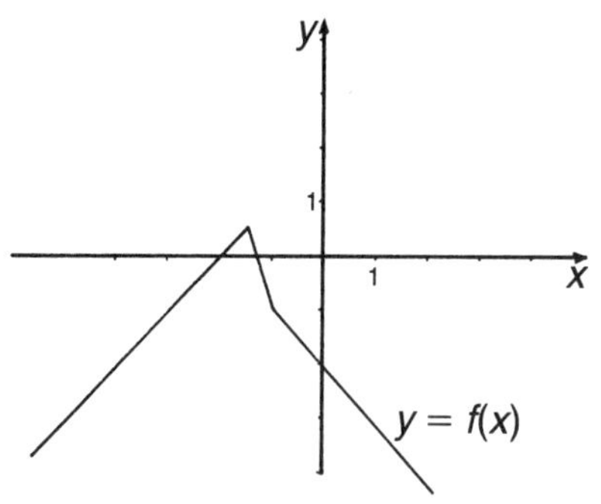

Abb. 3.75: Graph der Funktion $f(x)=|x+1|-|2x+3|$

- $D(f)=\mathbb{R}$
- $W(f)=(-\infty, 1/2]$
- Die Funktion ist nach oben beschränkt.
- Die Funktion wächst streng monoton im Intervall $(-\infty, -3/2]$ und fällt streng monoton im Intervall $[-3/2, \infty)$.
- Die Funktion ist nicht eineindeutig.
- Sie besitzt keine Umkehrfunktion.
- Sie ist stückweise linear und dort sowohl konvex als auch konkav gekrümmt.
- Die Funktion hat die Nullstellen $x=-2$ und $x=-4/3$.
- Sie besitzt ein Maximum an der Stelle $x=-3/2$.
- Sie hat keinen Wendepunkt, keine Polstelle und keine Asymptote.

(c)

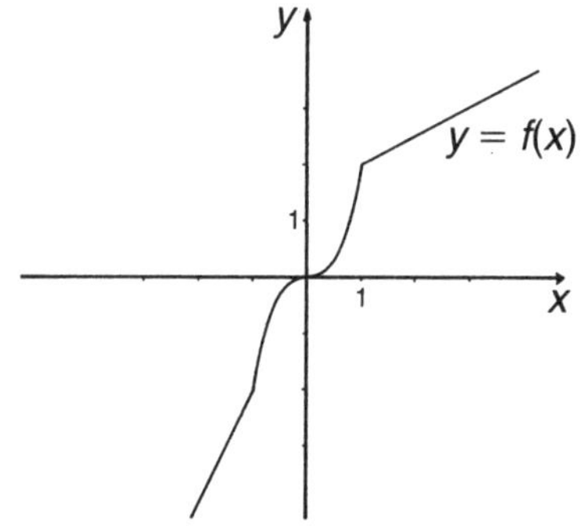

Abb. 3.76: Graph der Funktion $f(x)=\begin{cases} 2x & \text{für } -\infty<x\leqq -1 \\ 2x^3 & \text{für } -1\leqq x\leqq 1 \\ \dfrac{x+3}{2} & \text{für } 1\leqq x<\infty \end{cases}$

- $D(f)=\mathbb{R}$
- $W(f)=\mathbb{R}$
- Die Funktion ist unbeschränkt.
- Die Funktion ist streng monoton steigend.

- Sie ist eineindeutig.
- Sie besitzt die Umkehrfunktion

$$f^{-1}(x)=\begin{cases} x/2 & \text{für} \quad -\infty < x \leqq -2 \\ \sqrt[3]{x/2} & \text{für} \quad -2 \leqq x \leqq 2 \\ 2x-3 & \text{für} \quad 2 \leqq x < \infty \end{cases}$$

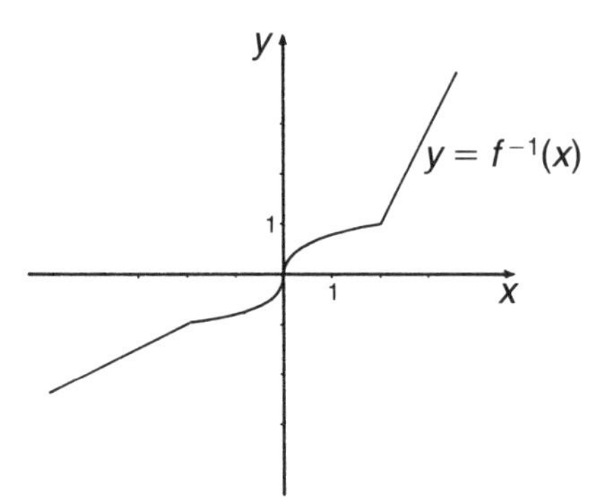

Abb. 3.77: Graph der Umkehrfunktion $f^{-1}(x)=\begin{cases} x/2 & \text{für} \quad -\infty < x \leqq -2 \\ \sqrt[3]{x/2} & \text{für} \quad -2 \leqq x \leqq 2 \\ 2x-3 & \text{für} \quad 2 \leqq x < \infty \end{cases}$

- Die Funktion ist konvex in den Intervallen $(-\infty, -1]$, $[0,1]$ und $[1,\infty)$; sie ist konkav in den Intervallen $(-\infty, -1]$, $[-1,0]$ und $[1, \infty)$.
- Die Funktion hat eine Nullstelle bei $x=0$.
- Sie besitzt keine Extrema.
- Sie hat einen Wendepunkt bei $x=0$.
- Sie hat keine Asymptote.

Aufgabe 3.2

(a) Nullstellen: $x=1$ und $x=-2$ (doppelt)
Polstellen: $x=0$ (doppelt), $x=4$ und $x=-4$
Asymptote: $y=0$

Für $x>4$ sind Zähler und Nenner positiv, d.h. die Funktion verläuft für $x \to \infty$ stets oberhalb ihrer Asymptote.
Für $x<-4$ ist der Zähler negativ und der Nenner positiv, so daß sich die Funktion für $x \to -\infty$ von unten der Asymptote annähert.

(b) Nullstellen: $x=4$, $x=2$ (doppelt) und $x=-1$ (dreifach)
Polstellen: $x=3$ (doppelt) und $x=1$
Für $x>4$ sind Zähler und Nenner positiv, d.h. die Funktion strebt für $x \to \infty$ gegen Unendlich.

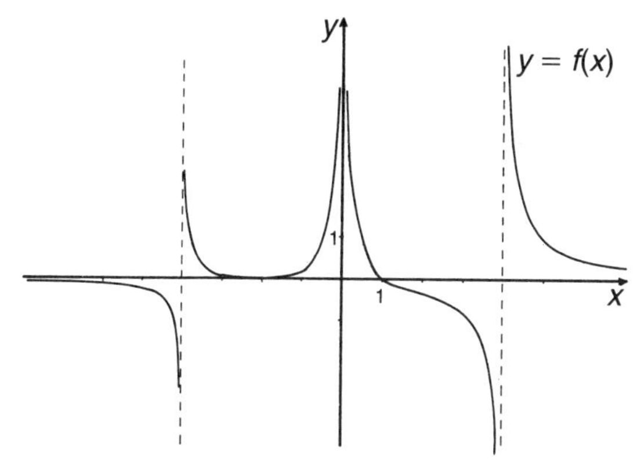

Abb. 3.78: Graph der Funktion $f(x)=\dfrac{(x-1)\cdot(x+2)^2}{x^2\cdot(x^2-16)}$

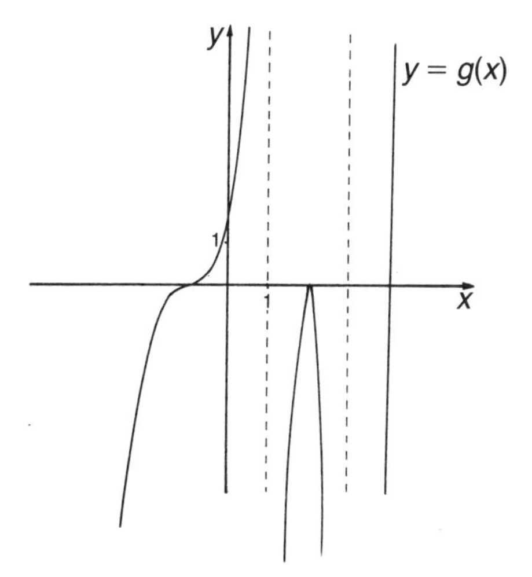

Abb. 3.79: Graph der Funktion $g(x)=\dfrac{(x-4)\cdot(x-2)^2\cdot(x+1)^3}{(x-3)^2\cdot(x-1)}$

Für $x<-1$ ist der Zähler positiv und der Nenner negativ, so daß der Funktionswert für $x\to-\infty$ gegen minus unendlich strebt.

Der rechte Ast verläuft so steil, daß er in der verkleinerten *Abb. 3.79* wie eine senkrechte Gerade aussieht.

Aufgabe 3.3

(a) $f(0)=1/3$ (*b*) $f(g(2))=0$
(c) $x=\pm3$ und $z=-35/9$
(d) $z=-3/5$

Aufgabe 3.4

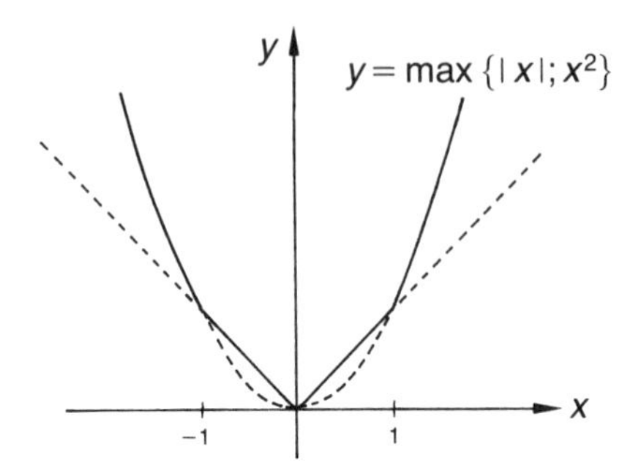

Abb. 3.80: Graph der Funktion $y = \max\{|x|;\, x^2\}$ *(durchgezogen)*

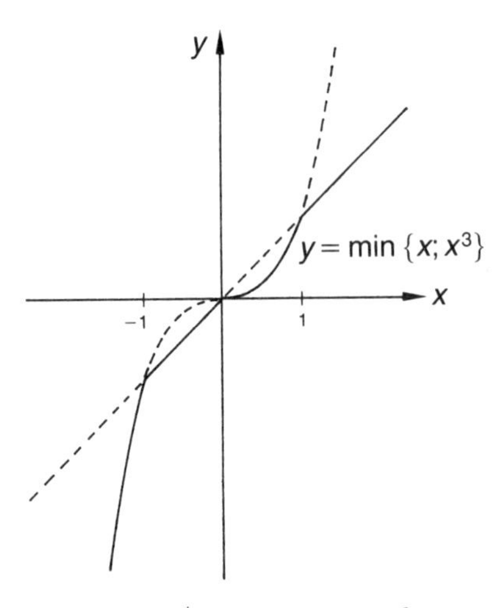

Abb. 3.81: Graph der Funktion $y = \min\{x;\, x^3\}$ *(durchgezogen)*

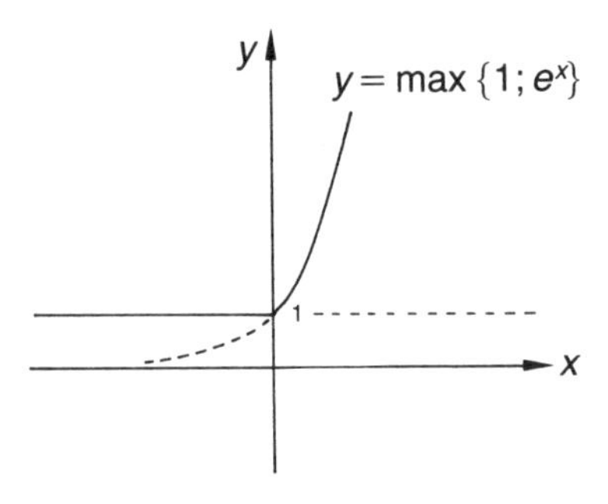

Abb. 3.82: Graph der Funktion $y = \max\{1;\, e^x\}$ *(durchgezogen)*

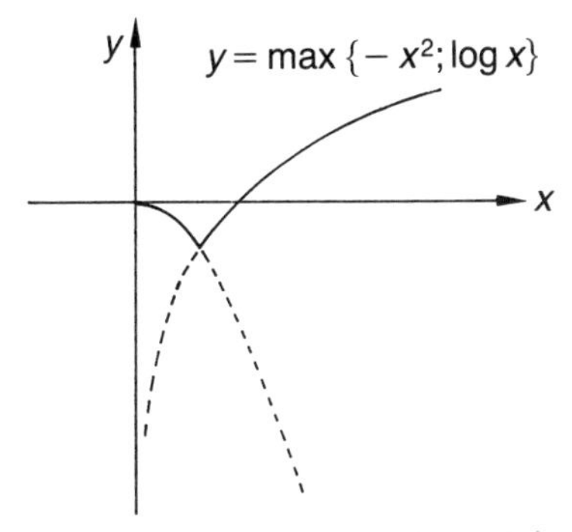

Abb. 3.83: Graph der Funktion $y = \max\{-x^2; \log x\}$ *(durchgezogen)*

Aufgabe 3.5

(a) $y = 2x^2 + 4x \rightarrow z = \sqrt{y} - 5$

(b) $y = x^3 - 8 \quad \rightarrow z = \ln(y/25) - 3y$

(c) $y = \sqrt{3x-1} \rightarrow z = \dfrac{y-5}{10-2y} = \dfrac{y-5}{2(5-y)}$

Aufgabe 3.6

(a) gerade
(b) gerade
(c) ungerade
(d) ungerade
(e) ungerade
(f) gerade
(g) weder/noch
(h) ungerade
(i) gerade
(j) ungerade

Aufgabe 3.7

(a) $x = \dfrac{\ln 12}{\ln 2 - 2} = -1{,}9014$

(b) keine Lösung (der Wert $x = -\frac{1}{2}\ln 3 = -0{,}5493$ löst die Gleichung nicht, da wegen des Logarithmus der Definitionsbereich der Gleichung auf $x > 0$ eingeschränkt ist)

(c) $x = \sqrt[3]{(3/20)^2} = \quad 0{,}2823$

(d) $x = \frac{1}{3}\ln 4 \quad = \quad 0{,}4621$

Aufgabe 3.8

$p(x) = x \cdot (x^3 - 3x^2 - 4x + 12)$

$x = 0$ und $x = 2$ (geraten) sind Nullstellen.

$$
\begin{array}{l}
(x^3-3x^2-4x+12):(x-2)=x^2-x-6 \\
\underline{-(x^3-2x^2)} \\
\quad -x^2-4x \\
\quad \underline{-(-x^2+2x)} \\
\qquad -6x+12 \\
\qquad \underline{-(-6x+12)} \\
\qquad\qquad 0
\end{array}
$$

$p(x)=x\cdot(x-2)\cdot(x^2-x-6)$

Die Nullstellen der quadratischen Form $x^2-x-6=0$ sind:

$x=\frac{1}{2}\pm\sqrt{\frac{1}{4}+6}=\frac{1}{2}\pm\frac{5}{2}$

Das Polynom $p(x)=x^4-3x^3-4x^2+12x=x\cdot(x-2)\cdot(x-3)\cdot(x+2)$ hat somit die Nullstellen $x=0$, $x=2$, $x=3$ und $x=-2$.

Aufgabe 3.9

(a) $p(x)=\big(\big(((3x)x-2)x+7\big)x\big)x-4=\big((3x^2-2)x+7\big)x^2-4$

$p(0{,}45)=-2{,}7094$

$p(1{,}7)\;=\;48{,}9997$

(b) $p(x)=\Big(\big((((2x)x)x)x-3\big)x\Big)x+5$

$p(0{,}45)=\;4{,}4091$

$p(1{,}7)\;=44{,}6051$

Lösungen der Aufgaben zum Kapitel 4

Aufgabe 4.1

(a) $|a_n|\leqq 5$, d.h. die Folge ist beschränkt.

(b) $a_n\leqq 1$, d.h. die Folge ist nach oben beschränkt, jedoch nicht nach unten.

(c) $|a_n| \leqq 0{,}5$, d.h. die Folge ist beschränkt.
(d) $a_n \leqq 2700$, d.h. die Folge ist nach oben beschränkt.
(e) $|a_n| \leqq e^4 = 54{,}5982$, d.h. die Folge ist beschränkt.

Aufgabe 4.2

(a) $\alpha_1 = -\frac{7}{3}$, $\alpha_2 = \frac{5}{3}$
(b) $\alpha = \frac{1}{2}$
(c) $\alpha_1 = -2$, $\alpha_2 = 2$
(d) $\alpha_1 = \frac{10}{3}$, $\alpha_2 = \frac{8}{3}$

Aufgabe 4.3

(a) Es sei a_i die Fläche des Formates DIN Ai.

$$a_2 = \tfrac{1}{2} a_1$$
$$a_3 = \tfrac{1}{2} a_2 = (\tfrac{1}{2})^2 \cdot a_1$$
$$a_i = (\tfrac{1}{2})^{i-1} \cdot a_1$$
$$f_{10} = \sum_{i=1}^{10} a_i = a_1 \cdot \sum_{i=1}^{10} (\tfrac{1}{2})^{i-1} = a_1 \cdot [1 + \tfrac{1}{2} + (\tfrac{1}{2})^2 + \ldots + (\tfrac{1}{2})^9]$$

In der Klammer steht das neunte Glied der geometrischen Reihe:

$$f_{10} = a_1 \cdot \frac{(\frac{1}{2})^{10} - 1}{(\frac{1}{2}) - 1} = 2 a_1 \cdot [1 - (\tfrac{1}{2})^{10}]$$

Wegen $a_1 = \frac{1}{2}\,\mathrm{m}^2$ erhält man $f = 0{,}999\,\mathrm{m}^2$.

(b) $\lim_{n\to\infty} f_n = \lim_{n\to\infty} [1 - (\tfrac{1}{2})^n] = 1\,\mathrm{m}^2$

Aufgabe 4.4

(a) Konvergiert mit Grenzwert $\alpha = \frac{1}{4}$.
(b) Divergiert, weil der Zähler im Grad höher ist als der Nenner.
(c) Konvergiert mit Grenzwert $\alpha = 0$, d.h. es handelt sich um eine Nullfolge, weil die Exponentialfunktion im Zähler langsamer wächst als die Fakultät des Nenners.
(d) Konvergiert, da:

$$a_n = \frac{n^2 + n^3 + 2n^{\frac{3}{2}} + 1}{64n^3 - 32n^3 + 1} = \frac{1 + \frac{1}{n} + \frac{2}{n^{\frac{3}{2}}} + \frac{1}{n^3}}{32 + 1/n^3}$$

$$\lim_{n\to\infty} a_n = \tfrac{1}{32}$$

(e) Konvergiert wegen:

$$\lim_{n\to\infty} \sqrt{\frac{2+16n^4}{n^4-12}} = \lim_{n\to\infty} \sqrt{\frac{16+2/n^4}{1-12/n^4}} = 4$$

(f) Konvergiert, denn:

$$\lim_{n\to\infty} \frac{\sqrt{3n^2-n}}{n+1} = \lim_{n\to\infty} \frac{\sqrt{3-1/n}}{1+1/n} = \sqrt{3}$$

(g) Konvergiert mit Grenzwert $\alpha=0$, da die Exponentialfunktion im Nenner schneller wächst als das Polynom des Zählers.

(h) $a_n = \frac{(-1)^{2n}}{n} = \frac{1}{n}$

Die Folge konvergiert gegen $\alpha=0$.

(i) Konvergiert, denn:

$$\lim_{n\to\infty} (1+(-1)^n)\cdot\frac{\frac{1}{n}-\frac{3}{n^2}}{3} = 0$$

(j) $a_n = (-1)\cdot\left[n^2-n^2+20-\frac{100}{n^2}\right]$

Die Folge besitzt zwei Häufungspunkte bei $\alpha_1=-20$ und $\alpha_2=20$; sie konvergiert daher nicht.

Aufgabe 4.5

(a) Die zugehörige Folge ist keine Nullfolge:

$$\lim_{i\to\infty} \left(\frac{2+1/i}{1+2/i}\right)^2 = 4$$

Daher divergiert die Reihe.

(b) Die Folge ist eine Nullfolge.

$$\left|\frac{a_{n+1}}{a_n}\right| = \left|\frac{(n+6)\cdot n\cdot 2^n}{(n+1)\cdot 2^{n+1}\cdot(n+5)}\right| = \left|\frac{n\cdot(n+6)}{2\cdot(n+1)\cdot(n+5)}\right|$$

$\lim_{n\to\infty} \left|\frac{n\cdot(n+6)}{2\cdot(n+1)\cdot(n+5)}\right| = \frac{1}{2}$, d.h. die Reihe konvergiert.

(c) Die der Reihe zugrunde liegende Folge ist keine Nullfolge, da

$\lim_{i\to\infty} \frac{i^2-1}{50i^2+200} = \frac{1}{50}$ ist.

D.h. die Reihe divergiert.

(d) Die Reihe ist alternierend.
Die Glieder der Folge streben betragsmäßig monoton gegen Null:

$$\lim_{i\to\infty}\left|(-1)^i\cdot\frac{3i^2}{i!}\right|=\lim_{i\to\infty}\left|\frac{3i^2}{i!}\right|=0$$

Daher konvergiert die Reihe.

(e) $\sum_{i=1}^{\infty}\frac{1}{i^{\frac{1}{3}}}$, d.h. es liegt die harmonische Reihe mit $\alpha=\frac{1}{3}<1$ vor. Die Reihe divergiert.

(f) Die Folge ist eine Nullfolge.

$$\left|\frac{a_{n+1}}{a_n}\right|=\left|\frac{(n+1)^4}{3^{n+1}}\cdot\frac{3^n}{n^4}\right|=\tfrac{1}{3}\left|\frac{(n+1)^4}{n^4}\right|$$

$$\lim_{n\to\infty}\left|\frac{a_{n+1}}{a_n}\right|=\tfrac{1}{3}$$

Nach dem Quotientenkriterium ist die Reihe konvergent.

(g) $\sum_{i=1}^{\infty}\left(\frac{2}{i^{\frac{3}{2}}}+\frac{1}{i^2}\right)=\sum_{i=1}^{\infty}\frac{2}{i^{\frac{3}{2}}}+\sum_{i=1}^{\infty}\frac{1}{i^2}$

Beide Reihen sind harmonische Reihen, die wegen $\alpha=\frac{3}{2}>1$ bzw. $\alpha=2>1$ konvergieren.

(h) Die Reihe ist alternierend.

$$\lim_{i\to\infty}\left|\frac{(-3)^i}{i!}\right|=\lim_{i\to\infty}\frac{3^i}{i!}=0$$

Die Folgeglieder sind für $i\geqq 7$ monoton fallend, so daß die Reihe konvergiert.

(i) $\sum_{i=1}^{\infty}\sqrt{\frac{3}{i}}=\sum_{i=1}^{\infty}\frac{\sqrt{3}}{\sqrt{i}}$

Es liegt die harmonische Reihe für $\alpha=\frac{1}{2}<1$ vor, so daß die Reihe divergiert.

(j) Die Ungleichung $4i-12>3i+40$ gilt für alle $i>52$.

$$\sqrt[n]{|a_n|}=\sqrt[n]{\left(\frac{3n+40}{4n-12}\right)^n}=\frac{3n+40}{4n-12}$$

$$\lim_{n\to\infty}\sqrt[n]{|a_n|}=\lim_{n\to\infty}\frac{3+40/n}{4-12/n}=\frac{3}{4}$$

Nach dem Wurzelkriterium konvergiert die Reihe.

Aufgabe 4.6

(a) $\lim\limits_{x\to 0+} f_1(x)=1,\quad \lim\limits_{x\to 0-} f_1(x)=-1,\quad \lim\limits_{x\to 0} f_1(x)$ existiert nicht

(b) $\lim\limits_{x\to 3} f_2(x)=\frac{5}{12},\quad \lim\limits_{x\to 1-} f_2(x)=+\infty,\quad \lim\limits_{x\to -3} f_2(x)$ existiert nicht

(c) $\lim\limits_{x\to \pi+} f_3(x)=-\infty,\quad \lim\limits_{x\to \pi-} f_3(x)=\infty$

(d) $\lim\limits_{x\to 0+} f_4(x)=1,\quad \lim\limits_{x\to 0-} f_4(x)=1;\quad \lim\limits_{x\to 0} f_4(x)=1$

(e) $\lim\limits_{x\to -5-} f_5(x)=-8,\quad \lim\limits_{x\to -5+} f_5(x)=-8$

(f) $\lim\limits_{x\to k+} f_6(x)=k,\quad \lim\limits_{x\to k-} f_6(x)=k-1$

(g) $\lim\limits_{x\to 0-} f_7(x)=0,\quad \lim\limits_{x\to 0+} f_7(x)=\infty$

(h) $\lim\limits_{x\to 0+} f_8(x)=0,\quad \lim\limits_{x\to 1-} f_8(x)=-\infty,\quad \lim\limits_{x\to 1+} f_8(x)=+\infty$

Aufgabe 4.7

(a) $\left|\frac{a_{n+1}}{a_n}\right|=\left|\frac{n+1}{n}\right|=\left(1+\frac{1}{n}\right)$

$$\gamma=\lim_{n\to\infty}\left|\frac{a_{n+1}}{a_n}\right|=1$$

Der Konvergenzradius ist somit $\varrho=1$, d.h. die Potenzreihe konvergiert für $|x|<1$ und divergiert für $|x|>1$.

(b) $\left|\frac{a_{n+1}}{a_n}\right|=\frac{(k+n+1)}{(n+1)}\cdot\frac{n}{(k+n)}=\frac{n^2+(k+1)\cdot n}{n^2+(k+1)\cdot n+k}$

$$\gamma=\lim_{n\to\infty}\left|\frac{a_{n+1}}{a_n}\right|=1$$

Der Konvergenzradius ist $\varrho=1$, d.h. es liegt Konvergenz für $|x|<1$ und Divergenz für $|x|>1$ vor.

Aufgabe 4.8

A: $K_1=12r+6{,}5\cdot i\cdot r=2478$ €

B: $i\;=0{,}0048$ monatlich; $q=1{,}0048$:

$$K_1=200q\cdot\frac{1-q^{12}}{1-q}=2476{,}21\text{ €}$$

Effektiver Jahreszins (vgl. A): $i=\frac{K_1-12r}{6{,}5r}=5{,}86\%$

Aufgabe 4.9

Kaufsumme: 30000 €

Restkaufsumme: 24000 €

Tilgung: 500 € monatlich
Zinsen: 72 € monatlich
Restschulden (summiert): $(500+24000)\cdot 48/2=588000$ €
Zinszahlungen (summiert): 3456 €
Effektivzins (monatlich): $i=3456/588000=0{,}5878\%$

Aufgabe 4.10

$K_0 = 1500$ €; $K_{10} = 2802$ €; $n = 10$ Jahre:

$i=(\sqrt[10]{K_{10}/K_0}-1)\cdot 100=6{,}448\%$

Aufgabe 4.11

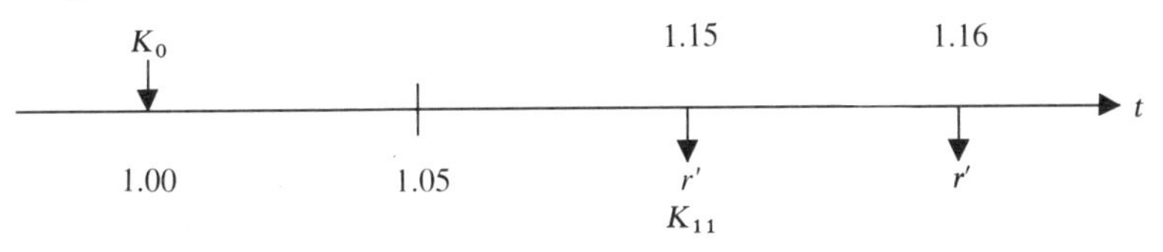

$i = 0{,}07$; $q = 1{,}07$; $v = 1/q = 0{,}93458$; $r' = 4000$ €; $n = 10$ Jahre:

$$K_{1.2000}=K_{11}=K_0\cdot q^{11}=r'\cdot\frac{1-v^{10}}{1-v}$$

(Barwert einer vorschüssigen Rente)

$$K_0=\frac{1}{q^{11}}\cdot r'\cdot\frac{1-v^{10}}{1-v}=14281{,}73\text{ €}$$

Aufgabe 4.12

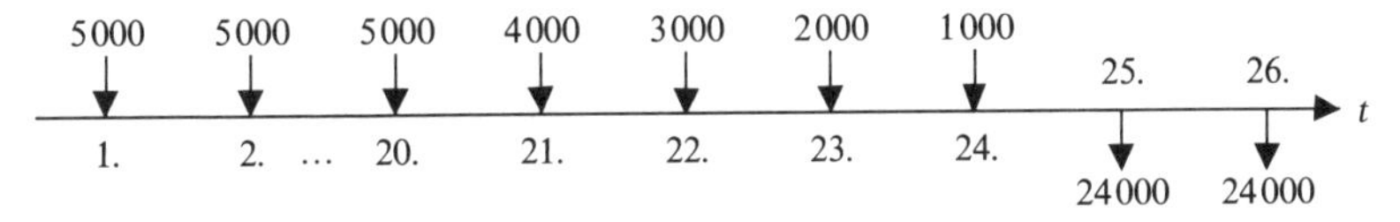

Sparphase: $r = 5000$ €; $i = 0{,}05$; $q = 1{,}05$; $n = 20$ Jahre
Rentenphase: $r' = 24000$ €; $i = 0{,}05$; $v = 1/1{,}05 = 0{,}9524$

Angespartes Kapital (1.21): $K_{21}=r\cdot q\cdot\frac{1-q^{20}}{1-q}=173596{,}26$ €

Angespartes Kapital (1.25):

$K_{25}=K_{21}\cdot q^4+4000q^4+3000q^3+2000q^2+1000q$
$=222597{,}24$ €

(Auswertung mit *Horner*-Schema!)

K_{25} ist der Barwert einer vorschüssigen Rente:

$$K_{25}=r'\cdot\frac{1-v^n}{1-v}$$

$n=\ln(1-K_{25}\cdot[1-v]/r')/\ln v=11{,}94$ Jahre

Aufgabe 4.13

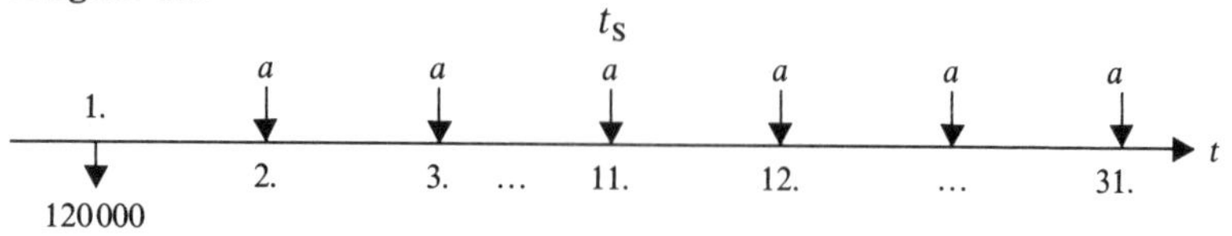

$S_0 = 120000$ DM; $i = 0{,}07$; $q = 1{,}07$; $n = 30$ Jahre;

$t_S = 20000$ DM Sondertilgung;

S_n = Restschuld zu Beginn des n-ten Jahres

$$S_{11} = S_0 \cdot q^{10} - a \cdot (q^9 + q^8 + \ldots + 1) - t_S$$

$$S_{31} = S_0 \cdot q^{30} - a \cdot (q^{29} + q^{28} + \ldots + 1) - t_S \cdot q^{20} = 0$$

$$a = (S_0 \cdot q^{30} - t_S \cdot q^{20}) \cdot \frac{1-q}{1-q^{30}} = 8\,851{,}05 \text{ DM}$$

Anfangszins: $z_1 = S_0 \cdot i = 8\,400$ DM

Anfangstilgung: $t_1 = a - z_1 = 451{,}05$ DM

Summe der Tilgungen **nach 10 Jahren:**

$$T = t_1 \cdot (q^9 + q^8 + \ldots + 1) = t_1 \cdot \frac{1-q^{10}}{1-q} = 6\,231{,}88 \text{ DM}$$

Sondertilgung: $t_S = 20000$ DM

Tilgungsplan für das 11. Jahr:		
	Restschuld	= 93 768,12 DM
	Zinsen	= 6 563,77 DM
	Tilgung	= 2 287,28 DM

Lösungen der Aufgaben zum Kapitel 5

Aufgabe 5.1

(a) $f'(x) = \frac{2}{3} x^{-\frac{1}{3}} = \dfrac{2}{3 \cdot \sqrt[3]{x}}$

(b) $f'(x) = \cos^2 x - \sin^2 x$

(c) $f'(x) = \frac{7}{6} x^{\frac{5}{2}} - \frac{1}{2} x^{-\frac{3}{2}}$

(d) $f'(x) = 1$

(e) $f'(x) = 4x \cdot [\ln(x^2) + 1] + (\cos x + 2x \cdot \sin x) \cdot e^{x^2}$

(f) $f'(x) = \frac{3}{2} [\log(x^3) + e^x]^{\frac{1}{2}} \cdot \left(\dfrac{3}{x \cdot \ln 10} + e^x \right)$

(g) $f'(x) = \left(\dfrac{1}{x^3} - \dfrac{1}{x^2} \right) \cdot e^{-\frac{1}{x}}$

(h) $f'(x) = \sin x \cdot \cos x + x \cdot (\cos^2 x - \sin^2 x)$

(i) $f'(x) = (1-x) \cdot e^{-(x-1)^2/2}$

(j) $f'(x) = \dfrac{(x^5 + 12x^3 - x^2 - 12) \cdot \cos(-x) - (x^4 + 36x^2 + 2x) \cdot \sin(-x)}{(x^2+12)^2}$

(k) $f'(x) = \dfrac{n \cdot (1 - \ln 5 \cdot \log_5 x)}{\ln 5 \cdot x^2}$

(l) $f'(x) = 0$

(m) $f'(x) = -\sin(x^2) - 2x^2 \cdot \cos(x^2)$

(n) $f'(x) = \dfrac{3x^2}{(x^3+1) \cdot \ln 2}$

(o) $f'(x) = 2\dfrac{g'(x)}{g(x)} \cdot \ln g(x) \cdot g(x)^{\ln g(x)}$

(p) $f'(x) = \frac{3}{4} x^{-\frac{1}{4}}$

(q) $f'(x) = -\dfrac{2 \sin x \cdot \cos x}{(\sin^2 x - \cos^2 x)^2}$

(r) $f'(x) = \dfrac{2x \cdot \ln a}{x^2+1} \cdot a^{\ln(x^2+1)}$

(s) $f'(x) = 2e^{2x-1} \cdot [\sin(2x-1) + \cos(2x-1)]$

(t) $f'(x) = \dfrac{4x}{\cos^2(1+2x^2)}$

(u) $f'(x) = \dfrac{-2}{(x+1) \cdot (x-1) \cdot \ln 10}$

(v) $f'(x) = \dfrac{1 - 2\ln x}{2x^2 \cdot \sqrt{\ln x}}$

(w) $f'(x) = \dfrac{1}{\cos^2 x} - \dfrac{1}{\sin^2 x}$

(x) $f'(x) = \dfrac{1 - \sin x \cdot \cos x}{\cos^2 x \cdot e^x}$

(y) $f'(x) = \sum\limits_{k=1}^{3} \dfrac{k}{x}$

(z) $f'(x) = -\dfrac{1}{\sin^2 x}$

Aufgabe 5.2

(a) Die Funktion ist differenzierbar für $x \in \mathbb{R} \setminus \mathbb{Z}$ (vgl. *Abb. 3.64*).
$f'(x) = 0 \; \forall x \in \mathbb{R} \setminus \mathbb{Z}$

(b) Die Funktion ist differenzierbar für $x \in \mathbb{R} \setminus \{-1, 0, 1\}$ (vgl. *Abb. 5.16*).

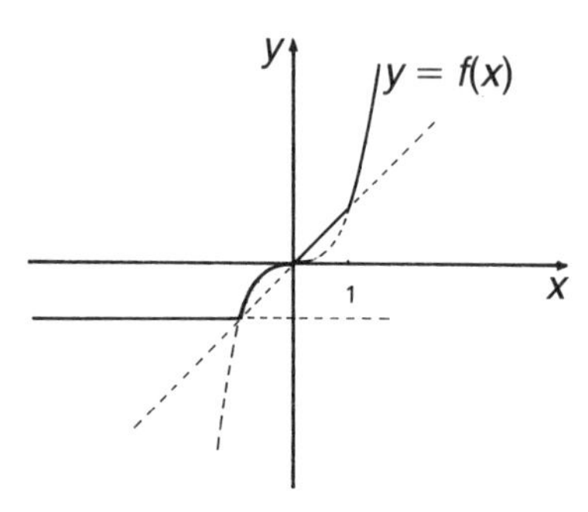

Abb. 5.16: Graph der Funktion $f(x) = \max\{-1; x; x^3\}$ *(durchgezogene Linie)*

$$f'(x) = \begin{cases} 0 & \text{für } -\infty < x < -1 \\ 3x^2 & \text{für } -1 < x < 0 \\ 1 & \text{für } 0 < x < 1 \\ 3x^2 & \text{für } 1 < x < \infty \end{cases}$$

(c) Die Funktion ist differenzierbar für $x \in \mathbb{R} \setminus \{0\}$ (vgl. *Abb. 5.17*).

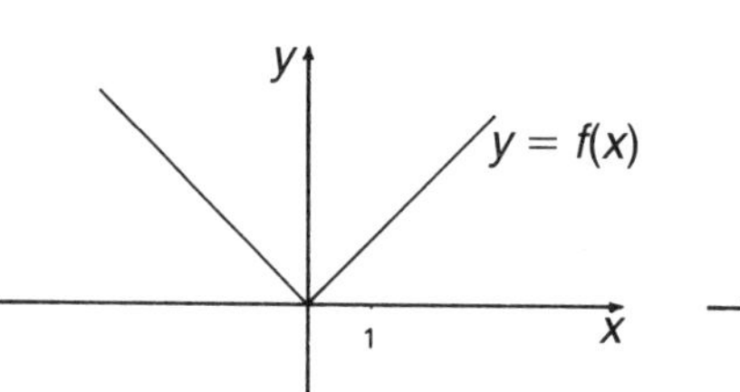

Abb. 5.17: Graph der Funktion $f(x) = \frac{x^2}{|x|}$

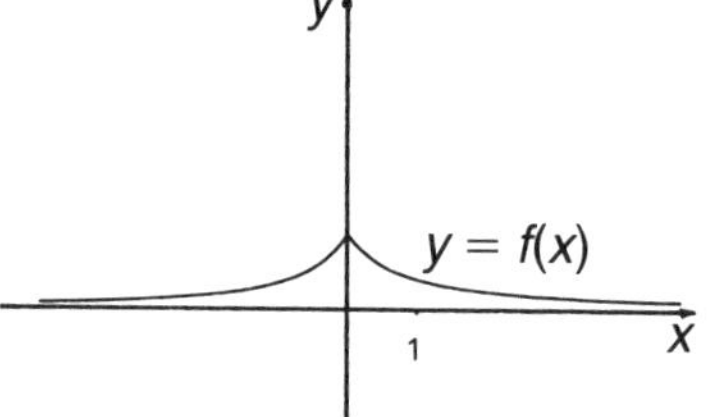

Abb. 5.18: Graph der Funktion $f(x) = \frac{1}{1+|x|}$

$$f'(x) = \begin{cases} -1 & \text{für } -\infty < x < 0 \\ 1 & \text{für } 0 < x < \infty \end{cases}$$

(d) Die Funktion ist differenzierbar für $x \in \mathbb{R} \setminus \{-\frac{3}{2}, -1\}$ (vgl. *Abb. 3.75* im Lösungsanhang).

$$f'(x) = \begin{cases} 1 & \text{für } -\infty < x < -\frac{3}{2} \\ -3 & \text{für } -\frac{3}{2} < x < -1 \\ -1 & \text{für } -1 < x < \infty \end{cases}$$

(e) Die Funktion ist differenzierbar für $x \in \mathbb{R} \setminus \{-1, 1\}$ (vgl. *Abb. 3.76* im Lösungsanhang).

$$f'(x) = \begin{cases} 2 & \text{für } -\infty < x < -1 \\ 6x^2 & \text{für } -1 < x < 1 \\ \frac{1}{2} & \text{für } 1 < x < \infty \end{cases}$$

(f) Die Funktion ist differenzierbar für $x \in \mathbb{R} \setminus \{0\}$ (vgl. *Abb. 5.18*).

$$f'(x) = \begin{cases} -\dfrac{1}{(1+x)^2} & \text{für } x > 0 \\ \dfrac{1}{(1-x)^2} & \text{für } x < 0 \end{cases}$$

Aufgabe 5.3

(a) $f'(0) = \frac{1}{2}$ $\qquad f'(-1) = -\frac{3}{4}\sqrt{2}$

(b) $f'(0) = -\dfrac{2}{e^2} = -0{,}2707$ $\qquad f'(-1) = -\dfrac{1}{\sqrt{e}} = -0{,}6065$

(c) $f'(0) = -10$ $\qquad f'(-1) = -10 \cdot \sqrt{125} = -111{,}80$

(d) $f'(0) = 0$ $\qquad f'(-1) = -\dfrac{2}{\cos(-1)} = -2{,}0003$

(e) $f'(0) = 0$ $\qquad f'(-1) = \sin^2(-1) \cdot [3\cos^2(-1) - \sin^2(-1)] = 0{,}0009$

(f) $f'(0) = 0$ $\qquad f'(-1) = -\dfrac{1}{\ln 3} = -0{,}9102$

Aufgabe 5.4

(a) $y = f(x) = 2x^3 \qquad \rightarrow \quad x = g(y) = \sqrt[3]{y/2}$

$y = f'(x) = 6x^2 \qquad \rightarrow \quad x' = g'(y) = \dfrac{1}{6(\sqrt[3]{y/2})^2}$

(b) $y = f(x) = \ln(1 + x^2) \quad \rightarrow x = \sqrt{e^y - 1}$

$y' = \dfrac{2x}{1+x^2} \qquad \rightarrow x' = g'(y) = \dfrac{1+x^2}{2x} = \dfrac{e^y}{2\sqrt{e^y - 1}}$

(c) $f'(x) = \dfrac{\cos x}{\sin x} = \operatorname{ctg} x$

(d) $f'(x) = \dfrac{h'(g(x)) \cdot g'(x)}{h(g(x))}$

(e) $f'(x)=\dfrac{\dfrac{1}{2\sqrt{2x^5+x^3}}\cdot 10x^4+3x^2}{\sqrt{2x^5+x^3}}=\dfrac{10x^4+3x^2}{4x^5+2x^3}$

Aufgabe 5.5

(a)

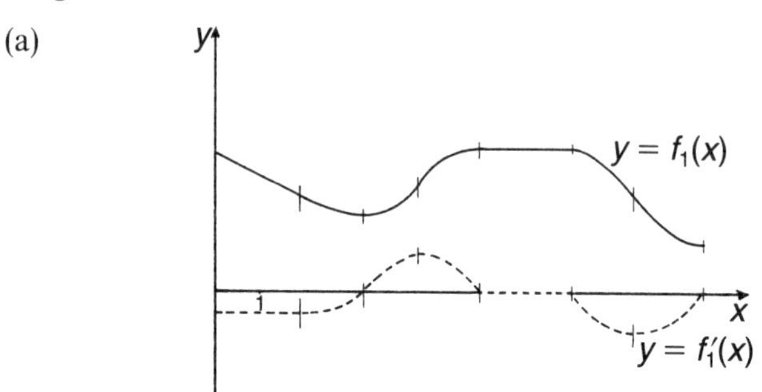

Abb. 5.19: Skizzen der Funktionen $f_1(x)$ (durchgezogen) und $f_1'(x)$ (gestrichelt)

(b)

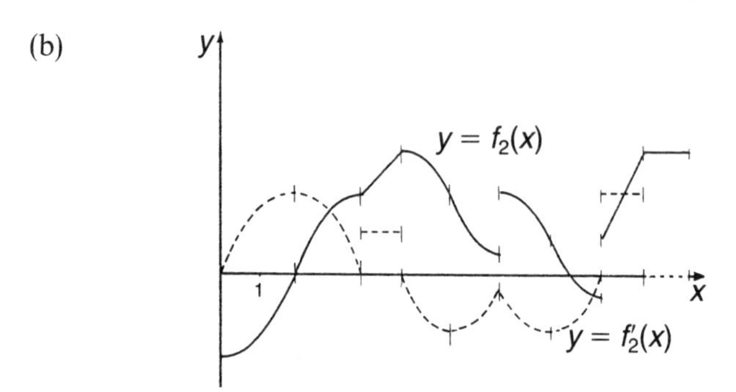

Abb. 5.20: Skizzen der Funktionen $f_2(x)$ (durchgezogen) und f_2' (gestrichelt)

(c)

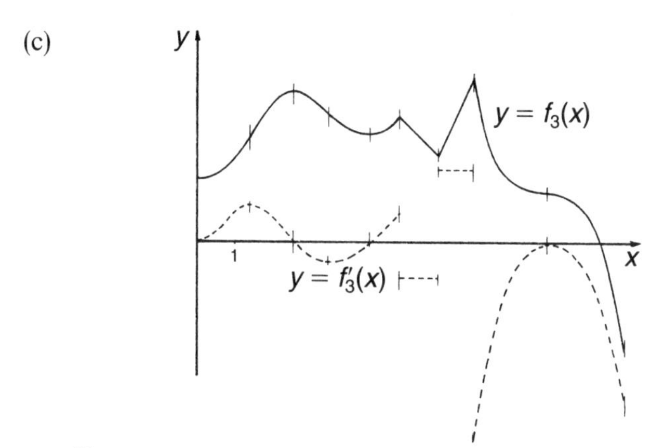

Abb. 5.21: Skizzen der Funktionen $f_3(x)$ (durchgezogen) und $f_3'(x)$ (gestrichelt)

Aufgabe 5.6

(a) $y|_{x=10} = f(10) = 5{,}4818$

(b) $$\frac{dy}{dx} = f'(x) = \frac{2x + \frac{5}{x} \cdot (\ln x)^4}{3\sqrt[3]{(x^2 + (\ln x)^5)^2}}$$

$$\left.\frac{dy}{dx}\right|_{x=10} = f'(10) = 0{,}3778$$

$\Delta y_9 = -0{,}3778$ $\quad y(9) \cong 5{,}1040$
$\Delta y_{11} = 0{,}3778$ $\quad y(11) \cong 5{,}8596$
$\Delta y_{15} = 1{,}8888$ $\quad y(15) \cong 7{,}3706$

(c) Die exakten Werte sind:

$y(9) = 5{,}0944$
$y(11) = 5{,}8507$
$y(15) = 7{,}1832$

Aufgabe 5.7

(a) $f'(x) = -2x \cdot e^{(1-x^2)}$
$f''(x) = (4x^2 - 2) \cdot e^{(1-x^2)}$
$f'''(x) = (-8x^3 + 12x) \cdot e^{(1-x^2)}$

(b) $f'(x) = \frac{1}{x}$

$f''(x) = -\frac{1}{x^2}$

$f'''(x) = \frac{2}{x^3}$

(c) $f'(x) = x^4 - 6x^2 + 1$
$f''(x) = 4x^3 - 12x$
$f'''(x) = 12x^2 - 12$

(d) $f'(x) = \frac{1}{2\sqrt{x}}$

$f''(x) = -\frac{1}{4\sqrt{x^3}}$

$f'''(x) = \frac{3}{8\sqrt{x^5}}$

(e) $f'(x) = \cos^2 x - \sin^2 x$
$f''(x) = -4 \sin x \cdot \cos x$
$f'''(x) = 4(\sin^2 x - \cos^2 x)$

Lösungen der Aufgaben zum Kapitel 6

Aufgabe 6.1

(a)

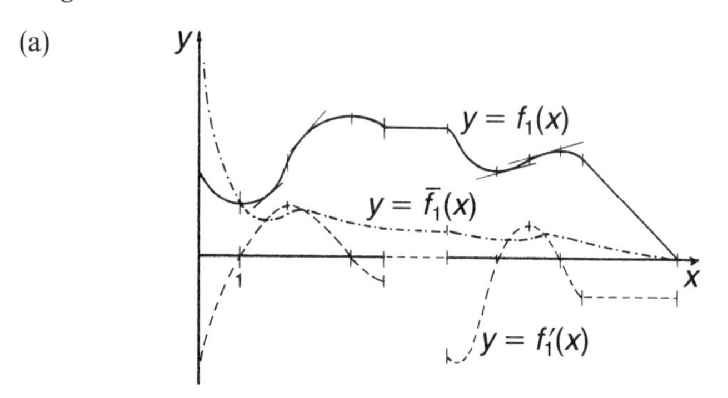

Abb. 6.21: Skizze der Funktionen $f_1(x)$ (durchgezogen), $f_1'(x)$ (gestrichelt) und $\bar{f}_1(x)$ (strichpunktiert)

(b)

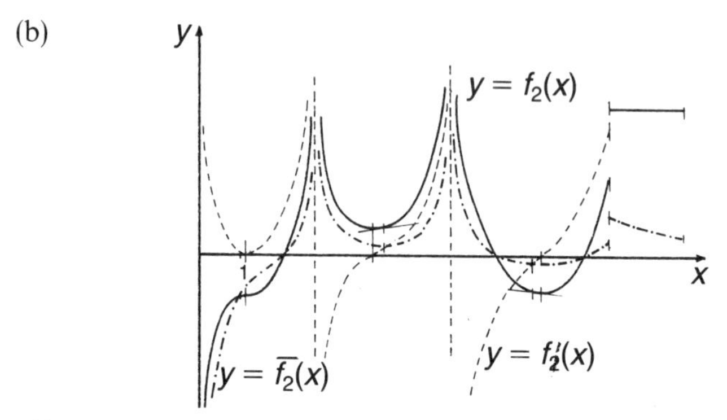

Abb. 6.22: Skizze der Funktionen $f_2(x)$ (durchgezogen), $f_2'(x)$ (gestrichelt) und $\bar{f}_2(x)$ (strichpunktiert)

Aufgabe 6.2

(a)

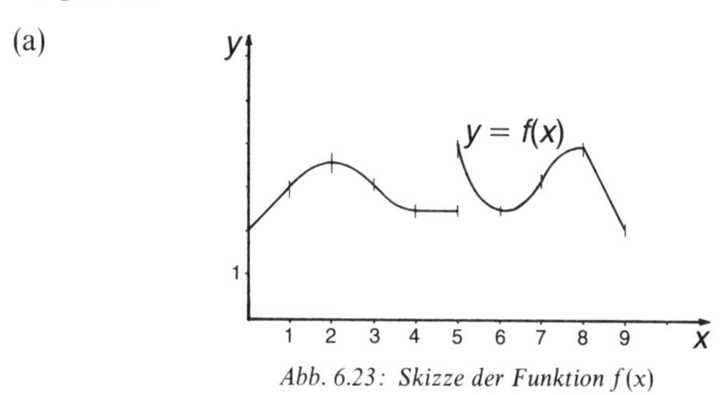

Abb. 6.23: Skizze der Funktion $f(x)$

(b)

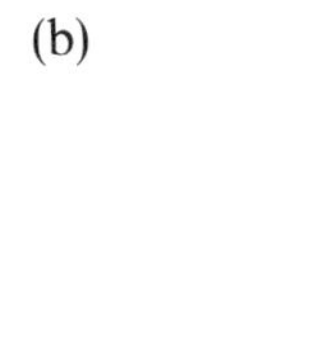

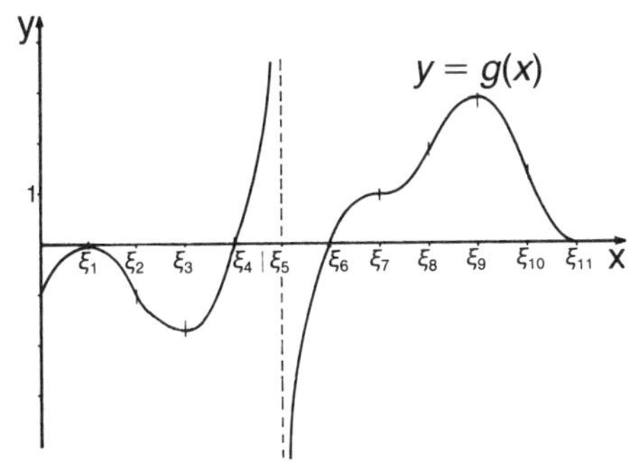

Abb. 6.24: Skizze der Funktion $g(x)$

Aufgabe 6.3

(a) $e_{\mathrm{f},x} = 1 - \dfrac{2}{x^2}$

(b) $e_{\mathrm{f},x} = \dfrac{2x^2 - 8x}{x^2 - 8x + 12}$

(c) $e_{\mathrm{f},x} = \dfrac{x \cdot \sin x \cdot \cos x}{\sin^2 x + 1}$

Aufgabe 6.4

(a) $e_{\mathrm{k},x} = \dfrac{x^2}{x^2 + 75}$

(b) $e_{\mathrm{k},x}|_{x=5} = 0{,}25$

(c) überall unelastisch, da $|e_{\mathrm{k},x}| < 1$ für $x \in \mathbb{R}$

(d) $\lim\limits_{x \to \infty} e_{\mathrm{k},x} = 1$

Aufgabe 6.5

(a) $f(x) = \frac{1}{8}x^2 + 1/x = 0 \;\rightarrow\; x = -2$ Nullstelle

(b) $f'(x) = \frac{1}{4}x - 1/x^2 = 0 \;\rightarrow\; x = \sqrt[3]{4}$

$f''(x) = \frac{1}{4} + 2/x^3 \quad \rightarrow\; f''(\sqrt[3]{4}) = \frac{3}{4} > 0$

An der Stelle $x = \sqrt[3]{4}$ liegt ein Minimum.

(c) $f''(x) = \frac{1}{4} + 2/x^3 = 0 \rightarrow x = -2$

$f'''(x) = -6/x^4 \quad \rightarrow f'''(-2) \neq 0$

An der Stelle $x = -2$ liegt ein Wendepunkt.

(d) Eine Polstelle liegt bei $x = 0$.

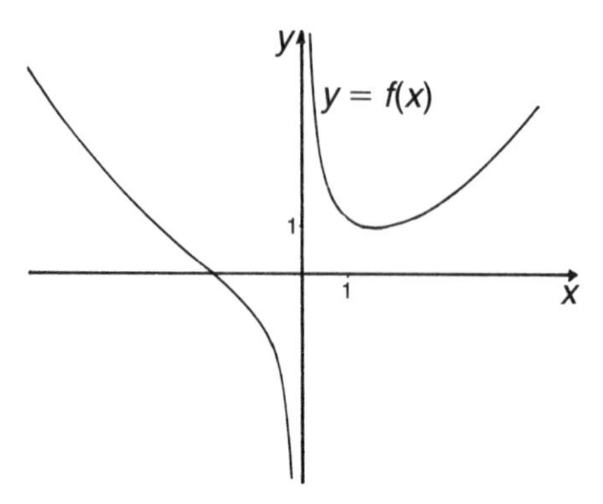

Abb. 6.25: Skizze der Funktion $f(x)=\frac{1}{8}x^2+1/x$

Aufgabe 6.6

(a)
- Die Funktion $f(x)=e^{-\frac{1}{2}(x+3)^2}$ besitzt keine Nullstellen.
- $f'(x)=-(x+3)e^{-\frac{1}{2}(x+3)^2}=0 \rightarrow x=-3$
- $f''(x)=(x^2+6x+8)e^{-\frac{1}{2}(x+3)^2}$
- $f''(-3)=-1 \rightarrow$ Maximum bei $x=-3$
- $f''(x)=0 \rightarrow x^2+6x+8=0 \rightarrow x=-4$ und $x=-2$ Wendepunkte
- Für $x \rightarrow \pm\infty$ geht der Exponent gegen $-\infty$ und $f(x)$ gegen 0. Daher ist die x-Achse Asymptote.

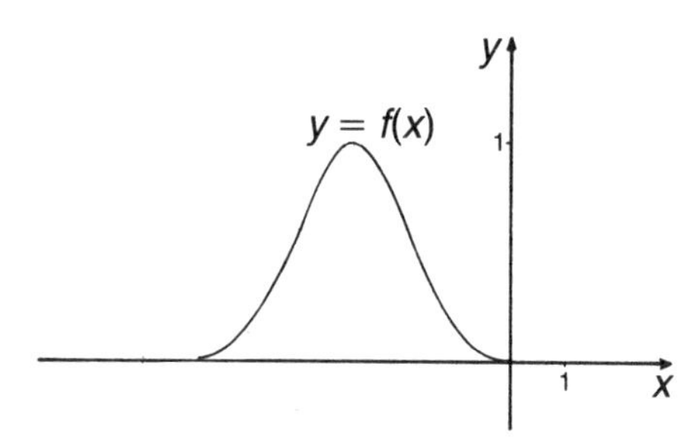

Abb. 6.26: Skizze der Funktion $f(x)=e^{-\frac{1}{2}(x+3)^2}$

(b)
- $f(x)=\dfrac{1}{12+x^2}-\dfrac{1}{13}=0 \rightarrow x=1$ und $x=-1$ Nullstellen
- $f'(x)=-\dfrac{2x}{(x^2+12)^2}=0 \rightarrow x=0$
- $f''(x)=\dfrac{6x^2-24}{(x^2+12)^3} \rightarrow f''(0)<0 \rightarrow$ Maximum bei $x=0$
- $f''(x)=0 \rightarrow x=2$ und $x=-2$ Wendepunkte

- $\lim\limits_{x \to +\infty} f(x) = -\frac{1}{13}$

  $\lim\limits_{x \to -\infty} f(x) = -\frac{1}{13}$

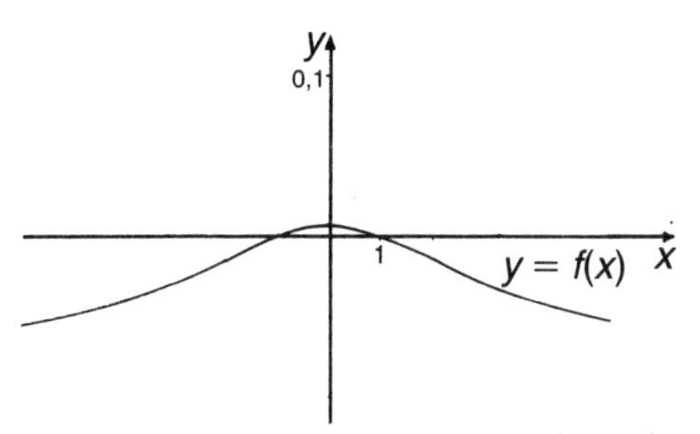

Abb. 6.27: Skizze der Funktion $f(x) = \dfrac{1}{12+x^2} - \dfrac{1}{13}$

(c) • $f(x) = \frac{1}{9}x^4 - \frac{1}{2}x^2 + \frac{2}{9} = 0$

Substitution: $y = x^2 \rightarrow \frac{1}{9}y^2 - \frac{1}{2}y + \frac{2}{9} = 0$

$\rightarrow y = \frac{1}{2}$ und $y = 4$

Das heißt, es ergeben sich die vier Nullstellen:

$x = \dfrac{1}{\sqrt{2}}$, $x = -\dfrac{1}{\sqrt{2}}$, $x = 2$ und $x = -2$

$f'(x) = \frac{4}{9}x^3 - x = 0 \rightarrow x = 0$, $x = \frac{3}{2}$ und $x = -\frac{3}{2}$

- $f''(x) = \frac{4}{3}x^2 - 1 \quad \rightarrow f''(0) = -1 \rightarrow$ Maximum bei $x = 0$

  $f''(\frac{3}{2}) = 2 \rightarrow$ Minimum bei $x = \frac{3}{2}$

  $f''(-\frac{3}{2}) = 2 \rightarrow$ Minimum bei $x = -\frac{3}{2}$
- $f''(x) = 0 \rightarrow x = \sqrt{\frac{3}{4}}$ und $x = -\sqrt{\frac{3}{4}}$ Wendepunkte
- keine Asymptoten

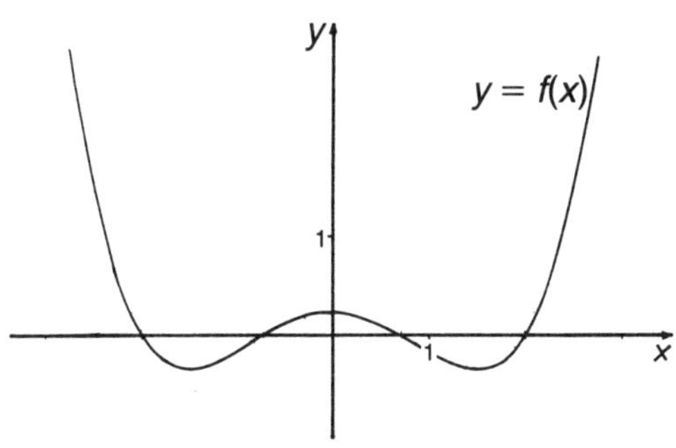

Abb. 6.28: Skizze der Funktion $f(x) = \frac{1}{9}x^4 - \frac{1}{2}x^2 + \frac{2}{9}$

(d) • $f(x) = \dfrac{4x}{x^2+1} = 0 \rightarrow x = 0$ Nullstelle

- $f'(x)=\dfrac{-4x^2+4}{(x^2+1)^2}=0 \to x=1$ und $x=-1$
- $f''(x)=\dfrac{8x^3-24x}{(x^2+1)^3}$ $\to f''(1)=-2 \to$ Maximum bei $x=1$
  $\to f''(-1)=2 \to$ Minimum bei $x=-1$
- $f''(x)=0 \to 8x^3-24x=0 \to x=0,\quad x=\sqrt{3}$ und $x=-\sqrt{3}$
  Wendepunkte
- $\lim\limits_{x\to\infty} \dfrac{4x}{x^2+1}=0$ von oben

  $\lim\limits_{x\to-\infty} \dfrac{4x}{x^2+1}=0$ von unten

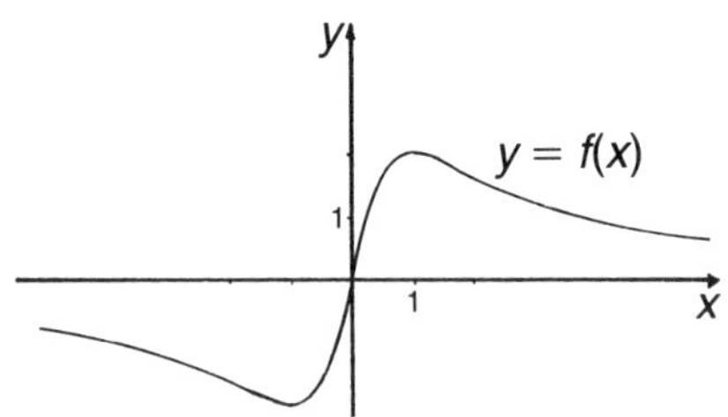

Abb. 6.29: Skizze der Funktion $f(x)=\dfrac{4x}{x^2+1}$

(e)
- $f(x)=\frac{1}{3}x^3-\frac{1}{2}\ln(x^2)=0$ ist eine transzendente Gleichung, deren Nullstellen i.allg. nicht geschlossen berechnet werden können, sondern nur näherungsweise mit dem *Newton*-Verfahren (vgl. *Aufgabe 6.9a*).
  Als Nullstelle ergibt sich $x=-0{,}8277$.
- $f'(x)=x^2-1/x=0 \to x^3=1 \to x_2=1$
- $f''(x)=2x+1/x^2 \to f''(1)=3 \to$ Minimum bei $x=1$
- $f''(x)=0 \to x^3=-\frac{1}{2} \to x=-\sqrt[3]{\frac{1}{2}}$
- $f'''(x)=2-2/x^3 \to f'''\left(-\sqrt[3]{\frac{1}{2}}\right)\neq 0 \to$ Wendepunkt bei $x=-\sqrt[3]{\frac{1}{2}}$
- $\lim\limits_{x\to 0+} f(x)=\lim\limits_{x\to 0-} f(x)=+\infty \to x=0$ Polstelle

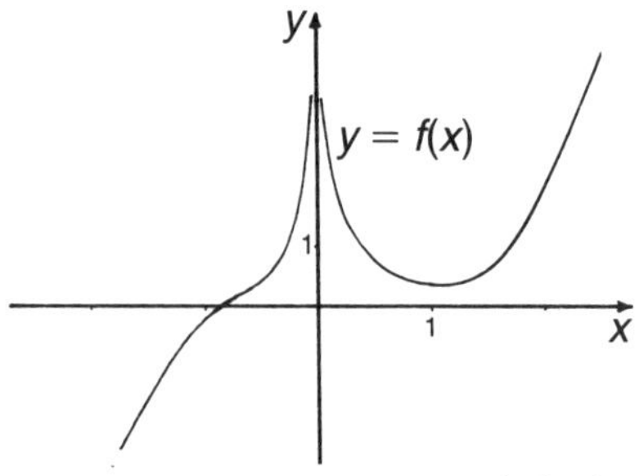

Abb. 6.30: Skizze der Funktion $f(x)=\frac{1}{3}x^3-\frac{1}{2}\ln(x^2)$

Aufgabe 6.7

x sei der Abstand des Anlegepunktes vom Küstenpunkt K. Die Ruder- und Laufzeit beträgt (vgl. *Aufgabe 1.4*):

$$t(x)=\tfrac{1}{3}\sqrt{64+x^2}+\tfrac{1}{5}(10-x)$$

Diese Zeit soll minimiert werden.

$$t'(x)=\frac{x}{3\sqrt{64+x^2}}-\frac{1}{5}=0$$

$$\rightarrow x=\pm 6$$

$$t''(x)=\frac{64}{(64+x^2)^{\frac{3}{2}}} \rightarrow t''(6)>0 \rightarrow \text{Minimum bei } x=6$$

Die minimale Zeit beträgt $t_{\min}=4{,}1333\,\text{h}$.
Die zweite Lösung ist ökonomisch sinnlos.

Aufgabe 6.8

(a) $k(x)=\dfrac{m\cdot E}{x}+\dfrac{p\cdot s}{200}\cdot x$ (vgl. *Aufgabe 1.6*)

(b) $k'(x)=-\dfrac{m\cdot E}{x^2}+\dfrac{p\cdot s}{200}=0 \rightarrow x_{\text{opt}}=\sqrt{\dfrac{200\,m\cdot E}{p\cdot s}}$

$k''(x)=\dfrac{2m\cdot E}{x^3} \rightarrow k''\left(\sqrt{\dfrac{200m\cdot E}{p\cdot s}}\right)>0 \rightarrow$ Minimum bei x_{opt}

(c) $x_{\text{opt}}=\sqrt{\dfrac{200\cdot 800\cdot 5}{10\cdot 160}}=22{,}36\,\text{ME}$

Aufgabe 6.9

(a) $f(x)=\frac{1}{3}x^3-\frac{1}{2}\ln(x^2)$
$f'(x)=x^2-1/x$

x	$f(x)=$ $\frac{1}{3}x^3-\frac{1}{2}\ln(x^2)$	$f'(x)=$ x^2-1/x	$\delta=$ $f(x)/f'(x)$
$-0{,}5$	$0{,}6515$	$2{,}25$	$0{,}2895$
$-0{,}7895$	$0{,}0722$	$1{,}8899$	$0{,}0382$
$-0{,}8278$	$-0{,}00004$	$1{,}8933$	$-0{,}000019$
$-0{,}8277$	0	$1{,}8933$	0

Tab. 6.3: Berechnung der Nullstelle $x=-0{,}8277$ der Funktion $f(x)=\frac{1}{3}x^3-\frac{1}{2}\ln(x^2)$

(b) $f(x)=2x^3-3x^2-6x+9$
$f'(x)=6x^2-6x-6$

x	$f(x)=$ $2x^3-3x^2-6x+9$	$f'(x)=$ $6x^2-6x-6$	$\delta=$ $f(x)/f'(x)$
-2	$-7{,}0$	$30{,}0$	$-0{,}2333$
$-1{,}7667$	$-0{,}7913$	$23{,}3267$	$-0{,}0339$
$-1{,}7327$	$-0{,}0156$	$22{,}4109$	$-0{,}0007$
$-1{,}7321$	$-0{,}0$		
1	$2{,}0$	$-6{,}0$	$-0{,}3333$
$1{,}3333$	$0{,}4074$	$-3{,}3333$	$-0{,}1222$
$1{,}4556$	$0{,}0783$	$-2{,}0215$	$-0{,}0388$
$1{,}4943$	$0{,}0087$	$-1{,}5681$	$-0{,}0056$
$1{,}4999$	$0{,}0002$	$-1{,}5015$	$-0{,}0001$
$1{,}5$	0		
2	$1{,}0$	$6{,}0$	$0{,}1667$
$1{,}833$	$0{,}2407$	$3{,}1667$	$0{,}0760$
$1{,}7573$	$0{,}0454$	$1{,}9850$	$0{,}0229$
$1{,}73452$	$0{,}0039$	$1{,}6433$	$0{,}0024$
$1{,}7321$	$0{,}0$		

Tab. 6.4: Berechnung der Nullstellen $x=-\sqrt{3}=-1{,}7321$, $x=\frac{3}{2}$ und $x=\sqrt{3}$ der Funktion $f(x)=2x^3-3x^2-6x+9$

Aufgabe 6.10

(a) 

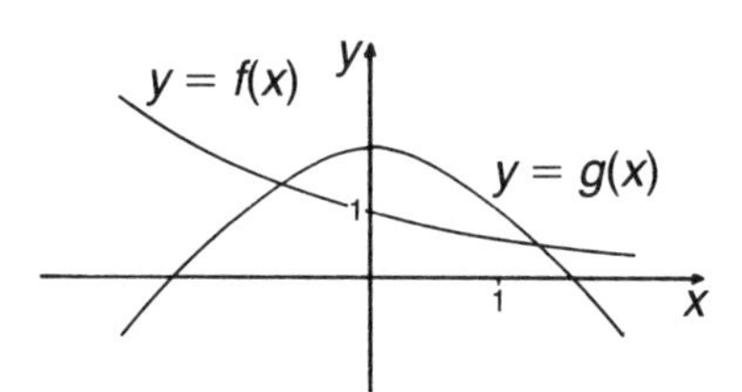

Abb. 6.31: Skizze der Funktionen $f(x)=e^{-x/2}$ und $g(x)=2\cos x$

Im Intervall $[-\pi/2, \pi/2]$ liegen Schnittpunkte in der Nähe der Punkte $x=-1$ und $x=1{,}5$.

(b) Die Lösungen der Gleichung sind die Nullstellen der Gleichung $h(x)=e^{-x/2}-2\cos x$ mit $h'(x)=-\frac{1}{2}e^{-x/2}+2\sin x$.

x	$h(x)=$ $e^{-x/2}-2\cos x$	$h'(x)=$ $-\frac{1}{2}e^{-x/2}+2\sin x$	$\delta=$ $h(x)/h'(x)$
$-1{,}0$	$0{,}5681$	$-2{,}5073$	$-0{,}2266$
$-0{,}7734$	$0{,}0411$	$-2{,}1332$	$-0{,}0193$
$-0{,}7542$	$0{,}0003$	$-2{,}0984$	$-0{,}0002$
$-0{,}7540$	$0{,}0$		
$1{,}5$	$0{,}3309$	$1{,}7588$	$0{,}1881$
$1{,}3119$	$0{,}0069$	$1{,}6738$	$0{,}0041$
$1{,}3078$	$0{,}0$		

Tab. 6.5: Berechnung der Lösungen $x=-0{,}7540$ und $x=1{,}3078$ der Gleichung $e^{-x/2}=2\cos x$ im Intervall $[-\pi/2, \pi/2]$

Lösungen der Aufgaben zum Kapitel 7

Aufgabe 7.1

$f(x, y)=z=\sqrt{x^2+y^2}$

(a) Isoquanten $z=c=$ konstant:
$\sqrt{x^2+y^2}=c \rightarrow x^2+y^2=c^2$
Es ergeben sich Kreise um den Nullpunkt mit dem Radius $r=c$.

(b) Schnittlinien parallel zur y, z-Ebene $\rightarrow x=c$:
$z=\sqrt{c^2+y^2}$
(i) $c=0 \rightarrow z=\sqrt{y^2}=|y|$
(ii) $c \neq 0 \rightarrow z=\sqrt{c^2+y^2}$
Schnittlinie parallel zur x, z-Ebene $\rightarrow y=c$:
$z=\sqrt{x^2+c^2}$
(i) $c=0 \rightarrow z=\sqrt{x^2}=|x|$
(ii) $c \neq 0 \rightarrow z=\sqrt{x^2+c^2}$

(c)

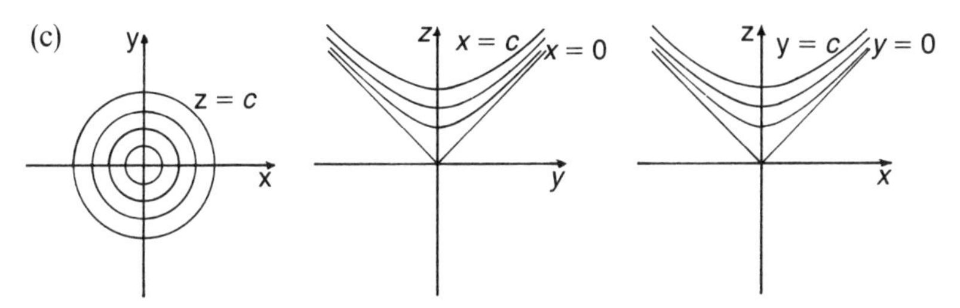

Abb. 7.11: Schnittlinien parallel zu den Koordinatenebenen

Die Funktion stellt einen auf der Spitze im Nullpunkt stehenden Kreiskegel dar.

(d) Die Funktion besitzt in der Kegelspitze ein Minimum.

(e) Sie ist im gesamten Definitionsbereich konvex.

Aufgabe 7.2

$f(x, y)=z=x^2-y^2$

(a) Isoquanten $z=c=$ konstant:
$c=x^2-y^2 \rightarrow y^2=x^2-c$
(i) $c=0 \quad \rightarrow y=|x|$
(ii) $c>0 \quad \rightarrow y=\pm\sqrt{x^2-c}$
(iii) $c<0 \quad \rightarrow y=\pm\sqrt{x^2+|c|}$

(b) Schnittlinien parallel zur y, z-Ebene $\to x = c$:
$z = c^2 - y^2$ (nach unten geöffnete Parabeln)
Schnittlinien parallel zur x, z-Ebene $\to y = c$:
$z = x^2 - c^2$ (nach oben geöffnete Parabeln)

(c)

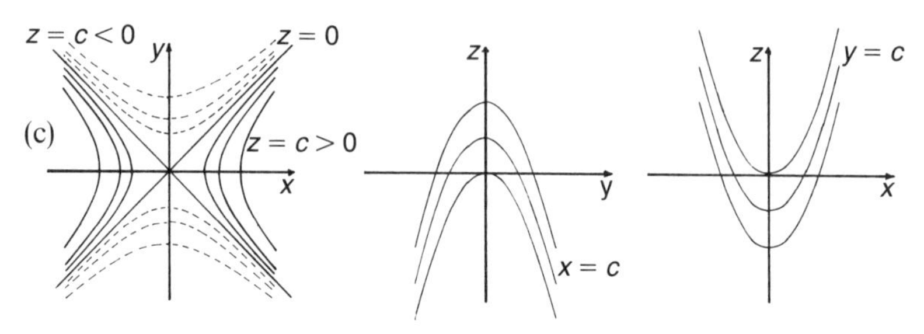

Abb. 7.12: Schnittlinien parallel zu den Koordinatenebenen

Die Funktion stellt eine Sattelfläche dar, die in x-Achsen-Richtung ansteigt und in y-Achsen-Richtung abfällt.

(d) Die Funktion besitzt kein Maximum oder Minimum.

(e) Sie ist nicht konvex.

Aufgabe 7.3

$$f(x, y) = z = \frac{1}{\sqrt{x^2 + y^2}}$$

(a) Isoquanten $z = c =$ konstant:

$$c = \frac{1}{\sqrt{x^2 + y^2}} \to x^2 + y^2 = \frac{1}{c^2}$$

Es ergeben sich Kreise um den Nullpunkt mit Radius $r = 1/c$, die kleiner werden, je mehr man sich von der x, y-Ebene entfernt, und größer werden, je mehr man sich ihr nähert.

(b) Schnittlinien parallel zur y, z-Ebene $\to x = c$:

$$z = \frac{1}{\sqrt{c^2 + y^2}}$$

(i) $c = 0 \to z = \frac{1}{\sqrt{y^2}} = \frac{1}{|y|}$

(ii) $c \neq 0 \to z = \frac{1}{\sqrt{c^2 + y^2}}$

Schnittlinien parallel zur x, z-Ebene $\to y = c$:

(i) $c = 0 \to z = \frac{1}{\sqrt{x^2}} = \frac{1}{|x|}$

(ii) $c \neq 0 \rightarrow z = \dfrac{1}{\sqrt{c^2+y^2}}$

(c)

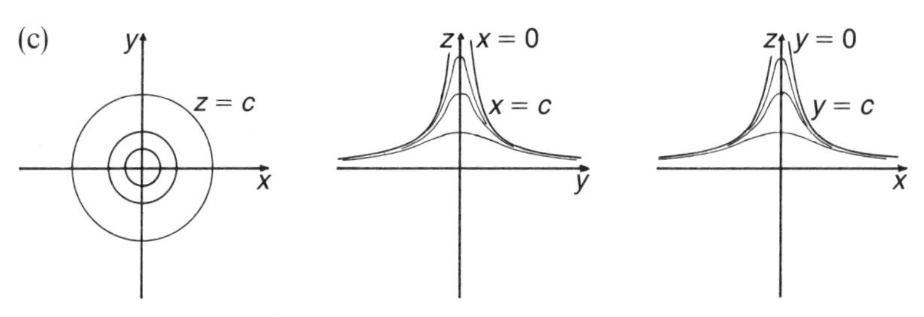

Abb. 7.13: Schnittlinien parallel zu den Koordinatenebenen

Die Funktion stellt wie der Kegel eine Rotationsfläche mit der z-Achse als Rotationsachse dar. Die Mantelfläche sind Hyperbeln $z = \dfrac{1}{|x|}$, die um die z-Achse drehen.

(d) Die Funktion besitzt kein Maximum oder Minimum.

(e) Sie ist nicht konvex.

Lösungen der Aufgaben zum Kapitel 8

Aufgabe 8.1

(a) $f'_x = 6x \cdot y + 1/y$
$f'_y = 3x^2 - x/y^2$

(b) $f'_x = \cos x \cdot \cos y - \sin y \cdot \sin x$
$f'_y = -\sin x \cdot \sin y + \cos y \cdot \cos x$

(c) $f'_x = \dfrac{3}{y} \cdot (3x)^{1/y-1} + y \cdot e^{x \cdot y}$

$f'_y = -\dfrac{\ln 3x}{y^2} \cdot (3x)^{1/y} + x \cdot e^{x \cdot y}$

(d) $f'_x = (1+x) \cdot y \cdot e^{x+y^2}$
$f'_y = (1+2y^2) \cdot x \cdot e^{x+y^2}$

(e) $f'_x = \dfrac{x^2+y^2}{2y \cdot x^{3/2} \cdot \sqrt{x^2-y^2}}$

$f'_y = \dfrac{-x^2}{y \cdot \sqrt{x} \cdot \sqrt{x^2-y^2}}$

(f) $f'_x = (1+x/y) \cdot \ln y \cdot e^{x/y}$

$$f_y' = \left(1 - \frac{x}{y}\ln y\right) \cdot \frac{x}{y} \cdot e^{x/y}$$

(g) $f_x' = e^{\sin^2 y}$

$f_y' = 2\sin y \cdot \cos y \cdot e^{\sin^2 y} \cdot x$

(h) $f_x' = g'(x^2 \cdot y) \cdot 2x \cdot y \cdot h\left(\frac{y}{x}\right) + g(x^2 \cdot y) \cdot h'\left(\frac{y}{x}\right) \cdot \left(-\frac{y}{x^2}\right)$

$f_y' = g'(x^2 \cdot y) \cdot x^2 \cdot h\left(\frac{y}{x}\right) + g(x^2 \cdot y) \cdot h'\left(\frac{y}{x}\right) \cdot \frac{1}{x}$

(i) $f_x' = e^{g(\ln x^2)} \cdot g'(\ln x^2) \cdot \frac{2}{x}$

$f_y' = 0$

(j) $f_x' = \frac{1}{2x \cdot \sqrt{\ln x \cdot (y^2+1)}}$

$f_y' = -y\sqrt{\frac{\ln x}{(y^2+1)^3}}$

(k) $f_x' = \frac{\frac{1}{\cos^2(x+y)} - y \cdot \cos(x \cdot y) \cdot \operatorname{tg}(x+y)}{e^{\sin(x \cdot y)}}$

$f_y' = \frac{\frac{1}{\cos^2(x+y)} - x \cdot \cos(x \cdot y) \cdot \operatorname{tg}(x+y)}{e^{\sin(x \cdot y)}}$

(l) $f_x' = 4x^3 \cdot y + 4z \cdot x^3$

$f_y' = x^4 + 3y^2 \cdot z^2$

$f_z' = 2y^3 \cdot z + x^4$

(m) $f_{x_1}' = \left(1 + \frac{\alpha}{x_1}\right) \cdot x_1^\alpha \cdot x_2^\beta \cdot x_3^\gamma \cdot x_4^\delta \cdot e^{x_1+x_2+x_3+x_4}$

$f_{x_2}' = \left(1 + \frac{\beta}{x_2}\right) \cdot x_1^\alpha \cdot x_2^\beta \cdot x_3^\gamma \cdot x_4^\delta \cdot e^{x_1+x_2+x_3+x_4}$

$f_{x_3}' = \left(1 + \frac{\gamma}{x_3}\right) \cdot x_1^\alpha \cdot x_2^\beta \cdot x_3^\gamma \cdot x_4^\delta \cdot e^{x_1+x_2+x_3+x_4}$

$f_{x_4}' = \left(1 + \frac{\delta}{x_4}\right) \cdot x_1^\alpha \cdot x_2^\beta \cdot x_3^\gamma \cdot x_4^\delta \cdot e^{x_1+x_2+x_3+x_4}$

(n) $f_{x_1}' = 2a_1 \cdot x_1 \cdot x_2^3$

$f_{x_i}' = 3a_{i-1} \cdot x_{i-1}^2 \cdot x_i^2 + 2a_2 \cdot x_i \cdot x_{i+1}^3$ für $i = 2, 3, \ldots, n-1$

$f_{x_n}' = 3a_{n-1} \cdot x_{n-1}^2 \cdot x_n^2$

Aufgabe 8.2

(a) $f'_x = y^2 \cdot e^{x \cdot y^2}, \quad f'_y = 2x \cdot y \cdot e^{x \cdot y^2}$

$f''_{xx} = y^4 \cdot e^{x \cdot y^2}, \quad f''_{yy} = (2x + 4x^2 \cdot y^2) \cdot e^{x \cdot y^2}$

$f''_{xy} = (2y + 2x \cdot y^3) \cdot e^{x \cdot y^2}$

(b) $f'_x = e^y + \dfrac{\cos x}{y^2+1}, \quad f'_y = x \cdot e^y - \dfrac{2y \cdot \sin x}{(y^2+1)^2}$

$f''_{xx} = -\dfrac{\sin x}{y^2+1}, \quad f''_{yy} = x \cdot e^y - \dfrac{2(1-3y^2) \cdot \sin x}{(y^2+1)^3}$

$f''_{xy} = e^y - \dfrac{2y \cdot \cos x}{(y^2+1)^2}$

(c) $f'_x = (x+y) \cdot e^{x/y} \qquad f'_y = \left(x - \dfrac{x^2}{y}\right) \cdot e^{x/y}$

$f''_{xx} = \left(2 + \dfrac{x}{y}\right) \cdot e^{x/y} \qquad f''_{yy} = \left(\dfrac{x^3}{y^3}\right) \cdot e^{x/y}$

$f''_{xy} = \left(1 - \dfrac{x^2}{y^2} - \dfrac{x}{y}\right) \cdot e^{x/y}$

(d) $f'_x = 2x \cdot y \cdot z + \dfrac{1}{y} + \dfrac{1}{x} \qquad f'_y = x^2 \cdot z - \dfrac{x+z}{y^2} + \dfrac{1}{y} \qquad f'_z = x^2 \cdot y + \dfrac{1}{y} + \dfrac{1}{z}$

$f''_{xx} = 2y \cdot z - \dfrac{1}{x^2} \qquad f''_{yy} = \dfrac{2(x+z)}{y^3} - \dfrac{1}{y^2} \qquad f''_{zz} = -\dfrac{1}{z^2}$

$f''_{xy} = 2x \cdot z - \dfrac{1}{y^2} \qquad f''_{xz} = 2x \cdot y \qquad f''_{yz} = x^2 - \dfrac{1}{y^2}$

Aufgabe 8.3

(a) $\varepsilon_{f,x_1} = \dfrac{x_2}{x_1+x_2}, \quad \varepsilon_{f,x_2} = \dfrac{x_1}{x_1+x_2}$

(b) $\varepsilon_{f,x_1} = 2, \quad \varepsilon_{f,x_2} = 2, \quad \varepsilon_{f,x_3} = -\dfrac{2}{x_3^2}$

(c) $\varepsilon_{f,x_1} = 1 + x_1, \quad \varepsilon_{f,x_2} = 1 + x_2, \quad \varepsilon_{f,x_3} = 1 + x_3$

Aufgabe 8.4

(a) $\varepsilon_{f,x_i} = r_i$

(b) $\varepsilon_{c,I} = \dfrac{\frac{dc}{c}}{\frac{dI}{I}} \cong \dfrac{\frac{\Delta c}{c}}{\frac{\Delta I}{I}} \rightarrow \dfrac{\Delta c}{c} \cdot 100 \cong \varepsilon_{c,I} \cdot \dfrac{\Delta I}{I} \cdot 100 = 0{,}0575\,\%$

D.h. der Bierverbrauch steigt um 0,0575 %.

(c) $df = \sum_{i=1}^{n} \frac{\partial f}{\partial x_i} \cdot dx_i$

(d) $\frac{df}{f} = \sum_{i=1}^{n} \varepsilon_{f,x_i} \cdot \frac{dx_i}{x_i} \rightarrow \frac{\Delta f}{f} \cdot 100 \cong \sum_{i=1}^{n} \varepsilon_{f,x_1} \cdot \frac{\Delta x_i}{x_i} \cdot 100$

(e) $\frac{\Delta c}{c} \cdot 100 \cong E_{c,I} \cdot \frac{\Delta I}{I} \cdot 100 + E_{c,P} \cdot \frac{\Delta P}{P} \cdot 100 + E_{c,Q} \cdot \frac{\Delta Q}{Q} \cdot 100$

$\frac{\Delta c}{c} \cdot 100 \cong 0{,}023 \cdot 3 - 1{,}04 \cdot 1 - 0{,}939 \cdot 3 = -3{,}788\,\%$

D.h. der Bierverbrauch sinkt in diesem Fall um 3,788 %.

Aufgabe 8.5

(a) $f'_x = 4x - 6x \cdot y = 0$
$f'_y = -3x^2 + 3y^2 = 0$
Lösungen des Gleichungssystems = kritische Punkte sind:
$(0, 0)$, $(-\frac{2}{3}, \frac{2}{3})$ und $(\frac{2}{3}, \frac{2}{3})$
$f''_{xx} = 4 - 6y$, $f''_{yy} = 6y$, $f''_{xy} = -6x$
$D(x, y) = (4 - 6y) \cdot 6y - 36x^2$
$D(0,0) = 0$ → keine Entscheidung.
$D(-\frac{2}{3}, \frac{2}{3}) = -16$ → Sattelpunkt an der Stelle $(-\frac{2}{3}, \frac{2}{3})$
$D(\frac{2}{3}, \frac{2}{3}) = -16$ → Sattelpunkt an der Stelle $(\frac{2}{3}, \frac{2}{3})$

(b) $f'_x = 3x^2 - 4x = 0$
$f'_y = 6y^2 - 4y = 0$
Kritische Punkte sind: $(0, 0)$, $(0, \frac{2}{3})$, $(\frac{4}{3}, 0)$ und $(\frac{4}{3}, \frac{2}{3})$
$f''_{xx} = 6x - 4$, $f''_{yy} = 12y - 4$, $f''_{xy} = 0$
$D(x, y) = (6x - 4) \cdot (12y - 4)$
$D(0,0) = 16$ → $f''_{xx}(0,0) = -4$ → Maximum an der Stelle $(0,0)$
$D(0, \frac{2}{3}) = -16$ → Sattelpunkt an der Stelle $(0, \frac{2}{3})$
$D(\frac{4}{3}, 0) = -16$ → Sattelpunkt an der Stelle $(\frac{4}{3}, 0)$
$D(\frac{4}{3}, \frac{2}{3}) = 16$ → $f''_{xx}(\frac{4}{3}, \frac{2}{3}) = 4$ → Minimum an der Stelle $(\frac{4}{3}, \frac{2}{3})$

(c) $f'_x = 2x - 2\frac{y^2}{x^2} - 12 = 0$

$f'_y = 4\frac{y}{x} = 0$

Es ergibt sich ein kritischer Punkt: $(6, 0)$

$f''_{xx} = 2 + 6\frac{y^2}{x^3}$, $f''_{yy} = \frac{4}{x}$, $f''_{xy} = -\frac{4y}{x^2}$

$D(x, y) = \left(2 + 6\frac{y^2}{x^3}\right) \cdot \left(\frac{4}{x}\right) - \frac{16y^2}{x^4}$

$D(6,0) = \frac{8}{6}$ → $f''_{xx}(6,0) = 2$ → Minimum an der Stelle $(6,0)$

(d) $f_x' = (2x-4) \cdot e^{x^2-4x} = 0$

$f_y' = \frac{2}{3}y - 2 = 0$

Es ergibt sich ein kritischer Punkt: (2, 3)

$f_{xx}'' = [2+(2x-4)^2] \cdot e^{x^2-4x}, \quad f_{yy}'' = \frac{2}{3}, \quad f_{xy}'' = 0$

$D(x, y) = \frac{2}{3}[2+(2x-4)^2] \cdot e^{x^2-4x}$

$D(2, 3) = 0{,}244 > 0 \rightarrow f_{xx}''(2, 3) = 0{,}366 \rightarrow$ Minimum an der Stelle (2, 3)

(e) $f_x' = \ln(x+y) + \dfrac{x}{x+y} = 0$

$f_y' = \dfrac{x}{x+y} - 1 = 0$

Es ergibt sich ein kritischer Punkt: $(1/e, 0)$

$f_{xx}'' = \dfrac{x+2y}{(x+y)^2}, \quad f_{yy}'' = -\dfrac{x}{(x+y)^2}, \quad f_{xy}'' = \dfrac{y}{(x+y)^2}$

$D(x, y) = \dfrac{-x \cdot (x+2y) - y^2}{(x-y)^4}$

$D(1/e, 0) = -e^2 < 0 \rightarrow$ Sattelpunkt an der Stelle $(1/e, 0)$

Aufgabe 8.6

(a) Es seien: h = Höhe des Bierglases
d = Durchmesser

Die Oberfläche des Glases soll bei gegebenem Volumen von $240\,\text{cm}^3$ und konstantem Verhältnis $h:d = 2$ minimiert werden.

Min. $O = \dfrac{\pi}{4} \cdot d^2 + \pi \cdot d \cdot h$

u.d.N. $\dfrac{\pi \cdot d^2}{4} \cdot h - 240 = 0$

$\dfrac{h}{d} - 2 = 0$

Die *Lagrange*-Funktion lautet:

$$v(\lambda, \mu; d, h) = \frac{\pi}{4} \cdot d^2 + \pi \cdot d \cdot h - \lambda \cdot \left(\frac{\pi}{4} \cdot d^2 \cdot h - 240\right) - \mu \cdot \left(\frac{h}{d} - 2\right)$$

Notwendige Bedingungen:

$$\frac{\partial v}{\partial \lambda} = -\frac{\pi}{4} \cdot d^2 \cdot h + 240 = 0$$

$$\frac{\partial v}{\partial \mu} = -\frac{h}{d} + 2 = 0$$

$$\frac{\partial v}{\partial d} = \frac{\pi}{2} \cdot d + \pi \cdot h - \lambda \cdot \frac{\pi}{2} \cdot d \cdot h + \mu \cdot \frac{h}{d^2} = 0$$

$$\frac{\partial v}{\partial h} = \pi \cdot d - \lambda \cdot \frac{\pi}{4} \cdot d^2 - \frac{\mu}{d} = 0$$

Die Lösung des Gleichungssystems lautet:

$$d = \sqrt[3]{\frac{480}{\pi}} = 5{,}3640 \text{ cm}$$

$$h = 2d = 10{,}6920$$

$$\lambda = \frac{3}{d} = 0{,}5612$$

$$\mu = \frac{\pi}{4} d^2 = 22{,}4466$$

$$O_{\min} = 202{,}0195 \text{ cm}^2$$

(b) Die Zunahme des Inhaltes sei $\Delta I = 1 \text{ cm}^3$.
Mit Hilfe des zur Inhaltsnebenbedingung berechneten *Lagrange*-Multiplikators λ läßt sich angenähert berechnen:
$\Delta O_{\min} \cong \lambda \cdot \Delta I = 0{,}5612$
Demnach wäre $O_{\min}(241) \cong 202{,}5807$.
Bei exakter Rechnung ergibt sich $O_{\min}(241) = 202{,}5803$.

(c) Die Zunahme des Verhältnisses sei $\Delta V = 0{,}1$.
$\Delta O_{\min} \cong \mu \cdot \Delta V = 2{,}2447$
$O_{\min}(h:d = 2{,}1) \cong 204{,}2642$
Exakt: $O_{\min}(2{,}1) = 204{,}2455$

Aufgabe 8.7

(a) $v(\lambda; x, y, z) = 8x + 2x \cdot y + \frac{1}{4}z^2 - \lambda \cdot (-2x + 3y + z - 4)$
$v'_\lambda = 2x - 3y - z + 4 = 0$
$v'_x = 8 + 2y + 2\lambda = 0$
$v'_y = 2x - 3\lambda = 0$
$v'_z = \frac{1}{2} z - \lambda = 0$
Lösung: $x = -6,\ y = 0,\ z = -8,\ \lambda = -4$
$f_{\min} = -32$

(b) $v(\lambda; x, y) = 15x + 25y - \lambda \cdot (x \cdot e^y - 3840)$
$v'_\lambda = -x \cdot e^y + 3840 = 0$
$v'_x = 15 - \lambda \cdot e^y = 0$
$v'_y = 25 - \lambda \cdot x \cdot e^y = 0$

Lösung: $x=\frac{5}{3}$, $y=\ln 2304=7{,}7424$, $\lambda=\frac{5}{768}=0{,}0065$

$f_{\min}=218{,}5600$

(c) $v(\lambda; x, y)=15x+10y-2x^2-y^2-\lambda\cdot(3x+2y-4)$

$v'_\lambda=-3x-2y+4=0$

$v'_x=15-4x-3\lambda=0$

$v'_y=10-2y-2\lambda=0$

Lösung: $x=\frac{12}{17}$, $y=\frac{16}{17}$, $\lambda=\frac{69}{17}$

$f_{\max}=18{,}1176$

(d) $v(\lambda; x, y)=4x+12y-\lambda\cdot(x^2+2y^2-22)$

$v'_\lambda=-x^2-2y^2+22=0$

$v'_x=4-2x\cdot\lambda=0$

$v'_y=12-4y\cdot\lambda=0$

Lösung: $x=2$, $y=3$, $\lambda=1$

$f_{\max}=44$

Die zweite Lösung des Gleichungssystems $x=-2$, $y=-3$ und $\lambda=-1$ ist das Minimum.

(e) $v(\lambda; x, y, z)=x^2+y^2+z^2-\lambda\cdot(x+y+z-1)$

$v'_\lambda=-x-y-z+1=0$

$v'_x=2x-\lambda=0$

$v'_y=2y-\lambda=0$

$v'_z=2z-\lambda=0$

Lösung: $x=\frac{1}{3}$, $y=\frac{1}{3}$, $z=\frac{1}{3}$, $\lambda=\frac{2}{3}$

$f_{\min}=\frac{1}{3}$

(f) $v(\lambda, \mu; x, y, z)=x^2+3y^2+2z^2-\lambda\cdot(4x+12y-120)$
$-\mu\cdot(6y+12z-120)$

$v'_\lambda=-4x-12y+120=0$

$v'_\mu=-6y-12z+120=0$

$v'_x=2x-4\lambda=0$

$v'_y=6y-12\lambda-6\mu=0$

$v'_z=4z-12\mu=0$

Lösung: $x=6$, $y=8$, $z=6$, $\lambda=3$, $\mu=2$

$f_{\min}=300$

Lösung der Aufgaben zum Kapitel 9

Aufgabe 9.1

(a) $\int \sin(a\cdot x)\,dx=-\frac{1}{a}\cdot\cos(a\cdot x)+c$

(b) $\int \left(x^2-4x+\frac{1}{(x-2)^2}\right) dx = \frac{x^3}{3} - 2x^2 - \frac{1}{x-2} + c$

(c) $\int \frac{x}{\sqrt{x-2}}\, dx = 2x \cdot \sqrt{x-2} - \frac{4}{3}\sqrt{(x-2)^3} + c$ (Substitution: $z = x-2$)

$= \{\frac{2}{3}x + \frac{8}{3}\} \cdot \sqrt{x-2} + c$

(d) $\int \frac{(\ln x)^5}{x}\, dx = \frac{1}{6}(\ln x)^6 + c$ (Substitution: $z = \ln x$)

(e) $\int x \cdot e^{-2x^2}\, dx = -\frac{1}{4} e^{-2x^2} + c$ (Substitution: $z = x^2$)

(f) $\int \cos^3 x\, dx = \int (1-\sin^2 x) \cdot \cos x\, dx = \sin x - \frac{1}{3}\sin^3 x + c$
(Substitution: $z = \sin x$)

(g) $\int \sqrt{x} \cdot \ln x\, dx = \frac{2}{3} x^{\frac{3}{2}} \cdot (\ln x - \frac{2}{3}) + c$ (partielle Integration)

(h) $\int \frac{x-1}{\sqrt[3]{x}}\, dx = \frac{3}{5}\sqrt[3]{x^5} - \frac{3}{2}\sqrt[3]{x^2} + c$

(i) $\int \frac{x^2+1}{x^3+3x}\, dx = \frac{1}{3}\ln(x^3+3x) + c$ (Substitution: $z = x^3+3x$)

(j) $\int \frac{x^3-4x}{2} \cdot \ln x\, dx = \left(\frac{x^4}{8} - x^2\right) \cdot \ln x - \frac{x^4}{32} + \frac{x^2}{2} + c$
(partielle Integration)

(k) $\int \sqrt{x\sqrt{x}}\, dx = \frac{4}{7} \cdot \sqrt[4]{x^7} + c$

Aufgabe 9.2

(a) $F(x) = \frac{1}{\ln a} \cdot a^x$ ($a^x = e^{x \ln a}$)

(b) $F(x) = -2x \cdot \cos\frac{x}{2} + 4\sin\frac{x}{2}$ (partielle Integration)

(c) $F(x) = \frac{2}{7} \cdot \sqrt{x^7}$

(d) $F(x) = \frac{2}{5}\sqrt{(x+5)^5} - \frac{20}{3}\sqrt{(x+5)^3} + 50\sqrt{x+5}$
(Integration durch Substitution: $z = x+5$)

(e) $F(x) = -\frac{x}{2} \cdot \cos 2x + \frac{1}{4}\sin 2x$ (partielle Integration)

(f) $F(x) = x + \sin^2 x$ ($\sin^2 x + \cos^2 x = 1$ und Substitution)

(g) $F(x) = \frac{2}{5} x^{\frac{5}{2}} + \frac{4}{3} x^{\frac{3}{2}} - 8x^{\frac{1}{2}}$

(h) $F(x) = (x^2 - 2x + 2) \cdot e^x$ (zweimal partielle Integration)

(i) $F(x) = \ln(|\ln x|)$ (Substitution: $z = \ln x$)

(j) $F(x) = \frac{1}{2}(x^3 + \frac{9}{2}x + 4)^4$ (Substitution: $z = x^3 + \frac{9}{2}x + 4$)

(k) $F(x)=\frac{x^4}{4}\cdot\ln x^2-\frac{x^4}{8}$

(Substitution: $z=x^2$ und anschließend partielle Integration)

Aufgabe 9.3

(a) $\int\limits_0^{2\pi}\sin\frac{x}{4}\,dx=-4\cos\frac{x}{4}\Big|_0^{2\pi}=4$

(b) $\int\limits_{-1}^{+1}|x|\,dx=2\int\limits_0^1 x\,dx=1$

(c) $\int\limits_0^{\sqrt{\pi/2}}2x\cdot\sin(x^2)\,dx=\int\limits_0^{\pi/2}\sin z\,dz=1$

$\left(\text{Substitution: } z\Big|_0^{\pi/2}=x^2\Big|_0^{\sqrt{\pi/2}}\right)$

(d) $\int\limits_{-2}^{+2}\min\{x;x^2\}\,dx=\int\limits_{-2}^{0}x\,dx+\int\limits_0^1 x^2\,dx+\int\limits_1^2 x\,dx=-\frac{1}{6}$

(e) $\int\limits_1^e\ln x\,dx=(x\cdot\ln x-x)\Big|_1^e=1$ (partielle Integration)

(f) $\int\limits_0^4 f(x)\,dx=\int\limits_0^1 x^2\,dx+\int\limits_1^4\sqrt{x}\,dx=5$

(g) $\int\limits_0^1\frac{4x+6}{x^2+3x+2}\,dx=2\int\limits_2^6\frac{dz}{z}=2\ln 3$

$\left(\text{Substitution: } z\Big|_2^6=x^2+3x+2\Big|_0^1\right)$

(h) $\int\limits_3^1 x^2\cdot\ln x\,dx=\left(\frac{x^3}{3}\cdot\ln x-\frac{x^3}{9}\right)\Big|_3^1=\frac{26}{9}-9\ln 3$

Aufgabe 9.4

$\int\limits_0^2 f(x)\,dx=\int\limits_0^2\sqrt{4-x^2}\,dx$

(a)

i	ξ_i	$f(\xi_i)$	$\sum_i f(\xi_i)$
1	0,2	1,9900	1,9900
2	0,6	1,9079	3,8979
3	1,0	1,7321	5,6299
4	1,4	1,4283	7,0582
5	1,8	0,8718	7,9300

Tab. 9.8: Rechtecksapproximation mit 5 Stützstellen

$$\int_0^2 \sqrt{4-x^2}\,dx \cong 0{,}4 \cdot 7{,}9300 = 3{,}1720$$

i	ξ_i	$f(\xi_i)$	$\sum_i f(\xi_i)$
1	0,1	1,9975	1,9975
2	0,3	1,9774	3,9749
3	0,5	1,9365	5,9114
4	0,7	1,8735	7,7849
5	0,9	1,7861	9,5709
6	1,1	1,6703	11,2412
7	1,3	1,5199	12,7611
8	1,5	1,3229	14,0840
9	1,7	1,0536	15,1376
10	1,9	0,6245	15,7621

Tab. 9.9: Rechtecksapproximation mit 10 Stützstellen

$$\int_0^2 \sqrt{4-x^2}\,dx \cong 0{,}2 \cdot 15{,}7621 = 3{,}1524$$

(b)

i	x_i	$f(x_i)$	λ_i	$\sum_i \lambda_i f(x_i)$
1	0	2,0	0,5	1,0
2	0,4	1,9596	1	2,9596
3	0,8	1,8330	1	4,7926
4	1,2	1,60	1	6,3926
5	1,6	1,20	1	7,5926
6	2	0	0,5	7,5926

Tab. 9.10: Trapezapproximation mit 6 Stützstellen

$$\int_0^2 \sqrt{4-x^2}\,dx \cong 0{,}4 \cdot 7{,}5926 = 3{,}0370$$

i	x_i	$f(x_i)$	λ_i	$\sum_i \lambda_i f(x_i)$
1	0	2,0	0,5	1,0
2	0,2	1,9900	1	2,9900
3	0,4	1,9596	1	4,9496
4	0,6	1,9079	1	6,8574
5	0,8	1,8330	1	8,6905
6	1	1,7321	1	10,4225
7	1,2	1,6000	1	12,0225
8	1,4	1,4283	1	13,4508
9	1,6	1,2000	1	14,6508
10	1,8	0,8718	1	15,5226
11	2,0	0	0,5	15,5226

Tab. 9.11: Trapezapproximation mit 11 Stützstellen

$$\int_0^2 \sqrt{4-x^2}\,dx \cong 0{,}2 \cdot 15{,}5226 = 3{,}1045$$

(c) Die Funktion $y=\sqrt{4-x^2}$ stellt einen Halbkreis um den Nullpunkt mit Radius $r=2$ dar. Das Integral berechnet die Fläche des Viertelkreises, d.h. $\pi=3{,}1416$.
Die Rechtecksapproximation nähert den exakten Wert bereits bei 5 Stützstellen gut an.
Die Trapezapproximation unterschätzt die konkave Funktion deutlich.

Aufgabe 9.5

$$\int_0^4 f(x)\,dx=\int_0^4 \frac{(1+\sin 4x)^2}{\sqrt{x+1}}\,dx$$

(a)

i	ξ_i	$f(\xi_i)$	$\sum_i f(\xi_i)$
1	0,2	2,6923	2,6923
2	0,6	2,2193	4,9116
3	1,0	0,0418	4,9534
4	1,4	0,0878	5,0412
5	1,8	1,9227	6,9639
6	2,2	1,4042	8,3681
7	2,6	0,0156	8,3837
8	3,0	0,1074	8,4911
9	3,4	1,6478	10,1389
10	3,8	1,0084	11,1474

Tab. 9.12: Rechtecksapproximation mit 10 Stützstellen

$$\int_0^4 \frac{(1+\sin 4x)^2}{\sqrt{x+1}}\,dx \cong 0{,}4\cdot 11{,}1474=4{,}4589$$

(b)

i	x_i	$f(x_i)$	λ_i	$\sum_i \lambda_i f(x_i)$
1	0	1,0	0,5	0,5000
2	0,4	3,3792	1	3,8792
3	0,8	0,6609	1	4,5401
4	1,2	0,0	1	4,5401
5	1,6	0,7732	1	5,3132
6	2,0	2,2849	1	7,5981
7	2,4	0,3697	1	7,9678
8	2,8	0,0002	1	7,9681
9	3,2	0,7400	1	8,7081
10	3,6	1,8015	1	10,5096
11	4,0	0,2268	0,5	10,6230

Tab. 9.13: Trapezapproximation mit 11 Stützstellen

$$\int_0^4 \frac{(1+\sin 4x)^2}{\sqrt{x+1}}\,dx \cong 0{,}4\cdot 10{,}6230=4{,}2492$$

Anmerkung: Bei der Rechnung mit 20 bzw. 200 Stützstellen ergibt sich:

	20/21 Stützstellen	200/201 Stützstellen
Rechtecksapproximation	4,4045	4,3878
Trapezapproximation	4,3541	4,3873

Tab. 9.14: Rechnung mit feinerer Unterteilung

Beide Methoden konvergieren bei diesem Beispiel also relativ langsam.

Literatur

Die verarbeitete Literatur ist nur an den Stellen genannt, an denen wesentliche Passagen sinngemäß oder wörtlich übernommen sind. Ansonsten wird überwiegend allgemeine Lehrmeinung vertreten. Der Studierende sollte jedoch auf das Studium ergänzender und weiterführender Literatur nicht verzichten, sondern andere Lehrbücher und Monographien studienbegleitend zur Vor- und Nachbereitung des Stoffes benutzen. Der Leser lernt dadurch

- andere Lehrmeinungen,
- unterschiedliche Schwerpunkte,
- alternative Darstellungsformen und
- ergänzende Themenbereiche

kennen, die für das reflektierende Studium von größter Wichtigkeit sind. In dem angefügten Literaturverzeichnis sind sowohl eine Auswahl alternativer Lehrbücher als auch eine Anzahl mathematischer Texte zu speziellen Gebieten aufgeführt.

Besonders erwähnen möchte ich an dieser Stelle eine Broschüre, nach der die meisten der im Text eingefügten historischen Quellen zitiert wurden. Es handelt sich um eine kleine Schrift, die von Prof. Dr. *J. Bloech* und seinem Mitarbeiter, Dipl.-Kfm. *V. Müller*, Seminar für betriebswirtschaftliche Produktionsforschung der Universität Göttingen, als Begleittext der Ausstellung „Mathematiker und Rechenmeister - ihre Beiträge zur Entwicklung der angewandten Mathematik vom Beginn der Buchdruckerkunst bis zum 19. Jahrhundert" zusammengestellt wurde. Den Herausgebern sei für dieses wertvolle Quellenmaterial herzlich gedankt.

Allen, R.G.D.: Mathematik für Volks- und Betriebswirte, 4. Aufl.; Berlin: Dunker und Humblot, 1972

Bader, H./Fröhlich, S.: Einführung in die Mathematik für Volks- und Betriebswirte, 9. erw. Aufl.; München, Wien: Oldenbourg, 1988

Beckmann, M.J./Künzi, H.P.: Mathematik für Ökonomen, Band I, 2. Aufl.; Berlin, Heidelberg, Wien: Springer, 1973

Berg, C.C./Korb, U.-G.: Mathematik für Wirtschaftswissenschaftler I, Analysis, 2. Aufl.; Wiesbaden: Gabler, 1976

Böhme, G.: Analysis, Band 1: Funktionen, Differentialrechnung sowie Band 2: Integralrechnung, Reihen, Differentialrechnung: Springer, 1990

Bosch, K.: Mathematik für Wirtschaftswissenschaftler, 13. verb. Aufl.; München, Wien: Oldenbourg, 2001

Bronstein, I.N./Semendjajew, K.A.: Taschenbuch der Mathematik, 5. überarb. und erw. Aufl. der Neubearbeitung; Thun, Frankfurt: Harri Deutsch, 1997

Caprano, E./Gierl, A.: Finanzmathematik, 6. völlig überarb. und erw. Aufl.; München: Vahlen, 1999

Clermont, S./Jochems, B./Kamps, U.: Wirtschaftsmathematik – Aufgaben und Lösungen, 3. völlig überarb. und stark erw. Aufl.; München, Wien: Oldenbourg, 2001

Dück, W./Körth, H./Runge, W./Wunderlich, L.: Mathematik für Ökonomen 1; Thun, Frankfurt: Harri Deutsch, 1980

Hauptmann, H.: Mathematik für Betriebs- und Volkswirte, 3. durchges. Aufl.; München, Wien: Oldenbourg, 1995

Heike, H.-D./Greiner, D./Lehmann, J.: Mathematik für Wirtschaftswissenschaftler 1; München: Moderne Industrie, 1977

Huang, D.S./Schulz, W.: Einführung in die Mathematik für Wirtschaftswissenschaftler, 9. überarb. Aufl.; München, Wien: Oldenbourg, 1997

Jaeger, A./Wäscher, G.: Mathematische Propädeutik für Wirtschaftswissenschaftler; Lineare Algebra und Lineare Optimierung; München, Wien: Oldenbourg, 1998

Kall, P.: Analysis für Ökonomen; Stuttgart: Teubner, 1982

Karmann, A.: Mathematik für Wirtschaftswissenschaftler, 4. erw. Aufl.; München, Wien: Oldenbourg, 2000

Kemeny, J.G./Schleifer, A./Snell, J.L./Thompson, G.L.: Mathematik für die Wirtschaftspraxis, 2. Aufl.; Berlin, New York: de Gruyter, 1972

Körth, H./Otto, C./Runge, W./Schoch, M.: Lehrbuch der Mathematik für Wirtschaftswissenschaftler, 3. Aufl.; Opladen: Westdeutscher Verlag, 1975

Müller-Merbach, H.: Mathematik für Wirtschaftswissenschaftler I; München: Vahlen, 1974

Ohse, D.: Elementare Algebra und Funktionen – Ein Brückenkurs zum Hochschulstudium 2. Aufl.; München: Vahlen, 2000

Rommelfanger, H.: Mathematik I für Wirtschaftswissenschaftler, 5. Aufl.; Mannheim, Wien, Zürich: Bibliographisches Institut, 2001

Schick, K.: Aussagenlogik, 4. Aufl.; Freiburg, Basel, Wien: Herder, 1978

Schwarze, J.: Mathematik für Wirtschaftswissenschaftler, Band 1: Grundlagen, Band 2: Differential- und Integralrechnung, 4. Aufl.; Herne, Berlin: Neue Wirtschafts-Briefe, 2002

Stöppler, S.: Mathematik für Wirtschaftswissenschaftler, 3. durchges. Aufl.; Opladen: Westdeutscher Verlag 1981

Stöwe, H./Härtter, E.: Lehrbuch der Mathematik für Volks- und Betriebswirte: die mathematischen Grundlagen der Wirtschaftstheorie und der Betriebswirtschaftslehre, 3. neubearb. Aufl.; Göttingen: Vandenhoeck und Ruprecht, 1990

Stöwe, H./Härtter, E.: Aufgaben zur Mathematik für Wirtschaftswissenschaftler; Göttingen: Vandenhoeck und Ruprecht, 1971

Vogt, H.: Einführung in die Wirtschaftsmathematik, 6. durchges. Aufl.; Würzburg, Wien: Physica, 1988

Wetzel, W./Skarabis, H./Naeve, P./Büning, H.: Mathematische Propädeutik für Wirtschaftswissenschaftler, 4. völlig neubearb. Aufl.; Berlin, New York: de Gruyter, 1981

Zehfuß, H.: Wirtschaftsmathematik in Beispielen: Grundlagen – Finanzmathematik – lineare Algebra – lineare Optimierung – Analysis – Wahrscheinlichkeitsrechnung – Versicherungsmathematik, 2. erw. Aufl.; München, Wien: Oldenbourg, 1987

Ziethen, R.E.: Finanzmathematik, 2. überarb. und erw. Aufl., München, Wien: Oldenbourg, 1992

Personen- und Sachverzeichnis